人民防空工程设计百问百答丛书暨人防工程技术人员培训教材

总 顾 问　钱七虎

总 主 编　郭春信　王晋生

副总主编　陈力新

总 主 审　李刻铭

人民防空工程通风空调与防化监测设计及实例

郭春信　王晋生　主　编
陈　瑶　副主编
李国繁　徐　敏　主　审

中国建筑工业出版社

图书在版编目（CIP）数据

人民防空工程通风空调与防化监测设计及实例 / 郭春信，王晋生主编；陈瑶副主编 . —北京：中国建筑工业出版社，2022.10

人民防空工程设计百问百答丛书暨人防工程技术人员培训教材 / 郭春信，王晋生总主编

ISBN 978-7-112-27614-1

Ⅰ . ①人… Ⅱ . ①郭… ②王… ③陈… Ⅲ . ①人防地下建筑物—通风设备—建筑设计—问题解答②人防地下建筑物—空气调节设备—建筑设计—问题解答③人防地下建筑物—化学防护—建筑设计—问题解答 Ⅳ . ① TU927-44

中国版本图书馆 CIP 数据核字（2022）第 128567 号

本书是本套书中《人民防空工程暖通空调设计百问百答》分册的姊妹篇。共分 10 章：现代武器效应与人民防空工程，人防工程机械通风系统，人防工程通风系统的防护设备，人防工程的防化报警与监测设备，人员掩蔽工程的通风与防化监测设计，医疗救护工程的通风空调与防化监测设计，人防物资库的通风与防化监测设计，柴油发电站机房的通风与降温设计，轨道交通工程人防通风系统设计，人防工程自然通风设计。

责任编辑：齐庆梅
文字编辑：武　洲
责任校对：张惠雯

人民防空工程设计百问百答丛书暨人防工程技术人员培训教材
总 顾 问　钱七虎
总 主 编　郭春信　王晋生
副总主编　陈力新
总 主 审　李刻铭

人民防空工程通风空调与防化监测设计及实例

郭春信　王晋生　主　编
陈　瑶　副主编
李国繁　徐　敏　主　审

*

中国建筑工业出版社出版、发行（北京海淀三里河路 9 号）
各地新华书店、建筑书店经销
北京雅盈中佳图文设计公司制版
北京建筑工业印刷厂印刷

*

开本：787 毫米 × 1092 毫米　1/16　印张：$19^{1}/_{4}$　字数：420 千字
2023 年 4 月第一版　2023 年 4 月第一次印刷
定价：80.00 元
ISBN 978-7-112-27614-1
（39576）

《人民防空工程设计百问百答丛书暨人防工程技术人员培训教材》编审委员会

总顾问：钱七虎

总主编：郭春信　王晋生

副总主编：陈力新

总主审：李刻铭

《人民防空工程建筑设计百问百答》

主编：陈力新

副主编：李洪卿　吴吉令

主审：田川平

《人民防空工程结构设计百问百答》

主编：曹继勇　王凤霞　杨向华

主审：张瑞龙　袁正如　柳锦春

《人民防空工程暖通空调设计百问百答》

主编：郭春信　王晋生

主审：李国繁　李宗新

《人民防空工程给水排水设计百问百答》

主编：丁志斌

副主编：张晓蔚　徐　杕

主审：陈宝旭

《人民防空工程电气与智能化设计百问百答》

电气主编：郝建新　徐其威　曾宪恒

智能化主编：王双庆　王　川

主审：葛洪元

《人民防空工程防化设计百问百答》

主编：韩　浩　徐　敏

主审：史喜成　朱传珍　高学先

《人民防空工程通风空调与防化监测设计及实例》

主编：郭春信　王晋生

副主编：陈　瑶

主审：李国繁　徐　敏

《人民防空工程建筑设计及实例》（规划编写中）
《人民防空工程结构设计及实例》（规划编写中）
《人民防空工程给水排水设计及实例》（规划编写中）
《人民防空工程电气与智能化设计及实例》（规划编写中）

参编单位：
陆军工程大学（原解放军理工大学、工程兵工程学院）
军事科学院国防工程研究院
军事科学院防化研究院
陆军防化学院
中国建筑标准设计研究院有限公司
上海市地下空间设计研究总院有限公司
青岛市人防建筑设计研究院有限公司
江苏天益人防工程咨询有限公司
上海结建规划建筑设计有限公司
中拓维设计有限责任公司
南京龙盾智能科技有限公司
山东省人民防空建筑设计院有限责任公司
黑龙江省人防设计研究院
四川省城市建筑设计研究院有限责任公司
上海民防建筑研究设计院有限公司
浙江金盾建设工程施工图审查中心
中建三局集团有限公司人防与地下空间设计院
新疆人防建筑设计院有限责任公司
南京优佳建筑设计有限公司
江苏现代建筑设计有限公司
江西省人防工程设计科研院有限公司
云南人防建筑设计院有限公司
中信建设有限责任公司
安徽省人防建筑设计研究院
南通市规划设计院有限公司
广西人防设计研究院有限公司
郑州市人防工程设计研究院
成都市人防建筑设计研究院有限公司
中防雅宸规划建筑设计有限公司
南京慧龙城市规划设计有限公司
四川科志人防设备股份有限公司

《人民防空工程通风空调与防化监测设计及实例》编审人员

主　编：郭春信　王晋生

副主编：陈　瑶

编　委：

冯德香　鲁锦川　钟发清　张卫东　袁代光　李宗新　张春光
王琴英　金晓公　刘　铮　沈菲菲　卫军锋　陈　雷　赵建辉
王永权　姜永磊　李雯雯　吕永江　包万明　李金田　黄瑜英
王凤高　蒋　曙　靳翔宇　朱培根　马吉民　宋华成　肖世平
张　旭　彭绍艳　刘健新　王卓然　余立峰　刘富祥　周　锋
郝建新　王海文　范兰英　朱明亮　张利娜　赵立新　涂建红
刘英义　冯姗姗　符　燕　王　强　于永虹　王　丹　陈　军
孙界平　万月琴

主　审：李国繁　徐　敏

序

在当前国内外复杂多变的形势下，搞好人民防空各项工作具有重要的战略和现实意义。随着我国国民经济的持续发展，人民防空各项工作与城市经济和社会一同发展，各省区市结合城市建设和地下空间开发利用，建设了一大批人民防空工程。经过几十年不懈努力，各省区市的人均战时掩蔽面积有了较大提高，各类人民防空工程布局更加合理，建设质量明显提高，城市的综合防护能力也有较大提升。

人民防空工程标准、规范为工程建设提供了依据，但从业人员在实际工作中对现行标准、规范的执行和尺度把握仍有较多疑问，这些问题长期困扰从业人员，严重影响了工程质量。整个行业急需系统梳理存在的问题，并经过广泛研究讨论，做出公开、权威性的解答。基于以上情况，2018 年底原解放军理工大学郭春信教授和王晋生教授倡议编著这套丛书。该丛书邀请了国内 30 多家人防专业设计院所的 200 多名专家组成丛书编审委员会，依托“人防问答”网，全面系统梳理一线从业人员提出的问题，组织专家讨论和解答问题，并在此基础上编著成这套丛书的六个问答分册。同时，把已解决的问题融入现有设计理论体系，配套编著各专业的设计及实例图书，方便设计人员全面系统学习。

这套丛书的特点是：问题来自一线从业人员；回答时尽量给出具体方法并举例示范；解释时能将理论与实际结合起来；配套完整设计方法与实例；使专业人员一看就懂，一看就能用。这是一套不可多得的人防工程建设指导丛书。这套丛书的出版对提高我国人民防空工程建设质量将起到积极的推动作用。

国家最高科学技术奖获得者

中国工程院院士　钱七虎

2021 年12月28日

前　言

俄乌战争爆发、台海局势紧张都表明当前国际形势复杂多变，和平发展随时可能受到战争威胁。在此形势下，搞好人防工程建设具有重要意义。高水平设计是人防工程高质量建设的保证，但由于人防工程及其行业管理体制的特殊性，从业人员在长期设计中积累了许多问题，这给实际工作带来诸多困难，严重影响了人防工程的高质量建设，行业迫切需要全面梳理存在的问题，并做出公开、权威解答。

由于行业需要，2018 年底原解放军理工大学郭春信教授和王晋生教授倡议编著《人民防空工程设计百问百答丛书暨人防工程技术人员培训教材》。倡议一经提出，就在行业内得到广泛响应，迅速成立了由陆军工程大学（原解放军理工大学、工程兵工程学院）、军事科学院国防工程研究院、军事科学院防化研究院、陆军防化学院、中国建筑标准设计研究院和各省区市主要人防设计院的 200 多名专家、专业负责人或技术骨干组成的编审委员会。编审委员会以“人防问答”网为问答交流平台，在行业内广泛收集问题并组织讨论。历时四年，共收集到 2400 多个问题，4000 多个回答。因为动员了全行业参与，所以问题覆盖面广，讨论全面深入，解决了许多疑难问题，澄清了大量模糊认识，就许多问题达成了广泛专业共识，为编写修订相关规范或标准提供了重要参考和建议。编审委员会以此为基础，编著成建筑、结构、暖通空调、给水排水、电气与智能化、防化 6 个百问百答分册，主要解决各专业的疑难问题。百问百答分册知识点比较分散，为方便技术人员系统学习，本套丛书还增加建筑、结构、通风空调与防化监测、给水排水、电气与智能化各专业的设计及实例图书 5 册，把百问百答分册解决的问题融合进去，系统阐述应该如何设计并举例示范。这样，本套丛书既有对设计疑难点的深入分析，又有对设计理论和实践的系统阐述，知识体系比较完整，适宜作培训教材使用。本套丛书共计 11 册，编著工作量很大，目前 6 本百问百答分册和《人民防空工程通风空调与防化监测设计及实例》已经完稿，此次以上 7 本同时出版，其他专业设计及实例图书后续出版。

本套丛书主要面向全国人防工程设计、施工图审查、施工、监理、维护管理和质量监督等相关技术人员，是一套实用性和理论性都很强的技术指导书，既可作为工具书，也可作为培训教材，对人防工程科研人员也有一定的参考价值。

本套丛书编写过程中，得到了陆军工程大学校友和“人防问答”网会员的支持，得到了参编单位的大力支持，得到了国家人防办相关领导的肯定和支持，特别是得到丛书总顾问国家最高科学技术奖获得者、八一勋章获得者、中国工程院院士钱七虎教授的指导和帮助，在此深表感谢！

本书是《人民防空工程通风空调与防化监测设计及实例》分册，是本套书中《人民防空工程暖通空调设计百问百答》分册的姊妹篇。共分 10 章：现代武器效应与人民防空工程，人防工程机械通风系统，人防工程通风系统的防护设备，人防工程的防化报警与监测设备，人员掩蔽工程的通风与防化监测设计，医疗救护工程的通风空调与防化监测设计，人防物资库的通风与防化监测设计，柴油发电站机房的通风与降温设计，轨道交通工程人防通风系统设计，人防工程自然通风设计。各章融合了百问百答中的问答，对设计进行了系统阐述并给出了工程设计实例，更方便人防工程技术人员全面系统学习和参考。

本书在编写过程中，除得到前述各方的支持、指导和帮助外，还得到了陆军工程大学方秦副校长的支持和帮助，朱培根教授、马吉民教授、宋华成高工和肖世平高工等对本书的一些技术要点提出了宝贵修改意见，对此编者表示衷心感谢！

由于编者水平有限，错误和疏漏在所难免，广大读者可以登录“人防问答”网或关注“人防问答”微信公众号反馈意见、批评指正。如有新问题也可在该网或公众号上提出，我们将在再版时对本套丛书进行修订和充实。

编者

2022 年 8 月

目 录

第1章

现代武器效应与人民防空工程

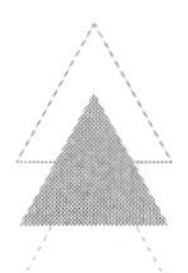

第二次世界大战结束以来，各地局部战争不断。我国周边环境比较复杂，历史遗留下来的边界冲突时隐时现，世界性的恐怖活动威胁着和平与安宁。在现代信息化战争条件下，核、生、化和新型武器对城市的毁伤是极其惨烈的。必须了解这些武器的性能及其杀伤破坏作用，以便加以有效防范。为此，我国重点城市均构筑了相当数量的人民防空工程，用以应对未来可能出现的战争威胁，保护人民生命财产的安全。

1.1 现代武器效应

现代武器主要是指信息化战争条件下核、生物、化学和新型武器。下面重点介绍核、化学、生物武器。

1.1.1 核武器及其效应

1. 核武器

（1）核武器的类型与结构

核武器是利用原子核反应瞬间放出的巨大能量起杀伤破坏作用的武器。如原子弹、氢弹、中子弹、三相弹、红汞核弹、反物质弹等均为核武器。

下面主要介绍原子弹、氢弹、中子弹三种。

①原子弹：利用重原子核裂变反应时释放出巨大能量起杀伤破坏作用的武器。它主要由核装料（U^{235} 铀或 Pu^{239} 钚）、炸药、起爆装置、弹体等组成，见图 1–1。

②氢弹：利用氢原子核聚变反应时所释放出的巨大能量起杀伤破坏作用的武器。由于氢原子核需要在极高的温度下才能发生聚变反应，所以氢弹又叫热核武器。它主要由核装料（氘化锂）、起爆装置（原子弹）、弹体等组成，见图 1–2。

③中子弹（又叫加强辐射弹）：利用核聚变反应时产生大量的中子来杀伤人员的一种战术核武器。它是在氢弹基础上发展起来的，其弹体构造见图 1–3。

（2）核武器效应

核武器的威力通常采用与核爆炸能量相当的“梯恩梯”（TNT）炸药的重量来表

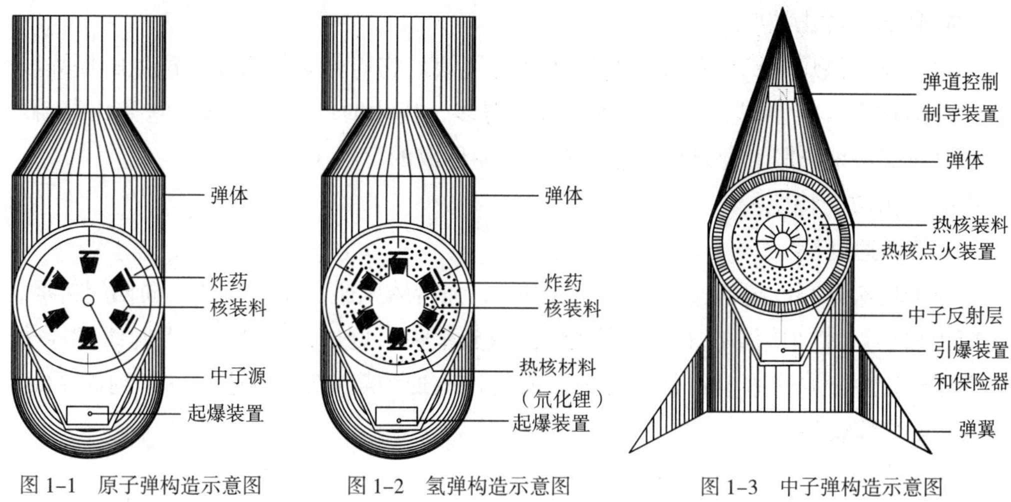

图 1–1　原子弹构造示意图　　图 1–2　氢弹构造示意图　　图 1–3　中子弹构造示意图

示。根据威力的大小，核武器可分为百吨级、千吨级、万吨级、十万吨级、百万吨级、千万吨级。

核武器在作战使用时，可用导弹、火箭、火炮等发射，也可用飞机投掷，还可制成地雷使用。

1）核武器的爆炸方式

核武器的杀伤破坏作用不仅与当量有关，而且与爆炸高度有关。根据不同的袭击目标，核爆炸可在地面（或水面）、低空、中空、高空、超高空、地下（或水下）以不同方式实施。

爆炸方式是按比例爆高（简称比高）的大小来划分的：

比高：
$$h=\frac{H}{Q^{1/3}}\ (\mathrm{m/kt^{1/3}}) \tag{1–1}$$

式中　H——爆炸高度（m）；

Q——爆炸当量（kt）。

当比高 $h<60\mathrm{m/kt^{1/3}}$ 时，火球接触地面，称地面爆炸；当 $60\leqslant h<120\mathrm{m/kt^{1/3}}$ 时，为低空爆炸；当 $120\leqslant h<200\mathrm{m/kt^{1/3}}$ 时，为中空爆炸；当 $200\leqslant h<250\mathrm{m/kt^{1/3}}$ 时，为高空爆炸；爆炸高度为几十千米以上的爆炸为超高空爆炸。

2）核武器的杀伤破坏因素

核武器的杀伤破坏因素主要有：冲击波、光辐射、早期核辐射、核电磁脉冲、放射性沾染。前四种因素是在爆后几秒至几十秒内起作用，又叫瞬时杀伤破坏因素，其作用迅速、危害大，对于重点军事目标和经济目标以及改变作战双方兵力、兵器的对比，战斗样式的转化等影响重大，因此必须重视对它的防护。放射性沾染的伤害作用时间较长，一般不会使人员立即丧失战斗能力，但是地爆时对人员的伤害作用较大，也必须重视其防护。

①冲击波

A. 什么是冲击波?

冲击波是核爆炸产生的高压高速运动的气浪。它与普通炸药爆炸产生的爆炸波相似，但比爆炸波强烈得多，传播距离远得多，作用时间也长得多。它是由高温、高压火球猛烈地膨胀，急剧地压缩周围空气而形成的。

B. 冲击波的特性

a. 传播速度快

冲击波从爆心以超音速度（音速 340m/s，强台风风速仅 40~50m/s）向四周传播，随着距离的增大，传播的速度逐渐减慢，直到消失。例如，当量为 1 万吨级的原子弹空爆时，冲击波到达 1km 处约需 2s，到达 2km 处约需 4.7s，到达 3km 处约需 7.5s，压力也随之降低。

b. 压力强

冲击波到达时，人和物体会同时受到超压的挤压作用和动压的冲击作用，距爆心越近压力越大（冲击波内超过正常大气压的那部分压强叫超压，高速运动气流的冲击压强叫动压）。

②光辐射

A. 什么是光辐射?

光辐射是从核爆炸的高温火球中辐射出来的强光和热。

B. 光辐射的特性

a. 传播速度快

光辐射和普通光一样以光速（约 30 万 km/s）直线传播。它可以被物质（物体）吸收、反射和遮挡，并能透过透明的物体。

b. 热效应强

光辐射的能量很大，被物体吸收后主要转变为热能，使之温度升高。如当量 100 万吨级的核爆炸，在距爆心投影点 3km 的距离内，可使钢铁和地表面熔化，木制品等炭化。

c. 作用时间短

光辐射的作用一般只有零点几秒至几十秒。时间虽短，但也有一个过程，当发现闪光时，若能及时防护，仍可减轻伤害。

C. 天气、地形对光辐射的影响

光辐射通过空气、雾、云、雨等都能使其能量减弱。当核爆炸发生在云层上方或云中时，由于云层的吸收和散射作用，地面上的光辐射能量将减弱；在云层下方时，由于云层的反射作用，地面上的光辐射能量将增强。水面、冰和积雪或沙地都能反射光辐射，增强光辐射作用。

在横向的沟壕、峡谷或高地、山地背向爆心的一面，光辐射的直射可部分或全部被遮挡。

③早期核辐射

A. 什么是早期核辐射?

早期核辐射是核爆炸后，最初十几秒钟内从火球和烟云中放出的丙射线和中子流。它是核武器特有的杀伤破坏因素。

B. 早期核辐射的特性

a. 传播速度快、穿透能力强

早期核辐射中的丙射线以光速、中子流按每秒几千至几万千米的速度，从爆心向四周传播。丙射线和中子流看不见、摸不着，但具有较强的贯穿能力。在穿透物质的过程中，不断被物质削弱吸收，如表 1–1 所示物质层越厚、密度越大，其削弱作用越大。丙射线的强弱可用照射量表示，其单位是"仑（C/kg）"；被丙射线和中子作用的人员、物体所受的剂量，通常用吸收量表示，其单位为戈瑞（Gy）。

几种物质对早期核辐射的削弱情况（单位：cm） 表 1–1

削弱程度	铁		混凝土		土壤		水		木材	
	丙射线	中子	丙射线	中子	丙射线	中子	丙射线	中子	丙射线	中子
剩下十分之一	10	15	35	35	50	45	70	20	90	40
剩下百分之一	20	30	70	70	100	90	140	40	180	80
剩下千分之一	30	45	105	105	150	140	210	60	270	120

甲类防空地下室的室内早期核辐射剂量设计限值（以下简称剂量限值）应按表 1–2 确定。

甲类防空地下室的剂量限值（单位：Gy） 表 1–2

类别	剂量限值
医疗救护工程、专业队队员掩蔽部	0.1
人员掩蔽工程和食品站、生产车间、区域供水站、柴油电站、物资库、警报站等配套工程中有人员停留的房间、通道	0.2

b. 中子会使某些物质产生感生放射性

中子能使本来没有放射性的某些金属物质如钠、钾、铝、锰、铁等产生放射性，这种放射性叫感生放射性。由于土壤中含有一些金属元素，因此在中子作用下，爆区土壤中会产生感生放射性。土壤的感生放射性最强处，通常在地面以下 3~10cm。感生放射性的作用时间短，且随时间的增加将逐渐减弱。

c. 作用时间短

只有几秒到十几秒钟。丙射线的强度在几秒内迅速下降，中子流在一秒钟后就可结束，同时由于烟云不断上升远离地面，使早期核辐射被空气层削弱得越来越多，作用到地面上的射线越来越少。因此，只要迅速采取防护措施，就能减少射线的照射。

④核电磁脉冲

A. 什么是核电磁脉冲?

核电磁脉冲是核爆炸时产生的一种电磁波。

B. 核电磁脉冲的特性

a. 磁场强度高

核电磁脉冲电磁场强度高，比雷电产生的电磁信号高千百倍。

b. 频带宽

频带很宽，现代电子设备几乎都会受到它的干扰。

c. 作用半径和持续时间

作用距离远，达几百到几千千米；持续时间短，只有万分之几秒。

d. 破坏作用

它不仅能干扰电子、电器设备的正常工作，并能使其失效和损坏。

⑤放射性沾染

放射性沾染是核爆炸特有的杀伤因素。因此，了解它、防护它，对人员的安全和行动自由是有积极意义的。

A. 什么是放射性沾染

核爆炸产生的放射性物质对地面、水、空气、食物、人员、武器装备等所造成的沾染，称为放射性沾染。

B. 放射性沾染的特性

a. 来源多

放射性沾染的来源有三：一是核裂变碎片，二是感生放射性物质，三是未裂变的核装料。地爆时造成的爆区沾染主要是核裂变碎片，其次是感生放射性物质；空爆时造成的爆区沾染主要是感生放射性物质；云迹区的沾染主要是核爆裂变碎片。

b. 能放出多种（甲、乙、丙）射线。

c. 作用时间长

地爆时地面沾染作用时间长，一般在几天到几周或更长时间。空爆时地面沾染的作用时间比地爆短。

C. 地面放射性沾染

核爆炸造成的地面沾染，分为爆炸地域沾染区（简称爆区）和烟云经过地带沾染区（简称云迹区）。地面沾染的轻重程度用“照射率”表示，单位是仑 / 时 [（C/kg）· h]。在军事上沾染区是指地面照射率高于 2 仑 / 时 [（C/kg）· h] 以上的地域。

a. 地爆后的地面沾染

爆区沾染一般在爆后几分钟内就可以基本形成，通常沾染面积可达几至几十平方千米。其形状似椭圆形，下风方向与云迹区相重合。地面沾染分布是：离爆心越近沾染越重，下风方向比上风方向沾染重。

云迹区地面沾染是由放射性落下灰沉降到地面而形成的。当高空风变化不大时，云迹区成带状，当高空风变化较大时，沾染区形状接近椭圆形或呈不规则形状。万吨级的地爆沾染范围，通常可长达几十至几百千米、宽可达几至几十千米，形成沾染区的面积可达几百至几千平方千米。地面沾染分布是：靠近爆心处沾染严重，云迹区中心轴线（又叫热线）附近沾染严重，两侧逐渐减弱。

地面照射率随爆后时间的增加而不断降低，沾染区也随之缩小。

b. 空爆后的地面沾染

中空以上的核爆炸地面沾染程度轻微、范围小、作用时间短，爆后对地面人员行动几乎没影响。但是低空爆炸时会造成较严重的地面沾染，对地面人员行动有影响，必须经检测并消除沾染后方可行动。

3）核武器的实战效应

核武器对开阔地暴露人员中度杀伤半径为 R

$$R=CQ^{1/3} \tag{1-2}$$

式中　C——比例常数，1.493885；

Q——爆炸当量（t）。

综合杀伤半径见表 1–3。

第二次世界大战期间，1945 年 8 月 6 日美国向日本广岛投下了一枚 12500 吨级 TNT 当量的铀弹（取名为小男孩），爆炸高度为 666m。同月 9 日美国将第二枚 20000 吨级 TNT 当量的钚弹（取名为胖子）投到了长崎。爆炸的结果，据美日的相关报道：

①广岛被炸后，引起大火，被毁面积达 12km^2；市区建筑物被毁达 81%；在 6.4km^2 地域内所有的工业机器全部遭到破坏；距爆心投影点 2.6km 半径内存放的物资有 45% 不能使用；市内存放的物资有 45% 不能使用；市内 42km^2 地域的 81 座重要桥梁有 33% 被破坏（钢筋水泥和钢架桥梁未遭到破坏）；先后死亡 71379 人，受伤 68023 人。其中受光辐射死亡的占 20%~30%，射线病死亡的占 15%~20%，冲击波及其他原因死亡的占 50%~60%。

核爆对开阔地暴露人员中度伤害半径 R（单位：km）　表 1–3

当量（kt）	光辐射伤害		冲击波伤害		早期核辐射伤害		复合伤	
	地爆	空爆	地爆	空爆	地爆	空爆	地爆	空爆
1	0.22	0.34	0.34	0.36	0.87	0.87	0.87	0.87
5	0.5	0.77	0.62	0.67	1.07	1.06	1.07	1.06
10	0.72	1.09	0.82	0.90	1.19	1.18	1.19	1.18
20	1.02	1.52	1.10	1.20	1.34	1.31	1.34	1.52
50	1.58	2.33	1.55	1.73	1.54	1.50	1.58	2.33
100	2.19	3.21	2.07	2.25	1.76	1.71	2.19	3.21
500	4.65	6.55	4.08	4.40	2.24	2.12	4.65	6.55

②长崎由于受山谷地形影响和当时没有风，因此破坏程度比广岛小。受严重破坏地区呈椭圆形状，南北长约 3.7km，东西宽约 3km。工厂有 68.3% 被摧毁；距爆心

投影点 100~2550m 的 35 座桥梁只有 4 座被毁，6 座受到破坏；死亡 35000 人，失踪 5000 人，受伤 60000 人。因为有一条铁路未炸断，因此很快便得到其他城市的支援。

③经验教训

A. 美国人采取的是突然核袭击，对方缺乏准备，美国人先用气象飞机在携原子弹飞机之前约 1h 到达目标上空，客观上起了佯动作用，日军第一次发出空袭警报时，正是美军的气象飞机要到达之时，待气象飞机离去解除警报后，携原子弹飞机已接近目标，此时市民都走出防空洞；当第二次空袭警报时，进行隐蔽的人很少，原子弹爆炸时，大多数市民都在工作、在家中或在街上。

B. 居民没有防原子弹的知识

由于居民没有防原子弹知识，爆炸后有许多人在沾染区奔走或观望，伤于此种情况者为数不少。

C. 进入防空洞的人得以幸免。可见全民三防教育和重点城市设防的重要性。

1.1.2 化学武器及其效应

1. 化学武器

（1）什么是化学武器？

战争中用来毒害人、畜的化学物质叫做军用毒剂（简称毒剂）。装有毒剂的各种炮弹、炸弹、火箭弹、导弹、毒烟罐、手榴弹、地雷和布（喷）洒器等统称化学武器。

（2）毒剂的战斗状态

化学武器使用后，毒剂起伤害作用的状态叫做战斗状态。毒剂的战斗状态有蒸气状、雾状、烟状、液滴状和微粉状 5 种，雾和烟统称为气溶胶。

蒸气状——毒剂蒸发成气体分子分散在空气中；

毒雾——气溶胶，毒剂微滴悬浮在空中与空气的混合物；

毒烟——气溶胶，固体微粉末状毒剂悬浮在空中与空气的混合物。

2. 毒剂的种类及效应

根据战术技术应用上的不同，毒剂有不同的分类方法。

（1）按生理作用分类

①神经性毒剂：破坏神经系统正常功能的毒剂。这类毒剂都含有磷元素，又称为含磷毒剂，主要有沙林、塔崩、梭曼、维埃克斯等，其特性见表 1–4。

神经性毒剂　表 1–4

毒剂名称	美军代号	状态	沸点（℃）	凝固点（℃）	蒸气比重	毒性 [（mg·min）/m³] 半致死浓度	
						口鼻吸入	皮肤吸收
沙林	GB	液体（无色水果香）	152	–54	9	70~100	
塔崩	GA	液体（无色水果香）	220	–50	—	400	14~21

续表

毒剂名称	美军代号	状态	沸点（℃）	凝固点（℃）	蒸气比重	毒性 [（mg·min）/m³] 半致死浓度	
						口鼻吸入	皮肤吸收
梭曼	GD	油状液体（无色无味）	198	–42	—	50~70	2920
维埃克斯	VX	油状液体（无色无味）	298	–39	5	40	0.09（mg/kg）

②糜烂性毒剂：使细胞坏死、组织溃烂的毒剂，主要有芥子气、路易氏气等，其特性见表 1–5。

糜烂性毒剂　表 1–5

毒剂名称	美军代号	状态	沸点（℃）	凝固点（℃）	液体比重	毒性 [（mg·min）/m³] 半致死浓度	
						口鼻吸入	消化道吸收
芥子气	H	油状液体（黄色或棕色，大蒜味）	217	14.45	5.5		
路易氏气	L	油状液体（暗褐色，天竺葵味）	190	–13	7.2	300~1300	

③全身中毒性毒剂：破坏组织细胞氧化功能、使全身缺氧的毒剂，主要有氢氰酸、氯化氰等，其特性见表 1–6。

全身中毒性毒剂　表 1–6

毒剂名称	美军代号	状态	沸点（℃）	凝固点（℃）	毒性 [（mg·min）/m³]	
					允许浓度	半致死浓度
氢氰酸	AC	液体（无色，苦仁味）	25.7	–13.3	10	2000（10min）
氯化氰			12.8	–6.9		

④失能性毒剂：使人的思维和运动机能发生障碍、暂时失去战斗能力的毒剂，主要有毕兹等，其特性见表 1–7。

失能性毒剂　表 1–7

毒剂名称	美军代号	状态	熔点	毒性 [（mg·min）/m³] 半失能剂量（无致死性）
毕兹	BZ	固体（白色，无臭）	167.5	110

⑤窒息性毒剂：伤害肺部使其缺氧窒息的毒剂，主要有光气、双光气等，其特性见表 1–8。

窒息性毒剂 表 1–8

毒剂名称	美军代号	状态	沸点（℃）	液体比重	蒸汽比重	毒性 [（μg · min）/m^3]		
						容许浓度	半伤害浓度	半致死浓度
光气	CG	无色气体	8.2	1.37	3.5	200	1600	3200
双光气		液体（无色或微黄）	128	1.6	6.9			

⑥刺激剂（原称：刺激性毒剂）：直接刺激眼睛、上呼吸道和皮肤的毒剂，主要有苯氯乙酮、亚当氏气、西埃斯、西阿尔等，其特性见表 1–9。

刺激剂 表 1–9

毒剂名称	美军代号	状态	沸点（℃）	熔点（℃）	刺激浓度 [（mg · min）/m^3]	不可耐浓度 [（mg · min）/m^3]
西埃斯	CS	晶体（白色或黄色，糊味）	31~315	95~96	0.1~1.0	1~5
苯氯乙酮	CN	晶体（白色或淡黄色）	245	59	0.3	10~15
亚当氏气	DM	晶体（金黄色）	410	195	0.2	8~10
西阿尔	CR	固体粉末（淡黄色）	—	72	0.01	0.5

（2）按战术使用分类

①按能否造成人员死亡分类

致死性毒剂：这类毒剂的毒性大，主要用来杀伤对方的有生力量，如沙林、梭曼、塔崩、维埃克斯、氢氰酸、光气和芥子气、路易氏气等。

在致死性毒剂中，又分为速杀性毒剂和非速杀性毒剂。前者是指中毒后很快出现症状并引起死伤的毒剂，如沙林、梭曼、塔崩、维埃克斯、氢氰酸等。后者是指中毒后经过一定时间的潜伏期才能出现有害症状并引起死伤的毒剂，如光气、芥子气、路易氏气等。

非致死性毒剂：这类毒剂中毒后，可引起失能或强烈的刺激而暂时降低战斗力，但一般不会造成人员的死亡，如苯氯乙酮、亚当氏气、希埃斯、西阿尔、毕兹等。

能否造成人员中毒死亡与毒剂的毒性、毒剂的战斗状态和中毒浓度（或剂量）有关。

②按杀伤作用快慢分类

速效性毒剂：中毒以后，能很快出现中毒症状，迅速造成死亡或暂时丧失战斗能力的毒剂。

缓效性毒剂：中毒以后，通常要经过一定时间的潜伏期才出现中毒症状，从而影响战斗力的毒剂。

③按杀伤作用持续时间分类

暂时性毒剂：毒剂使用后，呈气、雾、烟状，主要使空气染毒。其杀伤作用持续时间短，通常在1h以内。

持久性毒剂：毒剂使用后，呈油状液体或微粉末状，主要使地面、物体、水源等染毒，部分也可造成气雾状使空气染毒。其杀伤作用持续时间长，通常在几小时或几昼夜以上。

注意：从上述各表中可知，毒剂蒸气比空气重好几倍，很容易停留在低凹的地方，尤其是工事口部，由于门内外气体容重差较大，毒剂极易从不严密部位侵入工事，因此，加强工事口部的气密性十分重要。

1.1.3 生物武器及其效应

1. 生物武器

战争中用来伤害人、畜，毁坏农作物的致病微生物（包括细菌、立克次体、衣原体、病毒等）和细菌所产生的毒素叫做生物战剂。装有生物战剂的各种炸弹、导弹弹头和气溶胶发生器、布洒器等称为生物武器。

2. 生物战剂的种类及其效应

（1）按对人员伤害程度分类

①失能性战剂：主要使人员暂时丧失战斗力，如布鲁氏杆菌、委内瑞拉马脑炎病毒等。

②致死性战剂：使人员患严重疾病，死亡率大于10%，如鼠疫杆菌、炭疽杆菌、黄热病病毒等。

（2）按所致疾病有无传染性分类

①传染性战剂：传播很快，一旦流行，能持续一定的时期，如鼠疫、天花等。

②非传染性战剂：只感染接触者，如肉毒杆菌毒素等，主要用于对方战役、战术目标。

（3）基因武器

基因武器是利用基因工程技术研制的新型生物战剂，又称为第三代生物战剂。它是通过基因重组，在一些致病的细菌或病毒中接入能对抗普通疫苗或药物的基因，或在一些不致病的微生物体内“插入”致病基因，而制造出的一种新的生物武器。

3. 生物战剂的实施方式

（1）施放生物战剂气溶胶

固体或液体生物战剂微粒在空气中形成悬浮体，称为生物战剂气溶胶。它能随风飘移，污染空气、地面、食物、水源等，并能渗入无防护设施的工事。人员吸入一定量的生物战剂气溶胶即能发病。施放生物战剂气溶胶是敌人撒布生物战剂的主要方式，具体方法和器材有：

①生物炸弹

生物炸弹作为导弹弹头，通过爆炸方式在空气中形成生物战剂气溶胶。此种方法生物战剂损失较大，但是使用方便。

②气溶胶发生器

气溶胶发生器可由飞机施放。这种方法生物战剂损失少，且无爆炸声。

③布洒器

布洒器可用飞机在目标上风方向低空喷洒，也可以利用舰艇从海面上施放吹向陆地。布洒器容量大，生物战剂损失少，适宜大面积污染。

（2）投掷带菌媒介物

将带菌昆虫等装在特制的容器内，由飞机等投放。此种方法施放生物战剂损失少，但污染范围较小。具体方法和器材有：

①四格弹

类似重磅炸弹，分四格。使用时，在离地面 30m 左右裂开，将装在其中的昆虫、小动物和杂物散开。

②带降落伞的硬纸筒

外形与照明弹相似，系在降落伞下，适用于散布生命力较弱的蚊蝇类。

1.1.4 洗消

1. 战时人员进入工事的洗消

战时主要有两种洗消方式：

（1）局部紧急消毒

①皮肤：人员皮肤染毒后，应迅速用纱布、棉花等吸去可见的毒剂液滴，再用皮肤消毒剂（表 1–10）、肥皂、洗衣粉、碱等水溶液擦洗染毒部位，然后用净水清洗。

②眼：眼睛接触毒剂后，应立即用清水、2% 碳酸氢钠水溶液或 0.01% 高锰酸钾水溶液反复清洗。

常用皮肤消毒剂　　表 1–10

消毒剂名称	消除毒剂的种类
2% 碳酸氢钠水溶液	G 类毒剂（神经性）
10% 氨水	G 类毒剂（神经性）
10% 三合二水溶液	G 类、糜烂性毒剂
10% 二氯异三聚氰酸钠水溶液	V 类、糜烂性毒剂
10% 二氯胺邻苯二甲酸二甲酯溶液	V 类、糜烂性毒剂
18%~25% 一氯胺醇水混合溶液或 5% 二氯胺酒精溶液	糜烂性毒剂
5% 碘酒或 5% 二巯基丙醇软膏	路易氏剂

（2）全身洗消

通过全身洗消过程，将污染物彻底消除，使得受染人员不携带任何有毒有害物质进入清洁区。

2. 工程口部洗消

（1）对放射性灰尘口部清洗和草地掩埋。

（2）G类神经性毒剂和路易氏剂，用碱性物资，如氨水、碳酸钠、碳酸氢钠和氢氧化钠等碱性消毒剂洗消。

（3）糜烂性毒剂，用氧化剂，如漂白粉液、氯胺、过氧化氢、高锰酸钾等洗消。

（4）芥子气易被氯化物消除，如漂白粉、三合二水溶液、氯胺或二氯异三聚氰酸钠水溶液等洗消。

1.2　人民防空工程

人民防空工程（简称人防工程）建设的目的是在未来可能发生的现代战争中，在相当程度上抵御核武器、化学武器、生物武器及常规武器袭击杀伤和破坏作用及其所产生的次生灾害；有效保护人民生命和财产安全；在战争条件下，城市军民坚持战斗、生产和生活，保持社会稳定。人民防空是国防的重要组成部分，国家对人民防空的建设方针是：长期准备、重点建设、平战结合。并且贯彻人防建设与经济建设协调发展，与城市建设相结合的原则。人防工程平时要具有社会效益、经济效益，战时能充分发挥其战备效益。

1.2.1　人防工程的分类

1. 按构筑方式和所在的环境条件分类

按构筑方式和所在环境条件，人防工程可分为坑道式、地道式和掘开式三类。

（1）坑道式：建筑于山地或丘陵地，大部分主体地面高于最低出入口的暗挖式人防工程，见图1–4。

（2）地道式：一般指建筑于平地，大部分主体地面明显低于最低出入口的暗挖式人防工程，见图1–5。

（3）掘开式：采用明挖施工法，且大部分结构处于原地表以下的人防工程。掘开式人防工程又分为单建式和附建式两种。单建式：上方没有永久性地面建筑物的人防工程，也称为单建掘开式；附建式：即防空地下室，是在其上方有永久性地面建筑物的人防工程，见图1–6。

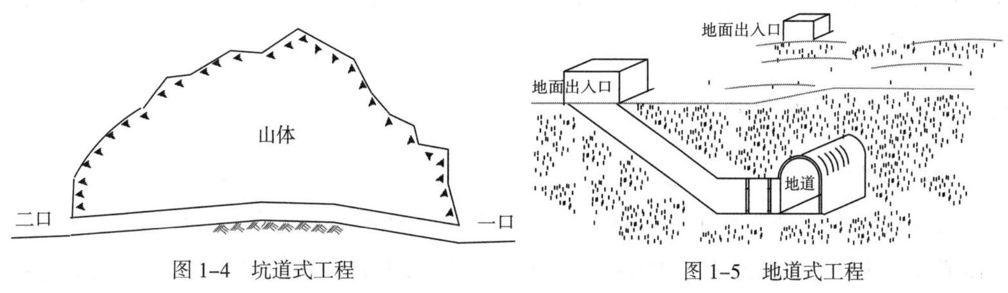

图1–4　坑道式工程　　图1–5　地道式工程

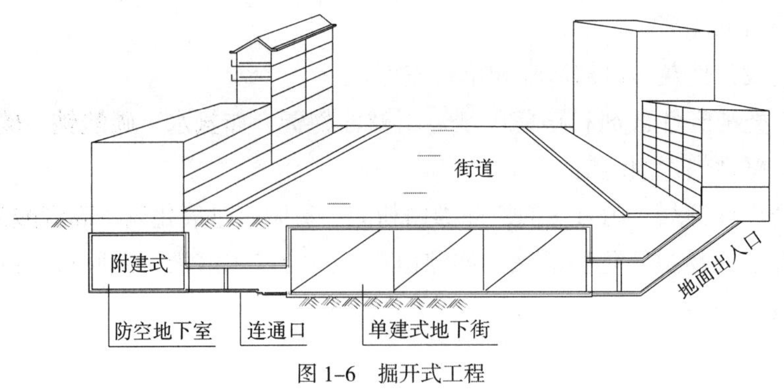

图 1-6　掘开式工程

2. 按战时使用功能分类

按战时使用功能，人防工程可分为指挥通信工程、医疗救护工程、防空专业队工程、人员掩蔽工程和配套工程等五大类。

（1）指挥通信工程：保障人防指挥机关战时能正常工作和通信系统畅通的人防工程。

（2）医疗救护工程：战时对伤员独立进行早期救治工作的人防工程。医疗救护工程根据作用的不同可分为三等：一等为中心医院，二等为急救医院，三等为医疗救护站。

（3）防空专业队工程：防空专业队工程是战时保障各类专业队人员掩蔽和执行勤务而修建的人防工程。防空专业队包括抢险抢修、医疗救护、消防、防化防疫、通信、运输、治安等七种。其主要任务是：担负抢险抢修、防火灭火、防疫灭菌、毒剂侦查、消毒和消除沾染、保障通信联络、抢救人员和抢运物资、维护社会治安等任务；平时参与防汛、防震等，担负抢险救灾任务。

（4）人员掩蔽工程：战时供人员掩蔽的人防工程。根据使用对象的不同，人员掩蔽工程分为两个等级：一等人员掩蔽工程是供战时坚持工作的政府机关、城市生活重要保障部门（电信、供电、供气、供水、食品、医药等）、重要厂矿企业等的人员掩蔽的工程；二等人员掩蔽工程是为战时留城的普通居民提供的掩蔽场所。

（5）配套工程：战时用于协调防空作业的保障性工程，主要有区域电站、供水站、食品站、药品站、人防物资库、人防汽车库、生产车间、人防交通干（支）道、警报站和核生化监测中心等。

3. 按平时使用功能分类

人防工程平时使用功能很多，主要用于地下车库（汽车库、自行车库等）、地下商业设施（地下商场、地下街等）、地下娱乐场所（地下舞厅、茶座和酒吧等）和地下交通设施（地铁、隧道）等。

1.2.2　人防工程的特点

1. 封闭性

人防工程由于处于地下，周围是岩石和土壤，只有有限几个出入口与外界相通，与地面工程相比具有更大的封闭性。这对空气流通不利，使热量不易排出，发生火灾不易扑救，因而要求其通风换气次数和新风量比地面建筑相应大一些。

2. 围护结构的热稳定性好

由于工程周围岩石和土壤远比地面建筑墙体厚，而岩石和土壤的蓄热能力强，其热惰性远大于地面建筑，这使工程壁面温度变化小，同时受室外气候变化的影响小，因此人防工程内温度波动小，有冬暖夏凉的特点。

3. 潮湿

由于人防工程湿源多且湿气不易排出，一般情况下远比地面建筑潮湿，因而对有空调的工程，计算空调负荷时必须重视湿负荷，并且应采取一定的防潮除湿措施来保证室内空气环境的舒适。

1.3　人防工程防化监测和通风系统的作用

1.3.1　防化监测系统的作用

在未来战争中，敌人可能会使用包括核武器、化学武器和生物武器在内的大规模杀伤性武器进行袭击。大气中将有大量放射性尘埃或化学毒剂或生物战剂等对人员具有杀伤作用的物质。因此，报警、防护、监测和洗毒及消除是人防工程设计的重要组成部分。

1. 报警

防化系统要具备预警、报警、防护、监测和消除等一整套防化功能。对敌袭击，预警和报警措施主要包括原子报警、毒剂报警、生物报警等。

2. 防护

报警与防护方式紧密相关，室外报警器发出报警信号，说明本工程已经遭到敌人的核（或生、化）武器袭击，工事必须立即转入隔绝式防护。工事口部和可能漏气部位检查无误后，根据需要可以转入相应的通风方式。发出报警信号后绝不可直接转入隔绝式通风，那可能产生灾难性后果，原因详见第2章。

3. 监测

对敌袭击，有以下相应的监测手段：①对核辐射的监测；②对毒剂种类和浓度的监测；③对生物战剂的监测等。

4. 消毒和消除

监测的目的是确定空气污染的种类、性质和浓度，以便对空袭后果进行消毒和消除，在这方面我国有比较丰富的经验，在《人民防空工程防化性能检查方法》等书中提供了许多行之有效的方法。人防工程中设置相应的洗消措施是消除空袭后果的重要举措，各专业对这部分设计应更细致、更完善、更适用。

1.3.2　通风空调系统的作用

人防工程一般平时和战时都使用（简称平战结合），绝大多数平时功能与战时功能是不同的，根据战时使用功能和特殊环境，战时通风系统的作用有以下几点：

（1）保证人防工程能适时地进行通风换气。

无论平时还是战时，在人防工程中生活和工作的人员都离不开氧气，因此要向人防工程中不断输送新鲜空气，保证室内具有一定的氧气浓度，同时要排除人们呼出的二氧化碳及其他有害气体，使各项浓度维持在容许的范围内。

（2）保证指挥、通信、医疗救护、食品、药品、被服等工程中具有一定的温度、湿度、人员掩蔽区气流速度和适宜的空气环境。

（3）战时，在外界空气染毒条件下能保证室内空气质量标准，并在有人员出入的条件下能保证室内安全。

为此，进风系统中设有防冲击波设备、高效除尘和滤毒设备、密闭设备等，可以将冲击波挡在外部，并对放射性尘埃、生物战剂的飞沫以及毒剂进行有效过滤和消除，保证室内空气不被这些有害物污染，具有过滤防护功能。

（4）保证在外界空气染毒条件下有人员出入时，室内超压和防毒通道具有一定的换气次数。防止染毒空气沿人防工程各种孔口的不严密处向工事内渗透，同时为防止染毒空气随出入人员带入工事，在过滤式防护时，工程内部具有一定超压的功能，使超压排风的气流方向始终由室内向室外流动，并使防毒通道能够达到规定的换气次数，以便使毒剂尽快降到安全浓度以下，确保人员出入期间室内的安全。

第 2 章

人防工程机械通风系统

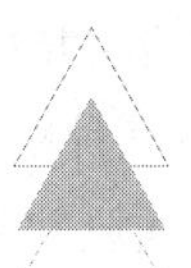

通风概念应从以下几个方面来理解：（1）在人防工程中，通过一定技术措施使室外的新鲜空气不断进入室内，室内空气有条理地流到室外的过程（或者在内外隔绝的条件下，使室内空气循环起来），称之为人防工程通风。（2）人防工程通风又分为机械通风和自然通风两种。

人防工程机械通风在不同情况下，分为平时通风和战时通风。

平时通风：和平时期通风系统没有特殊防护条件下的通风。

战时通风：战时通风系统处在某种防护状态下的通风。战时通风又分为：清洁式通风、过滤式通风（俗称滤毒式通风）和隔绝式通风。

依靠通风机及其系统进行通风换气的过程称之为机械通风。用作机械通风的系统称之为机械通风系统。机械通风系统又分为进风系统、送风系统、回风系统和排风系统。本章将结合典型工程实例介绍防化乙级及以下人防工程机械通风系统及其设计中的一些具体问题。

2.1 新风量标准问题

2.1.1 《人民防空地下室设计规范》GB 50038—2005 的新风量标准

新风量标准是通风系统设计的重要依据之一。

《人民防空地下室设计规范》GB 50038—2005 的新风量标准在其表 5.2.2 中，见表 2-1。

室内人员战时新风量[单位：$m^3/(P \cdot h)$] 表 2-1

防空地下室类别	清洁式新风量	滤毒式新风量
医疗救护工程	≥ 12	≥ 5
防空专业队人员掩蔽部、生产车间	≥ 10	≥ 5
一等人员掩蔽所、食品站、区域给水站、电站控制室	≥ 10	≥ 3
二等人员掩蔽所	≥ 5	≥ 2
其他配套工程	≥ 3	

表 2–1 中“清洁式新风量和滤毒式新风量”的表达方式有误，新风量标准应是一个经济取值范围，不应是无上限的“≥”号。例如二等人员掩蔽部，清洁式新风量应写为：q_1=5~10m³/（人·h），滤毒式新风量应写为 q_2=2~3m³/（人·h）；不能把清洁式新风量写成 $q_1 \geq 5$m³/（人·h），滤毒式新风量写成 $q_2 \geq 2$m³/（人·h）。

2.1.2　推荐新风量标准

目前《人防工程技术要求》，推荐新风量标准如表 2–2 所示，该表新风量标准是一个经济取值范围，不是只有下限、没有上限。

人防工程的新风量标准［单位：m³/（人·h）］　　表 2–2

人防工程的类别	清洁式新风量	滤毒式新风量
医疗救护工程	12~20①	5~7
防空专业队人员掩蔽部、生产车间	10~15	5~7
食（药）品供应站、区域给水站	10~15	3~5
一等人员掩蔽部、衣被储藏库	10~15	3~5
二等人员掩蔽部	5~10②	2~3

注：①《人民防空医疗救护工程设计标准》RFJ 005—2011 第 4.2.2 条规定“战时清洁通风时，室内人员新风量标准定为 15~20m³/（人·h）”，这与上表不同。专项标准比《人民防空地下室设计规范》GB 50038—2005 的新风量取值略高是可以的，因为专项标准可以高于行业标准和上级技术要求。同理，二等人员掩蔽部可以定为：5~10m³/（人·h）。
②家庭掩蔽部目前尚无标准，建议按一等人员掩蔽部标准取值。

2.2　人员掩蔽工程通风系统的组成

人员掩蔽工程的防化等级分为：甲级、乙级、丙级、丁级和戊级五等。本书只讨论防化乙级及以下人防工程的设计与审图问题。

根据使用功能及房间特点，一般将人防工程内的房间分为两类：送风房间和排风房间。

送风房间：如人员掩蔽、防化值班、休息、办公、会议、通信、车间、餐厅、指挥室、医务室、手术、检验、治疗、放射、医护、病房等。此类房间是人员生活和工作的中心，对空气的卫生标准要求较高，需要不断地送入新鲜空气。

排风房间：如厕所、厨房、水库、盥洗室、洗涤室、开水间、蓄电池室和污物间等，产生臭气、水蒸气或气味的房间。为防止有害气体向其他房间扩散，将送风房间用过的废气合理有序的通过这些排风房间，由排风系统排到工事外（有些库房也可列入此类房间）。

各类房间的布置有其自身的规律，并与通风空调系统设置紧密相关。布置原则是：送风房间应集中布置，空调室应设在送风房间的中部，以便缩短送风半径；排风房间要尽量靠近战时人员主要出入口布置，以便减少排风管路的长度。

防化乙级及以下人员掩蔽工程，数量最大的是防化丙级的二等人员掩蔽部，其次是防化乙级的一等人员掩蔽部及防空专业队人员掩蔽部等，它们只设有进风系统和排风系统。人防掩蔽工程有自己的特殊性，平时多数是地下汽车库，战时均将平时的排风系统作为战时进风系统的末端，另外独立设置战时排风系统，以便对干厕所产生的气味进行有效控制和排出。

医疗救护、食品储备、药品储备、被服储备等工程还设有空调送风系统和回风系统。

2.2.1　进风系统的组成

1. 进风系统应具有的基本要素

把新鲜空气送入工事内称为进风，用作进风的系统称之为进风系统。

进风系统是由进风防爆波活门、进风扩散室（或活门室）、除尘器、过滤吸收器、手动（或手、电动两用）密闭阀门、进风机、流量计、消声器、送风房间的送风口以及连接这些设备的管道和阀门所组成。进风系统设计有两种形式，见图 2–1。通风方式转换时对风机和阀门的控制见表 2–3。

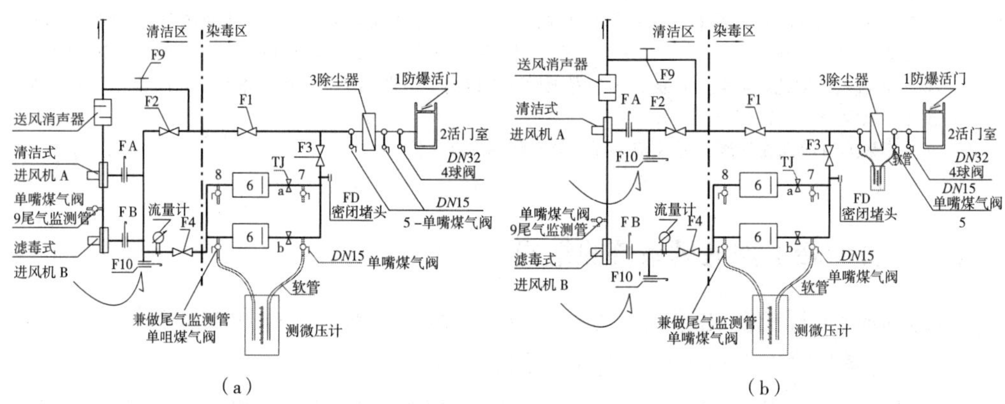

图 2–1　进风系统的组成

（a）两台进风机共用集气箱并联设置；（b）两台进风机按清洁式和滤毒式分别设置

F1、F2—清洁式进风管路上的密闭阀门；F3、F4—滤毒式进风管路上的密闭阀门；TJ—过滤吸收器的阻力平衡调节阀；F9—增压管上的 *DN*25 球阀；F10—回风插板阀；FA—清洁式进风机的启动插板阀；FB—滤毒式进风机的启动插板阀；FD—换气堵头，滤毒间换气时开启，换气结束关闭；6—过滤吸收器；7、8—过滤吸收器的 *DN*15 测压差管，管端设单嘴煤气阀

通风方式转换时对风机和阀门的控制　　表 2–3

名称	阀门开关		进风机开关	
	开阀门	关阀门	开风机	关风机
隔绝式防护		F1~F10		A、B
清洁式通风	F1、F2、FA	F3、F4、F9 、F10、FB	A	B
隔绝式通风	F10、FA、F9	F1~F4、FB	A	B
滤毒式通风	F3、F4、F9（调节 FB 的开度控制滤毒式计算进风量，不要超过图中两个过滤吸收器的额定风量）	F1、F2、FA	B	A

2.《人民防空地下室设计规范》GB 50038—2005 中的进风系统图存在问题探讨

问题一：《人民防空地下室设计规范》GB 50038—2005 中图 5.2.8（b）（图 2–2）与图 2–1 相比，进风系统的基本要素有缺失，系统原理图应表达哪些基本要素？

图 5.2.8（b）存在以下问题：

（1）粗滤器前应设放射性取样管，粗滤器前后应设测压差管；

（2）过滤吸收器前后应设测压差管，以便调节阻力平衡；

（3）密闭阀门 3a 和 3b 之间应设增压管；

（4）离心式进风机吸入口应设启动阀，在出口设阀门 10 欠妥；

（5）只画一个过滤吸收器，还有重要的设计要求没有表达出来；实际工程应如实画出系统的全要素，有几个过滤吸收器就应画几个，注意过滤吸收器前后管路要同程、应有阻力平衡调节阀等；

（6）滤毒式通风系统上应设流量计；

（7）换气堵头 FD 是滤毒间换气时的进风口，它的位置也应注意过滤吸收器前后管路同程设置，如图 2–1 所示。

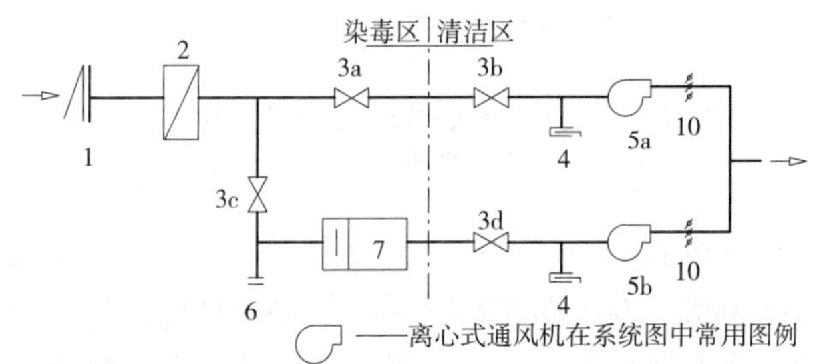

图 2–2 《人民防空地下室设计规范》GB 50038—2005 图 5.2.8（b）
1—消波设备；2—粗过滤器；3—密闭阀门；4—插板阀；5—通风机；
6—换气堵头；7—过滤吸收器；10—风量调节阀

问题二：为什么离心式进风机在吸入口设启动阀，而轴流式风机不能设启动阀？

目前规范和标准图及工程设计图中，不论什么风机出口都设一个调节阀，如图 2–2 所示。这是值得商榷的，因为不同类型风机启动要求不同。

“风机的启动，对于原动机（电机）而言属于轻载荷启动。因此，在中、小型装置中，机组启动并无问题。但对于大型机组的启动，则因机组惯性大、阻力矩大，就会引起很大的冲击电流，影响电网的正常运行，必须对启动予以足够的重视。”[1] 离心式风机应在吸入口设置启动插板阀，这个常识不能忽视，更不可用止回阀取代。

“当转速不变时，离心式风机的轴功率 N 随流量的增加而增加；对轴流式风机，轴功率 N 随流量 L 的增加而减小；所以离心式风机在风量 L=0 时，轴功率 N 最小，故应关阀启动；轴流式风机风量 L=0 时，轴功率 N 最大，应开阀启动。”[1]

基于以上论述，可以得出以下两点：

（1）离心式风机电机的耗功率，在风量为零时最小，所以离心式风机吸入口处应设启动阀。风机启动之前，先关闭启动阀，风机空载起动，可以保护电机不过载，见图 2–3（a）$L=f(N)$ 曲线。

（2）轴流式风机不能设启动阀。因为启动风量为 $L=0$ 时，电机的耗功率最大，启动电流也大，对电机很不利，见图 2–3（b）$L=f(N)$ 曲线，所以轴流式风机应开阀启动。

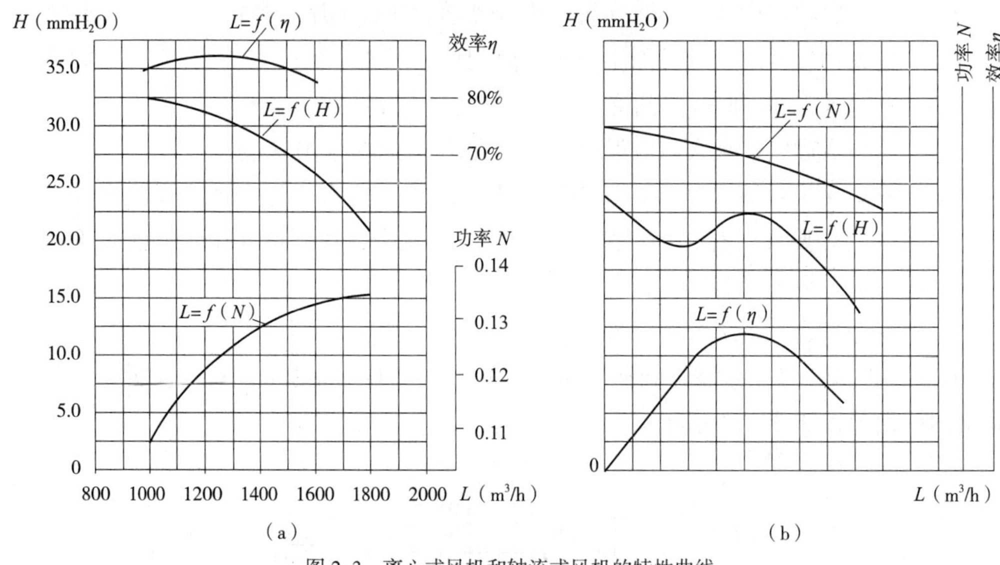

图 2–3 离心式风机和轴流式风机的特性曲线

（a）4–72–11No3.2A 风机特性曲线；（b）轴流式风机特性曲线

问题三：离心式风机启动阀应设在风机的吸入口，有些工程是按《人民防空地下室设计规范》GB 50038—2005 图 5.2.8（b）设在风机出口的，有区别吗？

有区别。启动阀设在风机吸入口是风量 $L=0$ 空载启动，启动时仅仅是叶轮由静止到旋转的力距和轴摩擦所消耗的轴功率，不产生有效功率即 $N_y=0$，见式（2–1），所以阀门设在离心风机吸入口耗功最小。启动阀设在风机出口是有风量为阀门前的空间送风加压，启动的瞬间轴功率会立即上升。少量气流从叶轮与外壳之间的间隙流回，式（2–1）中 L 和 H 不为 0，所以不是空载启动，启动阀设在风机吸入口是正确的。但是，无论设在入口还是出口，都比不设阀门好。由式（2–1）可知，不设阀门时风机启动风量 L 和风机全压 H 都大，所以启动功率和启动电流远大于关闭阀门空载启动的功率和电流。

$$N_y=LH/3600 \tag{2–1}$$

式中 N_y——风机配用电机的有效功率（W）；

L——风机风量（m^3/h）；

H——风机的全压（Pa）。

问题四：人防工程进风系统选用什么风机合适？

由图 2–3 性能曲线比较可知，进风系统应选用离心式风机，不宜选用轴流式风机。

图中：$L=f(\eta)$ 为风量与效率关系特性曲线；$L=f(H)$ 为风量与风压关系特性曲线；$L=f(N)$ 为风量与功率关系特性曲线。

风机运行时，其工作点一定是在系统阻力特性曲线与 $L=f(H)$ 风量与风压关系特性曲线的交点上。下面分别对两类风机进行分析：

（1）离心式风机：设计和审图人员必须清楚，人防工程进风系统随着运行时间的增加，系统除尘器阻力也是不断增加的，其系统特性曲线与 $L=f(H)$ 起始运行的工作（交）点 A，见图 2-4（a）是慢慢向 B 点和 C 点移动的。这个过程系统阻力缓慢增加，而送风量也逐步减少，但是它是稳步变化的，除尘器清洗后工作点可能又回到 A 点。

（2）轴流式风机：见图 2-4（b），轴流风机设在进风系统时，随着系统阻力的增加，工作点由 A 点移动到 B 点以上时，系统的工作点可能就在 B 点和 B′ 点之间跳动，风量在 2700~7300m^3/h 两点之间变化。阻力变化到 C 点，工作点将在 C 点与 C′ 点之间跳动，系统运行不稳定，所以人防工程进风系统不宜选用轴流风机。过去已经选用轴流风机的工程，系统出现上述情况时，开大阀门或清洗除尘器之后，系统的工作点就会从 B 点回到 A 点。

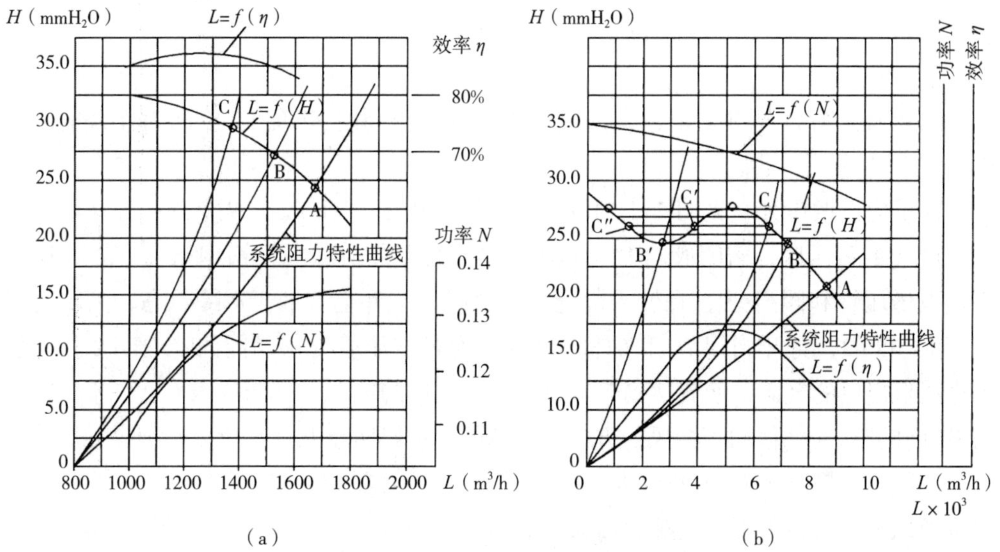

图 2-4　离心式风机和轴流式风机的特性曲线

（a）4-72-11No3.2A 风机特性曲线；（b）轴流式风机特性曲线

（3）结论：

①进风系统应设离心式通风机；

②离心式通风机吸入口前应设置启动阀，不宜在出口设阀；

③轴流式风机在启动时，必须开阀启动；

④轴流式风机不宜作进风机用，因为进风系统随着除尘器阻力的增加，系统阻力到达某个区域时，运行不稳定。

问题五：在油网除尘器前后压差测量管的末端要设球阀吗？

《人民防空地下室设计规范》GB 50038—2005 第 5.2.18 条 3 款“在油网除尘器前后设置管径 *D*15（热镀锌管）的压差测量管，其末端应设球阀。”目前大家都是这样设计的，竣工验收初阻力测试时无法与微压计连接。这是因为管端的阀门选型不正确。这个阀不能是球阀，见图 2–5（a），应是单嘴煤气阀，见图 2–5（b），球阀无法与乳胶管或塑料软管连接。

（a）

（b）

图 2–5 球阀与单嘴煤气阀
（a）铜质球阀；（b）单嘴煤气阀（或叫球形气阀）

问题六：图 2–1（b）清洁式通风管路上的密闭阀门 F1 和 F2 之间为什么也设增压管？

这里应设增压管，见图 2–1（b）。因为密闭阀门 F1 和 F2 这两个阀门处在清洁式进风机 A 的负压区，密闭阀门 F1 和 F2 是漏毒的（参见第 3 章密闭阀门一节），所以必须设增压管和阀门 F9，在转入隔绝式通风时，室外空气处于污染状态，关闭密闭阀门 F1 和 F2，打开阀门 F9 和插板阀 F10，通过增压管为密闭阀门 F1 和 F2 之间引入进风机出口的气流，使其达到与进风机出口一样的风压，其间的压力远高于密闭阀门 F1 前的压力，所以 F1 漏风的方向是向外的，可以防止漏毒，所以必须设增压管。

问题七：图 2–1（a）两台进风机合用一个静压箱的形式与图 2–1（b）两台进风机按通风方式分设的形式比较，哪种形式好？

两者比较，图 2–1（a）形式两台风机可以互为备用，隔绝式通风时两台风机也可以并联运行，增大循环风量，实际工程设计图纸中，图 2–1（a）的形式多一些。

问题八：规范的图示中，没有调节阀 TJ（阻力平衡调节阀），为什么增加了一个调节阀 TJ？

过滤吸收器的初阻力每个都不相同，有的相差几十帕，有的上 100Pa，但过去认为 RFP–1000 型的过滤吸收器每个阻力都是 850Pa。经生产厂家调研及参考《RFP–1000 型过滤吸收器制造与验收规范（暂行）》RFJ 006—2021，知道这是规范规定厂家生产 RFP–1000 型的阻力不大于 850Pa；实际工程中安装的 RFP–1000 型过滤吸收器，在上盖上都标注有设备出厂时的初阻力，基本在 700~800Pa 之间，不加调节阀将会出现难以控制的问题，阻力小的过滤吸收器通过的风量会大于额定风量，该过滤吸收器会先失效，这个调节阀的增加是对系统的补充和完善。

问题九：什么时候调节过滤吸收器之间的阻力平衡？

“平战功能转换期”间，要完成调试工作，在转入滤毒式通风之前，调节阀 TJ 已经将各个过滤吸收器的阻力调节平衡，它们已经固定在平衡时的开度上。

问题十：设调节阀 TJ 后，各过滤吸收器的管路是否还需要同程设置？

由图 2–1 可知，过滤吸收器之间调节阻力平衡是调节过滤吸收器前后测压差管 7 和 8 之间的阻力相等，只有测压差管 7、8 以外的管路能保持同程，理论上才具备了平衡的必要条件，所以设了调节阀 TJ 后，仍然要保持系统同程。

问题十一：采用什么样的阀门作为调节阀 TJ？

RFP–1000 型过滤吸收器采用 *D*300 的手动密闭阀门；RFP–500 型过滤吸收器采用 *D*200 的手动密闭阀门。

问题十二：密闭阀门样本中有说明：“使用时要求阀门全开或全闭，不能作为调节流量用。”用手动密闭阀门作为调节阀 TJ 是否合适？

密闭阀门在开发时是为了全开或全闭用，但厂家和工程现场实验证实密闭阀门是目前性能最好的、最稳定的、可无级调节流量的阀门，它比普通调节阀的性能好得多，阀板没有抖动、噪声小，所以不能用于调节风量是误区，见图 2–6。

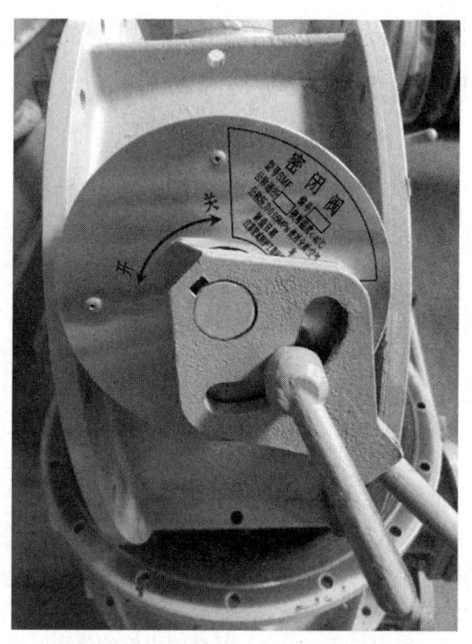

图 2–6　手动密闭阀门作为调节 TJ

2.2.2　排风系统的组成

把工事内用过的污浊空气排到工事外称为排风。用作排风的系统称之为排风系统。

排风系统是由排风房间的排风口、排风消声器、排风机、密闭阀门、洗消间中有关的通风设施、排风扩散室（或活门室）、防爆波活门以及连接这些设备的通风管道所组成。

1. 丙级防化人员掩蔽部排风系统的组成

防化级别为丙级的工程目前只有二等人员掩蔽工程。各出入口只设一道防护密闭门、一道密闭门，组成一个防毒通道（或密闭通道）。洗消间应由脱衣间、淋浴间和检查穿衣间组成。其排风系统见图 2-7。下面对其相关问题做一讨论。

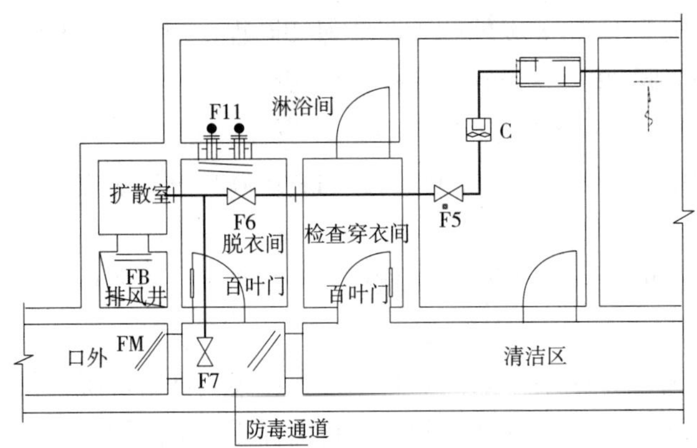

B＼A	开阀门	关阀门	排风机	
清洁式通风	F5、F6	F7	C	
隔绝式防护		F5、F6、F7		C
隔绝式通风		F5、F6、F7		C
过滤式通风	F7	F5、F6		C

F5~F7-密闭阀门；F11-自动排气活门；
FB-防爆波活门；
FM-防护密闭门；MB-密闭门

图 2-7　二等人员掩蔽部的排风系统

问题一：图 2-7 为什么要设全身洗消的洗消间，而不是《人民防空地下室设计规范》GB 50038—2005 中的图 5.2.9 设简易洗消间？

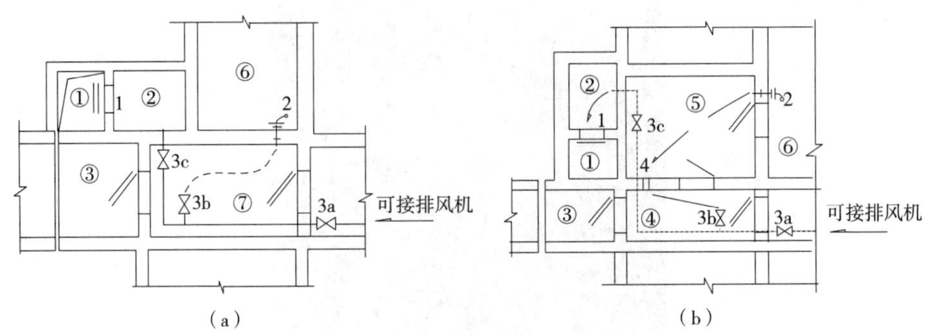

图 2-8 《人民防空地下室设计规范》GB 50038—2005 图 5.2.9
（a）简易洗消设施置于防毒通道内的排风系统；（b）设简易洗消间的排风系统
①—排风竖井；②—扩散室；③—染毒通道；④—防毒通道；⑤—简易洗消间；
⑥—室内；⑦—设有简易洗消设施的防毒通道

设洗消间的目的是为从染毒区来的人员进入工事清洁区之前进行洗消。“人员由染毒区进入工事时，不但有染毒空气被人员和装具带入，还有服装吸附毒剂的带入。试验证实，人员由染毒区经过三个防毒通道进入工事后，在服装表面上（的确良单军衣）的空气中达到 10^{-4}mg/L 数量级的毒剂浓度；距衣服表面 1m 处的空气中达到 10^{-5}mg/L 数量级的毒剂浓度，当进入工事人员较多时，服装带入毒剂可以很快在工程内造成危险浓度。”[2] 在空气中，沙林蒸气浓度在 5×10^{-4}mg/L 条件下，2min 就可使人缩瞳。可见服装带入毒剂危害是严重的，在进入清洁区之前只局部擦洗，不采取更换染毒衣服、帽、鞋和袜的措施，清洁区将成为染毒区，会给掩蔽人员的生命带来严重危害。目前这种简易洗消间没有全身洗消和更衣的功能及相应物资准备，是不符合防化要求的。简易洗消间是专对二等人员掩蔽部而设的，二等人员掩蔽部情况很复杂，掩蔽人员多，人员居住分散、难以组织，男女老幼行动迟缓，室外空气早已污染仍然会有人到来。这些人中也有抢险、战斗和指挥人员最牵挂的家人。因此，二等人员掩蔽部不考虑洗消和更衣既不合理，也不公平，应设全身洗消的洗消间。1980 年以前的《人民防空地下室设计规范》GBJ 38—1979 图 7（即图 2–9）就是全身洗消式的洗消间。

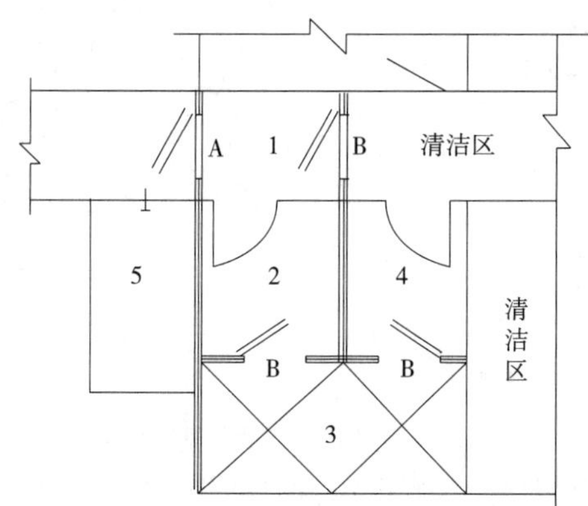

图 2–9 《人民防空地下室设计规范》GBJ 38—1979 图 7
A—防护密闭门；B—密闭门；1—防毒通道；2—脱衣间；3—淋浴间；4—穿衣间；5—扩散室

这个修改过大，尤其是图 2–8（a）防毒通道是染毒区，人员在染毒区擦洗之后，穿着染毒衣物、带着染毒空气直接进清洁区是极不符合防化要求的。

问题二：图 2–8 密闭阀门 3b 设在 3a 和 3c 之间，图 2–7 阀门 F7 设在 F6 与活门室之间，哪种形式更合理？

图 2–8 是《人民防空地下室设计规范》GB 50038—2005 推荐的，从防化的角度来看，是不合理的，而且为系统统一控制带来麻烦。图 2–7 与《人民防空工程防化规范》RFJ 013—2010 图 5.2.3 一致，它是从国防工程设计规范引入的，是经典形式。滤毒通风时，超压排风的气流经过穿衣间、淋浴间、自动排气活门 F11、脱衣间、防毒通道、密闭阀门 F7、扩散室（活门室）、防爆波活门并由风井排到室外。从防护密闭的角度看，F7 与自动排气活门 F11 及下方的密闭门也构成了超压排风路径上的两道密闭措施。建议新的《人民防空地下室设计规范》排风系统应统一为图 2–7 的形式，这样操作简单，有利于通风方式转换控制全国统一化。

问题三：图 2–8 中注明："可接排风机"，是不是可以不设排风机？

《人民防空地下室设计规范》2003 年版的这幅图没有"可设排风机"字样，是 2005 年新版中才加上的。在封闭的人防工程中，没有排风机作动力，厕所不设排风口和管道，干厕的臭气会在工程内蔓延，这显然不允许。因为这个错误太明显，实际工程基本都设了排风机及其系统，避免了规范的不足。

2. 防化乙级人员掩蔽工程排风系统的组成

防化乙级工程所包含的类型较多，如一等人员掩蔽部、防空专业队、生产车间、被服仓库、医疗救护工程、通信站、食（药）品供应站等。防化乙级工程与防化丙级工程所不同的是战时人员主要出入口设置两个防毒通道。它的排风系统参见图 2–10，下面对其相关问题进行讨论。

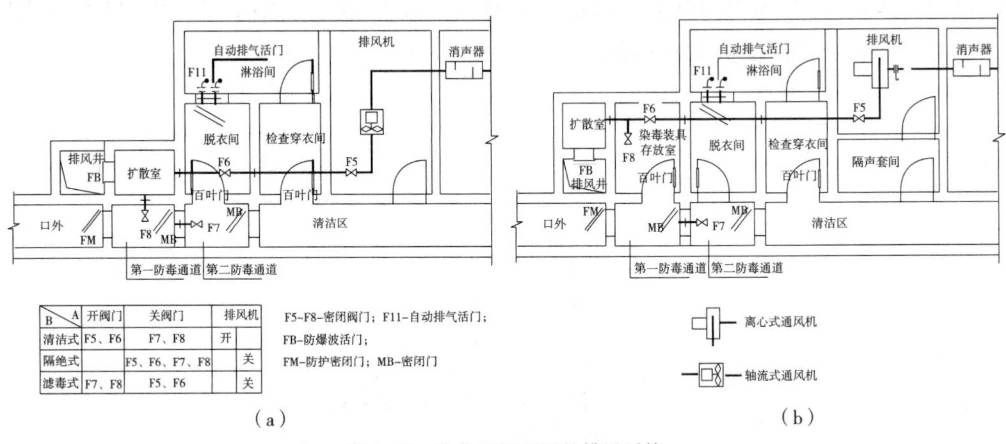

B＼A	开阀门	关阀门	排风机	
清洁式	F5、F6	F7、F8	开	
隔绝式		F5、F6、F7、F8		关
滤毒式	F7、F8	F5、F6		关

图 2–10　防化乙级工程的排风系统

（a）一般乙级工程的洗消间；（b）设有染毒装具储藏室的乙级工程洗消间

问题一：《人民防空地下室设计规范》GB 50038—2005 第 3.1.7 条和图 3.3.23 洗消间平面图及《人民防空工程防化设计规范》RFJ 013—2010 第 6.1.2 条与图 9.2.2–2 都把淋浴间和穿衣间划入染毒区，见图 2–11（a）。而本文此处把这两个房间划入清洁区，如图 2–11（b）所示，有什么依据？

这应从以下两个方面来回答：

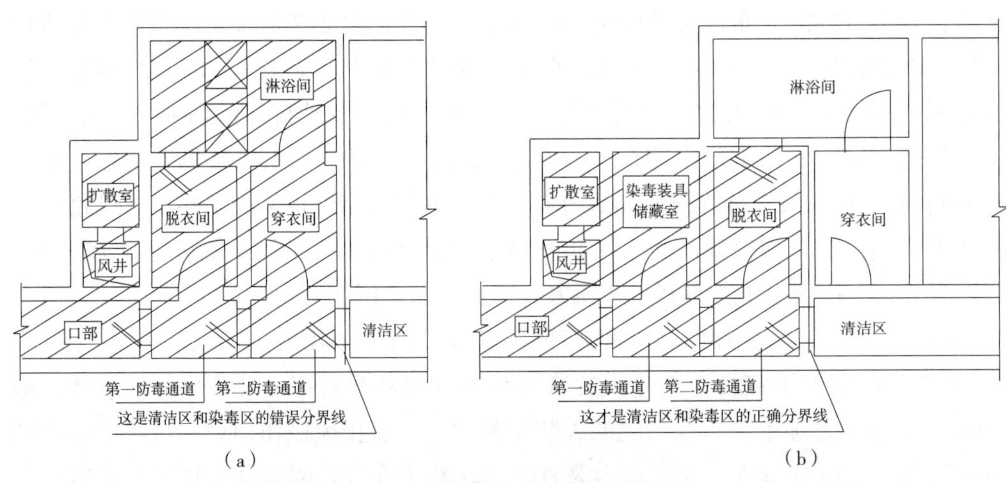

图 2–11　防化乙级工程洗消间的布置

（a）规范图示；（b）应改为的图示

（1）《人民防空工程防化规范说明》（1984 年 9 月版）第 3–3 条确切说明："脱衣间是脱去染毒衣服并将其装入塑料袋的地方，这会造成房间内污染，因此是污染区。淋浴间人员刚进入时带进一些毒气，随着洗消和排风换气的进行，逐渐变为清洁，基本算作清洁区。""检查穿衣间是清洁区，是不允许污染的。"这是洗消间设计的基本原则，见图 2–11（b）。而图 2–11（a），让人员在染毒区洗消，人员洗消中及洗消后都处于染毒状态，而且穿衣间储备的衣服也是染毒的，穿上染毒衣物直接进入清洁区显然是不允许的，它不符合上述洗消的基本原则，也达不到洗消的目的。

（2）不可把国防工程图示不加分析地套用到普通的人防工程中。图 2–11（a）的形式是为了高等级工程战时人员主要出入口进行局部超压排风而后加的一道密闭门，淋浴间和穿衣间是按清洁区设计的。不可误认为主要出入口就应该比次要出入口多一道门，就应该把淋浴间和脱衣间设在染毒区。

"因每道门和每个防毒通道都是一道关口。"[2] 同一个工程的各个口部，其关口数量应相等，这样才能保证隔绝防护能力相等，因为隔绝式防护是人防工程的基本防护方式。

乙级防化的人防工程，次要出入口的密闭通道数量应按 2 道设置，与主要出入口的防毒通道数量要求一致，这样隔绝防护能力才能相同。《人民防空地下室设计规范》GB 50038—2005 表 3.3.20 和《人民防空工程防化设计规范》RFJ 013—2010 表 4.2.3 中主要出入口的防毒通道数量是 2 个，而次要出入口的密闭通道数量是 1 个，即乙级防化的人防工程战时主要出入口的防毒通道数量和次要出入口的密闭通道数量不匹配。鉴于乙级防化的医疗救护工程、防空专业队队员掩蔽部、一等人员掩蔽所、食品站、生产车间、区域供水站等工程，均为战时防护体系的重要保障工程，需要重点防护，应将次要出入口的防化等级由丙级提升至乙级，与主要出入口相同，否则不符合防化的基本原则。

问题二：《人民防空地下室设计规范》GB 50038—2005 图 5.2.9（c）设洗消间的排风系统见图 2–12（a），与图 2–10 的排风系统为何差别明显？

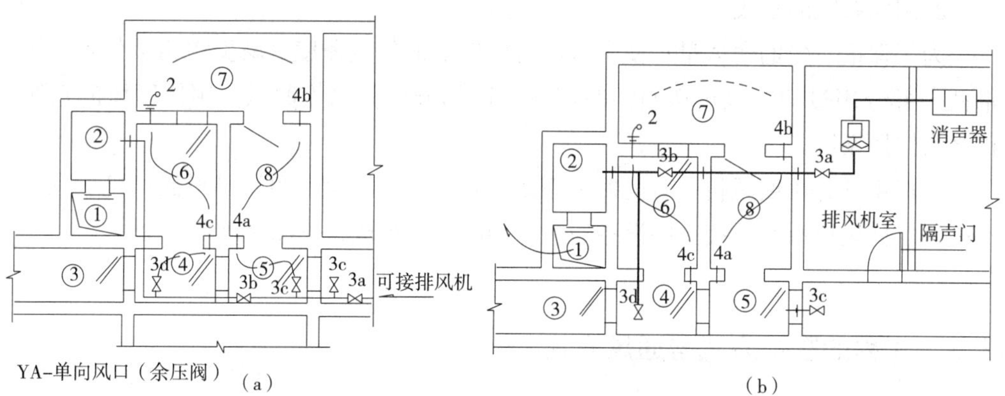

图 2–12　防化乙级工程规范图示与设计院常规设计图示的差别
（a）规范图 5.2.9（c）；（b）设计院常规设计图示
①—排风井；②—排风扩散室；③—防护密闭门外的口部通道；④—第一防毒通道；⑤—第二防毒通道；⑥—脱衣间；⑦—淋浴间；⑧—穿衣间

规范图 5.2.9（c）的排风系统不适宜作为规范的图示，尤其排风系统是不能没有排风机的，而且阀门设置也很不直观。目前设计院的常规设计如图 2-12（b）所示，这种图示思路清晰、简易、直观，应这样进行设计。

问题三：排风机应选用离心式风机还是轴流式风机？

实际工程应选哪种应作以下全面分析：

（1）轴流式风机

①优点：可以直接安装在管道上，安装方便，占用空间小，对于系统阻力变化不大的系统可以采用，因为目前工程中排风系统阻力波动不大，所以选用轴流式风机作为人防工程排风系统的排风机最普遍。

②缺点：最高效率区域较窄，风机 $L=f(H)$ 特性曲线在最高效率点两侧工作点容易出现跳动，当系统阻力变化较大时，它的工作点不稳定，所以不适宜作进风机，尤其不适于作滤毒式进风机。

（2）离心式风机

①优点：性能稳定、最高效率区工作范围宽；安装在地面上，操作、维护方便。

②缺点：占用空间大、安装较麻烦。重要工程的排风系统宜选用离心式风机。

2.2.3 送风系统和回风系统的组成

在人防工程中，被服仓库、医疗救护工程、核生化监测中心、通信站、食（药）品供应站等工程都设有空调送风系统和回风系统。

1. 送风系统的组成

将空调设备处理过的空气送到人员活动的空调房间，这个过程称之为送风。用作送风的系统称之为送风系统。

送风系统是由空调室中的空调设备、送风机、送风消声器、送风房间的送风口以及连接这些设备的管道和阀门所组成，见图 2-13。

2. 回风系统的组成

为了保证一定的送风量，使工作区有较舒适的气流速度、减少空调负荷和节能，常把一部分用过的空气再送回到空调器，这部分风称之为回风。用作回风的系统，称之为回风系统。

回风系统是由回风机（有的回风系统较短、阻力不大，可以不设回风机）、回风消声器、回风口以及连接这些设备的管道和阀门所组成，见图 2-13。

2.3 工程的防护方式与通风方式

本节专门讨论人防工程战时的防护方式和通风方式。战时有清洁式防护、隔绝式防护和过滤式防护三种防护方式；相应也有清洁式通风、隔绝式通风和过滤式通风（俗称滤毒式通风）三种通风方式。

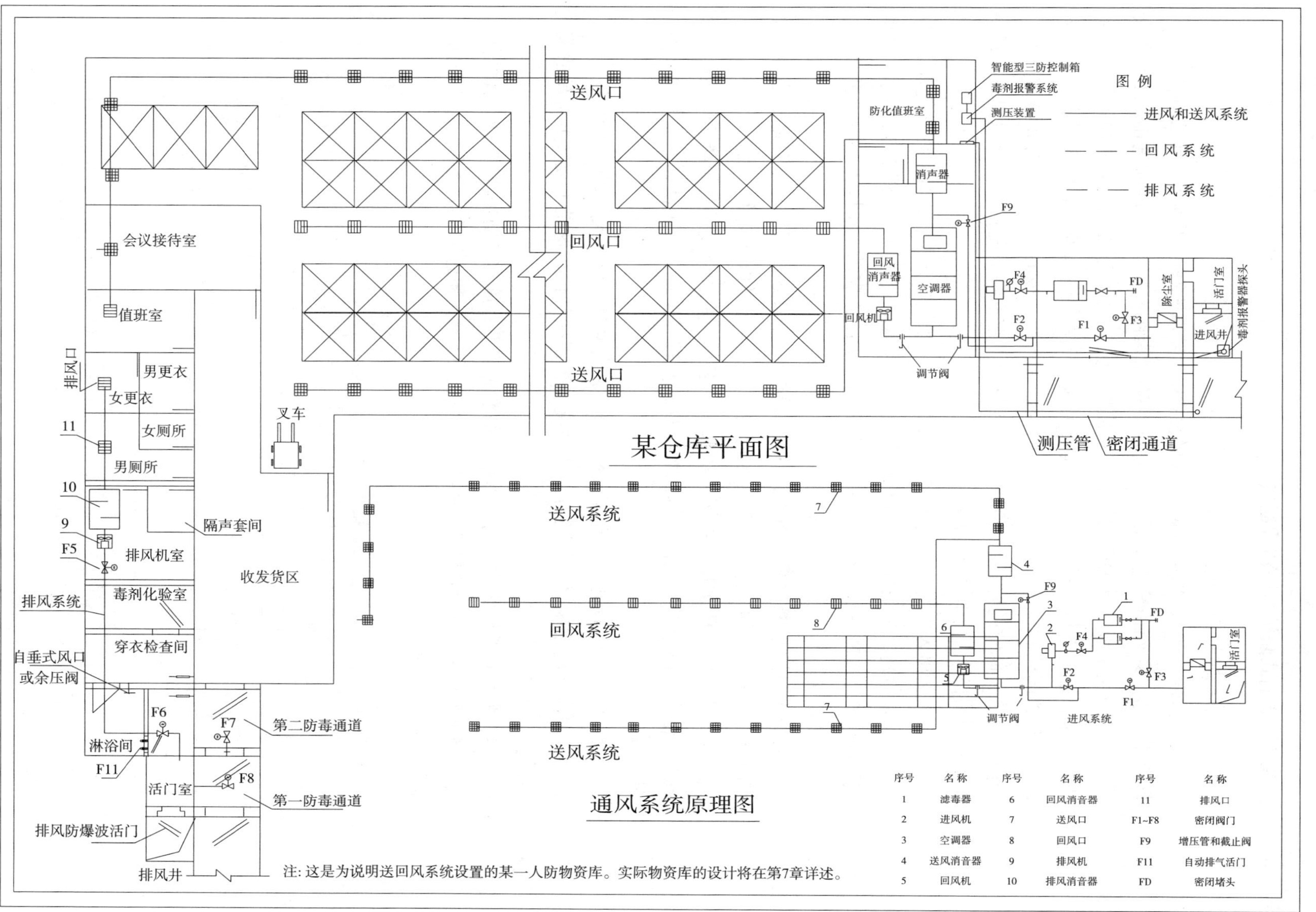

图 2–13　进、排、送、回风系统的组成

2.3.1　清洁式防护与清洁式通风

1. 清洁式防护与清洁式通风的概念

（1）战时，平战功能转换工作已经结束，工事所在地可能要遭到敌人核、生、化武器袭击。接到预警通报后，人员开始有组织地进住工事，战时进排风系统的防爆波活门的底座板必须关闭锁紧，依靠底座板上的孔洞进排风，给防爆地漏、水封井注足水，通过超压试验最后一次检查工程的气密性，堵塞所有的漏风孔洞，出入口的防护密闭门和密闭门有人员出入时要随手关闭，战时进排风系统正常进行清洁式通风换气，此时的防护状态就是清洁式防护。它的特点是：人员可以出入，通风系统和给水排水系统继续运行。

注意人员出入口的门、通信室和防化值班室要有人值守，此时室外空气未染毒。

（2）工事转入清洁式防护之后的通风称之为清洁式通风。如图 2–14 所示，此时应开阀门 F1、F2、F5 和 F6 及 Fa，其余阀门应关闭，启动进风机 A 和排风机 C。

2. 人防工程转入清洁式防护应做的工作

清洁式防护是最重要的防护，它是隔绝式防护和过滤式防护的基础。通风专业和防化专业人员必须知道，工程转入清洁式防护，应做以下工作：

（1）首先应关闭主体进排风系统和电站进排风系统及排烟系统防爆波活门的底座板，依靠底座板上的孔洞进排风和排烟；检查悬摆板是否灵活，并为其铰页添加润滑油。

（2）各出入口的防护密闭门和密闭门应有人值守，出入人员要随手关门。

（3）检查过滤吸收器与滤毒通风系统是否连接到位，这是平战转换容易遗漏的项目。

（4）为水封井注足水，将防爆地漏的漏芯旋下并旋转到防护位置，然后注足水。

（5）工程中防化、通风、给水排水、电气（自控）和通信系统全部转入战备状态，各专业必须明确值守人员。

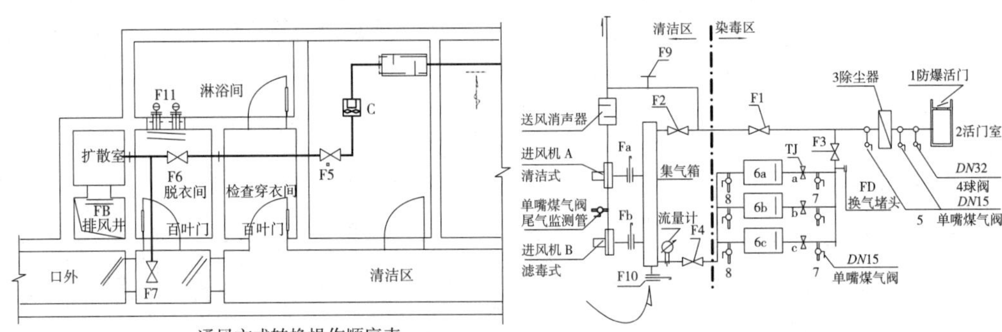

通风方式转换操作顺序表

	开阀门	关阀门	进风机 开	进风机 关	排风机 开	排风机 关
清洁式	F1、F2、F5、F6、Fa	F3、F4、F7、F9、F10、Fb	A	B	C	
隔绝式	F9、F10、Fa	F1~F7、Fb、F11	A			C
滤毒式	F3、F4、F7、F9、Fb、F11	F1、F2、F5、F6、Fa	B	A		C

F1~F7–密闭阀门；F11–自动排气活门；Fa、Fb–进风机启动阀兼风量调节阀

图 2–14　防化丙级工程进排风系统原理图及通风方式转换控制表

（6）堵塞所有的漏风孔洞，通过超压试验最后一次检查工程的气密性。

（7）战前组织机构要健全，每个防护单元平战功能转换工作要到位。要划分各单位掩蔽位置，进驻后要尽快进入有序的休息状态。转入清洁式防护之后，防化分队准备检测，青壮年小分队准备处理突发事件，医务分队准备处置突发病号，在室内排风口下方设置临时隔离病房。

（8）各专业操作人员要熟悉本专业的操作程序等。

2.3.2　隔绝式防护与隔绝式通风

1. 隔绝式防护与隔绝式通风的定义

（1）隔绝式防护：在清洁式防护的基础上，关闭进排风系统上的风机和密闭阀门及水系统上的防护阀门和排污泵，同时关好各出入口上的门，利用工事壳体本身的密闭性和气密措施使内外隔绝，将冲击波和放射性沾染或毒剂或生物战剂阻挡在工事外的防护，称之为隔绝式防护。

它的特点是：关风机、关阀门、关各种孔口的门、排水系统的地漏和水封要注足水，使内外没有空气和水的交换，也无人员出入。

（2）隔绝式通风：工事转入隔绝式防护之后所进行的内循环通风称为隔绝式通风。

它是利用工事内部的空气维持掩蔽人员生活，开启回风插板阀 F10 和增压管上的球阀 F9，启动清洁式进风机 A，然后打开启动阀门 Fa，形成工事内部空气循环，见图 2-14。

它的特点是：保证工事壳体密闭的条件下，开清洁式进风机进行内部空气循环。

（3）两者的区别：前者是一种防护措施，在这种措施完成之前，必须关闭风机、水泵和通风及给水排水系统的防护密闭阀门；后者是在工事转入隔绝式防护之后，检查一切气密措施无误的条件下，进行内循环的通风方式。两者是性质不同的两件事，不能把隔绝式防护与隔绝式通风等同起来，隔绝式通风是寓于隔绝式防护之中的。对只设有自然通风系统的工事，就很难进行隔绝式通风，但是可以转入隔绝式防护。一般说来，只有安装机械通风系统的工事，才能进行隔绝式通风。

2. 转入隔绝式防护应做的工作

在清洁式防护期间。报警器发出报警信号：

（1）在三防控制箱上，立即按下转入隔绝式防护的按键；

（2）立即关闭人员出入口的门；

（3）立即关闭工程主体进排风系统的进排风机和密闭阀门；

（4）立即关闭排污水泵和给水管上的防爆阀门；

（5）检查各口部是否关闭和密闭，这是保证工程安全的关键；

（6）防化分队开始取样化验，查明室外污染情况如污染物种类、浓度、性质，报告指挥室。

3. 转入隔绝式防护的时机

工事处在以下情况时，应转入隔绝式防护：

（1）敌人将对该地域实施核、生、化武器袭击，警报器发出报警信号时，或发现外界空气受到污染时；

（2）工事外处于大面积火灾时，因为此时 CO_2 和 CO 浓度过高，过滤吸收器不能有效过滤此类有害物；

（3）除尘滤毒器材失效时；

（4）通风孔口被堵塞，无法进、排风时；

（5）确认该地遭到温压弹袭击时，此时大面积缺氧，进风会恶化室内空气环境；

（6）电源遭到破坏时。

4. 转入隔绝式通风的时机

隔绝式防护是把工事与外界连通口上的门和通风系统上的密闭阀门及水系统的防护阀门全部关闭，把防护密闭隔墙和密闭墙上的穿墙管孔等漏气部位全部封堵，排水系统的水封井注足水，防爆地漏注水并将其漏芯下降至防护位置然后旋紧，确保工事壳体的密闭。实践证明这是一个细致而繁杂的操作、测试和完善的过程。

注意：只有确实完成上述密闭措施之后，才可以根据需要，转入隔绝式通风。并非拉响警报、马上就可以转入隔绝式通风。因为隔绝式通风运行时，送风口区域是正压，回风口区域是负压，回风口是处在次要出入口部，不做好密闭工作负压区会向内流入染毒空气。所以必须确认一切无误后，才可以进行隔绝式通风。

2.3.3　过滤式防护与过滤式通风

过滤式防护与过滤式通风是两个有联系但又不同的概念。

过滤式通风是在良好隔绝的情况下，为满足工程使用的需要，如有人员出入保障工事超压和防毒通道换气要求，或工程隔绝时间、隔绝居住时间到了，有内部空气品质改善的要求等，在过滤式防护条件下，开启过滤通风系统，进行有组织的进排风，滤除进风中污染物，送入清洁空气供工程内人员使用。

而过滤式防护是要求过滤式通风时，先弄清室外污染物种类、浓度和性质之后，确认该滤毒器可以过滤，且浓度并不太高的情况下，根据工程当时防护的需要，利用工程的过滤式通风系统，在工程防化信息的指导下，有效地组织进、排风，实时监测空气滤除的质量，供给工程内部人员新风，排除有毒有害气体，改善工程的空气品质，以保证内部人员正常生活与勤务活动的一种防护方式。

工事所在地域遭到敌人的核、生、化武器袭击后，空气受到污染，工事首先转入隔绝式防护，根据准备的情况适时转入隔绝式通风。当工事必须从外界进风时，开启增压管上的阀门 F9、开启密闭阀门 F3、F4，然后启动过滤式通风系统的进风机 B，慢慢开启滤毒式进风机的启动阀 Fb，使污染的空气经过除尘滤毒设备，观察流量计的流量，达到设计流量时，固定启动阀 Fb 的开度。

注意：要同时打开密闭阀门 F7 并解开自动排气活门 F11 的拌闩，阀板能灵活转动后，操作程序正式完成。将过滤后的空气送入送风房间。用过的废气靠全工事超压排风系统排出工事，见图 2–14。

过滤式通风包含滤毒式进风系统不断进风和超压排风系统不断排风的连续过程。

1. 转入过滤式通风的时机

（1）当工事隔绝了一定时间之后，室内空气中 CO_2 浓度上升到规定标准，并且人员感到再继续隔绝难以忍受时；

（2）毒剂沿口部缝隙进入工事，将要威胁人员的生命安全，最后一道密闭门内侧毒剂监测仪发出报警信号时；

（3）有人员急需进出工事，需要造成工事内一定的超压，并为防毒通道进行通风换气，以便排出人员带入防毒通道的染毒空气时。

注意：工事转入滤毒式通风之前，应弄清工事外遭受袭击的状况，毒剂的种类、性质、浓度，确定该滤毒器可以过滤的毒剂。待初生云团过后，方可转入滤毒式通风。在敌人实施化学袭击的地域，立刻形成高浓度的初生云团，此时对人员的杀伤性很强，如果在这种情况下转入滤毒式通风，对过滤吸收器是很不利的。因为过滤吸收器的滤毒能力是有限的，空气中毒剂浓度过高，将缩短过滤吸收器的有效过滤时间。初升云团在有风的天气，一般持续时间较短，进风口只要不在爆炸点的下风向，可根据情况掌握通风时机。该过滤吸收器对放射性灰尘和生物战剂气溶胶的过滤效率 $\geqslant$ 99.999%。

2. 对过滤式通风的操作要求

（1）以图 2–14 为例，在启动滤毒式进风机之前，应先关闭启动阀 Fb，空载启动滤毒式进风机 B，然后慢慢开启阀门 Fb，调节插板阀 Fb 的开度，观察流量计，达到设计流量即停止调节，固定插板的位置，启动阀 Fb 是最便捷的风量调节阀。

（2）过滤式通风时的通风量应严格控制在过滤吸收器的额定风量范围内，否则由于风量的增加而提高了通过吸收层的速度，缩短了吸收时间，会降低过滤效果，造成尾气过早超标；一旦误操作，也不必慌，这种因为过量超标不等于吸收器失效，改为小风量可能不超标，只有在设计风量时也超标，才可判定为过滤吸收器失效。

（3）转入过滤式通风时，先用小风量进风，检查过滤后的空气中毒剂是否超过了允许浓度以判断滤毒器材是否失效。

注意：

① 当地面处于大面积火灾时，地下工事即使隔绝时间到了，也不能转入滤毒式通风。因为此时地面空气中 CO 和 CO_2 浓度过高，一般过滤吸收器对 CO 和 CO_2 的防护能力较差，这种空气进入工事后，将迅速恶化工事内的空气环境。

② 该处遭到温压弹袭击后，会导致该地域缺氧，也不可转入过滤式通风。

2.3.4　隔绝式防护与三种通风方式转换顺序

隔绝式防护和通风方式的转换顺序，受到战况变化的影响，有多种可能，见图 2–15。

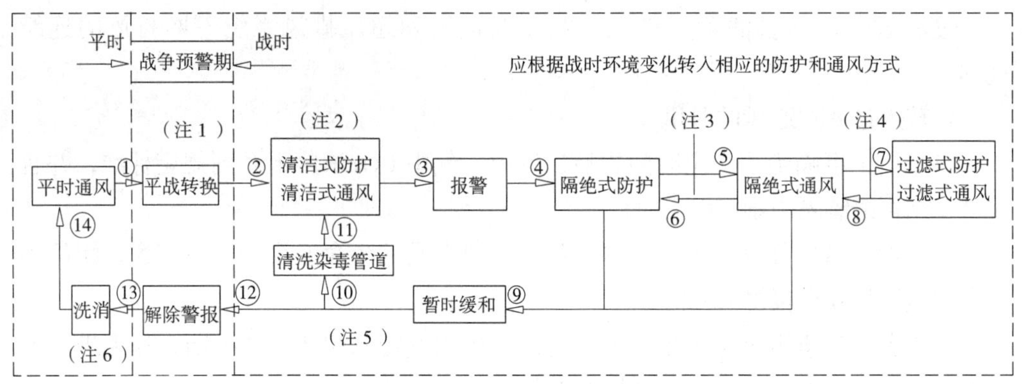

图 2–15 通风方式的转换顺序

图中注 1：①战争预警期："从发现敌人对我准备发动侵略战争的征候起，到该地转入战争状态时的一段时间。一般说来，先宣战后交兵的战争，预警期较长；不宣而战的战争，预警期较短。现代战争条件下，战争的突然性、隐蔽性进一步增大，预警期更短。"[3] ②平战转换期：《人民防空工程防护功能平战转换设计标准》RFJ 1—1998 第 2.0.1 条规定："早期转换应在 30d 内完成物资、器材筹措和构件加工；临战转换应在 15d 内完成后加柱安装和对外出入口及孔口的封堵；紧急转换应在 3d 内完成防护单元连通口的转换及综合调试等工作，达到战时的使用要求。"经过 48 天的改造工作，工程应由平时功能完全转为战时功能，达到原设计要求的标准。这个期间称为平战转换期。它一般含在预警期间内，48 天是一个预限期，随着战况的变化，它将是随时调整的。

注 2：人防工程平战功能转换完成后，不一定立即转入清洁式防护和清洁式通风。战争的情况是难以预料的，我国幅员辽阔，中华人民共和国成立以来几次战争都是边境上的局部战争，进入战争准备的只有边境的几个省份的部分城市，如 1950 年抗美援朝战争，只有靠近朝鲜的东北三省的部分城市受到战争的骚扰；1962 年中印边境自卫反击战也只有西藏和新疆的边境地区进入战备状态；1979 年对越自卫反击战也只有广西和云南的边境地区进入战备状态。平战功能转换完成是准备就绪，何时人员进驻视战况的发展来决定。

注 3：①只有确认完成隔绝式防护密闭措施之后，才可以根据需要，转入隔绝式通风。因为隔绝式通风运行时，送风口区域是正压，回风口区域是负压，回风口是处在次要出入口部，不做好密闭工作负压区会进毒，所以必须确认一切无误后才可以进行隔绝式通风。②转入隔绝式通风之后，次要出入口的门缝可能仍然漏毒，等待处理时，需要返回隔绝式防护，所以此处有反向箭头。

注 4：毒剂浓度超标、CO_2 浓度超标或者有人员出入工事，此时需要转入过滤式通风。当空气环境改善或者人员出入完毕，还应返回隔绝式通风或者隔绝式防护。过滤式通风是间歇运行的，以便使过滤吸收器更好地发挥其作用，工程可以延长掩蔽时间。

注 5：室外空气证明已经无污染，本地战事稍有缓和，警报暂时解除时，必须对染毒的进风竖井和通风管道、口部有限地域进行洗消，划出安全边界，供掩蔽人员活动。

注 6：解除战争威胁转入平时通风之前，必须进行全面消毒和消除。对于染毒的进排风井、管道进行清洗消毒，染毒设备进行更换，一切无误才可以转入平时通风：

①接到上级指令，本地进入战争预警期，人防工程要在指定的时间内完成平战转换工作；

②接到上级指令，本地进入战争状态，人员应进入工程掩蔽；

③核、生、化报警器发出本工程受到袭击、空气已经污染的声光信号；

④报警器发出报警信号，本地区的防护性质发生变化，受到敌人的核或生物或化学武器的袭击，必须立即转入隔绝式防护；

⑤转入隔绝式通风，见“注 3”；

⑥发现孔口仍然不严密、有漏毒情况，应立即转入隔绝式防护，待密闭工作完成，再转入隔绝式通风；

⑦满足“注 4”所说的某种情况可转入过滤式通风；

⑧人员出入完毕或者室内空气质量转好时，可转回隔绝式通风；过滤式通风是间歇运行的，这样可以延长工程防护时间和提高过滤吸收器的防护能力；

⑨在隔绝式防护或者在隔绝式通风期间接到上级第一次袭击过去的指令，此时出现缓和阶段，但是战争危险并未解除，工程可以转入清洁式通风；

⑩转入清洁式通风之前，必须对染毒的进风竖井和染毒的管道进行消毒，同时对出入口和人员活动场地进行洗消，划出安全边界，以便人员活动；

⑪ 洗消完成，确认无误，可以转入清洁式通风；

⑫ 接到上级指令，解除战争警报；

⑬ 要全面进行战后洗消；

⑭ 转入平时通风。

2.3.5 延长工事隔绝防护时间的措施

1. 加强工事壳体本身的气密性

由于人防工程有多种孔口，它们的密闭性直接影响工事是否漏毒和工事的隔绝防护时间。所以《人民防空工程防化设计规范》RFJ 013—2010 要求工事出入口的漏气量 $V \leqslant 0.1W$（W 为防毒通道的容积，两个以上防毒通道时，为最小防毒通道的容积，单位为 m^3）[4]。

工程验收和气密性检测表明漏风点是可查可堵的，必须严格要求，达到上述标准之后才可验收。

人防工事在竣工时和临战转换完成时，均应做好密闭性处理，检查的标准是口部漏风量 $V \leqslant 0.1W$。口部密闭的核心是门的密闭性，门的漏气量不能超过《人民防空工程防护设备产品与安装质量检测标准》RFJ 01—2021 的要求。竣工验收时，第三方检查单位和密闭门的生产厂家必须提供口部密闭测试报告，并做现场复验，这是工程验收最重要的环节。

要特别注意：有的测试单位以为按滤毒式进风量进风时，室内能达到规定的超压值和防毒通道满足规范要求的换气次数，口部密闭就算合格，这是错误的。口部和门小于允许漏气量是必须满足的指标，后者是反应整体工程气密性的，也是必须满足的指标，两个指标必须同时满足才算合格。

2. 减少 CO_2 发生量和 O_2 消耗量

掩蔽人员的活动量和生活行为直接影响 CO_2 浓度的升高和 O_2 含量的降低，它关乎人员在工事内可生活的时间，延长隔绝防护时间的措施是尽量减少 CO_2 发生量和 O_2 消耗量。工事中 O_2 含量的降低和 CO_2 浓度的增加，主要是由于人员呼吸（人员呼出的空气中 O_2 含量降低到 16.3%，CO_2 浓度增加到 4%）和物体燃烧所造成的，具体措施如下。

（1）尽量减少工事内人员活动量

我们从表 2–4 中可以看出，处在不同工作状态的人，所呼出的 CO_2 量和消耗的 O_2 量是不同的。睡眠和休息状态的人，每人每小时呼出 16L CO_2；做体力劳动的人，每人每小时要呼出 50~100L CO_2，而耗氧量也相应的增加。同样大的空间体积，睡眠和休息的人生活 5h，劳动着的人只能生活 1h，所以在人防工事中的掩蔽人员除非必要，应减少活动。

人员工作状态与呼出 CO_2 量及耗氧量的关系 表 2–4

工作性质	呼出 CO_2 量 [（L/h）· 人]	耗氧量 [（L/h）· 人]
睡眠（安静）	16	20
一般脑力劳动者	20~25	25~30
紧张的脑力劳动者	30	35
不同程度的体力劳动	50~100	60~120

实测表明，一般 CO_2 浓度上升 1%，O_2 含量相应地下降 1.15%~1.20%。因此，为满足人员正常生活，需要通风换气。CO_2 和 O_2 浓度变化对人员的生理影响参见表 2–5 和表 2–6。

CO_2 浓度增加对人员的生理影响 表 2–5

吸入空气中的 CO_2 含量（%）	在标准大气压下的影响
0.03	常态空气
0.05	8h 内没有有害影响
1.0	呼吸较深，肺换气量稍微增加
2.0	呼吸较深，肺换气量增加 50%
3.0	呼吸较深，不舒服，肺换气量增加 100%
4.0	呼吸吃力，速率加快，相当不舒服，肺换气量增加 200%

续表

吸入空气中的 CO_2 含量（%）	在标准大气压下的影响
5.0	呼吸极端吃力，剧烈头痛，恶心，肺换气量增加 300%
7.0~9.0	容忍限度（个别人可能发生昏迷）
10.0~12.0	失调，瞬间失去知觉
15.0~20.0	症状增加，时刻有致命危险
25.0~30.0	呼吸减少，血压下降、昏迷、失去知觉，时刻有致命危险

O_2 不足对人员的生理影响　　表 2–6

吸入空气的含 O_2 量（%）	在标准大气压下的影响
21	常态空气
17	潜水艇的最小设计浓度，没有不利的影响
15	没有直接有害的影响
10	眩晕，呼吸短促、深而较快，脉搏加快
7	昏迷
5	最小的生存浓度
2~3	瞬息间死亡

（2）应避免因吸烟、燃点灯烛消耗 O_2 和增加 CO_2 浓度

一支烟能产生 80mL 的 CO，掩蔽人员是绝不可吸烟的。一支灯烛的耗氧及产生 CO_2 气量参见表 2–7。

灯烛耗氧与排放 CO_2 量　　表 2–7

灯光种类	消耗 O_2 量（L/h）	放出 CO_2 量（L/h）
蜡烛	20.5~28.4	14.5~21.2
带罩煤油灯	19.2~19.9	11.7~14.7
无罩煤油灯	17.0	10.0~11.7
花生油灯	11.3~13.3	7.9~9.3

实践证明，对掩蔽人员做好思想和组织工作，减少活动量（尽量少走动，工事内禁止吸烟，不用或少用燃点性的灯、烛等）及合理利用有效空间是延长隔绝时间的重要方法。

3. 降低室温提高隔绝人员的耐受力

军事医学科学院的实验成果说明，室温升高时人员对 CO_2 的耐受力明显降低，室温降低其耐受能力增加，参见表 2–8。

空气温度、CO_2 浓度与人生理耐受力的关系　　表 2–8

人员生理变化			明显改变	突然增大	剧烈改变
空气温度（℃）	13.2	CO_2 浓度（%）	3.26	4.55	5.08
	27		2.30	3.40	4.60

从表中可以看出，室温为 13.2℃、CO_2 浓度为 3.26% 时，人的生理感应才发生明显变化，而当室温升高到 27℃时、CO_2 浓度为 2.30% 时，人的生理就有上述相同的感应。

由于同一埋深的工程，从南向北纬度增加而地温不断降低，因而室温也不断降低，人员对 CO_2 的耐受能力也是南低北高，所以有空调的工程应启动空调系统，通过通风和降温，可以延长工事的隔绝时间。

4. 通风提高隔绝人员的耐受力

上海市隧道设计研究所对无通风和有通风工程进行了比较试验，通风系统启动后，工程内人员明显感觉好得多。一是有风使人体散热加快，二是 CO_2 浓度和空气温度等参数分布得更均匀，可以提高人的耐受能力，但是换气次数等于或小于 5 次 /h 时，“人们觉不出有很明显的吹风感”，所以适当提高换气次数是非常必要的。人员掩蔽部清洁式通风机可稍选大些，工事转入隔绝式通风时，也可利用平时风机进行内循环，因为车库平时设计计算的通风换气次数一般在 6 次 /h 左右。

总之，当人防工事处于隔绝式防护时，应尽量避免 O_2 消耗或 CO_2 浓度增加等各种不利因素。注意加强通风、有空调的工程隔绝式通风时启动空调送风系统，都对延长隔绝防护时间有利。

2.4 人员掩蔽工程进风系统的设计

现有规范和教材中，人防工程进风系统有些技术要点没有体现，存在部分问题应予改进，下面结合实际工程的相关图示予以说明。

2.4.1 进风系统存在的问题及改进方法

（1）过滤吸收器出厂检测时，几乎每个过滤吸收器的初阻力都不同。RFP-1000 型过滤吸收器有的相差几十帕甚至上百帕，所以必须增设阻力平衡调节阀 TJ，通过调节才能使过滤吸收器间阻力达到平衡，参见图 2-16 和图 2-17。

（2）阻力平衡调节阀 TJ 的位置应设在测压差管 7 与过滤吸收器入口之间。

（3）过滤吸收器出口不应再设调节阀，那样不但增加了调节程序，而且增加了占地面积，也造成设备的闲置和浪费。

（4）工程竣工验收或战前做平战功能转换时，各过滤吸收器之间阻力必须调节平衡，使每个过滤吸收器测压差管 7 和 8 之间在同一风量下的阻力相等。

（5）气流通过各过滤吸收器的路程要相同,即同程。（4）和（5）两项措施缺一不可。

（6）清洁式通风管路上的密闭阀门 F1 和 F2 之间应设置增压管（一般为 $D25$ 热镀锌管）和球阀 F9，因为密闭阀门都有轻微漏气，所以将进风机出口高压的气流导入密闭阀门 F1 和 F2 之间的管道中并形成该管段超压，使阀门 F1 的漏风方向指向外，就可以防止毒剂从此漏入。图 2-1（b）清洁式进风系统上密闭阀门 F1 和 F2 之间也设有增压管，是因为隔绝式通风时，开启插板阀 F10，密闭阀门 F_1 和 F_2 处在进风机的负压段，所以也应设增压管。

实测证明密闭阀门都有轻微漏气，无论哪种形式都必须设增压管。编者曾对 *D*200~*D*800 的 21 只电动密闭阀门按《人民防空工程防护设备产品质量检验与施工验收标准》RFJ 2—1997 进行密闭实验，发现每个都漏气，口径大的漏风量大，但是经过处理后漏风量均可达到标准要求，而做到绝对密闭很难。

在工程验收中发现，电动密闭阀门关闭不到位现象十分普遍，几乎每个工程都或多或少存在密闭胶条脱落、变形、有积尘等情况。因此平战转换工作中必须认真检查整改，堵塞可能漏毒的漏洞。清洁式管道上设增压管是防止漏毒必不可少的保障性措施，而非可设可不设。

2.4.2　进风系统的经典形式

1. 防化丙级工程的进风系统

防化丙级工程次要出入口只设一道防护密闭门和一道密闭门，形成一个密闭通道，除尘和滤毒室一般合一设置，它的门设在密闭通道内。实际工程形式多样，除尘器有管式安装，如图 2-16 所示，这是某二等人员掩蔽工程实例；也有室式安装，如图 2-17 所示，是某防化乙级工程的实例。注意在下面防化乙级工程所讲的原则，也适用于丙级工程。

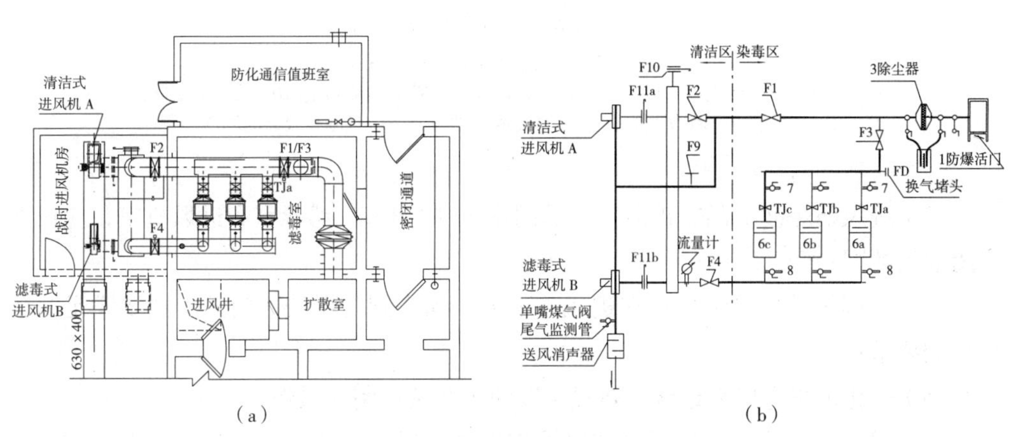

（a）　（b）

图 2-16　某防化丙级工程进风系统

（a）进风系统平面图；（b）进风系统原理图

2. 防化乙级工程的进风系统

以某防空专业队员掩蔽部为例，进风系统设两台过滤吸收器，配两台风机，见图 2-17。该工程设有内电源。

防化乙级工程进风系统所在口部设计需要建筑专业和通风专业熟悉设计原则，紧密配合。建筑专业设计人员要熟悉以下基本原则：

（1）通风系统所在口部应设第一和第二密闭通道；

（2）除尘室的门应开在第一密闭通道，滤毒室的门应开在第二密闭通道；

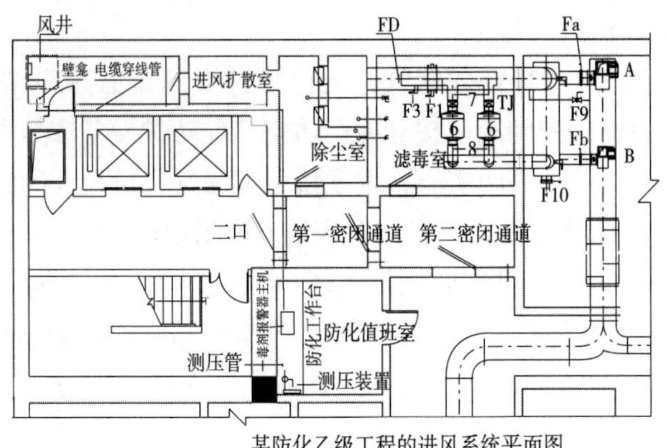

某防化乙级工程的进风系统平面图

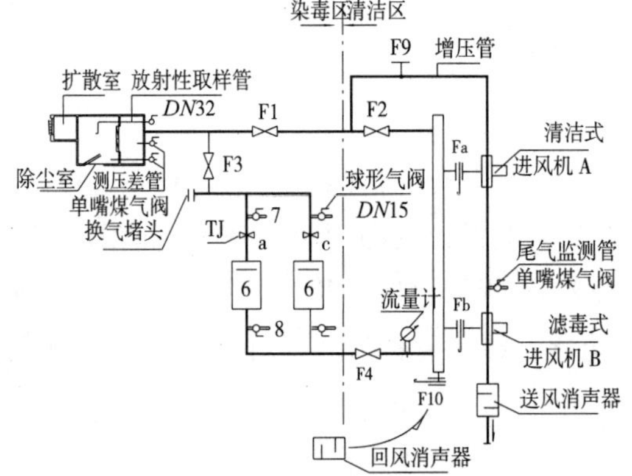

某防化乙级工程的进风系统原理图

图 2-17　防化乙级工程的进风系统

F1~F4—电动密闭阀门；FD—换气堵头；F9—增压管上的球阀；F10—回风插板阀；TJ—过滤吸收器阻力平衡阀；6—过滤吸收器；7、8—过滤吸收器的测压差管

（3）进风防爆波活门、扩散室（活门室）、除尘室、滤毒室和进风机室，应设在密闭通道的同一侧；

（4）毒剂报警器探头应设在进风井下方；探头到防爆波活门的距离要满足防化规范的要求；

（5）防化值班室应靠近该口布置，以便于系统控制与操作；

（6）根据清洁式进、排风量和电站排烟量与通风专业设计人员共同选定防爆波活门的型号，确定除尘室、滤毒室和进风机室的尺寸，图 2-16 和图 2-17 的平面图就是按上述原则设计的。

通风专业设计人员要熟悉以下基本原则：

（1）知道上述建筑专业的 6 条原则；

（2）用清洁式进风量选择防爆波活门的型号，要把清洁式进排风量和电站的进排风量及排烟量告知建筑设计师，以便选择防爆波活门；

（3）与建筑专业共同协商确定除尘、滤毒和风机室的尺寸，设计才能进行得更顺利。

防化乙级工程有些问题需要建筑专业和通风专业应共同注意：

（1）除尘室

建筑：除尘室的门开在第一密闭通道，因为除尘室的染毒程度比滤毒室重，要远离清洁区；

通风：除尘器、阻力测量管（即测压差管）和放射性取样管设计定位尺寸要合理；测压差管管端设铜质单嘴煤气阀（不是球阀，它无法与软管连接）；放射性取样管管端设球阀。

（2）滤毒室

建筑：滤毒室的门开在第二密闭通道，并且应开在滤毒室便于人员通行的位置，滤毒间的尺寸要满足管道和设备的安装要求；

通风：管路、阀门和设备布置，应注意尺寸大小要适宜操作，过滤吸收器前后管路要同程。

（3）进风机室

建筑：设在清洁区，除了尺寸应满足风机房的使用要求外，应设隔声门，医疗救护工程应设隔声套间和隔声门；

通风：风机、管道、阀门、消声器等设备布置要合理，具体尺寸与建筑专业共同商定，注意留有检修和操作的空间。

此外，除尘器管式（也叫匣式）安装和室式安装应掌握一般设计选用原则。管式安装：LWP 系列除尘器，一般为 4 个以下，采用管式安装；室式安装：一般为 5 个以上，采用室式安装。在实际工程设计中，有的建筑师根据实际面积允许，即使是 4 个除尘器也会设除尘室，如图 2–17 所示。室式安装便于检查、管理和更换，但是占地面积大。管式安装看似简便，但不易检查，竣工验收时看不到是否装反及生锈，因此在条件允许的情况下应尽量采用室式安装。管式安装存在的问题较多，详见《人防工程暖通空调设计百问百答》一书。

3. 常用进风系统和相关房间的参考尺寸

（1）设有三台过滤吸收器与两台进风机并联的进风系统

设有三台过滤吸收器与两台进风机并联的进风系统，过滤吸收器的设置有两种形式。

①三台过滤吸收器水平并联

这种形式占地面积较大，但是阻力平衡调节方便，见图 2–18。图 2–19 是某实际工程的除尘、滤毒室和进风机室的平剖面图。本工程与图 2–16 平面布置略有差别，所以图形也不同。

除尘器为室式安装时，滤毒室进风管直接从除尘室进风，见图 2–19 的 B–B 剖面。该管中心标高 H=2550mm，管道下缘高度与门扇高度应保持 100mm 的距离。设计和审图一定要核实这个尺寸，不能影响滤毒室密闭门的启闭。注意：滤毒室应选用 M0818 的门。

滤毒室的参考尺寸：4000mm × 4000mm；

进风机室的参考尺寸：4000mm × 4000mm。

缺点：a. 换气堵头 FD 距门太近；b. 进风机室应设单扇隔声门。

②三台过滤吸收器一单一双布置

三台过滤吸收器一单一双布置的系统原理见图 2-20，过滤吸收器 G2 和 G3 并联后再与 G1 并联。

滤毒室的参考尺寸：4000mm × 3500mm；

风机室的参考尺寸：4000mm × 3500mm；

要注意该工程是怎样实现同程的，见图 2-20 和图 2-21。注意：

a. 两台过滤吸收器上下布置的为同程；

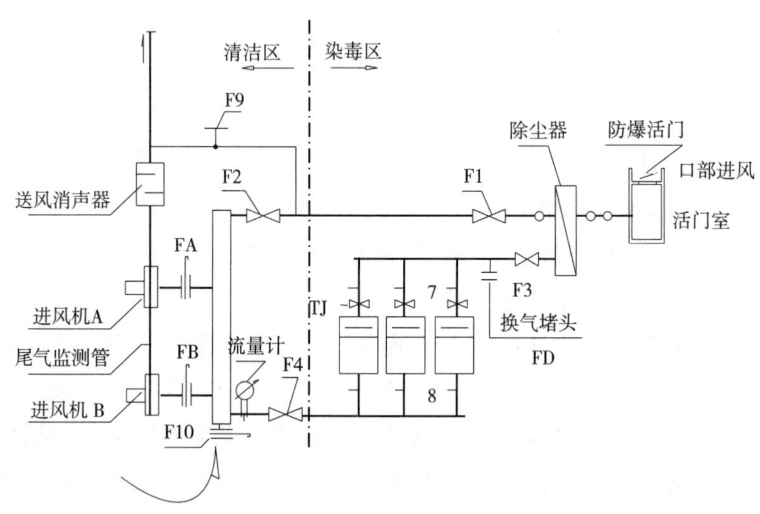

图 2-18 设置三台过滤吸收器水平并联的系统原理图

b. 两台过滤吸收器并连后再与单个过滤吸收器 G1 进行阻力平衡计算，确定两台垂直设置的过滤吸收器两端立管的直径，这个案例经计算 D=450mm。

（2）设有四台过滤吸收器两两垂直布置的进风系统

①四台过滤吸收器两两垂直布置时，滤毒室的参考尺寸：4500mm × 3500mm；

②四台过滤吸收器两两垂直布置时，进风机室的参考尺寸：4500mm × 3500mm。

设计时，要注意系统原理图与平剖面图一致，见图 2-22。

（3）几点说明

①以上均为实际工程，图形已作相应修改；实际工程图形、尺寸和计算书做到完善的不多，应力争相对完善；

②工程设计时，通风专业要与建筑专业共同研究确定除尘室、滤毒室和进风机室的尺寸；

③图中尺寸标注要完善；

④清洁式和滤毒式系统分开设置时，清洁式通风系统仍应设增压管，因为隔绝式通风时，密闭阀门 F1 和 F2 处在清洁式进风机 A 的吸气管路的负压段，密闭阀门 F1 和 F2 是漏气的，所以必须设置增压管。

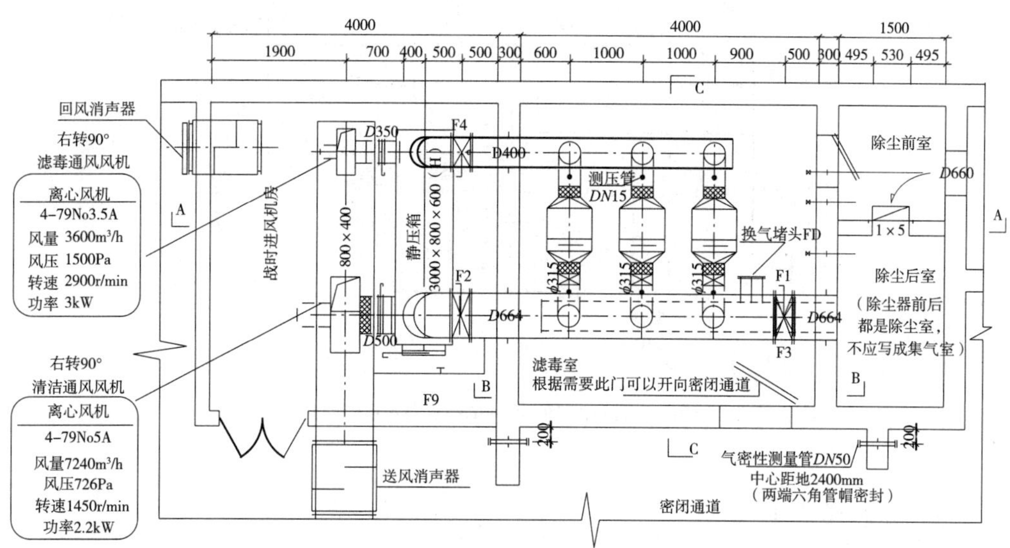

除尘滤毒室和进风机房平面图

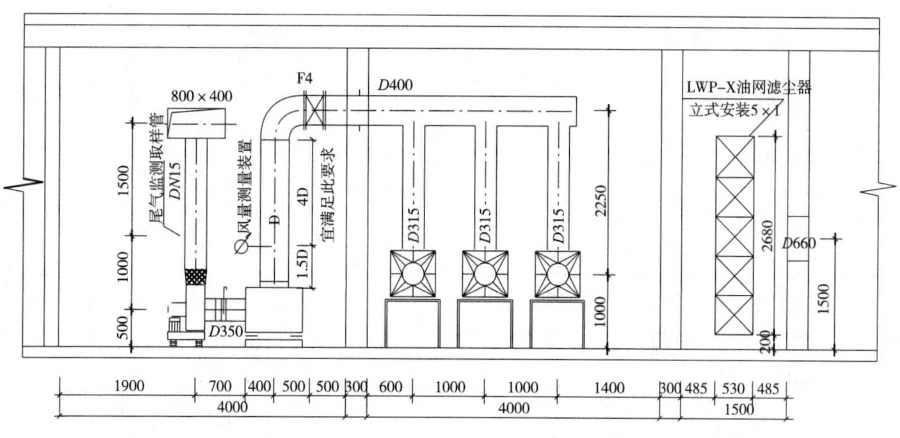

A—A剖面图

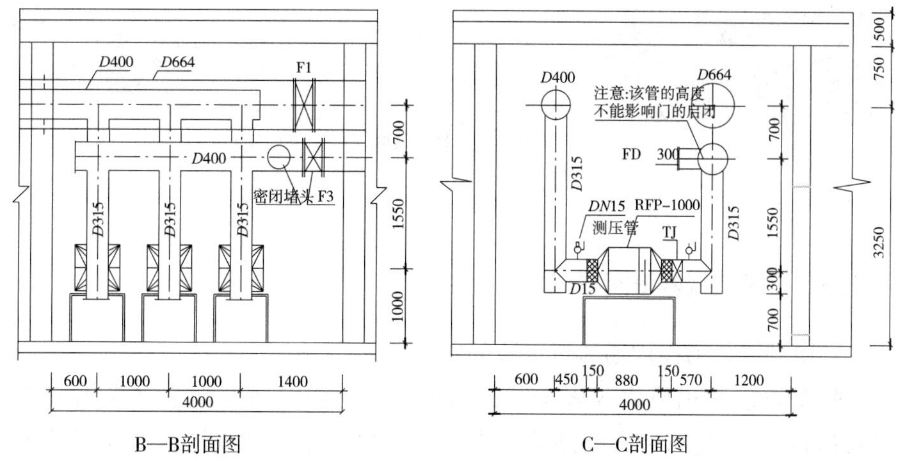

B—B剖面图　　C—C剖面图

图 2-19　设置三台过滤吸收器水平并联滤毒室和风机室尺寸控制图

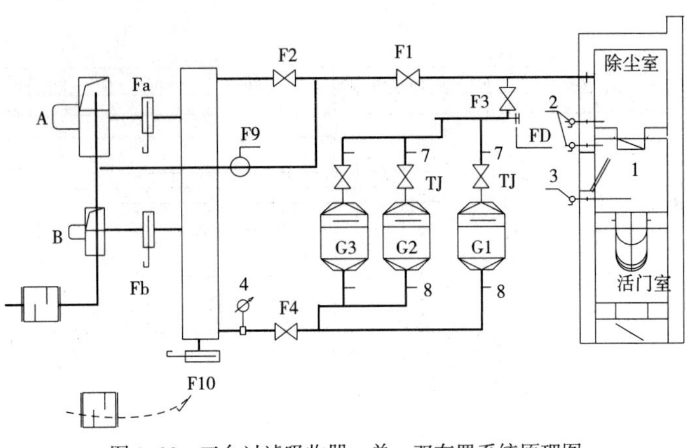

图 2-20 三台过滤吸收器一单一双布置系统原理图

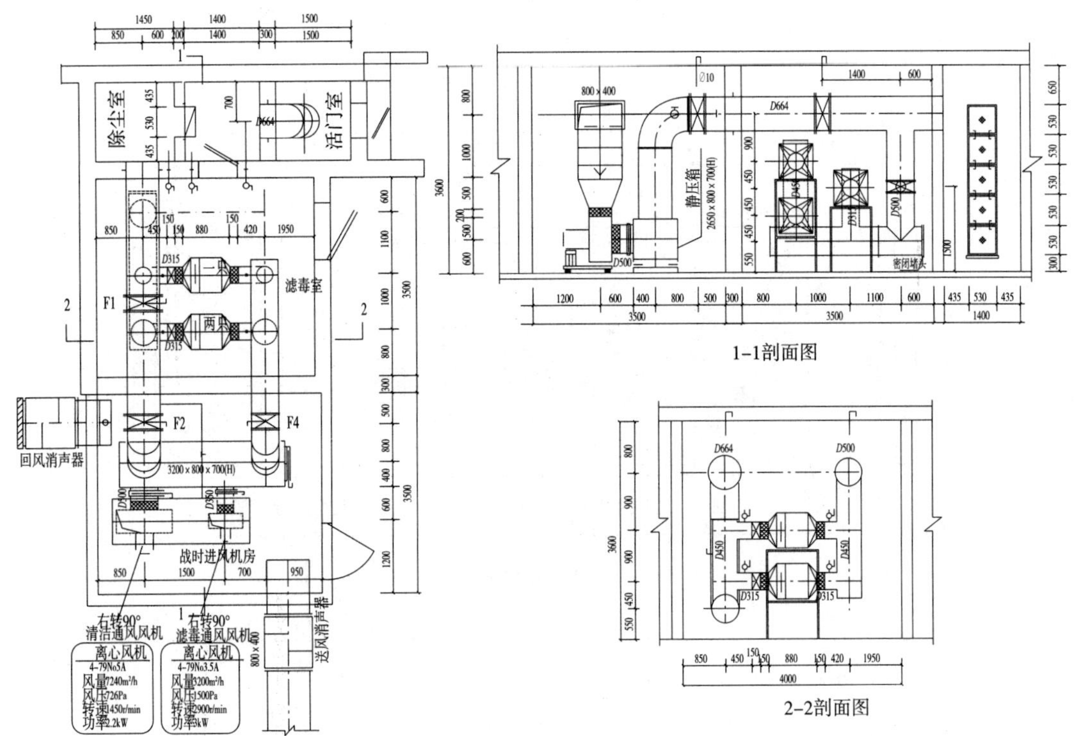

图 2-21 三台过滤吸收器一单一双布置

2.4.3 进风系统若干问题探讨

1. 电动、人力两用通风机设置问题

脚踏电动两用风机仅限于"战时电源无保障的防空地下室采用电动、人力两用通风机。"[5] 凡战时有电站的工程，应一律选用电动风机。因为脚踏风机占地面积大、性能差、噪声大，人防小厂生产质量和参数难以保证，它与电动风机的性能差异较大。

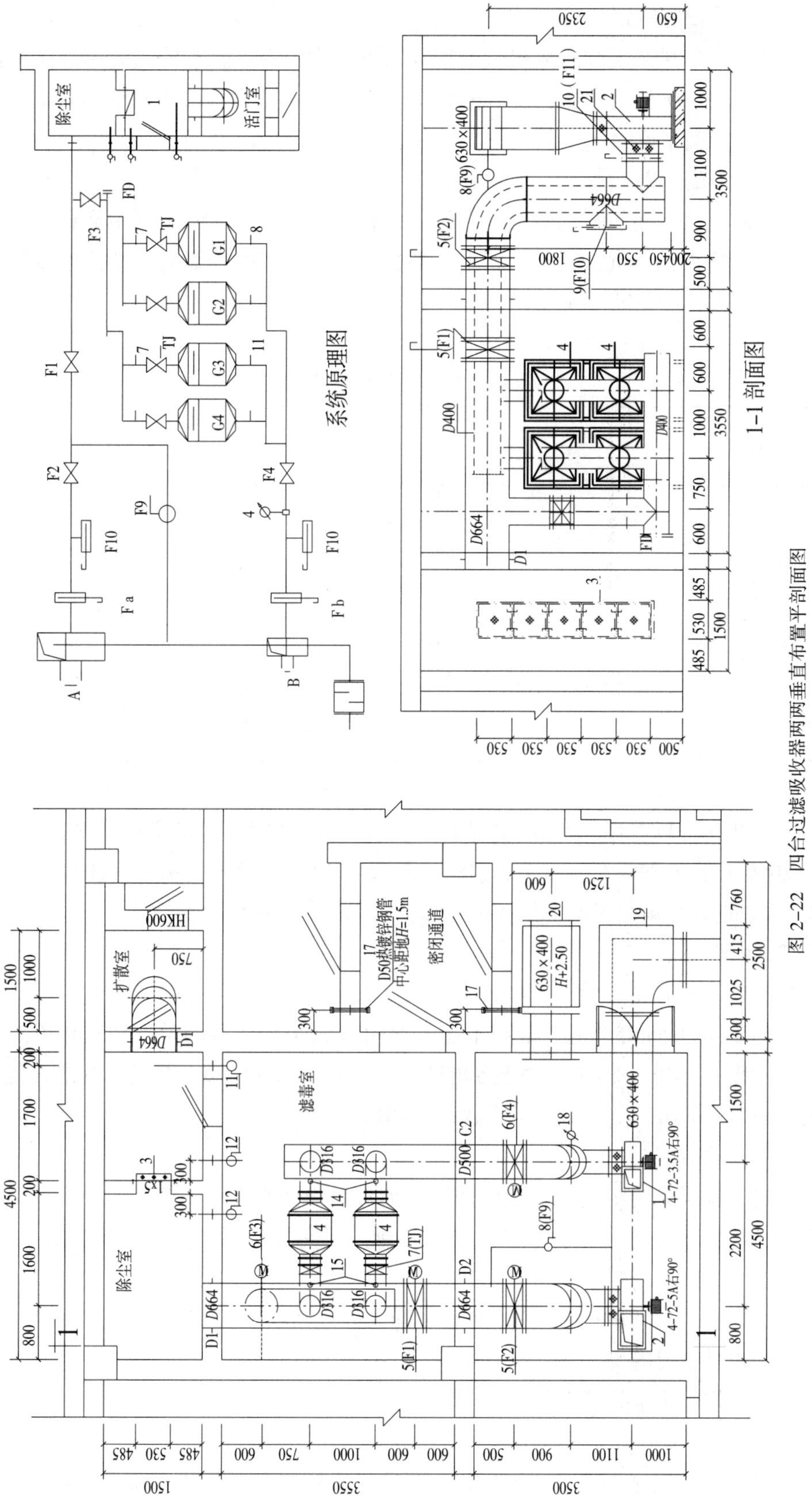

图 2-22　四台过滤吸收器两垂直布置平剖面图

2. 消声器设置问题

有的图纸进风系统和进风机室的回风口处不设消声器，有的用消声静压箱代替消声器，有的只标注消声器长度 L=0.5m，这些做法都不符合消声标准的要求。这要从以下几个方面来说明：

（1）噪声的危害

噪声的危害：损伤听觉器官，会引起多种疾病；影响人防工程中掩蔽人员的正常生活，干扰人们正常谈话交流、电话通信和会议等。噪声级对谈话清晰度的传播距离影响很大，参见表 2–9[6]。

噪声级对谈话清晰度的影响　　表 2–9

dB（A）	交谈距离（m）		电话通信
	普通声	大声	
45	7	14	满意
50	4	8	
55	2.2	4.5	稍困难
60	1.3	2.5	
65	0.7	1.4	困难
75	0.22	0.45	
85	0.07	0.4	不能

由表 2–9 可以看出，在 55dB 条件下，大声喊话 4.5m 的距离听起来都较困难。一个 2000m^2 的工程，宽 40m、长 50m，掩蔽 1500 人，指挥人员站在中间喊话，半径 5m 以外的人员就很难听清他在说什么，可见控制噪声的重要性。

（2）噪声标准

根据表 2–9 和相关噪声标准，为了保证人员交流时语言的清晰度，通风系统的剩余噪声不超过 55dB 为宜，最高不超过 60dB。从人员休息的角度“55dB（A），使人感到吵闹；45dB（A）以下才感到安静”[6]，所以 55dB（A）是基本标准，但是战时人员短时间掩蔽，所以最高不宜超过 60dB。

（3）技术措施

①进、排风系统和进风机室的回风口处都应设消声器，不能用消声静压箱代替消声器，因为消声静压箱没有具体消声参数、没有加工图纸，而且现场加工困难，实际工程测试达不到要求；

②进、排风机室的门应为隔声门，门的隔声问题应引起设计人员的重视，只消声不隔声也是不行的。

3. 进、排风系统的消声器选型问题

（1）进风系统

①进风系统应选用离心式进风机。目前风机样本中一般缺少离心式风机的噪声

值，需要计算才能得知。风机噪声由空气动力性噪声和机械噪声两部分组成。离心式风机计算的声功率级（dB）详见《实用供热空调设计手册》第二版（以下简称《手册》）第 1359 页。当已经选好风机型号后，知道风机配用电机的功率，清洁式进风机可以按低压离心式风机计算声功率级；滤毒式进风机应按《手册》中压离心式风机计算公式（17.1-3）计算声功率级。

②离心式风机按风压大小分为：

低压离心式风机：$H \leqslant 1000$Pa；

中压离心式风机：1000Pa $< H \leqslant$ 3000Pa；

高压离心式风机：3000Pa $< H \leqslant$ 15000Pa。

③现以室内噪声标准 NR=55dB 为例，从《手册》P1366 页表 17.1-16 查得室内允许噪声的频谱，见表 2-10。通风机的噪声不是只有单一频率的纯音，而是由很多频率的声音所组成，一般用倍频带的中心频率来代表，其划分方法见表中频率范围。

室内允许噪声的频谱　　表 2-10

NR（噪声评价曲线）	倍频带中心频率（Hz）							
	63	125	250	500	1000	2000	4000	8000
频率范围	45~90	90~180	180~355	355~710	710~1400	1400~2800	2800~5600	5600~11200
NR=55	78.9	69.8	63.1	58.4	55	52.3	50.3	48.6
NR=60	82.9	74.2	67.8	63.2	60	57.4	55.4	53.8

④对于一般人员掩蔽部：风机计算频谱 L_W减去室内允许噪声的频谱 NR55，等于消声器要消除的噪声 ΔL，即 $L_W - NR55 = \Delta L$。

现以人员掩蔽部常用的清洁式进风机 4-72No5A 号离心式风机为例，工作点的风量 Q=6000m^3/h，全压 H=693Pa，配用电机功率 N=2.2kW，是低压风机，性能参数见表 2-11。

4-72No5A 离心风机性能参数　　表 2-11

机号	传动方式	转数（r/min）	序号	流量（m^3/h）	全压（Pa）	电机功率（kW）	备注
5	A	1450	1	3864	790	2.2	
			2	4427	780		
			3	4964	762		
			4	5527	735		
			5	6064	693		清洁式通风时的工作点
			6	6628	637		
			7	7164	580		
			8	7728	502		

第一步：应采用《手册》计算该风机的声功率级：

$L_W = 91 + 10\lg P$

$L_W = 91+10\lg2.2=94.4$dB

第二步：风机倍频带声功率级计算：

$$L_{Wf} = L_W + \Delta L_W \quad (2\text{-}2)$$

式中 ΔL_W——风机各倍频带的声功率级修正值（dB）。

计算结果见表 2-12，其中序号 1 是这台风机计算声功率级；序号 2 是从《手册》表 17.1-2 查得的该风机各倍频带声功率修正值；序号 1 的 L_W加序号 2 的 ΔL_W，两者之和就是该风机噪声的频谱序号 3 中的 L_{Wf}。

4-72No5A 离心风机噪声的频谱（该风机叶片后弯型） 表 2-12

序号	中心频率	倍频带中心频率（Hz）							
		63	125	250	500	1000	2000	4000	8000
1	L_W	94.4	94.4	94.4	94.4	94.4	94.4	94.4	94.4
2	ΔL_W	–5	–6	–7	–12	–17	–22	–26	–33
3	L_{Wf}	89.4	88.4	87.4	82.4	77.4	72.4	68.4	61.4
4	*NR*55	78.9	69.8	63.1	58.4	55	52.3	50.3	48.6
5	ΔL	10.5	18.6	24.3	24	22.4	20.1	18.1	12.8
6	消声量 L_X	7	7	17	22	22	15	15	12
7	剩余噪声	3.5	11.6	7.3	2	0.4	5.1	3.1	0.8

第三步：表 2-12 序号 3 是风机噪声 L_{Wf} 频谱，减去序号 4 室内允许噪声 *NR*=55，差值填入序号 5，即为消声器应消除的噪声 ΔL。

第四步：选择消声器。选用国标 97K130-1，ZP 型，ZP_{100}（500×500）一节，管内风速 *u*=7m/s，见图 2-23，它的消声量 L_X 见表 2-12 的序号 6。

由表中序号 7 可知选一节 ZP_{100} 消声器不能满足设计要求，需要两节，由此可知，室内噪声标准要求 *NR* ≤ 55dB 的一节消声器是不够的。

当室内噪声标准 *NR* 为 60dB 时，计算结果见表 2-13。

ZP_{100} 消声器消声量频率特性 表 2-13

序号	中心频率	倍频带中心频率（Hz）							
		63	125	250	500	1000	2000	4000	8000
1	L_{Wf}	89.4	88.4	87.4	82.4	77.4	72.4	68.4	61.4
2	*NR*60	82.9	74.2	67.8	63.2	60	57.4	55.4	53.8
3	ΔL	6.5	14.2	19.6	19.2	17.4	15.0	13.0	7.6
4	消声量 L_X	7	7	17	22	22	15	15	12
5	剩余噪声	–0.5	7.2	2.6	–2.8	–4.6	0.0	–2.0	–4.4

由上述计算结果可知：室内噪声标准 *NR* ≥ 60dB 时，一节 ZP_{100} 消声器既能满足要求。

说明：

a. 通过消声器和消声器出口管道的风速 $u < 8$m/s；

b. 人员掩蔽工程只考虑风机噪声，重要工程还应计算管道和管件的附加噪声；

c. 由表 2-12 和表 2-13 可知室内噪声标准 $NR \leqslant 55$dB 需要选用 2 节 ZP_{100} 消声器，$NR \geqslant 60$dB 选用一节消声器即可；重要工程应选两节，风机室应设隔声门；重要工程应设隔声套间；

d. 有些图纸选用消声静压箱或者注明消声器 L=0.5m，说明没有做过消声计算，是不对的。

（2）排风系统

①排风机选用离心式风机的计算方法与前相同；

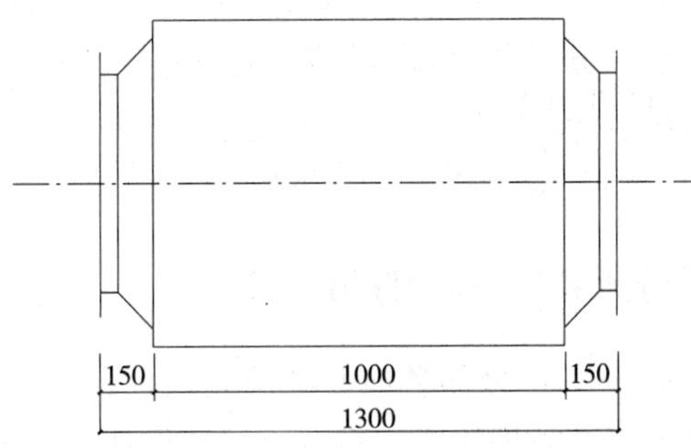

图 2-23　ZP_{100}（500 × 500）消声器外形尺寸

②排风机选用轴流式风机时，与上述进风机配套使用，假如选用 SWF-1No5.5 混流风机，从风机样本中可查得转数 n=1450r/min，风量 Q=6900m^3/h，风压 H=385Pa，配用电机功率 N=1.5kW，噪声功率级 $L_W = 78$dB。

SWF-1 混流风机噪声的频谱　表 2-14

序号	中心频率	倍频带中心频率（Hz）							
		63	125	250	500	1000	2000	4000	8000
1	L_W	78	78	78	78	78	78	78	78
2	ΔL_W	-9	-8	-7	-7	-8	-10	-14	-18
3	L_{Wf}	69	70	71	71	70	68	64	60
4	$NR55$	78.9	69.8	63.1	58.4	55	52.3	50.3	48.6
5	ΔL	-9.9	0.2	7.9	12.6	15	15.7	13.7	11.4
6	消声量 L_X	7	7	17	22	22	15	15	12
7	剩余噪声	-16.9	-6.8	-9.1	-9.4	-5	0.7	-1.3	0.6

第一步：做风机噪声频谱表 2-14，将样本中查得的风机噪声值 78dB 列入表中序号 1 这一行内；

第二步：从《手册》表 17.1-2 中查得轴流式风机倍频带声功率级修正值 ΔL_W，列入表 2-14 序号 2 这一行内；

第三步：将序号1和序号2中同一中心频率的两值相加，之和列入序号3一行中，这一行的数值 L_{Wf} 就是SWF-1No5.5混流风机噪声的频谱；

第四步：将室内允许噪声标准值 *NR*55 的数值列入表中序号4一行内，从表中序号3风机噪声 L_{Wf} 中减去序号4室内噪声允许值 *NR*55，列入表中序号5，得到消声器应消除的剩余噪声 ΔL；

第五步：将所选ZP型 ZP_{100}（500×500）一节的消声量填入表2-14的序号6一行中；

第六步：从序号5所需消除的噪声值中减去序号6消声器可以消除的消声量，将其差值列入表中序号7一行，基本为负值，说明一节满足设计要求。

（3）隔声设计

这是建筑专业常识性知识：①进、排风机室必须隔墙到顶；②墙体必须是密度大的24砖墙或混凝土墙；③风管穿墙孔洞必须用吸音棉塞紧，不能漏声；④必须是隔声门。目前设计院这一点做得不够，很少有人选用隔声门，专业审图要重视。

2.5 人员掩蔽工程排风系统和洗消间设计

排风系统与洗消间是密不可分的整体，洗消间设计合理、排风系统布置正确才能确保战时人员主要出入口的防护功能。对洗消间的设计有如下要求：

（1）排风系统和洗消间应设在战时人员主要出入口部，目的是为从染毒区进入工程的人员进行洗消和更换染毒衣物；通过超压排风形成检查穿衣间、淋浴间、脱衣间和防毒通道依次得到通风换气，以便迅速排除毒气。

（2）排风房间（如厕所、厨房、水库、盥洗室、洗涤室、开水间、蓄电池室和污物间等）应靠近主要出入口布置，以便尽可能缩短排风管道的长度。

（3）消波设备和洗消间及排风机室应设在防毒通道的同一侧，避免风管在通道内或在岩土中穿行。

（4）排风机室的门应开在主体内，它是清洁区。

目前洗消间有多种形式，从防化的角度看，有些形式是不合理的，必须予以更正，下面按防化等级分别予以介绍。

2.5.1 防化丙级工程排风系统和洗消间的形式

防化丙级工程均为二等人员掩蔽部，掩蔽人数多，人员复杂，有男女老幼及病残等，行动迟缓、组织性和纪律性不强。敌人突然袭击，这里被伤害的人数可能最多，需要洗消的人数也可能最多。这里也有战斗在第一线人员的家人，其安全与第一线人员的安全一样重要，目前这种简易洗消的理念含有轻视后方安全的意味。下面介绍和分析这两种洗消间。

1. 全身洗消式洗消间和排风系统

图2-24是早期工程普遍采用的形式，它符合脱去染毒衣物、洗消和穿洁净衣服

的程序及要求。因为二等人员掩蔽部每一个防护单元的掩蔽人数少则几百人，多则一千多人，有的甚至几千人（设在负二层不划单元），设置完备的洗消设施是十分必要的。考虑脱衣间是轻微染毒区，淋浴间是清洁区，所以两者之间的门应为密闭门，门上方设自动排气活门（该阀门的重锤设在最轻位置时，室内超压值达到 30Pa 以上才开启），以便在超压排风时，在该门的内外会形成明显的压力差，有人开门时，有一股较强的气流从淋浴间流向脱衣间，防止脱衣间的空气被带入淋浴间。“检查穿衣间是清洁区，是不可染毒的”[2]，其出口用普通门，直接开向主体。在通风方式转换中，排风机和阀门开关时机见图右侧的开关表。

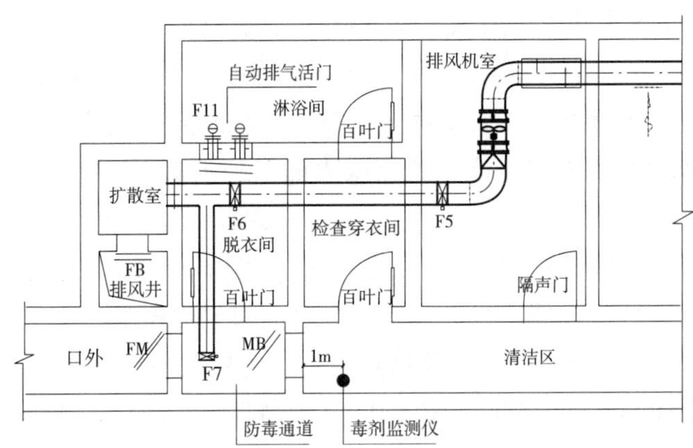

B \ A	开阀门	关阀门	排风机	
清洁式通风	F5、F6	F7	开	
隔绝式防护		F5、F6、F7、F11		关
隔绝式通风		F5、F6、F7、F11		关
过滤式通风	F7、F11	F5、F6		关

F5~F7—密闭阀门；F11—自动排气活门；

FB—防爆波活门；

FM—防护密闭门；MB—密闭门

图 2–24　防化丙级工程的排风系统

图 2–24 的特点：

（1）人员从染毒区进入工事，可以得到较系统的洗消和更换染毒衣物；人员带毒主要是衣物带毒，更换清洁衣物是洗消后最重要的防护措施，这个措施目前规范推荐的简易洗消间是做不到的；

（2）从防护的角度看，它比简易洗消间合理，可以保障战时主要出入口的防护功能和主体的安全，下面对相关问题做一讨论。

有用 YA 型余压阀替代自动排气活门的。余压阀是由阀体、阀板（悬摆板）和重锤三部分组成的，见图 2–25，有 YA–1 和 YA–2 两种型号。阻力值 5~30Pa 的排风量见表 2–15。重锤上下有调节区间，重锤向下调节阻力会增加。其不能替代自动排气活门，因为它没有关闭锁紧装置，没做过气密试验和强度实验，不可贸然使用，但是，它可以用在医疗救护工程手术室的超压排风，参见第 6 章。

YA 型余压阀性能表　　表 2–15

型号	规格	阻力（Pa）与通风量（m^3/h）关系					
		5（Pa）	10（Pa）	15（Pa）	20（Pa）	25（Pa）	30（Pa）
YA–1	400 × 150	115	270	410	480	560	600
YA–2	600 × 150	125	350	520	680	830	900

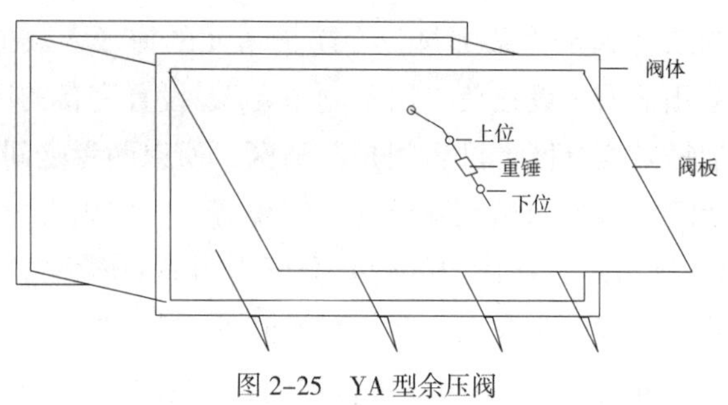

图 2-25　YA 型余压阀

2. 简易洗消间及其存在的问题

设洗消间的目的是为了从染毒区来的人员进入工事清洁区之前进行洗消。“人员由染毒区进入工事时，不但有染毒空气被人员和装具带入，还有服装吸附毒剂的带入。试验证实，人员由染毒区经过三个防毒通道进入工程后，在服装表面上（的确良单军衣）的空气中达到 10^{-4}mg/L 数量级的毒剂浓度；距衣服表面 1m 处的空气中达到 10^{-5}mg/L 数量级的毒剂浓度。当工程进入人员较多时，服装带入毒剂可以很快在工程内达到危险浓度。”[2] 在空气中，沙林蒸气浓度在 5×10^{-4}mg/L 条件下，2min 就可使人缩瞳。可见服装带入毒剂危害是严重的，在进入清洁区之前只局部擦洗，不更换染毒衣服、帽、鞋和袜，清洁区将成为染毒区，会给掩蔽人员的生命带来严重威胁。《人民防空地下室设计规范》GB 50038—2005 推荐图 2-26 这种简易洗消间，没有全身洗消和更衣的功能，所以应恢复 1980 年以前的《人民防空地下室设计规范》GBJ 38—1979，这个规范中推荐的是全身洗消式的洗消间。正如有关专家所说：“简易洗消并不应减省脱除污染衣物，对沾染部位的擦拭、除污，以及对毒剂污染的去除和消毒、换上干净服装等活动。”[7]

因此可以得出如下结论：

（1）染毒人员不更换染毒衣物是不能进入清洁区的，个人不洗消主要影响个人安全，而不更换染毒衣物，不仅威胁个人生命，也威胁着整个工程掩蔽人员的安全；

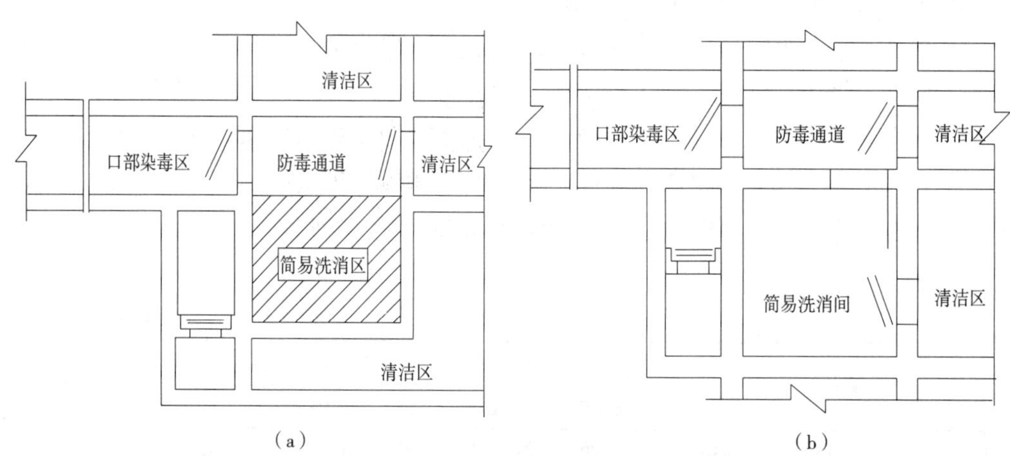

图 2-26　规范中的简易洗消间

（a）防毒通道兼简易洗消间；（b）单独设置的简易洗消间

（2）通过对图 2–26 分析可知，《人民防空地下室设计规范》GB 50038—2005 简易洗消间的图示是不合理的，从防化的角度看，洗消间必须配备能更换染毒衣服和鞋袜的穿衣间，建筑设计不能忽视这一关键的环节。

2.5.2　防化乙级工程排风系统和洗消间的设计

防化乙级工程包括一等人员掩蔽部工程、防空专业队工程、医疗救护工程、食品供应站工程、药品供应站工程、被服库工程、油库工程、粮库工程等。这类工程战时主要出入口设有两个防毒通道，根据人防工程战术技术要求，该口应设淋浴洗消间。下面根据其特点来讨论排风系统和洗消间的设计。

1. 防化乙级的室外排风口

防化乙级工程的室外排风口与防化丙级工程相同，也有以上两种：向主要出入口直接排风式和独立竖井式（含平战结合式）。向战时人员主要出入口排风，优点是防爆波活门安装、检修方便，战时不易堵塞，但是排风的气流直接吹向行人，会令人不快，而且两道门全开时，排风会回流，所以一般应采用垂直竖井排风。

2. 现行规范防化乙级工程洗消间的形式

防化乙级工程洗消间的形式有两种：第一种是把脱衣间的进口设在第一防毒通道，穿衣间的出口设在第二防毒通道，如图 2–27（a）所示；第二种是将脱衣间的进口设在第二（最后一个）防毒通道，穿衣间的出口设在清洁区，如图 2–27（b）所示。下面分析两种形式。

（1）图 2–27（a）有以下问题：①当最后一道密闭门内 1m 处的毒剂检测仪发出报警信号时，淋浴间、穿衣间和第二防毒通道已经染毒，由染毒区进来的人员在染毒区洗消，又在染毒区穿染毒衣服、进染毒的第二防毒通道，处于染毒状态就直接进入清洁区，这不符合防化的理念和程序；②脱衣间入口设在第一防毒通道，人员在通道内等待时间长，没有充分利用第二防毒通道空间对人员所带入毒氛的扩散和墙壁吸收的功能。

其实，图 2–27（a）在穿衣间后增加一道密闭门的形式，是 20 世纪 70 年代为国防高等级工程保证脱衣间前一防毒通道换气次数，采用局部超压排风而增加一道密闭门，是当时为解决局部超压排风的一种权宜之计。编者 1971 年参加过该讨论，由于当时对防化知识了解不多，认为这种方法可行，但今天从防化角度来看这是错误的，它错在以下几点：①增加的这道密闭门把本来的清洁区（淋浴间和穿衣间）划到了染毒区；②产生误导，让人误以为战时人员主要出入口就应该多一道密闭门。人防工程最基本的防护方式是隔绝式防护，“因为每一道密闭门都是一道关口，可阻止毒氛透入。”[2] 各出入口门的（关口数量）道数必须一致，防护能力才相等，对这点应有清晰认识。不要把过去的错误做法盲目引入到现代人防工程中。

（2）图 2–27（b）是正确的，主要理由如下：①“脱衣间的门应开在战时主要出入口的最后一防毒通道”[9]，以便人员进入时，经过两个防毒通道的空间对所带入毒氛扩散和墙壁吸收，能尽快进脱衣间，脱去染毒衣物，程序说明见附录 2–1；

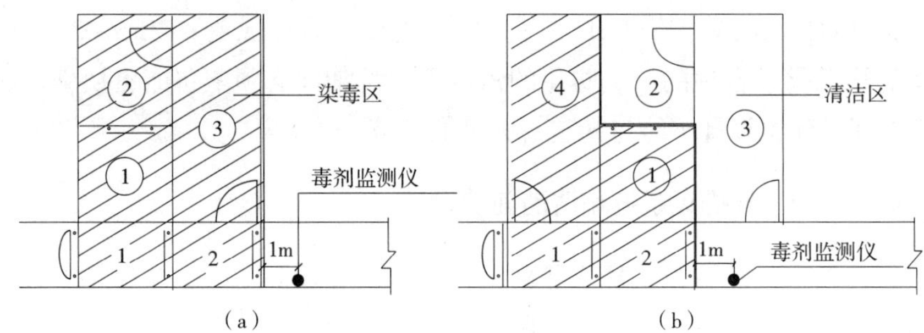

图 2–27　防化乙级工程的洗消间
（a）防化丙级工程；（b）防化乙级工程
①—脱衣间；②—淋浴间；③—穿衣间；④—染毒装具存放室

②“淋浴间基本算作清洁区；检查穿衣室是清洁区，是不允许污染的”[2]，所以图 2–27（b）是符合防化要求的正确图示；③“空气染毒监测分通道透入监测和过滤吸收器尾气监测两种，前者监测地点设在工程口部的最后一道密闭门内 1m 处”[4]；毒剂检测仪发出报警信号后，最后一道密闭阀门以外都染毒了，淋浴间和穿衣间是清洁房间，因此不能设在染毒区，必须设在清洁区，这样建筑布局才符合防化基本原则。

3. 洗消间与排风系统设计

人员出工事时，滤毒超压排风是防止染毒空气填补人员所空出的空间体积，没有洗消过程。因此，当有人员进、出工事时，工事都应暂时转入滤毒式通风，通过超压排风的方法，形成检查穿衣间、淋浴间、脱衣间和防毒通道的通风换气。设计时要注意两点：

（1）排风气流的路径必须正确

超压排风的气流方向应不断的由工事内的清洁区经检查穿衣间、淋浴间、脱衣间、第二防毒通道、第一防毒通道、染毒装具存放室、排风活门室（扩散室）、防爆波活门、排风井排向工事外，以便保持穿衣间和淋浴间的清洁及防毒通道的换气。这个顺序不能颠倒，凡是颠倒的一定不符合防化要求，这是判断洗消间通风设计对错的重要标志。

（2）自动排气活门的位置要正确

洗消间通风设计的另一个关键问题是自动排气活门的位置要正确。它应该设置在淋浴间和脱衣间之间的密闭隔墙上，此处设密闭门，见图 2–28。这样可以利用自动排气活门使淋浴间（清洁区）和脱衣间（染毒区）之间形成较明显的压力差，以便有人员进入时，气流方向指向外，防止轻微的有毒空气带入淋浴间。排风密闭阀门 F7、F8 和自动排气活门 F11 与各房间隔墙上的风口尽量错开布置，以便减少通风死角。现行规范把淋浴间和检查穿衣间划入染毒区是极为不妥的，淋浴间是偶然有轻微毒氛可能带入的清洁区，是在允许脱衣的浓度下带入的，不会对人造成伤害，不能认为是染毒区；检查穿衣间应是清洁区，是不可染毒的。

4. 防化专业队和医疗救护工程出入口设计

防化专业队和医疗救护工程的战时人员主要出入口可以设染毒装具存放室。基本设施和设计深度要达到图 2–28 的程度。

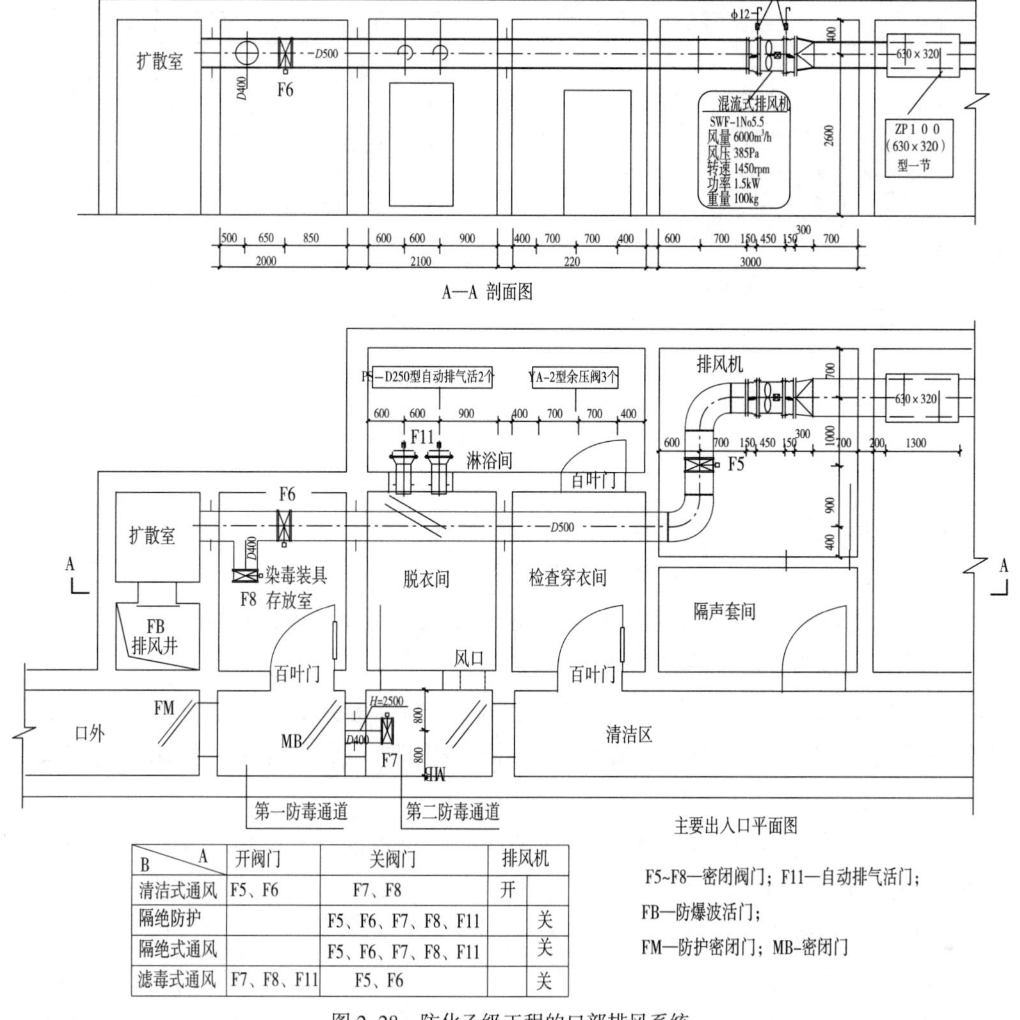

B \ A	开阀门	关阀门	排风机	
清洁式通风	F5、F6	F7、F8	开	
隔绝防护		F5、F6、F7、F8、F11		关
隔绝式通风		F5、F6、F7、F8、F11		关
滤毒式通风	F7、F8、F11	F5、F6		关

图 2–28　防化乙级工程的口部排风系统

5. 排风机室的设计

排风机是噪声源，应设在排风机室内，并设隔声门，排风系统应设排风消声器。消声不达标是当前的普遍性问题，将严重影响战时组织指挥和人员交流及休息。多数设计人员不做消声计算，不知道应选多长的消声器，审查人员应严格要求，图纸质量才会提高。设置排风机室不单是通风专业的要求，配电箱和三种通风方式信号显示设备的安装都需要排风机室，所以排风机室是必须设的，绝不能省略。排风机室的布置需要反复比较和斟酌，调整风机和阀门的位置之后，图 2–28 的风机室宽度由 3000mm 可以减为 2000mm，见图 2–29。

2.5.3　工事的超压排风

使某一空间的气压高于外部气压，让漏风气流方向从该空间内流向外的方法称之为超压。

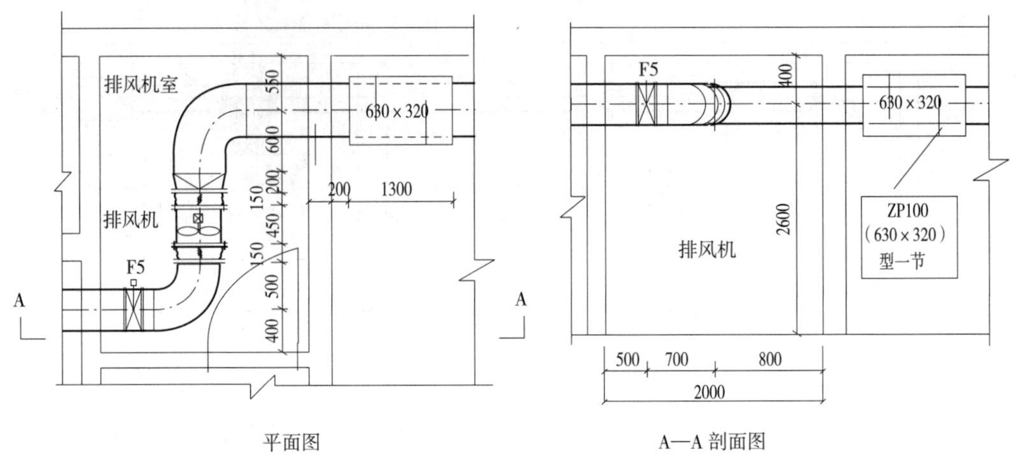

平面图

A—A 剖面图

图 2-29　排风机室的设计

1. 超压的目的

人防工事的超压是指战时工事所在地遭到敌人的原子、化学或生物武器袭击后，工事已转入过滤式通风（滤毒式通风），进风系统不断向工事内送风，靠调节超压排风系统的排风量来控制室内超压值。其目的是：

（1）保证战时人员出入工事时，靠超压（向外）排风，使穿衣间、淋浴间、脱衣间和防毒通道依次有向外流动的气流，依次得到换气，防止在人员出入时将染毒空气带入工事。

（2）过滤式通风时，室内整体形成超压，阻止毒剂在自然风（压差）的作用下沿各种缝隙进入工事。

2. 形成超压的方法

（1）全工事超压

使整个工事内部气压大于外部气压的方法，称之为全工事超压。此种超压排风系统布置形式如图 2-24 和图 2-28 所示。以图 2-28 为例，当工事进行滤毒式通风时，整个工事内部气压上升，升到一定值时，气流经穿衣间进入淋浴间，打开自动排气活门 F11，气流进入脱衣间，由墙上的风口进入第二防毒通道，经过密闭阀门 F7 进入第一防毒通道，再经过百叶门进入染毒装具储藏室，由阀门 F8 进入排风扩散室（活门室），经防爆波活门和排风井排到室外。这个过程的特点是不开排风机，而是靠整个工程室内超压来实现的。

（2）局部超压

①主要在隔绝式防护期间，为防止毒剂随自然风压的作用进入工事，对防毒通道和密闭通道进行局部送风加压，可以加强工程的防护功能、延长工事的隔绝防护时间；

②防化乙级工程依靠排风机为穿衣间及淋浴间形成超压的理念是不对的，滤毒式通风时，在全工事超压下，已经保证了防毒通道的换气和室内超压的要求；

③保证隔绝式防护期间口部局部超压，对于延长工事隔绝时间更重要，所以应

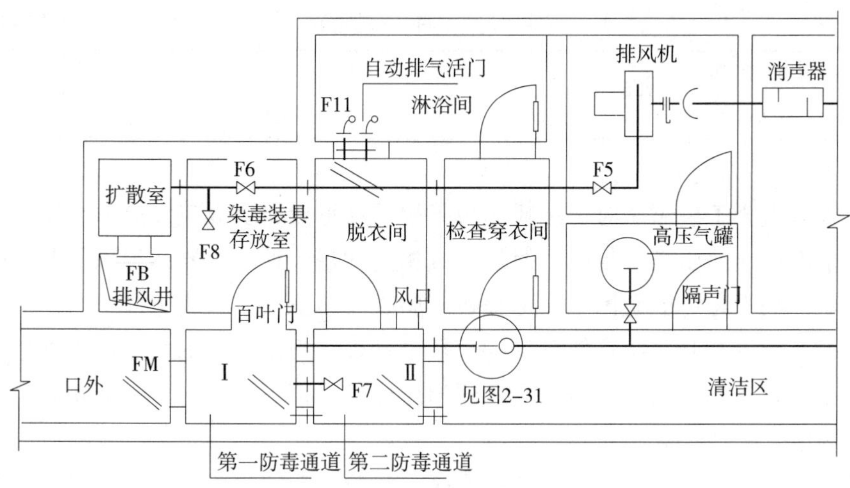

图 2-30　口部局部超压

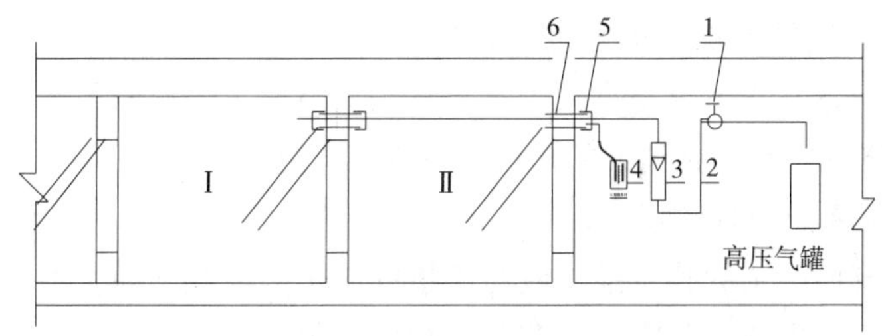

图 2-31　局部测压系统原理图

1—*DN*15 单嘴煤气阀；2—软塑料管；3—流量计；4—微压计；5—接管器；6—气密测量管

设法为口部防毒通道和密闭通道超压。目前有采用高压气罐进行超压的，如图 2-30 和图 2-31 所示。这种方法系统简单、有效，但是有一定危险性。

口部设高压气罐法只要门的密闭性达标，每个防毒通道或密闭通道每小时送入 $2m^3$ 空气，实验证明通道内的超压值 $P \geqslant 50Pa$。图 2-32 是现场测试图，表 2-16 是现场测试数据。

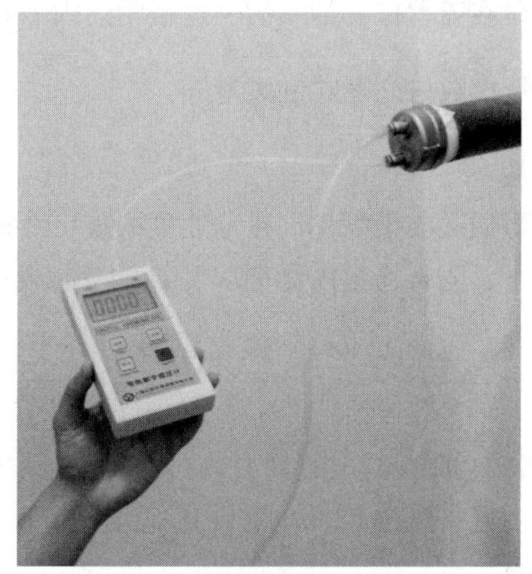

图 2-32　现场超压测试图

实测超压与孔口漏风量　　表 2–16

通道超压值（Pa）	44	51	60	70
漏风量（m^3/h）	0.8	1.1	1.2	1.2

有人认为全工事超压对于一般人防工程不易形成，所以应设局部超压，这不正确。工事能形成超压是肯定的，但是不做相应的密闭处理，要达到规范要求的超压标准，对一般工程可能有困难。工程竣工验收实验证实，只要把风、水、电和通信等专业的各种管孔和系统可能漏气的部位处理好，把出入口的门按标准处理好，工事超压是很容易达标的。易与不易达到超压标准，都不可以把全工事超压改为局部超压，理由前面已经做了说明。

其实，大家都陷入了换气次数的误区。实验证明“只要工事主要出入口有两个以上防毒通道，人员成组出入工事，并在每个通道停留 3min 以上，不进行通风换气时，室内的空气带入毒氛浓度也会在安全浓度以下。”[2] 滤毒通风期间，工事是超压的，室外染毒空气不容易进入工事。真正应该考虑的是隔绝式防护期间，各口部如何超压和密闭，防止在风压的作用下染毒空气进入工事。

3. 超压排风系统设计注意项

（1）超压排风系统的孔口强度应与工事的防护强度相适应，不应将密闭阀门和普通自动排气活门装在高于其抗力的防护密闭门的门框墙上；

（2）超压排风的气流应依次流经穿衣间、淋浴间、脱衣间、第二防毒通道、第一防毒通道，然后是排风扩散室（或活门室），使其得到换气；

（3）不能因为采用局部超压，而使主体形成负压，造成工事染毒。

4. 判断洗消间布置是否合理的标准

（1）脱衣间入口是否设在最后一防毒通道；

（2）穿衣间的出口是否设在清洁区，见文献 [2]；

（3）淋浴间应按清洁区设计（基本算作清洁区），见文献 [2]；

（4）毒剂监测仪应设在工程口部的最后一道密闭门内 1m 处，见文献 [4]。

2.5.4 防毒通道的换气次数与滤毒式进风量

1. 换气次数 K 的计算

换气次数是影响防毒通道内染毒空气排除速度的重要因素。

在超压排风的情况下，防毒通道内毒剂浓度 C 的变化规律可用下式表示：

$$C=\frac{uC_0}{V}e^{-Kt}\ (\mathrm{mg/L}) \tag{2-3}$$

式中 C_0——所计算的防毒通道前，防护密闭门外部空间的毒剂浓度，见图 2–33，沙林战场浓度一般按 0.05mg/L 计算；

u——随人员进出工事，带入防毒通道的染毒空气量（m^3），参见表 2–17；

V——防毒通道的体积（m^3）;

K——防毒通道的换气次数（次 /h），$K=L/V$;

L——防毒通道的换气量（m^3/h）;

t——进入工事的人员在防毒通道的停留时间，一般为 3~5min。

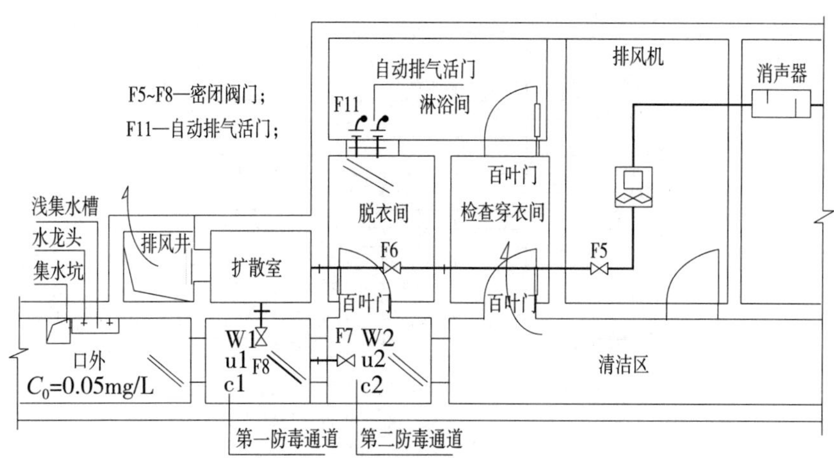

图 2–33　超压排风系统和毒剂浓度变化规律

随人员进出工事染毒空气的带入量 u　　表 2–17

	1 人带入量（m^3）	5 人带入量（m^3）	10 人带入量（m^3）
进工事	0.4	0.96	1.17
出工事	0.43	1.10	1.79

说明：本表实验工程孔口门洞安装的是 M916 钢丝网水泥密闭门，门洞尺寸和门的性质不同，对同等人数的带入量是有差别的，此表仅作参考。

现以图 2–33 例，第一防毒通道长 2.5m，宽 2.0m，高 3m，容积 V=15m^3。以沙林毒剂战场浓度 C_0=0.05mg/L（以在防毒通道内停留 10min，沙林毒剂容许浓度 C=0.0001mg/L 为标准），用式（2–2）计算后，得到换气次数 K 与需要在防毒通道停留时间 t 的关系，见表 2–18 和图 2–34。

防毒通道换气次数 K 与所需停留时间 t 的关系表　　表 2–18

u（m^3） \ K（h^{-1}）		20	30	40	50	60	70	80	90	100	120
1 人带入 0.4	t（min）	7.8	5.2	3.9	3.1	2.6	2.2	1.94	1.7	1.55	1.3
5 人带入 0.96	t（min）	10.4	6.9	5.2	4.2	3.5	3.0	2.6	2.3	2.1	1.7
10 人带入 1.17	t（min）	11.0	7.3	5.5	4.4	3.7	3.1	2.7	2.4	2.2	1.8

由表 2-18 和图 2-34 可以看出：

（1）换气次数 K 小，进入第一防毒通道的人员在较高的毒剂浓度下，停留时间 t 要长一些，而随着换气次数 K 的增加，需要停留的时间 t 也逐渐缩短。

（2）在实际工程设计中，应适当减小脱衣间前一防毒通道的体积，这样可以有效提高换气次数。

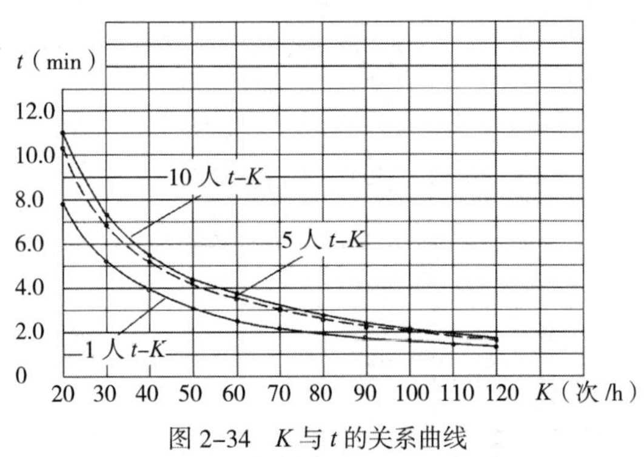

图 2-34　K 与 t 的关系曲线

（3）规范强调丙级防化 $K \geqslant 40h^{-1}$，这样在该防毒通道中只需停留 3~5min，因此这个规定是有实验和理论依据的。

（4）防毒通道换气次数 K 是指脱衣间前一防毒通道，所谓最后一防毒通道和最小防毒通道都说明脱衣间进口的门应开在最后一防毒通道。

（5）实验证明，当有一个人从染毒区进入工事时，带入防毒通道的染毒空气由第一防毒通道进入第二防毒通道，因再一次扩散和壁面吸收，毒剂浓度降低两个数量级，可以有效降低人员在防毒通道内的等待时间。乙级防化工程详细论证见附录 2-1。

2. 防毒通道的换气次数 K 与滤毒式通风量的关系

从保证脱衣间前一防毒通道换气次数 K 的要求来看，滤毒式进风量 L_g 应满足式（2-2）L_{g1} 的要求。

（1）保证防毒通道换气次数所需滤毒式进风量 L_{g1}

$$L_{g1}=L_K+L_0\ (m^3/h) \tag{2-4}$$

式中　L_K——防毒通道的换气量（m^3/h），$L_K \geqslant KW$；

K——脱衣间前一防毒通道的换气次数（次 /h）；

W——脱衣间前一防毒通道的体积（m^3）；

L_0——保证防毒通道换气次数的安全量（m^3/h）；

$$L_0=V_0 \times \beta\ (m^3/h) \tag{2-5}$$

式中　V_0——防护单元清洁区有效容积（m^3）；

β——安全系数，取 4%。

（2）按掩蔽人员所需滤毒式进风量 L_{g2}

$$L_{g2}=qn\ (\mathrm{m^3/h}) \tag{2-6}$$

式中　q——滤毒式通风标准 [m³/（人·h）]；

n——该防护单元内掩蔽人数。

（3）说明

①滤毒式进风量 L_g 应同时保证防毒通道的换气次数 K 和掩蔽人员生活所需的风量；

②工事实际计算滤毒式进风量 L_g 应用式（2–2）和式（2–4）计算结果比较取大值；

③将 L_0 说成是工事的漏风量，既不符合工程实际，也不符合防化要求，其实它是保证防毒通道换气次数、选用过滤吸收器的附加安全量。

本章参考文献

[1] 周谟仁 . 流体力学泵与风机 [M]. 2 版 . 北京：中国建筑工业出版社，1990.

[2] 《人民防空工程防化规范》编写组 . 人民防空工程防化设计规范说明 [R]. 1984.

[3] 熊武一，周家法 . 军事大辞海（下）[M]. 北京：长城出版社，2000.

[4] 国家人民防空办公室 . 人民防空工程防化设计规范：RFJ 013—2010[S]. 2010.

[5] 国家质量监督检验检疫总局 . 人民防空地下室设计规范：GB 50038—2005[S]. 北京：国标图集出版社，2005.

[6] 西安冶金建筑学院 . 建筑物理 [M]. 北京：中国建筑工业出版社，1980.

[7] 徐敏，武成杰，朱明辉 . 人防工程中简易洗消间的设计 [J]. 防护工程，2013，3：65–68.

第 3 章

人防工程通风系统的防护设备

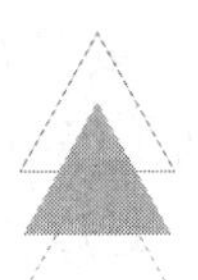

人防工程战时通风系统要实现预定的三防功能，应设置防冲击波设备、除尘设备、滤毒设备、密闭阀门、超压排气活门等防护密闭设施，本章将对这些设备进行介绍。

3.1 通风系统孔口的防冲击波设备与设施

防冲击波设备也叫消波设备，主要设在进风口、排风口和排烟口部，用来削弱核爆炸时所产生的冲击波强度。人防工程中使用的防冲击波设备有两类：一是以“挡”冲击波为特征的，如防爆波活门；二是以“消”波为特征的，如活门室、扩散室等。

在工程设计中，防冲击波设备一般由建筑专业设计人员选择和布置，由通风专业人员配合，提供清洁式进风量、排风量、排烟量和消波后的余压要求。通风防护设备的抗冲击波余压要求见表 3–1。

防护通风设备抗空气冲击波允许压力值[1] 表 3–1

设备名称		允许压力（MPa）	备注
经过加固的油网滤尘器		0.05	
密闭阀门、离心式通风机		0.05	
过滤吸收器		0.03	（注 1）
增压柴油发电机的排烟管		0.20	
非增压柴油发电机排烟管		0.30	
自动排气活门	Ps–D250 型及 YF 型	0.05	阀门关闭时静压试验（注 2）
防爆超压自动排气活门	FCH–150（5）型、FCH–200（5）型、FCH–250（5）型、FCH–300（5）型	0.30	可直接承受 0.30MPa 的冲击波正压（不能承较大负压）

注：1. 过滤吸收器设在除尘室之后，冲击波余压通过除尘器前室和后室两次扩散将进一步降低，而且其前方的密闭阀门 F3 是关闭的，因此其不直接承受冲击波压力，见图 3–1。原仿制苏联的 1961 年式 500 型的过滤吸收器就没有增设防冲击波的措施。RFP 系列过滤吸收器按抗 0.03MPa 设计，为此过滤吸收器中增设了消波装置，这增加了过滤吸收器的通风阻力，属于防护过度。

2. Ps–D250 型及 YF 型自动排气活门应设在不受冲击波负压作用的地方。活门处在关闭位置时，可承受正向静压力 0.05MPa。活门的薄弱部位是杠杆，抗爆实验证实，负压 0.01MPa 时杠杆会打弯，核爆炸时所产生的负压 –0.03 MPa 会使杠杆折断，所以自动排气活门不能设在抗爆隔墙上。也可见表中抗 0.05MPa 的写法不全面，同理 FCH–200（5）系列杠杆也不能承受较大负压。

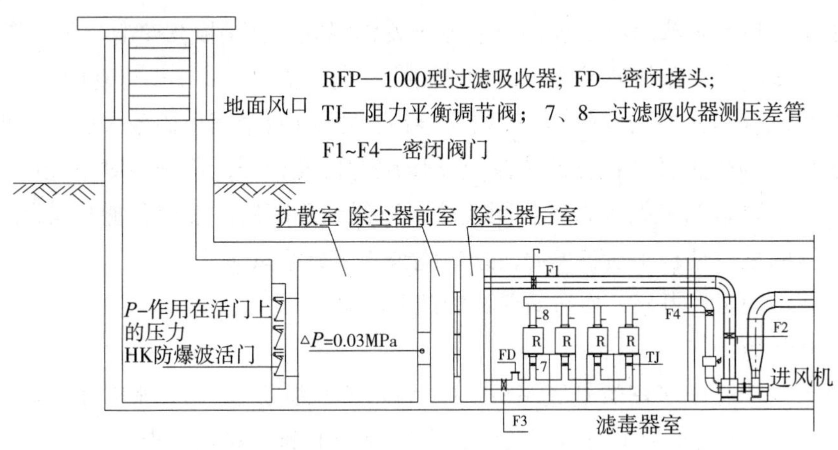

图 3–1　进风系统示意图

3.1.1　HK 系列悬摆式防爆波活门

防爆波活门是设置在进、排风（烟）系统的口部，当冲击波到达时，悬摆板迅速关闭，将冲击波挡在工事外的防护设施，见图 3–1 和图 3–2。目前有两种：悬摆式防爆波活门和胶管式防爆波活门。胶管式防爆波活门由于胶管易老化、冲击波负压作用时胶管易脱落、整体性和安全性差、战备性能差、技术落后等，各地人防工程已停止使用，今后的资料中不应再予以宣传。工程设计时，应采用悬摆式防爆波活门。下面介绍它的构造、原理、性能及选择方法。

1. 构造及工作原理

这种活门主要由底座板、悬摆板、铰页和限位座等部件组成，如图 3–2 所示。悬摆板平时在自重作用下，以一定的角度保持张开状态。底座板上开设有若干个通风小孔。清洁式或滤毒式通风时，空气通过悬摆板和底座板之间张开角度的空间和

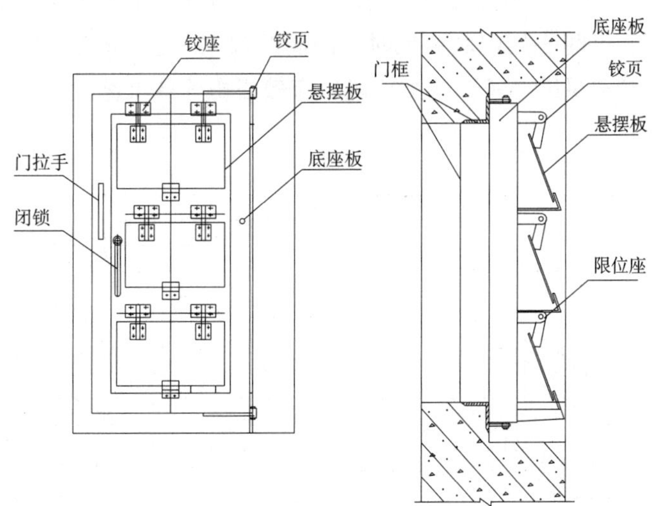

图 3–2　HK 系列防爆波活门

底座板上的孔口流入或流出工程；当有冲击波作用时，悬摆板在冲击波压力作用下，迅速与底座板贴合，盖住通风孔，将冲击波挡在进、排风口或排烟口外面。

为防止悬摆板在冲击波负压作用下遭到破坏并限制悬摆板的最大张开角度，设置了限位座。为防止悬摆板在冲击波负压作用时再度张开，负压会对系统产生一定的破坏作用，建议为悬摆板设置自闭装置，以保证关闭后的悬摆板能自动闭锁。以前试验工程的活门是有闭锁装置的，这些优秀的成果应该继承。

悬摆式活门工作可靠、构造简单、消波效率高。

2. 规格性能

目前人防工程中采用的是底座板平时可以打开的门式活门，平时用门洞进、排风（烟），战时将底座板（门扇）关闭，靠底座板上的孔洞进、排风（烟）。它管理方便、使用灵活，目前应用最广泛的是 HK 系列，其性能参数见表 3–2。

常用悬摆式活门性能参数　　表 3–2

型号	通风管径（mm）	安全区最大风量（m^3/h）	门洞尺寸（宽 × 高）（mm）	平时门洞风速 8m/s 的通风量（m^3/h）	平时门洞风速 10m/s 的通风量（m^3/h）
HK400	Φ400	3600	440 × 800	10000	12672
HK600	Φ600	8000	620 × 1400	25000	31248
HK800	Φ800	14500	650 × 2000	37400	46800
HK1000	Φ1000	22000	850 × 2100	51400	64260

注：平时门洞风速宜为 $v \leqslant$ 8m/s。

3. 活门的阻力

应见厂家的测试报告。若没有相应资料，其阻力可以从图 3–3~ 图 3–6 中查得。设计和使用中通过活门的风量均不可超过安全区最大风量，否则进风系统上活门的悬摆板会产生较大幅度的摇摆甚至关闭，排风（烟）系统活门的阻力会增大，影响排风系统的稳定。平时利用门洞通风时，门洞的最大风速不宜超过 8m/s，风井和地面风口的风速一般不超过 5m/s，注意按风口有效面积计算风速。

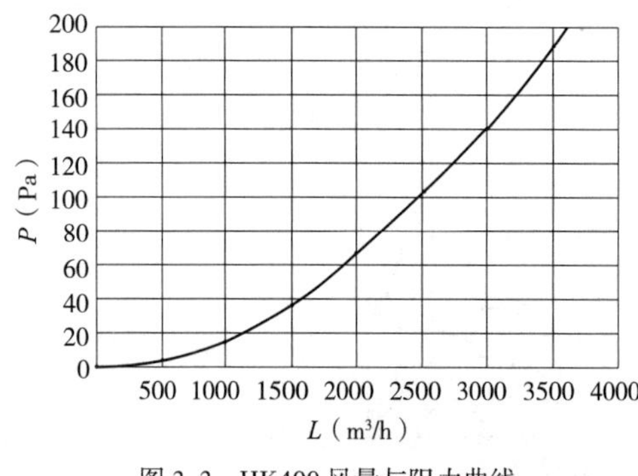

图 3–3　HK400 风量与阻力曲线

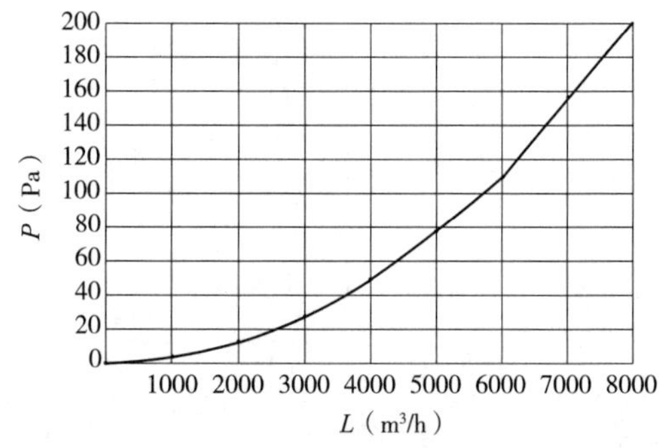

图 3–4　HK600 风量与阻力曲线

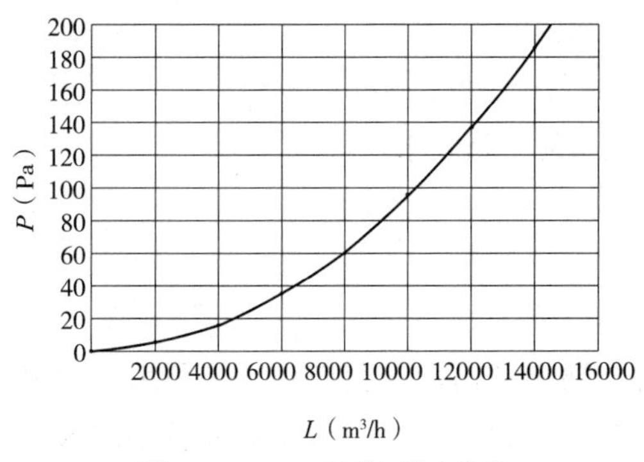

图 3–5　HK800 风量与阻力曲线

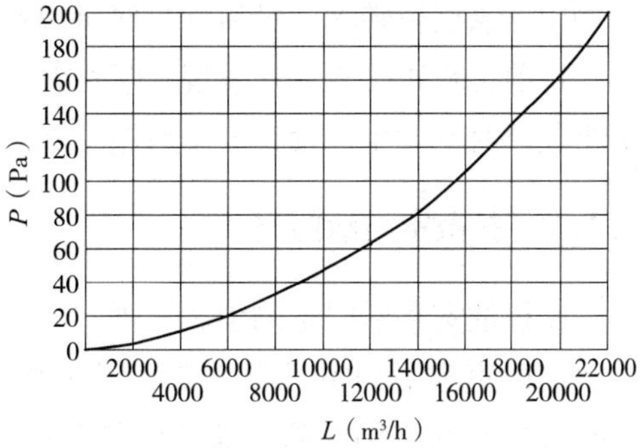

图 3–6　HK1000 风量与阻力曲线

4. 防爆波活门剩余压力的计算方法

防爆波活门剩余压力的计算，首先应知道不同等级的工程以及活门对应口部形式不同，所承受的压力 P_1 也不同，见表 3–3。

工程防核武器的抗力级别与活门承受的压力 P_1[1]　　表 3–3

抗力级别		6B	6	5	4B
地面超压 P（MPa）		0.03	0.05	0.1	0.2
活门承受的压力 P_1（MPa）	穿廊式或垂直式风井口	0.1	0.15	0.3	0.4
	直通式或单向式风井口	0.1	0.15	0.3	0.6

防爆波活门的剩余压力 ΔP 应按下式进行计算：

$$\Delta P=(1-\eta)P_1 \tag{3-1}$$

式中　ΔP——防爆波活门的剩余压力（MPa）；

P_1——冲击波作用在活门上的压力（MPa），见表 3–3；

η——单级防爆波活门的消波效率，见表 3–4。

悬摆式防爆波活门消波率[1]　　表 3–4

空气冲击波超压设计值（MPa）	消波率（%）
0.06~0.2	70
0.3~0.4	70
0.6	70
≥ 0.9	80

5. 悬摆式活门（亦称悬板式活门）验收注意事项

（1）橡胶垫和缓冲胶垫粘接后的剥离强度为 30N/cm，橡胶垫和缓冲胶垫的扯断强度应大于此值。

（2）悬摆板转动要灵活，与底座板贴合要严密。

目前工程竣工验收中发现，橡胶垫拼接、脱落、变形，悬摆板转动不灵活、卡阻、锈蚀现象时有发生，设计人员对施工和产品质量应严格要求。

3.1.2 扩散室与活门室

1. 扩散室和活门室的消波原理

扩散室和活门室见图 3–7 和图 3–8，都与防爆波活门配套使用，是利用一个突然扩大的空间来削弱防爆波活门剩余压力的防护措施。当冲击波由断面较小的入口进入断面突然扩大的空间时，气体膨胀和分子扩散使其密度下降，因而压力降低，达到削弱冲击波压力的目的。

2. 扩散室和活门室的区别

（1）扩散室主要用于消波，削弱从悬板活门悬摆板关闭期间漏入的冲击波压力，其次便于活门与管道之间连接。较高抗力工程，例如 5 级以上工程，活门剩余压力较大，一般选用扩散室。扩散室的尺寸是由建筑专业通过相应计算确定的，而活门室不需要计算。

（2）活门室主要方便活门与管道之间连接，其次用于 5% 的消波功能，常用于 6 级以下工程。

因为主要使用功能和消波率不同，所以名称不同。

3. 扩散室与活门室的选择标准

采用扩散室还是活门室是由防爆波活门的剩余压力决定的，不同系统剩余压力要求也不同，见表 3–5。

扩散室或活门室出口处的剩余压力　　表 3–5

	允许压力（MPa）	说明
进风口	0.03	过滤吸收器抗空气冲击波允许压力值为 0.03MPa，进风系统中其能承受的压力最低。（注：《人民防空地下室设计规范》GB 50038—2005 表 5.2.11）
排风口	0.05	因为密闭阀门、排风机抗空气冲击波允许压力值为 0.05MPa（注：《人民防空地下室设计规范》GB 50038—2005 表 5.2.11）
排烟口	0.2	增压柴油发电机排烟管抗空气冲击波允许压力值为 0.2MPa
	0.3	非增压柴油发电机排烟管抗空气冲击波允许压力值为 0.3MPa（注：《人民防空地下室设计规范》GB 50038—2005 表 5.2.11）

通过式（3–2）计算后，可得表 3–6。这里说明一点，因为电站进风系统中没有过滤吸收器，而 LWP 型除尘器和进风机的承受冲击波余压值均为 0.05MPa，所以防护等级 6B、6 级工程的电站进风口为活门室。

$$\Delta P=(1-0.70)P_1 \quad (\text{MPa}) \tag{3-2}$$

判断进排风（烟）系统应选活门室还是扩散室　　表 3–6

抗力级别		6 级	剩余压力（MPa）	选室			5 级	剩余压力（MPa）	选室		
地面超压 P（MPa）		0.05		进风口	排风口	排烟口	0.1		进风口	排风口	排烟口
风口形式	穿廊式或垂直式风井口	0.15	0.045	扩散室	活门室	活门室	0.3	0.09	扩散室	扩散室	活门室
	直通式或单向式风井口	0.15	0.045	扩散室	活门室	活门室	0.3	0.09	扩散室	扩散室	活门室

注：防护等级 6B、6 级工程的电站进风口为活门室。

上述计算主要为规范修订提供参考，因为《人民防空地下室设计规范》GB 50038—2005 规范尚未修订，设计和审图双方能达成共识，可以按表 3–6 设计。

4. 扩散室的设计

采用“防爆波活门 + 扩散室”消波系统，扩散室的体积和尺寸由建筑专业通过计算来决定，其具体要求如下：扩散室的横截面积不应小于进风口面积的 9 倍，且宜为正方形；如果为长方形，其宽度与高度之比不宜大于 1∶2，扩散室的长度应为其宽度的 2~3 倍。扩散室与风管的引接位置，应符合图 3–7 的要求 [1]。

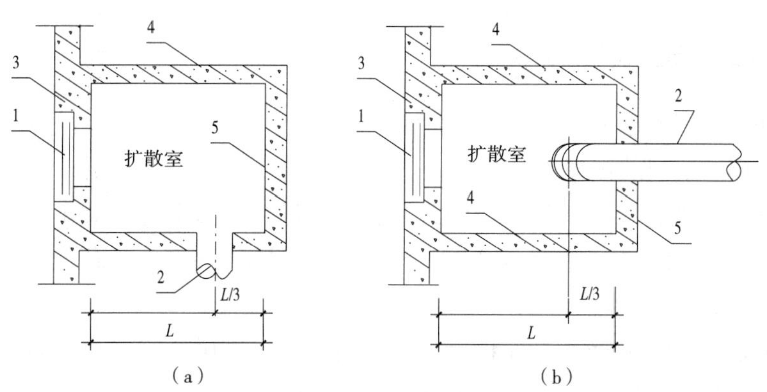

图 3–7　扩散室接风管图
（a）风管接口设在侧墙；（b）风管接口设在后墙
1—防爆波活门；2—风管；3—扩散室前墙；4—扩散室侧墙；5—扩散室后墙

5. 活门室的设计 [2]

活门室与扩散室不同，它的体积不需要像扩散室那样计算。横截面宜为矩形，其宽度与高度应满足施工安装和设备检修的要求，活门室的长、宽、高与活门的型号有关，具体尺寸由建筑专业确定。活门室的最小体积 V 可由下式计算：

$$V \geqslant (15\text{~}20)\,F\ (\mathrm{m}^3) \qquad (3\text{–}3)$$

式中　F——活门总的进风面积（m^2），F 值参见表 3–7。

活门的进风面积 表 3–7

活门型号	HK400	HK600	HK800	HK1000
进风面积 F（m^2）	0.13	0.28	0.50	0.78

活门室的长度以 1.2~1.5m 为宜。活门室风管的引接位置应符合图 3–8 的要求，应高于地面 500mm 以上，没有 $L/3$ 的要求，这一点设计和审图人员要明确，它和扩散室的要求不一样。

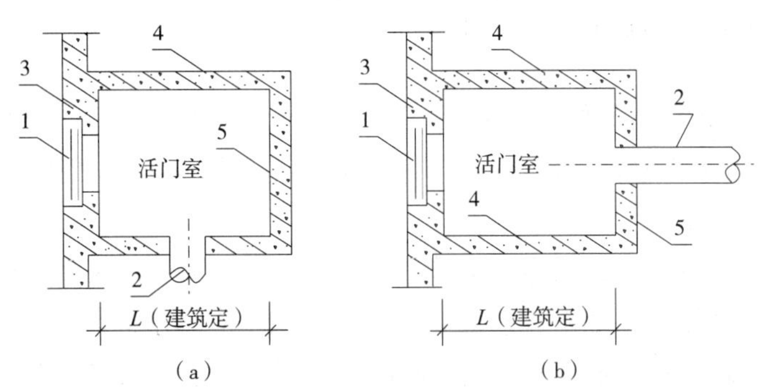

图 3–8 活门室接风管图

（a）风管接口设在侧墙；（b）风管接口设在后墙

1—防爆波活门；2—风管（无 $L/3$ 要求）；3—活门室前墙；4—活门室侧墙；5—活门室后墙

3.1.3 消波设备选择注意事项

1. 防爆波活门的选择

（1）防爆波活门的选择

防爆波活门的选择应按战时清洁式进、排风量，柴油机排烟量和工程抗力等级及作用在活门上的压力（参见表 3–3）确定。当风量较大、一个最大型号活门仍不能满足要求时，可选用两台或多台同型号活门并列设置。

（2）通风专业要向建筑专业提供战时清洁式进、排风量和柴油机的排烟量，以便建筑专业选择合适的活门型号和数量。

2. 扩散室和活门室的选择

活门加活门室的消波效率增加 5%，许多工程经过防爆波活门消波后的余压就可满足允许压力，不需要采用扩散室消波。但目前部分设计人员尚未注意到这一点，如 6B 级和 6 级工程一律采用扩散室，这造成很大浪费。扩散室和活门室的选择和计算要注意以下两点：

（1）活门室：风管的位置以自然方便为宜，不要求设在 $L/3$ 处，活门室主要起到活门与管道的连接和过渡作用。

（2）扩散室和活门室的阻力：活门的阻力用 Z 来表示，可查图 3–3~ 图 3–6。进风系统在扩散室内出口处有一个突然缩小，其局部阻力系数 $\zeta=0.5$；排风、排烟系统的扩散室排风入口处是一个突然扩大，其局部阻力系数 $\zeta=1.0$。

3. 目前设计中存在的问题

（1）风量大活门小

这个问题常出现在电站的进、排风和排烟系统及医疗救护工程室外机的进、排风系统中，例如某工程，进风量为 44000m^3/h，而建筑图上只选用了一台 HK1000（5）的活门，其安全区最大风量为 22000m^3/h，显然应选用两台 HK1000 型的活门。

（2）风量小活门大

这种现象也多发生在电站，例如某工程的电站，内设一台 120kW 的柴油发电机组，配用柴油机的额定功率为 130kW，排烟量为 1320m^3/h，而设计图中选的是 HK800 型的活门，其最大安全区通风量是 14500m^3/h，多出 10 倍。应选用 HK400 型的活门（因为再小的没有门式活门）。

发生这些问题的原因主要是：

（1）通风专业人员只计算进、排风量，忽视了柴油机组排烟量的计算，这在计算书中不能遗漏；

（2）通风专业与建筑专业人员之间忽视了信息交流，这个问题非常普遍。

3.2　进风系统的除尘设备

人防工程进风系统中的除尘器是安装在清洁式进风和滤毒式进风合用的管路上。清洁式通风时，除尘器用于除尘；过滤式通风时，除尘器的任务是滤除进风中的灰尘、放射性气溶胶、毒烟、毒雾、病毒飞沫类的战剂气溶胶。它是进风系统防化的第一道屏障，用以保障和延长过滤吸收器的使用寿命。

目前工程中常用的是 LWP 型除尘器，是仿苏联的列克式铁丝网除尘器。这种除尘器大气尘计重效率比较低，必须浸油，易锈蚀，工程还没竣工有的就锈蚀得不能用了，而且抗冲击波能力差（加固后可以承冲击波余压 $\Delta P \leqslant 0.05$MPa），维护管理不方便，是比较落后的设备。通风专业在选用 LWP 型滤尘器时，必须强调内芯为不锈钢丝网，外框用热镀锌钢板加工。

3.2.1　LWP-D（X）型除尘器（不锈钢丝网）

符号含意：L——滤尘器；W——网状；P——片式；D——大型；X——小型。

1. 作用原理

当含尘空气流经前后交错的网格过滤层时，粒径大的灰尘被阻留，粒径小的灰尘一部分粘在油膜上。因此，不锈钢丝网要浸 20 号或 10 号机油后提出淋干，再上架使用。

2. 结构形式

它应由多层不锈钢丝网和 1.2mm 热镀锌钢板制成的外壳组成（严禁使用铁丝网和铁板制做，会锈蚀），见图 3-9。不锈钢丝网被轧制成波纹状，相临两层交错配置。网层分两部份：迎风侧（前一半）网眼大，背风侧（后一半）网眼小，见表 3-8。

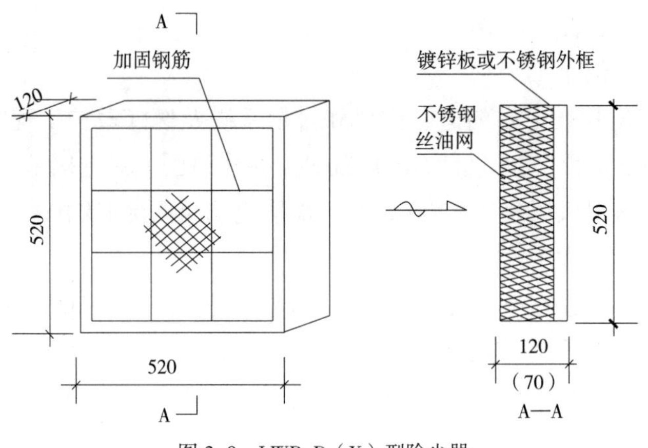

图 3-9　LWP-D（X）型除尘器

LWP-D（X）型除尘器结构形式　表 3-8

<table>
<tr><th rowspan="2">型号</th><th rowspan="2">钢丝网层数</th><th colspan="2">波纹（mm）</th><th colspan="2">网层规格（mm）</th><th colspan="3">外形尺寸（mm）</th><th rowspan="2">备注</th></tr>
<tr><th>高</th><th>间距</th><th>前一半</th><th>后一半</th><th>长</th><th>宽</th><th>厚</th></tr>
<tr><td rowspan="2">D</td><td rowspan="2">18</td><td rowspan="2">5.5</td><td rowspan="2">11</td><td>1.3</td><td>0.64</td><td rowspan="2">520</td><td rowspan="2">520</td><td rowspan="2">120</td><td rowspan="4">网层规格（mm）：
1.3（网眼尺寸）；
0.29（钢丝直径）</td></tr>
<tr><td>0.29</td><td>0.23</td></tr>
<tr><td rowspan="2">X</td><td rowspan="2">12</td><td rowspan="2">4</td><td rowspan="2">11</td><td>1.36</td><td>0.65</td><td rowspan="2">520</td><td rowspan="2">520</td><td rowspan="2">70</td></tr>
<tr><td>0.23</td><td>0.19</td></tr>
</table>

3. 性能参数（表 3-9）

LWP-D（X）型除尘器性能参数　表 3-9

<table>
<tr><th rowspan="3">型号</th><th colspan="3">风量（m³/h）</th><th rowspan="3">抗冲击波余压（MPa）</th><th rowspan="3">备注</th></tr>
<tr><th>≤ 800</th><th>1200</th><th>1600</th></tr>
<tr><th colspan="3">终阻力（Pa）</th></tr>
<tr><td>D</td><td>100</td><td>150</td><td>200</td><td>0.5（加固后）</td><td rowspan="2">大气尘计重效率</td></tr>
<tr><td>X</td><td>100</td><td>150</td><td>200</td><td>0.5（加固后）</td></tr>
</table>

4. 终阻力取值方法

过去一般按表 3-9 取值，但《人民防空工程防护设备产品与安装质量检测标准（暂行）》RFJ 003—2021 已实施，因此应按该标准中的表 6.15.3 取值：风量 800m³/h，终阻力 100Pa；风量 1600m³/h，终阻力 160Pa。设计说明中要注明除尘器的终阻力，以便适时清洗。

5. 设计说明注意事项

（1）外壳应为热镀锌钢板或不锈钢板制作；

（2）内芯为不锈钢丝网；

（3）不锈钢丝网规格和层数同表 3–8；

（4）应有加固拉筋。

6. 工程验收中应注意的问题

（1）不锈钢丝网规格和层数是否达到表 3–8 的要求；

（2）不锈钢丝网是否轧制成波纹状；

（3）不锈钢丝网的层数是否符合要求，有的工程只设一层不锈钢丝网；

（4）要浸油，不浸油、下方不设油槽的问题时有发现；

（5）外壳应为热镀锌钢板或不锈钢板制作。

这些问题在竣工验收时，要特别注意检查。

3.2.2　LDW–F 型除尘器

介绍一种新研制的 LDW–F 型不锈钢丝网和无纺布网袋复合式除尘器。

符号含意：L——滤尘器；D——袋形过滤体；W——无纺布阻燃中高效过滤体；F——防灼网。

它可用于人防工程进风系统除尘，也可用于普通空调系统除尘。它过滤效率高，大气尘计重效率 $\eta \geqslant 90\%$（PM_{10} 达 99%），弹韧性好、抗冲击波能力高（$P \geqslant 0.07$MPa）、阻力小、使用便捷、寿命长、不用浸油等，总体性能优良。

1. LDW–F 型除尘器结构特点

其外形尺寸与 LWP–D 型相同，见图 3–10。

（1）无纺布为大气尘计重效率 $\eta \geqslant 90\%$ 的阻燃 G4 型。

（2）加固筋和支撑筋均为 $\phi 4$。

（3）四层不锈钢防灼网的规格：第一层轧花；第二层 10 目；第三层 22 目；第四层轧花。

2. LDW–F 型除尘器性能参数

其规格性能见表 3–10。

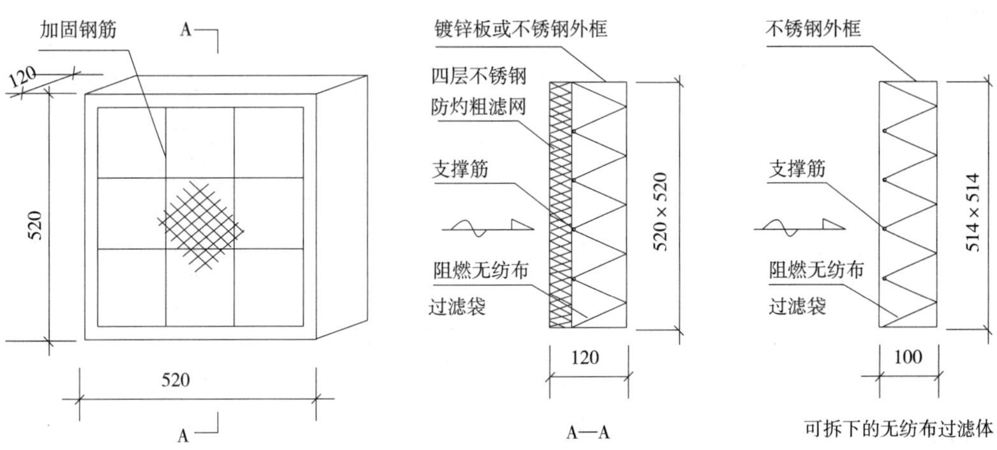

图 3–10　LDW–F 型除尘器

LDW-F 型除尘器的性能参数 表 3-10

型号	抗力	规格（mm）	风量（m^3/h）	初阻力（Pa）	终阻力（Pa）	效率（%）
LDW-F	≥ 0.07MPa	$A \times B \times H$ 520 × 520 × 120	800	18	100	大气尘计重效率 $\eta \geq 90\%$
			1000	22	100	
			1200	29	120	
			1600	42	160	
			2000	62	200	

3. LDW-F 型除尘器使用要求

（1）外形尺寸与 LWP-D 型相同，可以采用管式或室式安装，大样图与 LWP-D 型相同。

（2）达到终阻力，过滤体更换新的 G4 阻燃无纺布。

（3）外框采用 1.2mm 热镀锌钢板或不锈钢板加工而成（不允许用普通钢板，会锈蚀）。

3.2.3 LWP 型和 LDW-F 型除尘器的安装方法

LDW-F 型和 LWP-D 型除尘器外型尺寸相同，有两种安装方法：①管式安装（也称匣式安装）；②室式安装。

注意：LDW-F 型安装时应将袋口置于空气进入侧；LWP 型应将网眼大的网层置于空气进入侧。

（1）管式安装是将除尘器装在除尘器匣内，匣的两侧与通风管相连的安装方式。目前有 1 块、2 块、4 块组成一匣的，见图 3-11。

（2）除尘室式安装是把除尘器安装在进风除尘室隔墙的孔洞上，见图 3-12。当个数超过 4 个时，应采用室式安装。设计时注意以下几点：

①除尘器宜装在靠扩散室（活门室）的一侧，除尘器在冲击的作用下不易脱落；

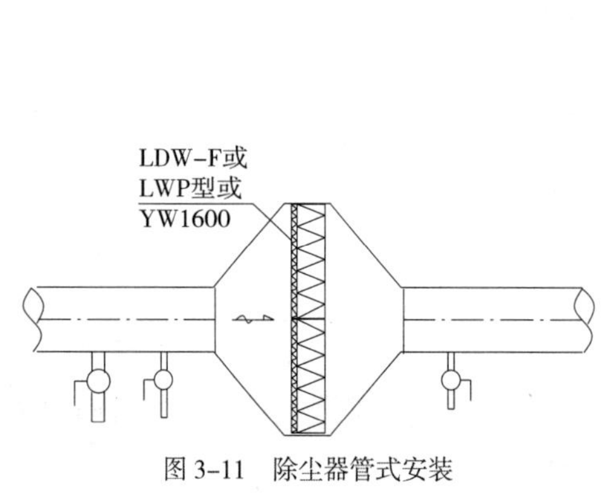

图 3-11 除尘器管式安装

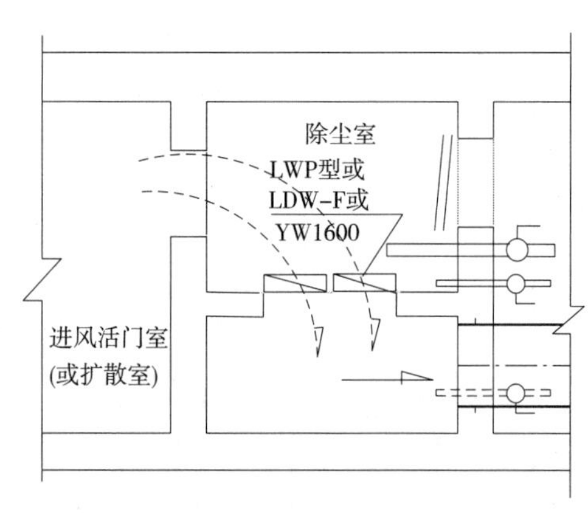

图 3-12 除尘器室式安装

②除尘室的门宜设在靠扩散室（活门室）一侧，以便于除尘器的安装和对防爆波活门及扩散室（活门室）的检查与维护，见图 3-12。

3.3　进风系统的滤毒设备

2011 年国家人民防空办公室下达文件，要求从 2011 年 3 月 1 日起停止生产和选用 LX 型和 SR 型过滤吸收器，选用性能更优的 RFP 系列过滤吸收器。目前防化乙级以下的人员掩蔽工程，通风与防化设计时均选用 RFP 系列的过滤吸收器。

3.3.1　RFP 型过滤吸收器的结构原理

1. 过滤吸收原理

（1）毒剂

毒剂起杀伤作用的状态叫做战斗状态，毒剂的战斗状态有蒸气态和气溶胶两种：

①蒸气态，即毒剂以气体分子状态分布于空气中，蒸气态是化学武器基本战斗状态之一，它通过呼吸器官和眼睛及皮肤伤害人员。由过滤吸收器的吸收层进行物理吸附或催化分解消除这种毒剂。

②气溶胶，即毒剂形成的液体微滴或固体微粒悬浮在空气中，微滴或微粒与空气组成的混合体称之为气溶胶。微滴气溶胶又叫毒雾；微粒气溶胶又叫毒烟。由过滤吸收器的滤烟层进行过滤，将毒剂气溶胶阻留在滤烟层内（毒雾和毒烟挥发后，仍由吸收层吸收）。

（2）生物战剂

生物战剂多以下述两种方式传播：

①以飞沫状悬浮在空气中，它与空气的混合物称为生物战剂气溶胶。大颗粒的由前置的除尘器过滤，穿过除尘器的由过滤吸收器的滤烟层进行过滤，将生物战剂的飞沫阻留在滤烟层内，并由灭活装置将其杀灭。

②利用昆虫等生物携带细菌或病毒，如日本侵华战争中的 731 部队就是采用苍蝇、蚊子、老鼠等携带细菌，当时造成东北地区鼠疫大流行，疫区死亡人数较多。当时东北开展爱国卫生运动，发动群众做好个人防护，然后进行灭鼠和消灭昆虫。

（3）核武器爆炸后的放射性灰尘

核武器爆炸后所产生的放射性灰尘悬浮在空气中与空气的混合物称之为放射性气溶胶。大颗粒的由前置的除尘器过滤，穿过除尘器的由过滤吸收器的滤烟层进行过滤，将这部分放射性灰尘阻留在滤烟层内。

2. 过滤吸收器的结构原理

它是由以下几部分构成：

（1）滤烟层（精滤单元或精滤器）

过滤吸收器的滤烟层是过滤毒剂气溶胶、生物战剂气溶胶、放射性气溶胶以及其他颗粒状物质的装置，其过滤效率 $\eta \geqslant 99.999\%$。

（2）吸收层（滤毒单元或滤毒器）

过滤吸收器的吸收层是吸附毒剂蒸气的装置。它主要是由特制的活性炭粒或催化剂—活性炭层起吸收作用。通过物理吸附、化学吸收或催化分解消除进风中的毒剂。

（3）灭活装置（生物活体杀灭单元）

过滤吸收器入口处，还设有等离子灭活装置，可以杀灭活体细菌。

过滤吸收器的构造原理见图 3–13，实物外形见图 3–14。

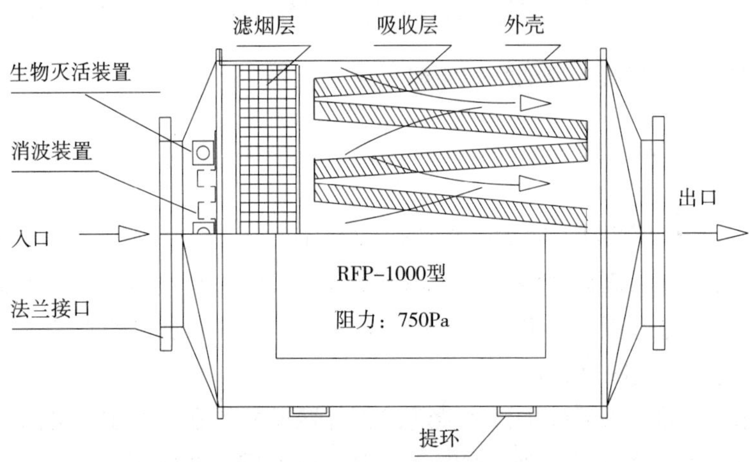

图 3–13　过滤吸收器构造原理图

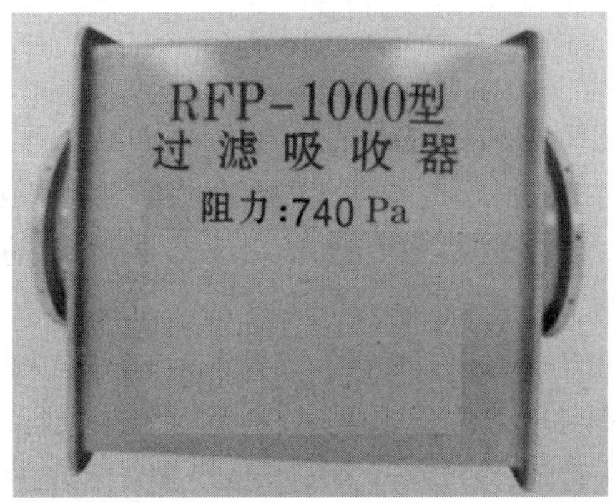

图 3–14　RFP–1000 型实物外形

3.3.2　RFP 系列过滤吸收器

符号含义：R——人防专用；F——防化功能；P——平时可就位，战时用于过滤式通风；1000——每小时过滤的额定风量为 1000m³/h。

1. 功能与特点

RFP 系列过滤吸收器是为防化乙级以下人防工程研制的专用过滤吸收器，安装在人防工程滤毒式进风系统中，能有效滤除染毒空气中的毒剂蒸气、毒烟、毒雾、生物战剂气溶胶和放射性灰尘等有害物质，向工程内人员提供过滤后的清洁空气。该产品通过多年研制，比旧型号人防过滤吸收器防护性能有很大提高，贮存时间在两端不开封的前提下延长到三十年，增加了生物灭活防护功能。相对于淘汰的 LX 型和 SR 型，产品的体积变小、重量变轻，便于快速安装和使用。

2. 主要性能参数

（1）防护对象：放射性灰尘、生物战剂气溶胶、细菌、毒剂气溶胶及毒剂蒸气等有害物质；

（2）空气阻力：《RFP 型人防过滤吸收器制造与验收规范（暂行）》RFJ 006—2021 规定：RFP-1000 型，初阻力≤ 850Pa；RFP-500 型，初阻力≤ 650Pa；

（3）漏气系数：$\delta \leqslant 0.1\%L$，L 为过滤吸收器的额定风量（m^3/h）；

（4）油雾透过系数：$\varepsilon \leqslant 0.001\%$，即过滤效率 $\eta \geqslant 99.999\%$；

（5）防护性能：对沙林模拟剂（DMMP）蒸气防护剂量≥ 400（mg · min）/L；

（6）抗冲击波余压：≥ 0.03MPa；

（7）贮存温度：−20~40℃；

（8）工作电压：220V。

3. 通风技术参数及外形尺寸

详见表 3-11 和图 3-15。

主要技术参数和外形尺寸　　表 3-11

型号	风量（m^3/h）	重量（kg）	尺寸 $L \times W \times H$（mm）	接管内径（mm）
RFP-500 型	500	105	730 × 625 × 625	d 204
RFP-1000 型	1000	150	870 × 625 × 625	d 315

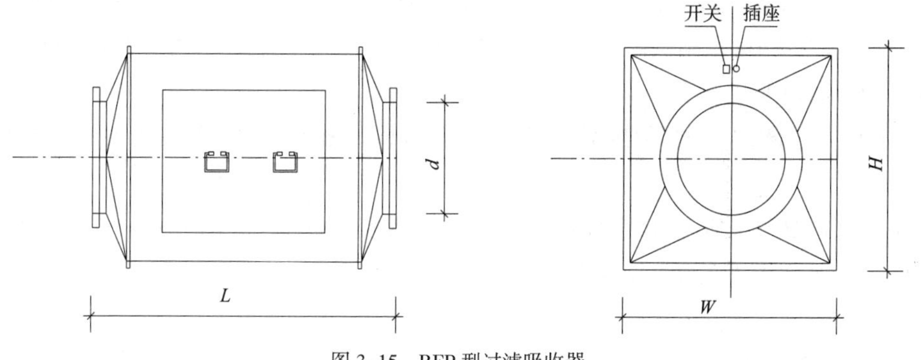

图 3-15　RFP 型过滤吸收器

4. 安装、使用及维护说明

（1）过滤吸收器可单台安装或多台并联组合安装；

（2）打开过滤吸收器两端盖板，将橡胶波纹管等配件连接到滤器进、出风口上，并按“入口”和“出口”方向与系统管道连接；

（3）安装好后要检查过滤吸收器与系统管道连接处的密封性，然后要调节各过滤吸收器之间的阻力平衡；

（4）通电检查等离子体灭活装置是否接通，检查后关闭电源开关；

（5）更换前打开过滤吸收器的电源开关，进行生物灭活约 1.5h；更换时应佩带个人防护器材；

（6）过滤吸收器在搬运、安装过程中要防止撞击、翻滚、抛掷；

（7）在清洁式通风时，关闭好过滤吸收器前后的密闭阀门，防止过滤吸收器受潮；

（8）过滤吸收器长期不使用时，不应与通风系统相连，只就位，密封保存，以免受潮；

（9）由滤毒式通风和隔绝式通风转为清洁式通风之前，对于染毒管段必须进行消毒，确认无害后，方可转为清洁式通风；

（10）过滤吸收器不能与酸、碱、消毒剂、发烟剂等存放在一起，以免破坏内部材料使之失效；滤毒室内应保持整洁、干燥，注意防潮。

3.3.3 过滤吸收器设计注意事项

（1）该设备可以水平卧式安装也可立式安装，安装时气流方向必须与设备要求一致。

（2）过滤吸收器的前后应设压差测量管，管端设铜质单嘴煤气阀，用压差计测定过滤吸收器的前后压差，以便调节并联过滤吸收器间的阻力平衡。

（3）通过过滤吸收器的空气流量不能超过设备的额定风量，否则将影响滤毒性能、降低防毒时间。

（4）过滤吸收器为两台以上时，应为同型号并联，不应大小混用。

（5）在滤毒室的剖面图上，应画出过滤吸收器的支架图，并有相应的大样图；在同一个支架垂直方向放两个以上过滤吸收器时，两个外壳之间应有足够的间距，以便安装和维护。

（6）厂家随过滤吸收器附带有与进出口管径相同的橡胶软接头，其长度为 150mm。

（7）《RFP 型人防过滤吸收器制造与验收规范（暂行）》RFJ 006—2021 第 8.1.1 条标识要求：产品标识内容中，要在盖板上印有出厂测得的初阻力 ×××Pa，见图 3-14。

（8）滤毒式通风系统阻力计算时 RFP 型过滤吸收器的终阻力取值：RFP-1000 型终阻力 Z=850Pa；RFP-500 型终阻力 Z=650Pa。其依据：①根据厂家统计，RFP-1000 型初阻力在 650~800Pa 之间，最大 800Pa 是个别的；② RFP-1000 型取终阻力 Z=850Pa，留有 50~200Pa 的空间，而且过滤吸收器前还有除尘器的保护，过滤吸收器的使用有效期短（沙林毒剂浓度 0.05mg/m^3 可以工作几十小时，多则几天）在吸收层失效前滤烟层阻力不会有明显变化，所以 RFP-1000 型把 850Pa、RFP-500 型把 650Pa 作为终阻力足够安全了（严禁按 2 × *Z* 计算过滤吸收器的终阻力）。

3.4　通风系统上的密闭阀门

密闭阀门是防护通风系统保证通风管道密闭和转换通风方式不可缺少的控制设备。

根据阀门的驱动方式，密闭阀门分手动密闭阀门和手动、电动两用密闭阀门。根据阀门的结构，密闭阀门可分成单连杆式和双连杆式。由于单连杆密闭阀门与双连杆密闭仅在连杆和法兰尺寸上有些差异，原理是一样的，选用时注意差别即可，所以下文只介绍双连杆密闭阀门，单连杆阀门详见厂家样本。

双连杆密闭阀门的型号表示方法：DMF40（手电动）；SMF40（手动）。

D（S）MF40——型号中文字和数字的含意：D 为电动密闭阀门，“电”字汉语拼音的第一个字母（以下相同）；S 为手动；M 为密闭；F 为阀门；40 表示阀门的公称直径 D_g 为 40cm，即 400mm。

3.4.1　双连杆手、电动两用密闭阀门

双连杆密闭阀门与单连杆密闭阀门的构造基本相似，由阀体、双连杆、主轴、阀门板、手柄、电动机构和锁紧装置等组成，详见图 3-16。主轴通过两根连杆机构带动阀门板启闭，结构紧凑，操作轻便灵活。该种阀门既可用于风管的全开或全闭，也适用于调节流量。当手柄按顺时针方向转动时，该阀门板趋向关闭位置。阀门采用的密封橡胶条硬度低、密闭性能好，梯形胶条嵌入式固定，便于拆换。由专用电机驱动，微动开关限位，其特点为电动和手动分别自锁，无需切换。

1. 结构与尺寸

主要外形尺寸见图 3-16 和表 3-12，其中 D_4 为阀门法兰内径，安装时连接风管的内径应与 D_4 相同。

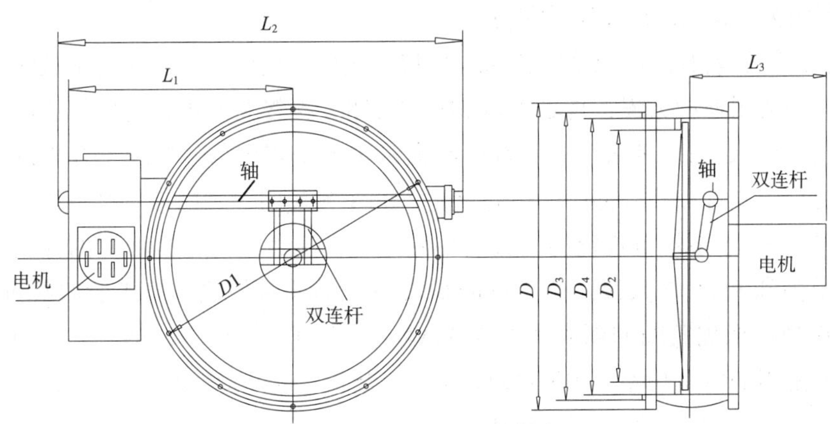

图 3-16　双连杆手电动两用密闭阀门

双连杆型手、电动两用密闭阀门各部尺寸表 表 3-12

型号	公称直径	D (mm)	D_1 (mm)	D_2 (mm)	D_3 (mm)	D_4 (mm)	L (mm)	L_1 (mm)	L_2 (mm)	L_3 (mm)	孔数 Z（个）	孔径 d (mm)
DMF20	D_g200	310	280	186	260	200	152	355	498	315	8	10
DMF30	D_g300	430	398	286	368	300	170	416	645	315	12	10
DMF40	D_g400	530	490	360	466	400	216	468	738	315	16	13
DMF50	D_g500	640	600	460	568	500	229	532	847	315	16	13
DMF60	D_g600	760	726	600	710	664	275	582	955	315	16	13
DMF80	D_g800	960	930	800	900	860	300	682	1205	343	16	13
DMF100	D_g1000	1220	1170	1000	1146	1100	380	848	1560	343	20	18

注：D_4——法兰内径（mm）。

2. 性能参数

主要技术性能参数见表 3-13。

双连杆式手、电动两用密闭阀门主要技术性能表 表 3-13

公称直径（mm）		200~400				500~1000		
试验压力（MPa）		0.1				0.1		
工作压力（MPa）		≤ 0.05				≤ 0.05		
电动装置	型号	DDI-20				DDI-10		
	启闭时间 t（s）	≤ 5				≤ 5[5]		
	电机功率（kW）	0.37				0.55		
不同管径最大允许漏风量（m³/h）	DN200	DN300	DN400	DN500	DN600	DN800	DN1000	超压值 ΔP=50Pa[3]
	0.025	0.04	0.055	0.07	0.085	0.115	0.145	

注：适用温度范围：-30~40℃。

参阅文献 [5]，手、电动两用密闭阀门的电动开启及关闭时间：$D_g \leqslant 400$ 时 t=1.6~1.8s；$D_g \geqslant 500$ 时 t=3.6s。并根据目前人防厂家生产现状，有关部门将活门的启闭时间定为 $t \leqslant 5$s，是较为适宜的。

注意：①目前有的厂家采用普通电机代替阀门专用电机，因阀门板关闭不严而漏气，有的关闭速度太慢，现场测试 51s 才关闭。报警器发出报警信号说明工程口部空气已经染毒，51s 才关闭，毒剂已经大量进入工程内部。这种不合格的产品很多地方使用，监管和质检部门应引起重视。②实测表明，阀门都有微量漏气，但是不能超过表 3-15 中规范规定的最大允许漏气量；注意检查密封面上的橡皮胶圈粘接是否牢固和断裂，《人民防空工程防护设备产品质量检验与施工验收标准》RFJ 01—2002 规定橡皮胶圈的剥离强度为 30N/cm。③目前工程中，手、电动两用密闭阀门多数配用的电机功率 D200~D400 的只有 25W，竣工验收时，要以表 3-15 中的 0.37~0.55kW 为标准去检查，关闭时间是 5s。

3.4.2 双连杆手动密闭阀门

双连杆手动密闭阀门主要由壳体、阀门板、主轴、双连杆、手柄和锁紧装置等组成。靠旋转手柄带动转轴转动杠杆，达到阀门板启闭的目的，结构见图 3–17。

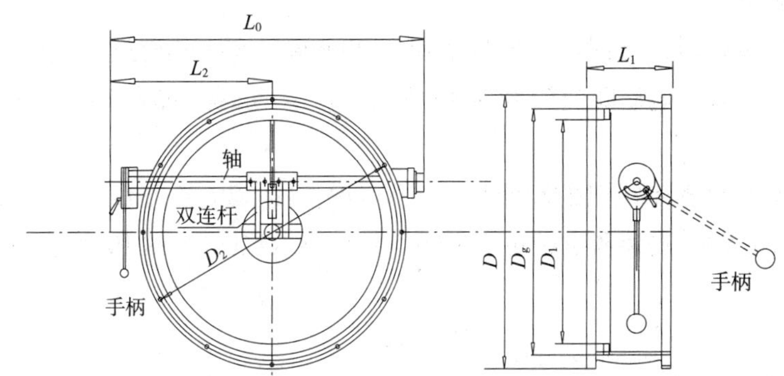

图 3–17　双连杆手动密闭阀门结构图

当关闭阀门板后，依靠锁紧装置锁紧阀门板，保证密闭。

阀门驱动装置位置可以在轴的两端互换，以便于安装使用。阀门尺寸见表 3–14。

双连杆手动密闭阀门尺寸表（单位：mm）　表 3–14

型号	直径	L_0	L_1	L_2	D	D_1	D_2	b	n	d
SMF20	D_g200	385	152	230	310	182	280	10	13	10
SMF30	D_g300	485	172	280	410	282	380	12	13	10
SMF40	D_g400	608	216	343	530	360	495	12	16	13
SMF50	D_g500	716	229	396	640	460	600	15	16	13
SMF60	D_g600	805	275	750	760	560	726	5	16	13
SMF80	D_g800	1035	300	980	960	760	930	6	16	13
SMF100	D_g1000	1278	380	1210	1220	960	1170	6.5	20	18

注：D_g——法兰内径（mm），也是公称直径（mm）。

3.4.3 密闭阀门的选择和设计要求

1. 密闭阀门的选择

密闭阀门的选型可按以下三类工程有所区别。

（1）二等人员掩蔽部，进、排风系统根据防化规范要求“宜”采用手、电动两用密闭阀门，以便战时系统能尽快地转入隔绝式防护，靠近扩散室（活门室）的阀门“应”为手、电动两用密闭阀门。

（2）防空专业队等乙级防化的工程，进、排风系统宜采用双连杆手、电动两用密闭阀门。

（3）防化甲、乙级的指挥、通信、核生化监测中心工程，“应”采用双连杆手、电动两用的密闭阀门。

采用手、电动两用密闭阀门的目的是当报警器发出报警信号时，阀门能自动关闭，迅速与外界停止进行气流交换。它的关闭时间应越短越好，人工没有电动快。

2. 设计要求

（1）工程设计时，战时进、排风系统与密闭阀门连接的管道其直径应与密闭阀门的法兰内径一致，电动阀门如表 3-15 中的 D_4，手动阀门如表 3-16 中的 D_g，以便于施工。

（2）必须控制密闭阀门的距墙尺寸，因为阀门距墙太近不仅手柄转不开，影响正常通风，而且阀门安装和维护也不方便，具体要求见图 3-18 和表 3-15。

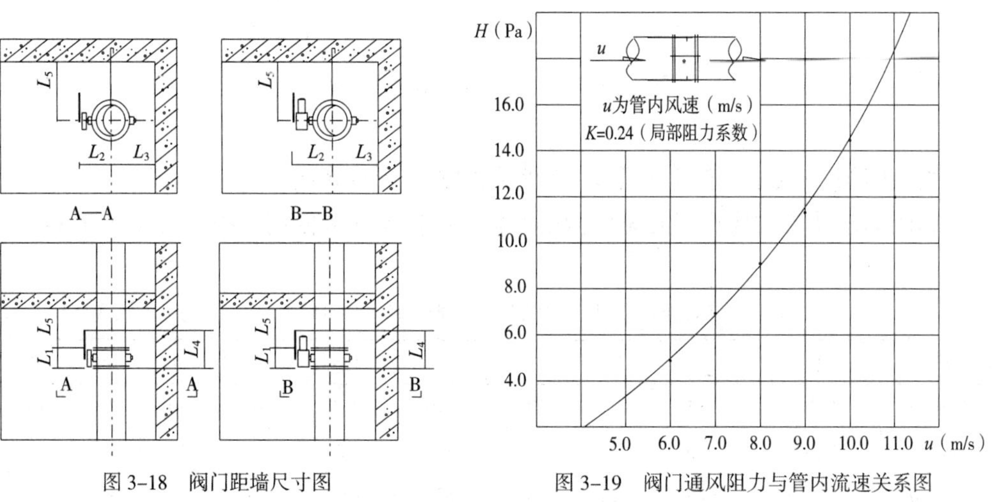

图 3-18　阀门距墙尺寸图

图 3-19　阀门通风阻力与管内流速关系图

密闭阀门距墙尺寸（单位：mm）　　表 3-15

型号	公称直径（mm）	L_1		L_2		L_3		L_4	L_5		D	
		手、电动	手动	手、电动	手动	手、电动	手动		手、电动	手动	手、电动	手动
D（S）MF20	D_g200	152	118	355	300	293	335	408	350	322	200	230
D（S）MF30	D_g300	170	145	416	350	379	385	435	350	309	300	330
D（S）MF40	D_g400	216	175	468	385	420	496	456	350	350	400	430
D（S）MF50	D_g500	229	225	532	451	465	574	456	350	350	500	530
D（S）MF60	D_g600	275	275	582	593	523	683	620	400	350	664	672
D（S）MF80	D_g800	300	290	682	693	673	733	620	400	350	860	862
D（S）MF100	D_g1000	380	300	848	808	862	842	700	400	400	1100	1108

（3）密闭阀门的局部阻力系数 ζ 和阻力曲线见图 3–19。

（4）施工设计说明中应强调以下两点：

①安装时阀门标注压力的箭头方向应与冲击波作用在阀门上的方向一致，即进风管路箭头方向与气流方向一致；排风管路箭头方向与气流方向相反（以此来检查阀门是否装反了）；

②阀门的位置必须与图 3–18 中标注尺寸一致，以防距墙太近影响阀门的启闭。

3.5　自动排气活门

自动排气活门是保证工程超压的重要通风设备，目前常用的有三种：YF 型、PS 型和 FCH 型，前两种只能承受通风的超压，FCH 型可承受 0.3MPa 的正向压力。

3.5.1　YF 型自动排气活门

1. 构造与工作原理

该型号活门在公称压力 P_g=0.01MPa、空气温度 $0 \leqslant t \leqslant 35$℃、相对湿度小于等于 95% 的条件下，作为人防工程洗消间超压排风设备来控制工程内的超压值。

YF 型自动排气活门主要是由活门外套、杠杆、阀盘、重锤、偏心轮和绊闩等部件组成，如图 3–20 所示，是早期工程广泛使用的唯一一种自动排气活门，其各部尺寸见表 3–16。

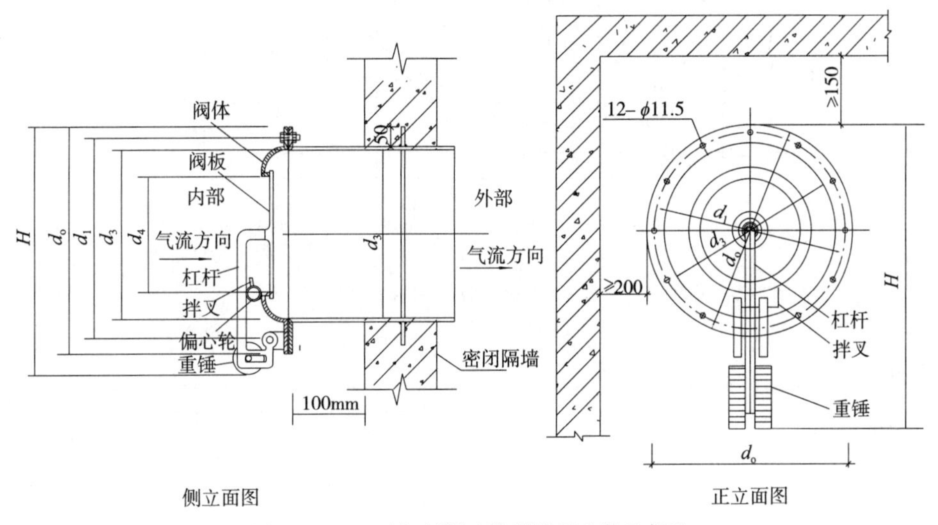

图 3–20　YF 型自动排气活门结构及安装示意图

YF 型超压排气活门主要外形尺寸（单位：mm）　表 3–16

型号	d_0	d_1	d_3	d_4	H
YF–d150	260	228	192	146	323.5
YF–d200	310	278	242	192	391.5

滤毒式通风时，因只开机械进风、不开排风机，所以室内压力比室外高。室内空气压力作用在阀盘上，当室内气压达到活门启动压力时，阀盘自动开启；反之，小于启动压力时，则阀盘自动关闭，从而保证了工程一定的超压值。

2. 性能参数

（1）公称压力：0.01MPa。

（2）抗冲击波正向压力：0.05MPa（关闭锁紧时的正向压力，反方向杠杆不能承受此压力）。

（3）空气动力性能：自动排气活门的启动压力可以通过调节重锤的位置来改变，空气动力性能详见表 3–17，空气动力特性曲线见图 3–21 和图 3–22。该型活门的缺点是通风量太小，早期工程有使用，近期工程中用得较少。

YF 型超压排气活门空气动力性能表　　表 3–17

型号	活盘开启偏角	重锤启动压力（Pa）		重锤启动压力调节范围（Pa）	排风量（m^3/h）
		最重位置	最轻位置		
YF–d150	20°	80~100	30~50	30~100	80~200
YF–d200	24°	80~100	30~50	30~100	120~600

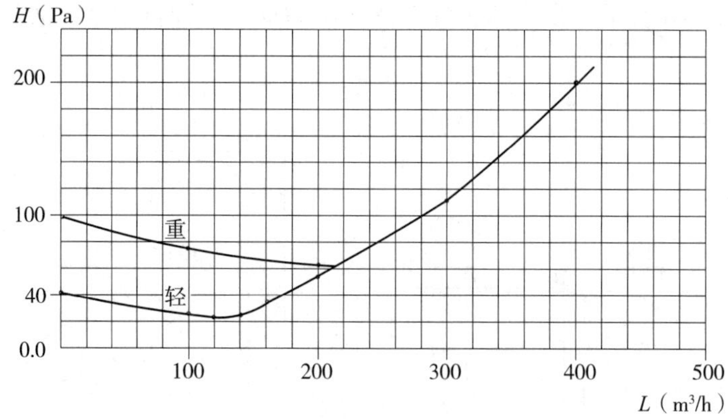

图 3–21　YF–d150 型自动排气活门空气动力特性

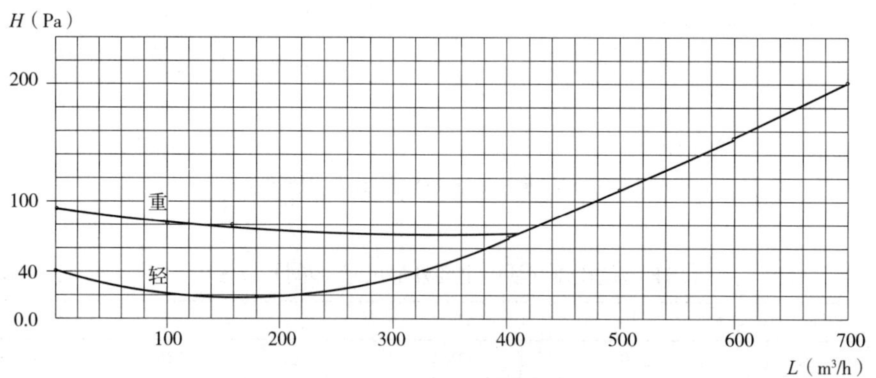

图 3–22　YF–d200 型自动排气活门空气动力特性

3.5.2　PS 型超压排气阀门

1. 构造与工作原理

PS-D250 型超压排气阀门的构造见图 3-23，主要由活门外套、限位座、密封圈、阀板、重锤、凸轮和杠杆等部件组成，其工作原理与 YF 型相同。

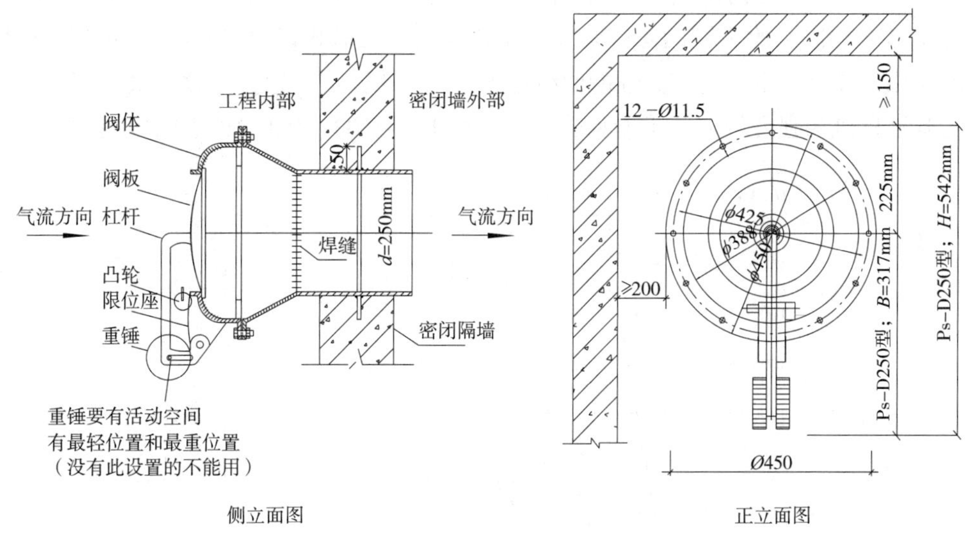

图 3-23　PS-250 型超压排气阀门构造与安装图

2. 性能参数

PS-D250 型超压排气活门的空气动力特性曲线见图 3-24。

PS-D250 型超压排气活门启动压力：重锤启动压力的调节范围为 20~50Pa，当重锤放在最轻位置时，启动压力为 20~30Pa，重锤放在最重位置时启动压力为 40~50Pa。在 50Pa 压差下通风量为 800m^3/h，在 80Pa 压差下通风量为 1000m^3/h，设计时可按 800~1000m^3/h 选活门个数。活门抗冲击波正压力为 0.05MPa。

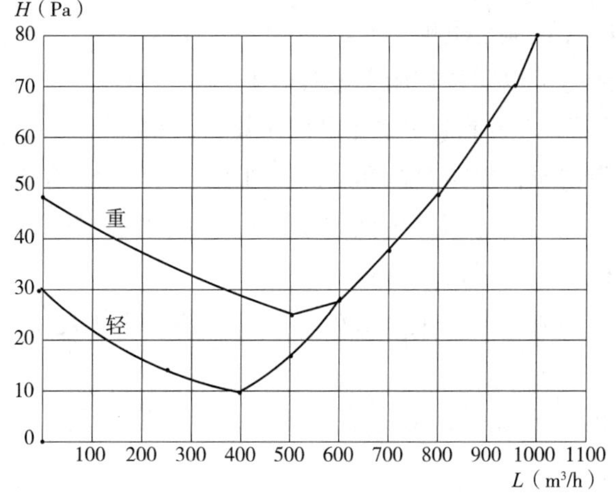

图 3-24　PS-D250 型超压排气活门空气动力特性曲线

目前多数厂家没按原图纸加工，现场实测密闭性较差。

与 PS-D250 型超压排气活门型号一致的还有 PD-D250 型。PS-D250 型为手动闭锁，PD-D250 型为电动闭锁，防化乙级以下工程应选用 PS-D250 型。

3.5.3 FCH 型和 FCS 型防爆超压排气活门

FCH 型、FCS 型防爆超压排气活门的作用原理与 PS-D250 型超压排气活门相同，构造也基本相同。所不同的是：防爆超压排气活门的阀板能够直接承受冲击波正压力的作用，具有一定抗力，其性能曲线见图 3-25。但是不能把它作为防爆波活门用，因为其杠杆机构强度较弱，不能承受冲击波负压（-0.03~-0.04MPa）的作用力。

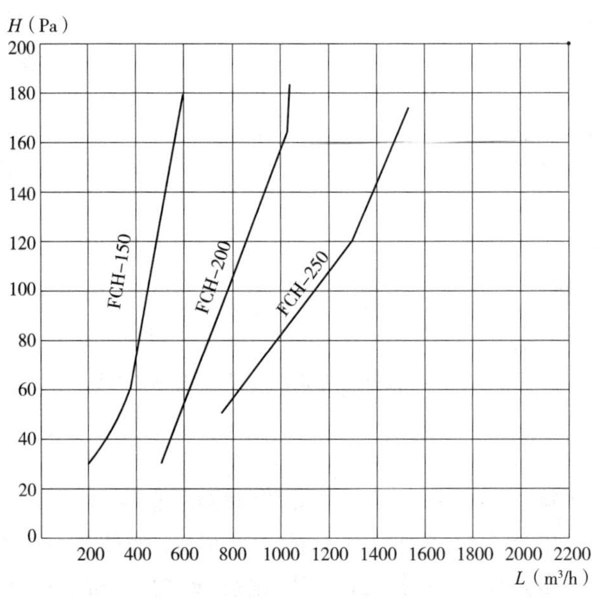

图 3-25 FCH 型、FCS 型防爆超压排气活门气体动力特性曲线

3.5.4 自动排气活门的安装和使用要求

1. 自动排气活门安装注意事项

（1）自动排气活门可以安装在墙上或管道上；

（2）自动排气活门安装前应存放在室内干燥处，阀板处于关闭的位置，橡皮密封面上不允许有油脂物质，以防腐蚀和变形，外套密封面上必须涂防锈漆；

（3）工程设计时应考虑运行、拆修方便；活门重锤的位置必须置于超压的一侧，并保证活门外套、杠杆与水平面垂直；

（4）自动排气活门外套与管道连接处，应衬垫 5mm 厚的橡胶垫圈，保证密闭不漏气；

（5）自动排气活门安装时，应先清洁活门外套和密封面，不允许有污物附着，否则不得安装；

（6）自动排气活门安装时，应旋紧所有螺栓，以防漏气。

2. 自动排气活门的使用

自动排气活门使用时，应根据所要求的超压值调整重锤的位置，使活门在保证超压值的情况下自动排风。隔绝式通风时，应将绊闩锁紧，使偏心轮与杠杆靠紧，将活门关闭。此外，还应定期在螺钉、重锤部分涂上工业凡士林，以防氧化；在旋转部分注入润滑油，确保转动灵活自如。

3. 气密检测要求

（1）超压 100Pa 时，最大允许漏风量 Q_L：

D=300mm，Q_L=0.08m^3/h；D=250mm，Q_L=0.07m^3/h；D=200mm，Q_L= 0.05m^3/h；D=150mm，Q_L= 0.03m^3/h[3]。

（2）橡胶垫圈粘接后的剥离强度为 30N/cm，扯断强度应大于 30N/cm[3]。

3.6　流量计

流量计是滤毒通风系统上的计量设备，它是控制滤毒式通风时风量不超过过滤吸收器额定风量的监测仪。

3.6.1　孔板流量计

1. 结构原理

当充满管道的流体流经管道内的流量孔板时，流线将在孔板的节流处形成局部收缩，从而使流速加快，静压力降低，于是在标准孔板前后便产生了压力降或叫压差。介质流动的流速愈大，在流量孔板前后产生的压差也愈大，所以可通过测量压差来测量流体流量的大小。这种测量方法是以流体流动连续性方程（质量守恒定律）和伯努利方程式（能量守恒定律）的原理为基础。它标准化程度高、线性好，可不必进行实流标定。它可作为标准器，为其他流量计检测和标定。孔板流量计有可靠的实验数据和完善的国家标准，参见图 3–26。

2. 主要性能参数

主要性能参数见表 3–18。

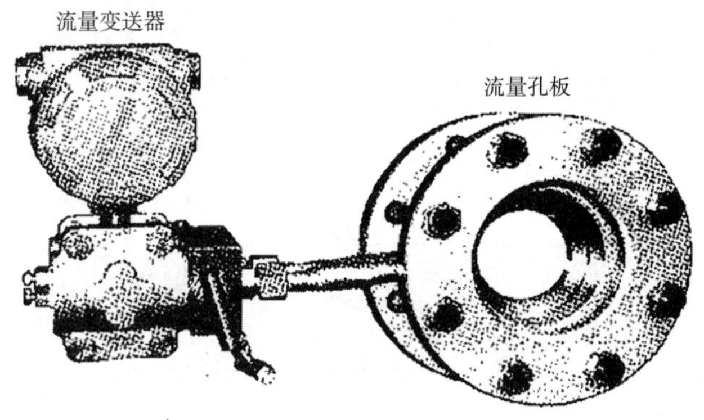

图 3–26　孔板流量计

孔板流量计性能参数　表 3-18

管道内径（mm）	*D*300	*D*315	*D*400
建议流量范围（m^3/h）	1000~2500	1000~2500	2500~4000
开孔比 β	0.748894	0.749617	0.725567
介质温度（℃）	-10~450	-10~450	-10~450
流量不确定度 τ	± 1.05%	± 1.05%	± 0.99%
输出信号	4~20mADC 或 RS485 通信		
供电电源	智能流量积算仪 220VAC，流量变送器 24VDC（由积算仪供电）		

3. 流量与阻力的关系

流量与阻力的关系见表 3-19。

流量与阻力的关系　表 3-19

管道内径 *D*300			管道内径 *D*315			管道内径 *D*400		
风量（m^3/h）	阻力（Pa）	流速（m/s）	风量（m^3/h）	阻力（Pa）	流速（m/s）	风量（m^3/h）	阻力（Pa）	流速（m/s）
3500	367	13.76	3500	315	12.89	4000	192	8.85
3000	270	11.80	3000	231	11.05	3500	144	7.74
2500	187	9.83	2500	161	9.21	3000	108	6.63
2000	120	7.86	2000	103	7.36	2500	75	5.53
1500	67.4	5.90	1500	54.2	5.35	2000	47	4.42
1000	30	3.93	1000	25.7	3.68	1500	27	3.32

孔板流量计的阻力与开孔比及管内流量有关，见图 3-27。管道内流速 U_1 宜控制在 6~10m/s 范围内。其安装方式和优缺点如下：

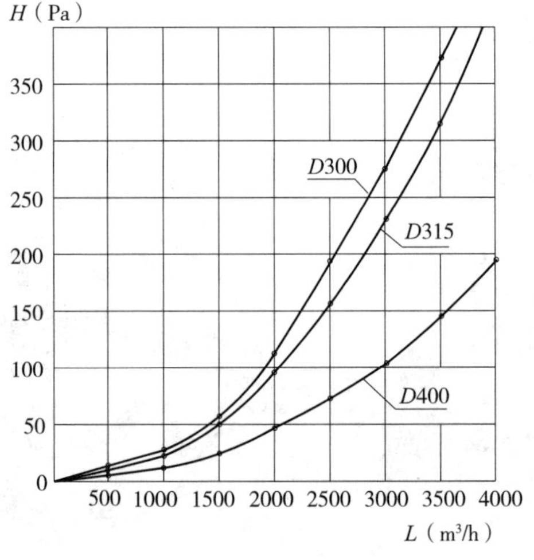

图 3-27　流量与阻力关系特性曲线

（1）安装：直接通过法兰固定安装在滤毒式风管上，一般甲级防化工程应用。

（2）优缺点：优点是测量精准；缺点是阻力大、价格较高。

注意开孔比 β 必须强调与表 3-20 一致。

3.6.2　均速管流量计

均速管流量计是通过全压与静压之差获得动压并换算出流量的一种装置，是一种差压流量计。目前有多种，现以一个简易的原理图予以说明，见图 3-28。

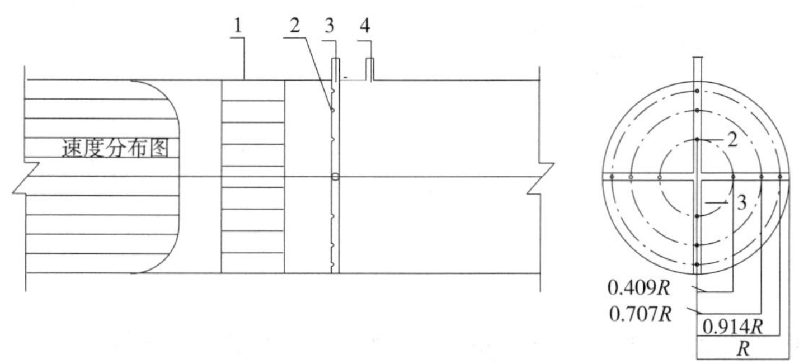

图 3-28　均速管流量计原理图
1—整流栅；2—全压孔；3—全压均值管；4—静压引出管

其安装方式和优缺点如下：

（1）安装：直接通过法兰固定安装在滤毒式风管上，一般甲级防化工程应用。

（2）优缺点：优点是测量比较精准；缺点是价格较高。

3.6.3　便携式流量计

1. 便携式流量计简介

便携式流量计品种较多，使用便捷，一般人员掩蔽工程宜采用便携式流量计。常用的有手持式风量风速仪和热式风速计等，见图 3-29，可以同时显示风速、风温和风压。

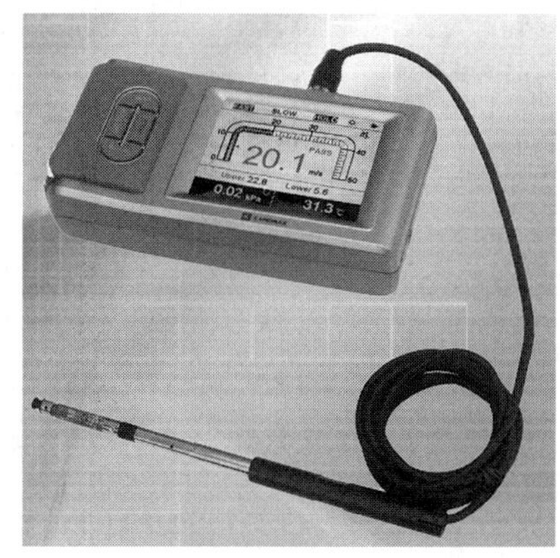

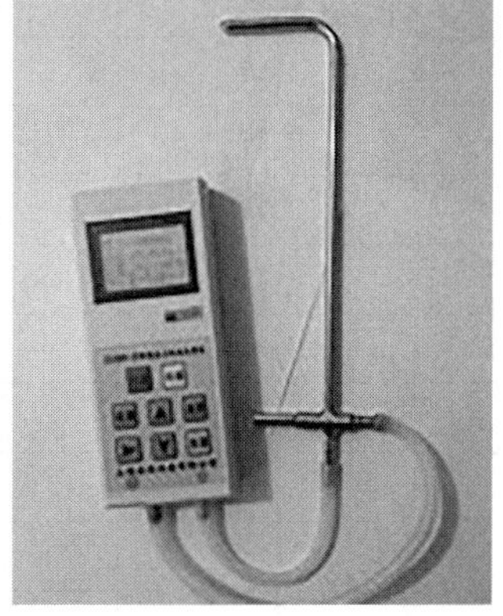

图 3-29　便携式流量计

2. 使用便携式流量计时的测点布置

风管断面的测点应按图 3-30 布置。

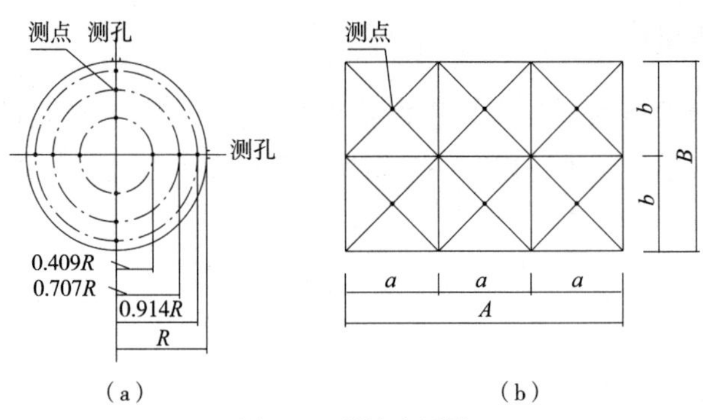

图 3-30　测点布置图
（a）圆形管道；（b）矩形管道

（1）圆形管道测点布置标准：同心圆的环数应按表 3-20 划分，图 3-30（a）是划分为三环时的测点位置，其他环数的测点位置见表 3-21。测点越多越精确，但是工作量大。人防工程风管断面尺寸较小，一般是 3~4 环应用较多。

圆形风管的环数划分　　表 3-20

管道直径 D（mm）	≤ 320	350~500	550~800	≥ 850
划分环数 N	3	4	5	6

圆环与测点位置　　表 3-21

测点序号	同心圆环数			
	3	4	5	6
1	0.1R	0.1R	0.05R	0.05R
2	0.3R	0.2R	0.2R	0.15R
3	0.6R	0.4R	0.3R	0.25R
4	1.4R	0.7R	0.5R	0.35R
5	1.7R	1.3R	0.7R	0.5R
6	1.9R	1.6R	1.3R	0.7R
7		1.8R	1.5R	1.3R
8		1.9R	1.7R	1.5R
9			1.8R	1.65R
10			1.95R	1.75R
11				1.85R
12				1.95R

（2）矩形管道测点布置：可将风管断面划分成若干个等面积的小矩形，测点设在每个小矩形的中心，每个小矩形的各边长度为 200mm 左右为宜，见图 3–30（b）。

（3）风量的计算公式：

$$L=3600FU_{\mathrm{p}}\ (\mathrm{m^3/h})$$

式中　F——测点处管道的截面积（$\mathrm{m^2}$）；

U_{p}——各测点的平均风速（m/s）。

风速的测量方式不同，计算平均风速的方法也不同：

①热敏风速仪

各测点风速相加后除以测点数：

$$U_{\mathrm{p}}=(U_1+U_2+\cdots+U_n)/n\ (\mathrm{m/s})$$

式中　U_n——第 n 个测点的风速（m/s）。

②皮托管加微压计

$$U_n=\sqrt{\frac{2P_n}{\rho}}\ (\mathrm{m/s})$$

式中　P_n——第 n 个测点的动压值（Pa）；

ρ——管道中空气的密度（$\mathrm{kg/m^3}$）。

$$U_{\mathrm{p}}=\sqrt{\frac{2}{\rho}}\left(\frac{\sqrt{P_1}+\sqrt{P_2}+\cdots+\sqrt{P_n}}{n}\right)\ (\mathrm{m/s})$$

3. 其安装方式和优缺点如下：

（1）安装：便携式流量计在管上打孔，按图 3–30 测试。

（2）优缺点：优点是经济；缺点是测量较麻烦。

3.6.4　流量计的位置

如图 3–31 所示，流量计 1 有的工程设在密闭阀门 F4 之前，也有设在密闭阀门 F4 之后，设计和审图时应注意以下几点：

（1）从理论上讲，流量计的位置在密闭阀门前后都可以，但是要保持与前方局部阻力管件有 4D 距离，与后方产生局部阻力管件之间有 1.5D 的距离；

（2）对于设置孔板流量计或均速管流量计的系统，均为法兰连接，法兰是漏风点，所以图 3–31（a）和（b）将流量计设在阀门 F4 之后，比图 3–31（c）将流量计设在阀门 F4 之前安全一些；

（3）防化乙级以下工程，应采用图 3–29 的便携式流量计，它是在流量计 1 的位置打孔，传感器从孔中穿入管道逐点测量，测量完毕用铝箔胶带把孔口封闭。

（4）目前，有些工程还不满足 4*D* 和 1.5*D* 的要求，可以在滤毒式进风机出口管上找测点。

综上所述，流量计的位置宜按图 3–31（a）或（b）设置。

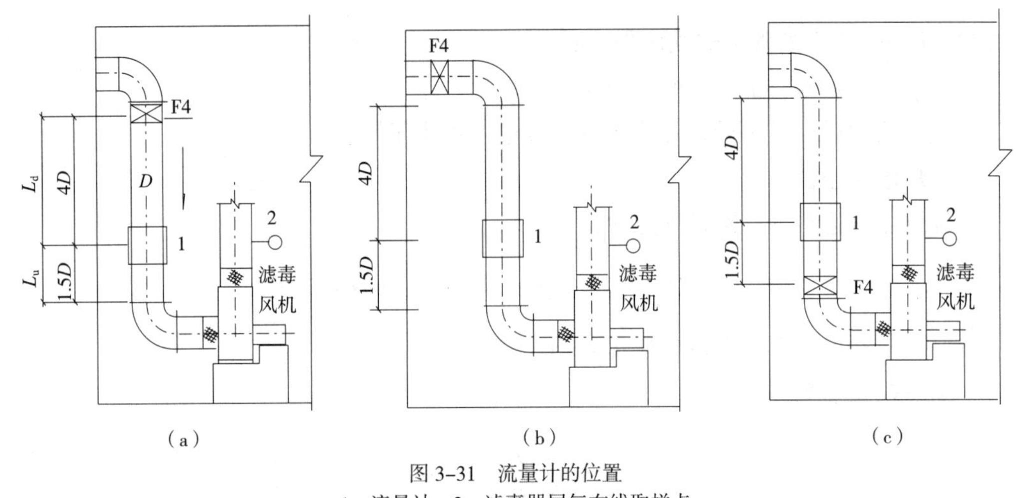

图 3–31　流量计的位置
1—流量计；2—滤毒器尾气在线取样点

3.7　其他防护监测设备

3.7.1　超压测量装置

工事的超压测量装置是为了在滤毒通风时随时掌握工程内的超压情况。《人民防空工程防化设计规范》RFJ 013—2010 规定主体（清洁区）的超压值：防化乙级 ≥ 50Pa，防化丙级 ≥ 30Pa，系统运行时不要低于该值。

1. 测压管设置

设有滤毒式通风的人防工程应设测压装置，见图 3–32。该装置由微压计 1、连接软管 2、单嘴煤气阀 3 和通至室外大气的测压管 4 组成。测压管应采用 *DN*15 热镀锌钢管，其一端设在防化通信值班室，另一端引至室外空气零点压力处，且管口要 90° 弯向下。测压计可以是倾斜式微压计（量程 0~300Pa）、U 形管压力计或压差传感器等。量程可选大一些，在工程气密检测时，方便检查工程的气密性和漏风点。

2. 安装要求

（1）测压管室外端应设在不受战时进、排风影响的部位，确保在室外空气零点压力处。

（2）室外端距墙表面不宜大于 100mm，以防遭到冲击波破坏。

（3）测压管的长度尽量短、少拐弯，以便减少传递阻力。

（4）测压管的全长要一次安装到位，不应只预埋过墙段，这会给战时平战转换带来困难。

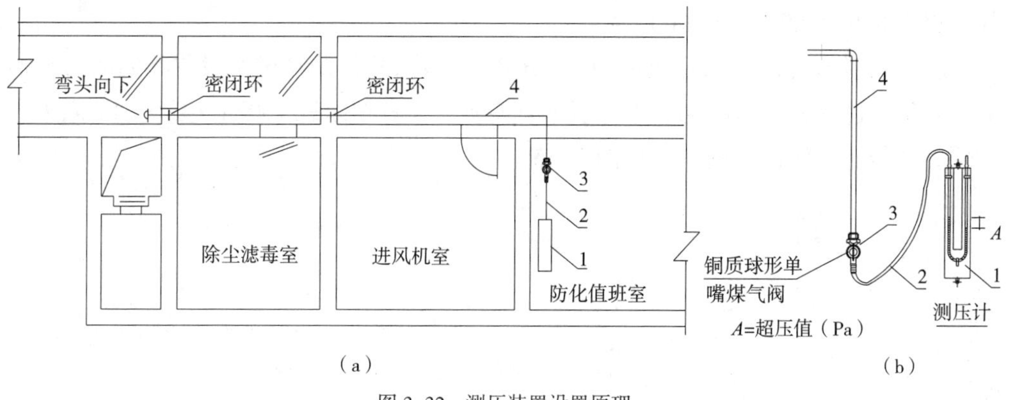

图 3-32　测压装置设置原理

（5）测压管的高度要不影响平时对空间的使用，一般应沿墙或梁下敷设，中心标高不宜低于 2.5m。

应该注意，有的工程竣工验收时，只按滤毒通风量进行工程内的超压试验，认为应达到《人民防空工程防化设计规范》RFJ 013—2010 规定主体（清洁区）的超压值：乙级≥ 50Pa；丙级≥ 30Pa；以及防毒通道换气次数：乙级≥ 50 次 /h；丙级≥ 40 次 /h，气密性检查即为合格。其实这仅仅是其中的两项，还应该包括：检测出入口每一樘门的漏气量是否达到《人民防空工程防护设备产品质量检验与施工验收标准》RFJ 01—2002 表 2.2.1 的要求；检测出入口部是否达到《人民防空工程防化设计规范》RFJ 013—2010 第 4.1.3 条 $V \leqslant 0.1W$ 的标准；检测密闭阀门的漏气量是否超过《人民防空工程防护设备产品质量检验与施工验收标准》RFJ 01—2002 表 3.3.8 序号 11 的要求；检测自动排气活门的漏气量是否超过《人民防空工程防护设备产品质量检验与施工验收标准》RFJ 01—2002 表 3.3.7 序号 11 的要求等。这些项目都测试合格，本工程的气密性才算合格。

3.7.2　空气放射性取样管、尾气取样管、测压差管和增压管的设置

1. 空气放射性取样管

《人民防空工程防化设计规范》RFJ 013—2010 中规定：在除尘器前，设置 *DN*32（热镀锌钢管）的空气放射性监测取样管，取样管末端应设球阀。它是为空气放射性监测仪而设置的取样管，采样分析空气中是否存在放射性灰尘，监测其剂量变化，达到阈值发出声光报警信号。在取样管下方的墙上应设单相 220V、10A 的插座。

2. 压差测量管

（1）在除尘器的前后应设管径 *DN*15（热镀锌钢管）的压差测量管，管端设铜质单嘴煤气阀，以便用软管与微压计相连。用于检查除尘器的初阻力和阻力变化及终阻力，U 形压力计测量范围以≥ 300Pa 为宜，见图 3-33。

（2）在过滤吸收器前后也设有管径 *DN*15 的（热镀锌钢管）压差（阻力）测量管，管端设有铜质单嘴煤气阀，以便用软管与压差计相连。测量过滤吸收器阻力的压差计，

其量程应为 0~1000Pa，见图 3–34。

压差测量管是用来观察过滤吸收器初阻力和调节各并联过滤吸收器间阻力平衡的，同型号过滤吸收器的初阻力一般都有差异，大者相差近 100Pa，必须调节阻力平衡后，才能转入滤毒式通风，见图 3–35。

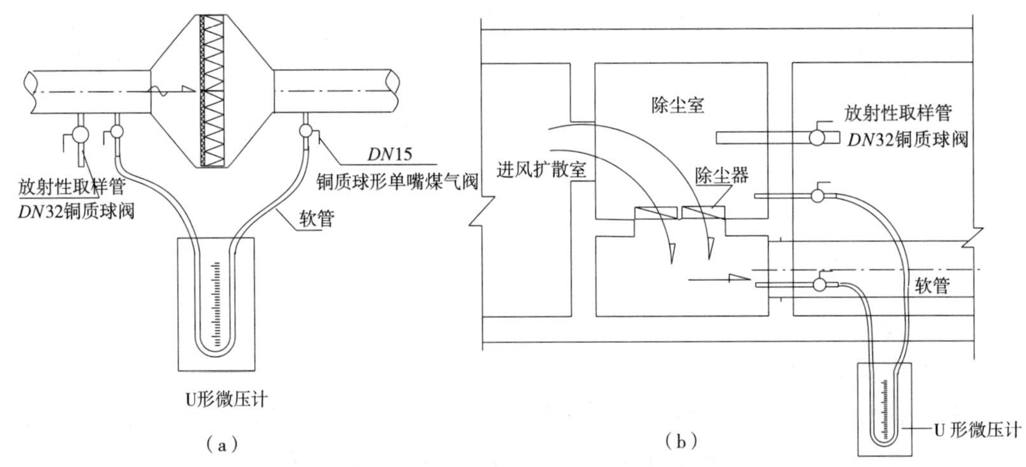

图 3–33　放射性取样管和压差测量管的布置图
（a）管式安装；（b）室式安装

3. 尾气取样管

设置尾气测量管的目的是监测过滤吸收器的出风（尾气）毒剂浓度是否超标，应在以下两个位置设置测点：

（1）应在滤毒式进风机出风口管上设尾气取样管，在线运行期间检测比较方便。尾气取样管端设 *DN*15 铜质单嘴煤气阀与毒剂监测仪自带软管相接，见图 3–34 和图 3–35（不能用橡胶管取样，它与毒剂会产生化学反应）。

（2）利用过滤吸收器的出风管上设置的 *DN*15 压差测量管 8，鉴别哪个过滤吸收器的尾气先超标。

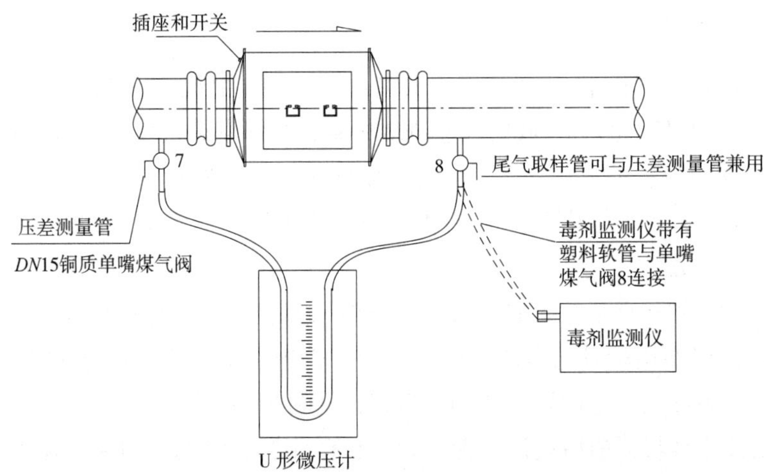

图 3–34　毒剂监测仪和尾气取样管的设置

4. 增压管

增压管（也叫超压管）目的是为清洁式通风管路上密闭阀门 F1 和 F2 之间的管段内增压。其方法是将进风机出口的高压气流通过增压管引入这段管内，使其形成超压，防止阀门 F1 和 F2 因关闭不严向工事内漏毒。因为它们始终处在进风机的负压段，所以在滤毒式通风、隔绝式通风以及滤毒间换气时，都应打开阀门 F9，见图 3–35。前面已经说明过，密闭阀门均有少量漏气，通过增压管为清洁式通风管路上密闭阀门 F1 和 F2 之间的管段内增压，使密闭阀门 F1 的漏气方向指向外，可以避免该阀门漏毒。

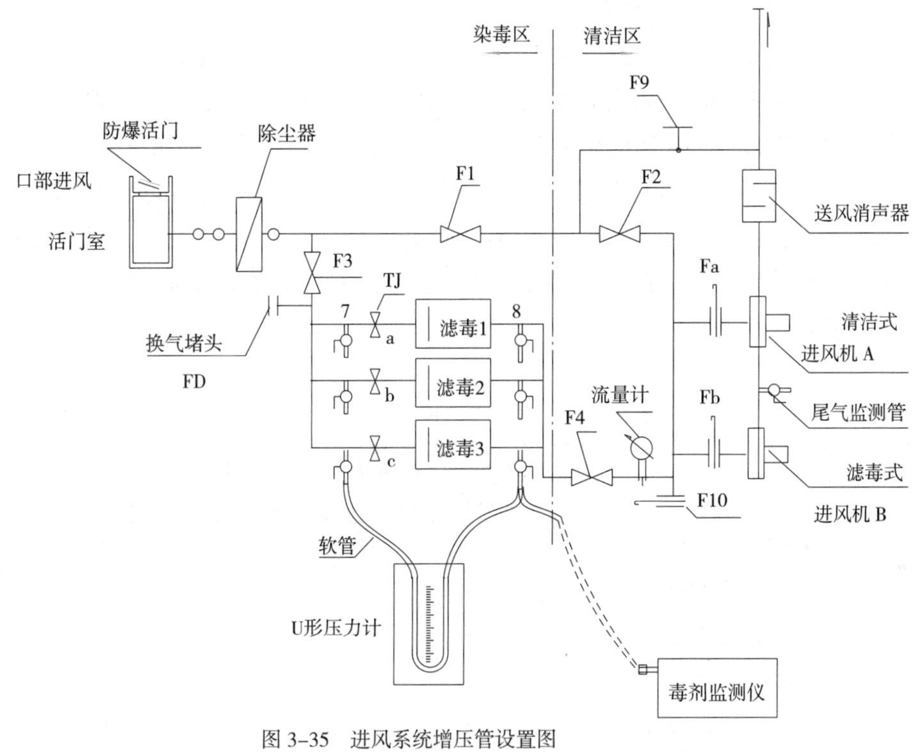

图 3–35　进风系统增压管设置图

注意：（1）增压阀 F9 应设在进风机室内（清洁区）以便操作；（2）增压管一般为直径 *DN*25 的热镀锌钢管；（3）阀门 F9 为 *DN*25 的铜质球阀。

3.7.3　工程口部的气密性与气密测量

1. 气密测量标准

（1）工程口部的气密性指标

①有两个以上防毒通道的人防工程，单个口部的允许漏气量为：$V \leqslant 0.1W$，其中：V 为允许漏气量（m^3/h）；W 为该口部最小防毒通道的容积（m^3）。该数据为室内超压值在表 3–22 的范围内，乙级 50Pa 时 [5]。

②设有一个防毒通道的人防工程，现行规范没有明确规定，建议按现行规范中

有两个以上防毒通道的人防工程执行，但室内超压值按丙级 30Pa 取值，此时的漏风量满足 $V \leqslant 0.1W$ 即为合格。

防护标准　　表 3–22

工事等级	防毒通道数	隔绝时间（h）	室内最低超压值（Pa）	室内最高超压值（Pa）	防毒通道换气次数（次/h）
乙	2	≥ 6	50	70	50~60
丙	1	≥ 3	≥ 30		40~50

（2）工程口部门的气密性指标

工事出入口部的防护密闭门和密闭门各自有气密性指标。根据《人民防空工程防护设备产品与安装质量检测标准（暂行）》RFJ 003—2021 表 6.1.1–2 的要求：进行密闭性能试验测试时，在标准大气压力下，单扇防护密闭门设定的超压值为 100Pa；密闭门、双扇防护密闭门设定的超压值为 50Pa。由此可知，只要门的密闭性能达标，口部就很容易达标，所以口部密闭的核心是门的密闭性能必须达标。上述标准中给出了防护密闭门和密闭门最大允许漏气量，参见表 3–23，本表摘录了一部分，其余可详查该标准。

防护密闭门和密闭门最大允许漏气量　　表 3–23

序号	门洞尺寸（mm）	类型	防护密闭门超压 100Pa 时最大允许漏气量 Q（m^3/h）	密闭门超压 50Pa 时最大允许漏气量 Q（m^3/h）
1	1000 × 2000	单扇门	0.30	0.15
2	1200 × 2000	单扇门	0.40	0.19
3	1300 × 2000	单扇门	0.45	0.21
4	1500 × 2100	单扇门	0.56	0.27
5	2000 × 2100	单扇门	0.74	0.41
6	3000 × 2500	双扇门	0.79	0.79
7	5000 × 2500	双扇门	1.35	1.35

根据早期试验，对于重要工程，如果在最后一道密闭门内侧 3m 处设一布帘，帘外不准站人，既有警示作用，又增加了工程的安全度。因为这一区域最先染毒，人员靠近很不安全，而且加布帘后又起到了增加一个通道的作用。

2. 气密测量管

《人民防空工程防化设计规范》RFJ 013—2010 规定人防工程口部的防护密闭门和密闭门的门框墙上应设气密测量管，供测量墙体和门缝漏风使用。

（1）气密测量管的设置目前有三种，参见图 3–36：（a）是管帽防护，（b）、（c）图是丝堵防护。

（2）气密测量管的管材：*DN*50 热镀锌钢管。两端伸出墙面的情况和防护方式目前工程中有如图 3–36 所示两种：①管帽封堵；②丝堵封堵。

（3）气密测量管要独立设置，因为它是气密测量的专用设备，不得用电专业的穿墙管代替。管内不允许有电线通过，它会影响测试管件的布置、密闭和安全。电气专业的管端无法与管帽接管器衔接，测试和防护都很不便。

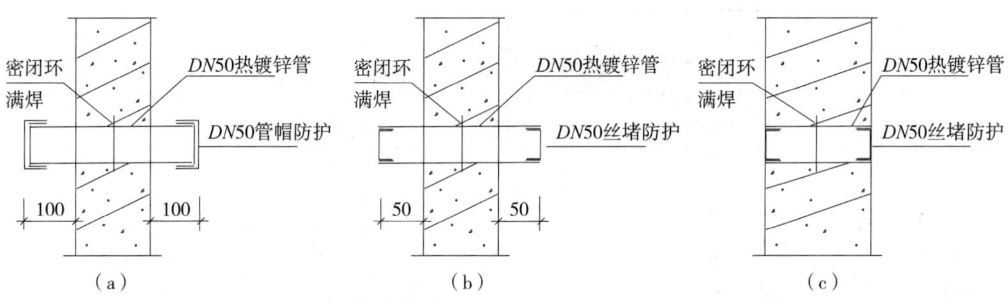

图 3–36　气密测量管的设置
（a）管帽防护；（b）丝堵防护；（c）丝堵防护

3. 门及门框墙的气密测量

（1）气密测量管与测量装置的衔接

气密测量管与测量装置之间的衔接，如图 3–37 所示。

①图 3–37（a）是利用特制的管帽连接器，连接速度快、密封性好（生胶带或黄油密封），特制的管帽连接器可以反复使用；

②图 3–37（b）用密封填料密封，比较麻烦，测试完成后清理不便，不推荐这种方法；

③图 3–37（c）采用特制的丝堵连接器，连接速度快、密封性好（生胶带或黄油密封），特制的丝堵连接器也可以反复使用。

（2）气密测量管测量法

①简易气密测量：见图 3–38，图中手持式数字微压计网上有多种，微型空压机的风量范围宜为 4~10m^3/h，流量计的量程也应满足该要求。

②气密测量仪：见图 3–37，它由气源泵、调节阀、电子流量计和压差传感器等

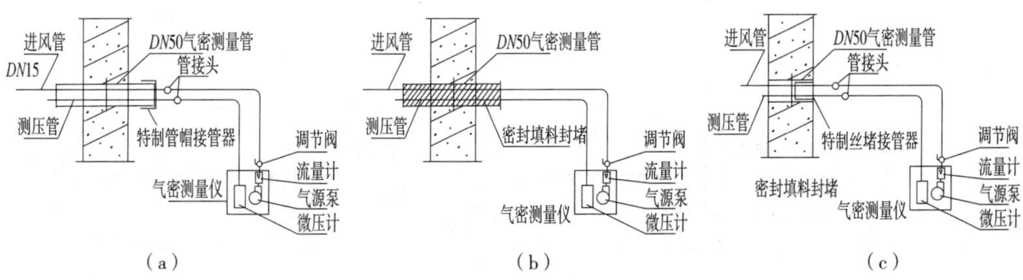

图 3–37　气密测量管与移动式测量仪的连接示意图
（a）特制管帽接管器气密测量原理图；（b）密封填料气密测量原理图；（c）特制丝堵接管器气密测量原理图

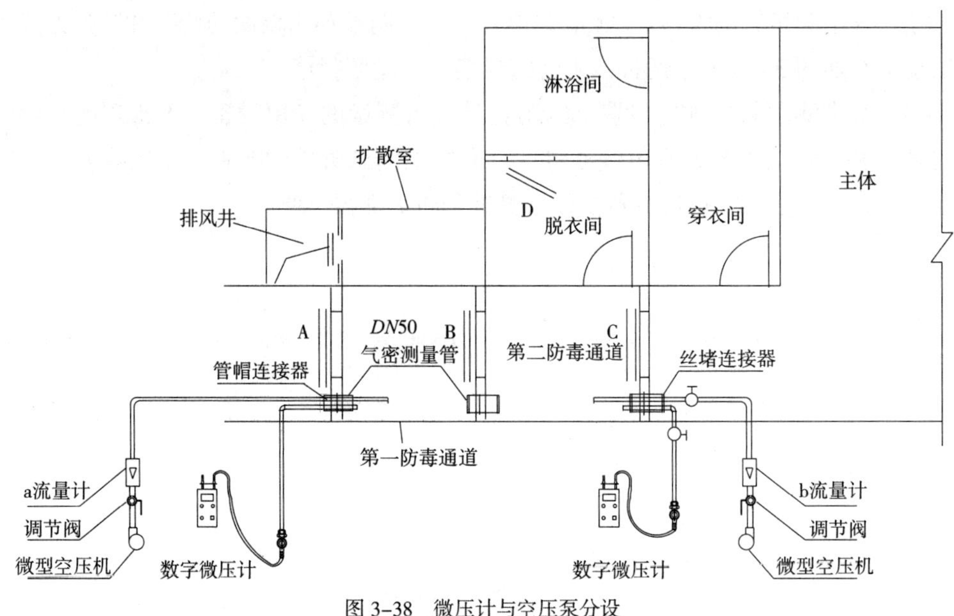

图 3-38 微压计与空压泵分设

部件组成一个整体，用于人防工程口部防护密闭门、密闭门和密闭阀门的密闭性能检测。

（3）薄膜气密测量法

这是一种单独测量门或电站密闭观察窗的气密性方法（不含门框墙），是将门框或窗框清洁后，把测量薄膜用宽的双面胶带贴在门框或窗框上，见图 3-39。

（4）注意事项

①要注意送风气流不能影响测压点的稳定，进风管应比测压管长出 100mm 以上，见图 3-37 和图 3-38。

②每一道门都要测量，单扇防护密闭门的超压值为 100Pa，双扇防护密闭门和密闭门的超压值为 50Pa。工程验收时，每道门都应达到表 3-25 的标准。

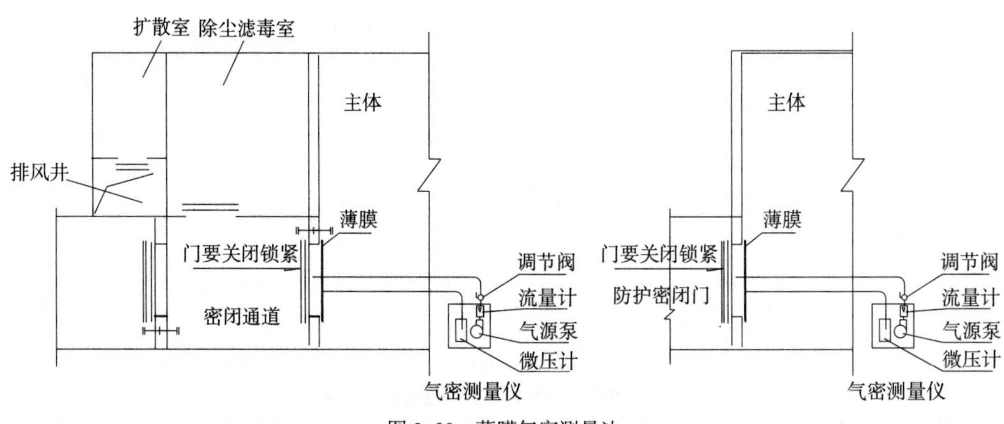

图 3-39 薄膜气密测量法

③根据漏风情况进行门缝密闭处理，一个口部漏风量达到 $V \leqslant 0.1W$ 为合格[5]。不可按“清洁区有效容积的 4% 或 7%”作为计算漏风量标准，那是计算防毒通道换气次数的安全系数。

4. 门框墙的气密测量

可在墙内侧超压，其值分别为 P=100Pa（10mmH_2O）、P=50Pa（5mmH_2O）。实测证明，墙体漏风量较小，基本遵循以下规律：

$$V = B\frac{F}{L}P \ (\mathrm{m^3/h})$$

式中　B——混凝土的透气系数，$B=2.5\times10^{-4}$；

F——被测墙的面积（m^2）；

L——墙体厚度（m）；

P——墙体两侧的压力差（mmH_2O）。

计算值参见表 3–24。

墙体的计算漏风量（单位：m^3/m^2）　表 3–24

墙厚（m）	0.3	0.4	0.5	0.6	0.7	0.8	0.9	1.0	1.2
V100	0.0083	0.00625	0.0050	0.0042	0.0036	0.0031	0.0028	0.0025	0.0021
V50	0.00417	0.003125	0.0025	0.0021	0.0018	0.00156	0.0014	0.00125	0.00104

注：V100 为超压 100Pa 时每平方米的漏风量；V50 为超压 50Pa 时每平方米的漏风量。

5. 应注意的漏风部位

在工程验收中，发现以下部位是漏风的常见和重点部位：

（1）人员出入口和连通口的门，应严格按标准检查；

（2）电专业穿墙预埋管和其他预埋管，必须做好封堵，尤其是电站与控制室之间地沟中的穿墙管；

（3）电站密闭观察窗，普遍漏气；

（4）自动排气活门，普遍漏气；

（5）密闭阀门不密闭是普遍现象，橡胶密封圈本身质量和阀门与密封圈结合不牢的问题兼而有之；电动密闭阀门有的执行机构配用电机功率过小，阀板关不到位，这是厂家用普通电机代替专用电机所致，阀门应严格检查；

（6）所有预埋管的下缘都可能是漏气点，因为混凝土捣固可能不到位；

（7）地漏，现在的地漏水封太浅，密封效果不佳，是漏气点；

（8）水封井的弯管长度和水的深度不达标。

综上可知，目前对出入口、门、密闭阀门、自动排气活门以及上述漏气部位的允许漏气标准和要求是完善的，现有的测试手段也是完备的。只要摸清常见漏气部位，并对这些部位按标准规范要求严格进行密闭处理，实践证明密闭性能是可以达标的。

本章参考文献

[1] 国家质量监督检验检疫总局 . 人民防空地下室设计规范：GB 50038—2005[S]. 北京：国标图集出版社，2005.

[2] 刘悦耕 . 防护工程建筑学 [M]. 北京：军事科学出版社，1993.

[3] 国家人民防空办公室 . 人民防空工程防护设备产品质量检验与施工验收标准：RFJ 01—2002[S]. 2002.

[4] 国家人民防空办公室 . 人民防空工程防护设备试验测试与质量检测标准：RFJ 04—2009[S]. 2009.

[5] 国家人民防空办公室 . 人民防空工程防化设计规范：RFJ 013—2010[S]. 2010.

第4章

人防工程的防化报警与监测设备

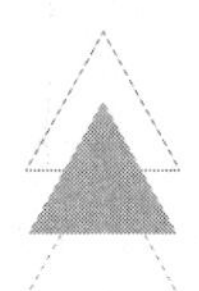

人防工程要实现预定的三防（防核武器袭击、防生物武器袭击、防化学武器袭击，简称核、生、化袭击）功能，除了应有坚固的壳体，并在其内部设置风、水、电、通信等设施以外，还必须设有核、生、化武器报警，环境监测，毒剂化验，空气过滤，人员洗消，控制运行等系统与设施，才能有效地完成预警和防护。因此，报警和监测系统设计得合理与否关系到战时的整体防护与安全。本章重点介绍防化乙级以下人防工程的报警、监测和系统控制。

4.1 毒剂报警与毒剂监测

根据《人民防空工程防化设计规范》RFJ 013—2010 第 7.1.1 条“防化级别为乙级的人防工程应设置毒剂报警器”的要求，防化乙级的医疗救护站、防空专业队、食（药）品供应站、供水站、生产车间、一等人员掩蔽部等工程应设毒剂报警器。

4.1.1 毒剂报警设备

用于人防工程的毒剂报警器目前有多种。《人民防空工程防化设计规范》RFJ 013—2010 中推荐的 FGB04 型毒剂报警器因为技术落后已不生产。根据国内外目前毒剂报警技术发展状况，建议选用的毒剂报警器能达到或超过以下技术指标：

1. 毒剂报警器主要技术性能及要求（建议）

（1）使用环境：在 -20~40℃的环境中能正常工作。

（2）应能对①神经性毒剂：沙林、塔崩、梭曼、维埃克斯等；②糜烂性毒剂：芥子气、路易氏气等；③全身中毒性毒剂：氢氰酸、氯化氰等；④失能性毒剂：毕兹等；⑤窒息性毒剂：光气、双光气等具有报警功能。

（3）灵敏度：

神经性毒剂：沙林、梭曼≤0.1mg/m^3,10s 内报警；维埃克斯≤0.1mg/m^3,10s 内报警；

糜烂性毒剂：≤ 0.15mg/m^3，10s 内报警；

全身中毒性毒剂：≤ 3mg/m^3，10s 内报警；

窒息性毒剂：≤ 5mg/m^3，10s 内报警。

部分国家的灵敏度指标参见表 4–1。

（4）工作稳定性：仪器开机调零后，可连续工作时间≥ 72h。

（5）抗干扰性：对低浓度硝烟、烟幕不误报；对引擎废气及草木烟雾能指示。

上述建议标准是根据国外和国内发展的技术水平以及毒剂的危害程度等多方面因素，综合权衡后提出的，在较低浓度下报警。当前大量的二等人员掩蔽部多数是靠手动操作的工程，报警信号发出后，从清洁式防护转入隔绝式防护要有较长的准备时间。

部分国家灵敏度指标　表 4–1

毒剂种类		符号	德国（报警阈值）	芬兰（报警阈值）
神经性毒剂（G 类）	塔崩	GA	0.05~0.1mg/m^3	0.04mg/m^3
	沙林	GB	0.065~0.1mg/m^3	0.04mg/m^3
	梭曼	GD	0.06~0.1mg/m^3	0.04mg/m^3
	维埃克斯	VX	0.07~0.1mg/m^3	0.04mg/m^3
糜烂性毒剂（H 类）	芥子气	HD	0.1~0.15mg/m^3	0.5mg/m^3
	氮芥气	HN	＞ 0.15mg/m^3	2.0mg/m^3
	路易氏气	L	0.1~0.2mg/m^3	2.0mg/m^3
有害工业毒气（T 类）	氰化氢（氢氰酸）	AC	0.245~0.27mg/m^3	2.0mg/m^3
	氯化氢	CK	0.56~0.61mg/m^3	20.0mg/m^3
	光气	CG	3.4~4.3mg/m^3	20.0mg/m^3
	氯气	Cl_2	8.3~10.5mg/m^3	10ppm

2. 探头数量和壁龛设计

因为毒剂报警器探头是设在进风井下方水平风道侧墙的壁龛内或挂壁式。壁龛和探头的位置应设在能避雨、避光辐射、空气流通性好的地方。

（1）探头数量

在设计和审图时，应按以下原则执行：防化乙级工程只设一个进风口（进风井），所以只设一个探头。探头设置位置一般有以下两种情况。

①设在楼梯口部

某人防医疗救护工程见图 4–1。图 4–1（a）将探头和底座设在楼梯口，虽然气流通畅，但是平时影响交通和空间使用，也不美观。应按《人民防空工程防化设计规范》RFJ 013—2010 的式（7.1.6–1）或式（7.1.6–2）计算探头与防爆波活门的间距后，确定探头及壁龛位置，如图 4–1（b）所示。

②设在进风井中的探头

防化乙级工程不应如图 4–2（a）所示在一个进风井中设两个探头。对于早期没有设置壁龛的工程可以设在台座上，但是应有固定措施，如图 4–2（b）所示。注意探头只表示其位置是不够的，应画出台座或壁龛的大样图，这是当前普遍存在的问题。

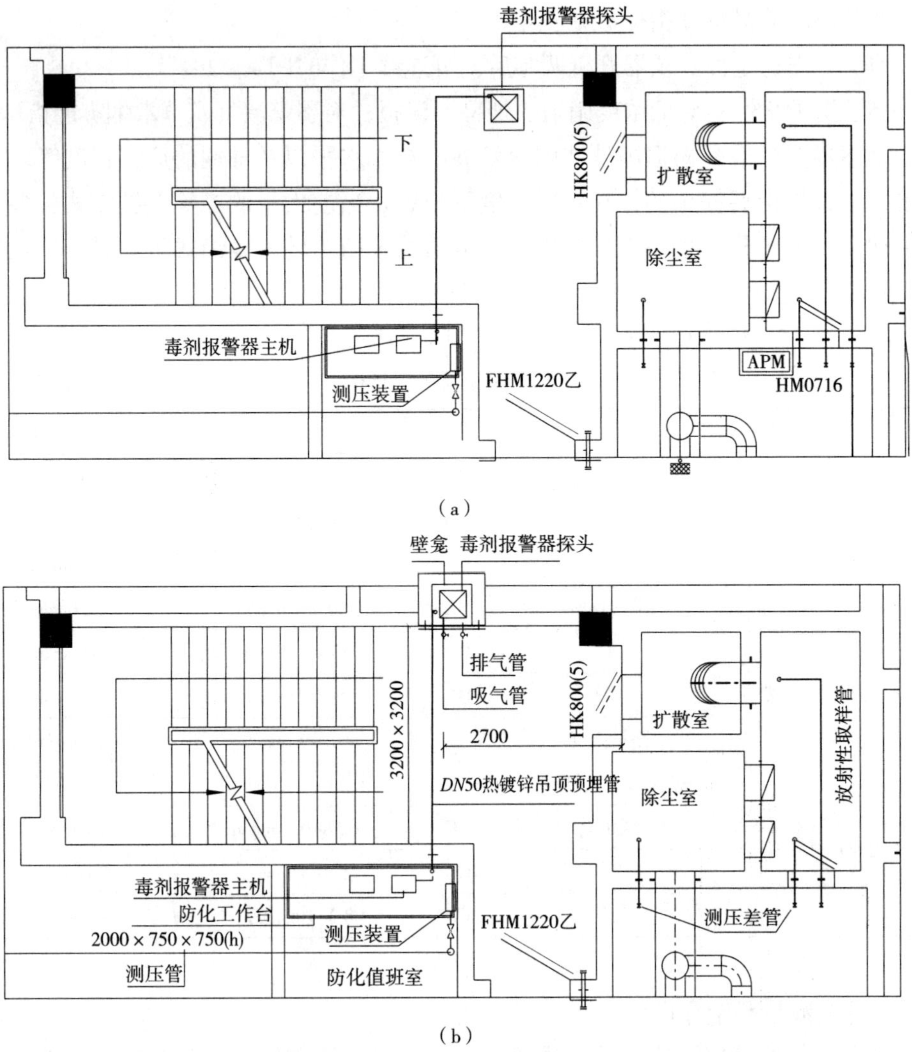

（a）

（b）

图 4-1 某人防中心医院（防化乙级）
（a）某工程毒剂报警器探头设计位置；（b）计算后建议修改位置

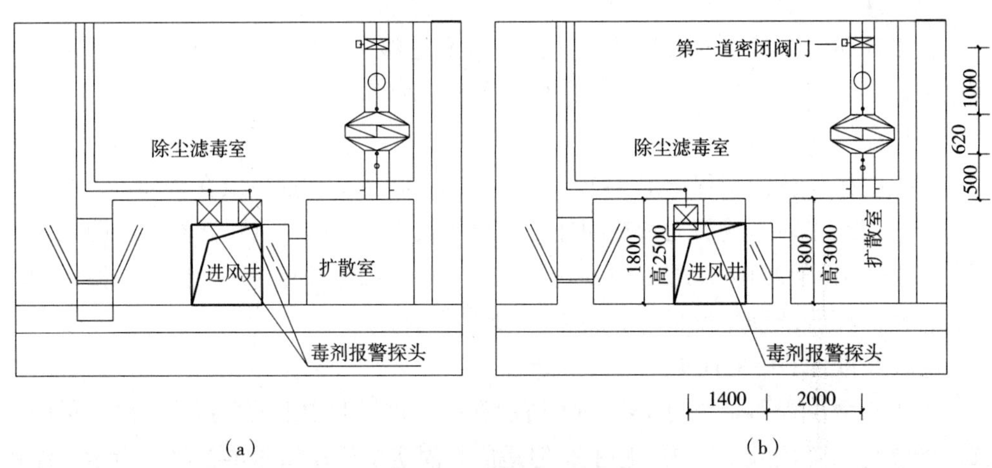

（a）（b）

图 4-2 某医疗救护站（防化乙级）
（a）某工程设两个探头；（b）应改设一个探头

（2）壁龛设计

壁龛尺寸宜取 600mm × 600mm × 600mm，参见图 4-3 和图 4-4。尺寸比规范 500mm × 500mm × 600mm 大的原因如下：

①壁龛孔口防护可用现有标准图集《人民防空工程防护设备选用图集》第九部分防护密闭封堵板 FMDB606（x）。

②国内生产毒剂报警器的厂家较多，外形尺寸各异，有的探头长度达 500mm。

③毒剂报警器探头取样管不可采用橡胶软管，它会与毒剂发生化学反应，所以应采用塑料软管。塑料软管的柔性较差，需要一定空间，见图 4-5。

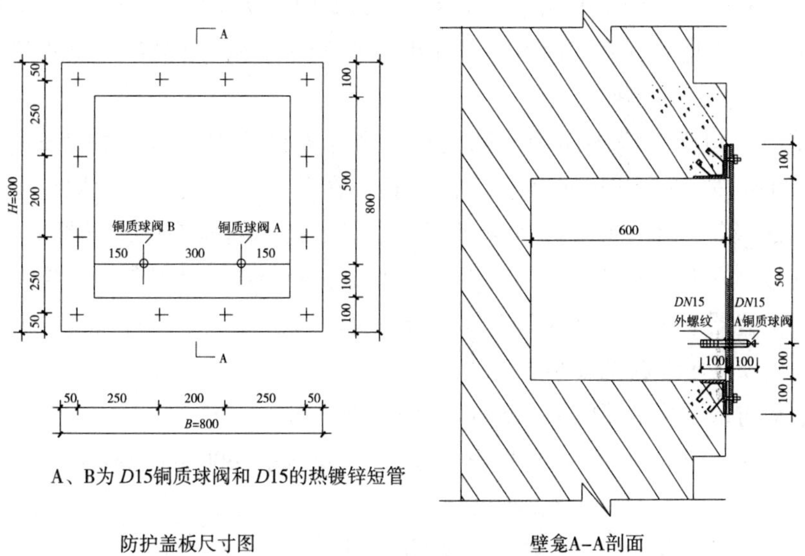

图 4-3　壁龛防护盖板图

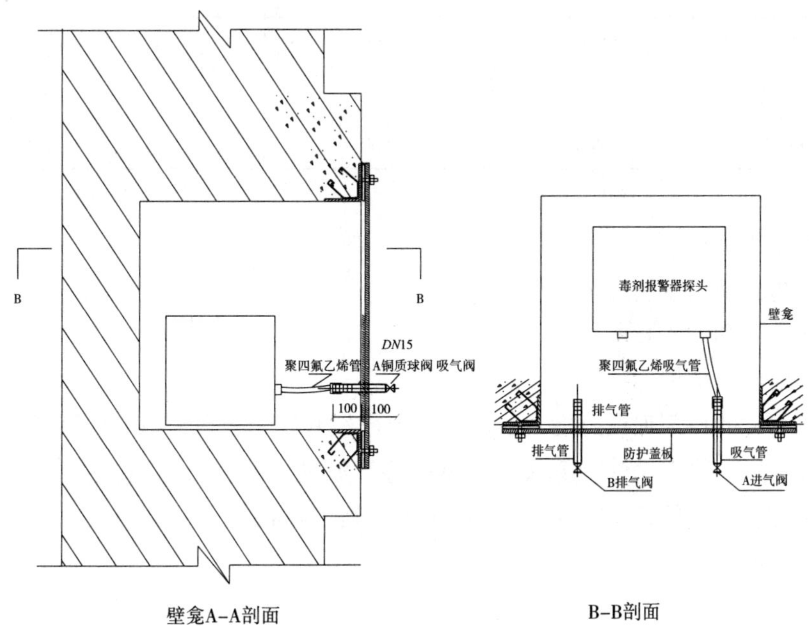

图 4-4　探头布置图

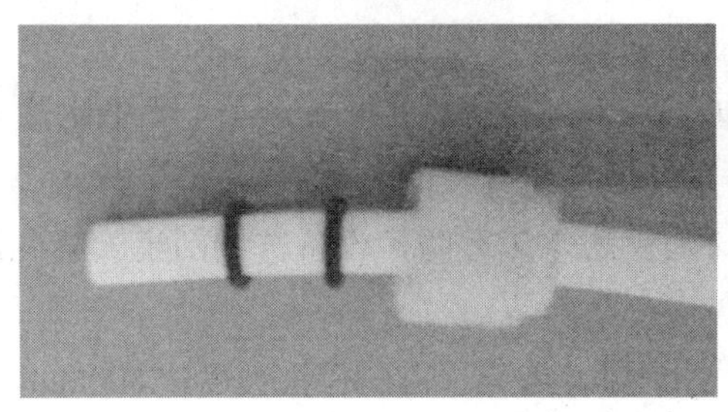
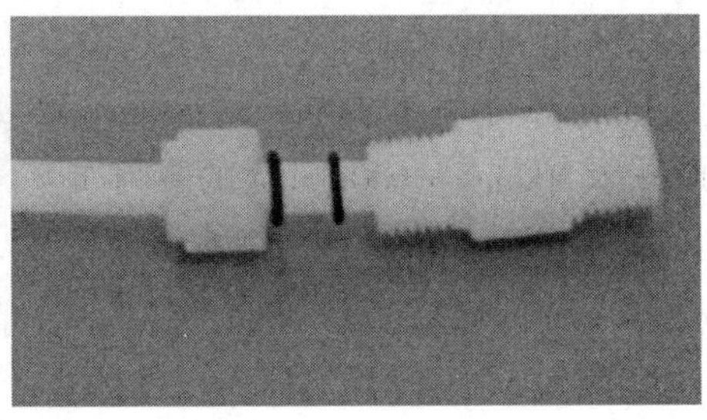

图 4-5　某型报警器自带的聚四氟乙烯胶管

毒剂监测时，只要打开阀门 A 和 B 即可，阀门 A 为进气阀，阀门 B 是排气阀。

注意图 4-5 是某厂家毒剂报警器探头的取样胶管图。目前各厂家的配管尺寸不同，为不同口径的软塑料管。

④壁龛孔口上加设的防护密闭盖板参考《人民防空工程防护设备选用图集》RFJ 01—2008 第 57 页 FMDB0606 型的盖板。在盖板上增设两个 *DN*15 通气管。毒剂报警器的吸气口用一根（聚四氟乙烯）带 *d*15 螺帽的连接管，与图 4-4 的 *DN*15 吸气管连接。需监测时球阀 A 和 B 同时开启，A 阀所在处为进气口，B 阀所在处为排气口，报警器通电后自吸外部空气进行检测。

⑤盖板厚度等参数见表 4-2。

⑥盖板与壁龛孔口间应垫 δ=5mm 厚的橡胶垫圈。

⑦为保持一定的操作空间，壁龛尺寸应为 600mm × 600mm × 600mm。

盖板的尺寸　　表 4-2

型号（级）	盖板宽 *B*（mm）	盖板高 *H*（mm）	封堵板厚 δ（mm）	重量（kg）
FMDB0606（6）（5）	800	800	5	25.12
FMDB0606（4）（3）	800	800	8	40.19
FMDB0606（2）（1）	800	800	10	50.24

3. 壁龛的防护

（1）防护密闭盖板式防护

如图 4-3 和图 4-4 所示。

（2）活门式防护

是在壁龛的口部加设悬摆式活门，厂家已经开发了一种 HKD606 型悬摆式活门，参见图 4-6。这种方式管理方便，但是染毒气流进入壁龛较困难。壁龛应设在进风气流直接冲击的部位，见图 4-7。壁龛下缘距地 1000mm。

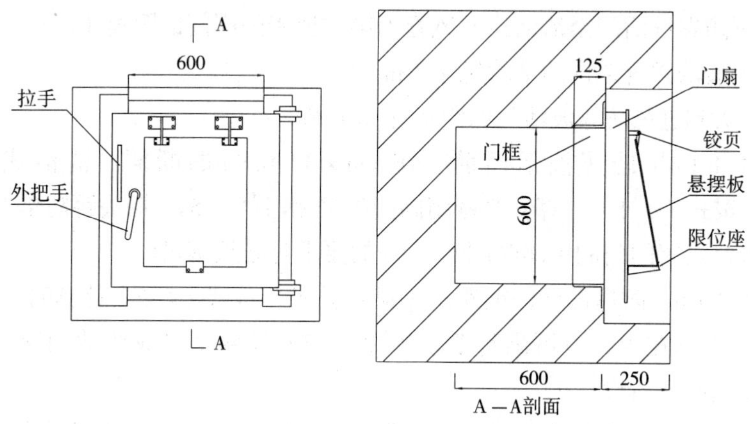

图 4-6　壁龛口部设置 HKD606 悬摆式活门

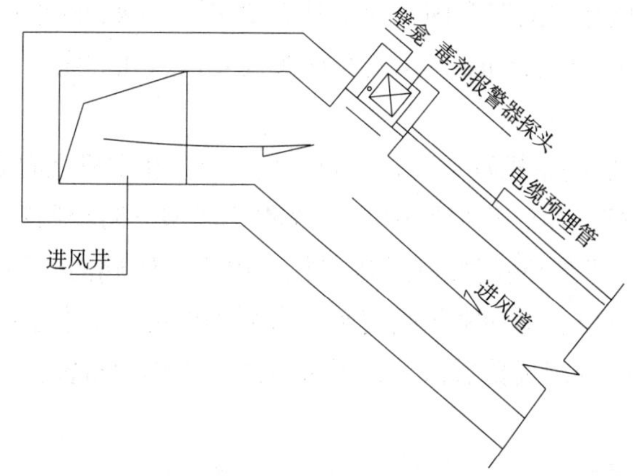

图 4-7　壁龛口部设有 HKD606 型防爆波活门

（3）建议壁龛宜按城市类别设置：

①一、二类设防城市应设在壁龛内；②三类设防城市宜设在壁龛内；③凡设在混凝土台座上的工程，台座要设置能固定措施；④应发展挂壁式，安装和防护也简单。

4. 毒剂报警器探头与防爆波活门的距离

《人民防空工程防化设计规范》RFJ 013—2010 要求：毒剂报警器探头到进风防爆波活门的距离应满足式（7.1.6–1）和式（7.1.6–2）的要求，即以下式（4–1）和式（4–2）：

$$L \geqslant (5+\tau) \cdot V_a \text{（m）} \tag{4–1}$$

式中　L——探头至防爆波活门的距离（m）；

τ——电动密闭阀门自动关闭所需的时间（s）；

V_a——清洁式通风时，防爆波活门前通道的平均风速（m/s）。

当 L 不满足式（4–1）的要求时，应满足式（4–2）的要求：

$$L \geqslant \left[(5+\tau) - \frac{I}{V_1}\right] \cdot V_a \text{（m）} \tag{4–2}$$

式中 I——防爆波活门至清洁式通风管上第一道密闭阀门的距离（m）；

V_1——清洁式管道内的平均风速（m/s）。

（1）探头到进风防爆波活门的距离计算实例

①图 4-1（b）防爆波活门前 3200mm × 3200mm 的断面，清洁式进风量为 5000m^3/h。按式（4-1）计算，当密闭阀门的关闭时间 τ=5s，探头距防爆波活门 1.4m 即满足要求。密闭阀门的关闭时间 $\tau \leqslant$ 5s 的要求是必须满足的。

②图 4-2（b）防爆波活门前距离不满足要求，按式（4-2）计算时，把除尘室、扩散室的长度算在内，也可满足要求（建筑和通风两个专业要共同熟悉这套计算方法，才能搞好建筑设计）。

③图 4-8 将活门室和除尘室也按风道由式（4-2）计算，也满足要求。

（2）设计和安装要求

①探头设在进风竖井的壁龛内，探头外壳要接地，探头附近应有接地极；

②电源：220V ± 10%，50Hz；主机和探头处要设二孔插座。

5. 毒剂报警器的主机

核、生、化报警器的主机置于防化值班室内，探头和主机之间通过屏蔽电缆相连。主机通过电缆与“核、生、化控制中心”或称智能型三防控制箱连接。核、生、化报警器的主机通过三防控制箱控制进排风机、电动密闭阀门、污水泵等设备，接到报警立即关闭进排风机、电动密闭阀门和污水泵等设备，工事立即转入隔绝式防护。

某食品供应站，毒剂报警器探头、屏蔽电缆和主机的布置，参见图 4-8。

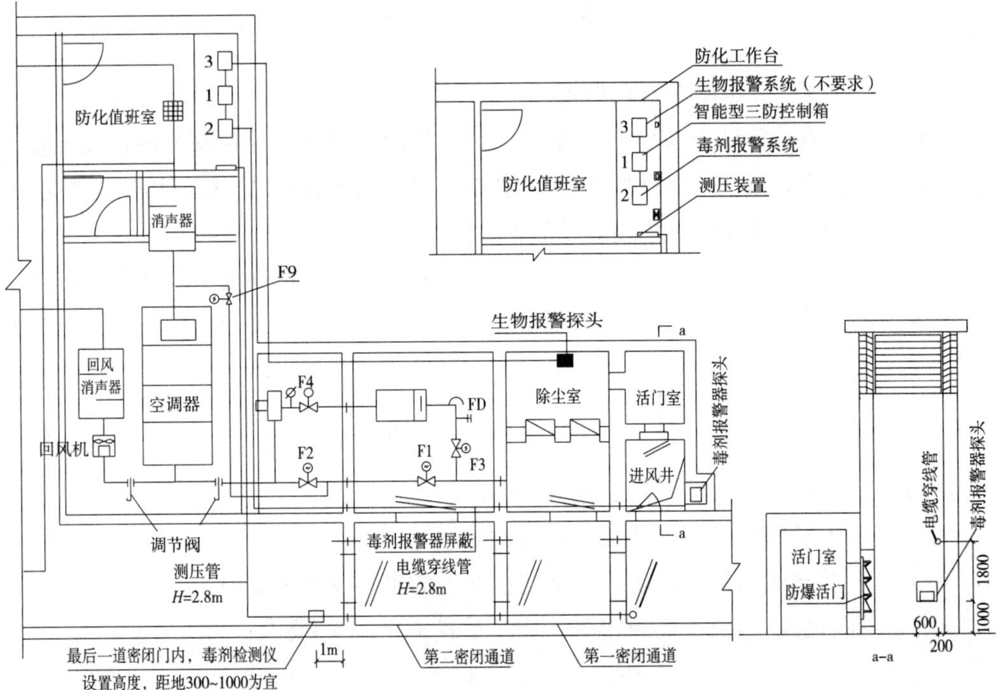

图 4-8 当前进风井常见布置图

（1）探头放置在壁龛内时，壁龛尺寸为长 × 宽 × 高 =600mm×600mm×600mm，电缆穿线管从墙内上部进入壁龛，电缆由穿线管出线口向下与探头连接，壁龛底边距地 1000mm。

（2）毒剂报警器的探头与主机的连接电缆不宜裸露在外，其穿线管内径为 50mm 的热镀锌钢管 [1]，要于土建施工时一次预埋敷设到位。

4.1.2　毒剂监测报警器

应采用便携式毒剂监测报警器，用于室内人员出入口内侧 1m 处和过滤吸收器尾气监测，发现毒剂达到报警浓度时，即刻发出声光报警信号。室内检测应选用灵敏度较高的仪器以保证掩蔽人员的安全。

设置位置：

（1）用于口部监测

应设在出入口部最后一道密闭门内 1m 处；距地面＜ 1m 为宜，因为毒剂与空气混合物的比重比空气的比重大。

（2）过滤吸收器尾气监测

应有两个取样点：在线监测 A 点设在滤毒式进风机出口管道上；A 处发现毒剂超标，查询哪个滤毒器先失效的监测点采用滤毒器出口的测压差管 8，即 B 点，见图 4–9。

①尾气在线监测点 A 设在滤毒式进风机 b 出口管上，因为过滤式通风时，尾气监测点 B 处负压值太低，无法在线取样，所以在滤毒式进风机出口管道上增设了尾气在线监测点 A，以便在过滤式通风时在线监测；

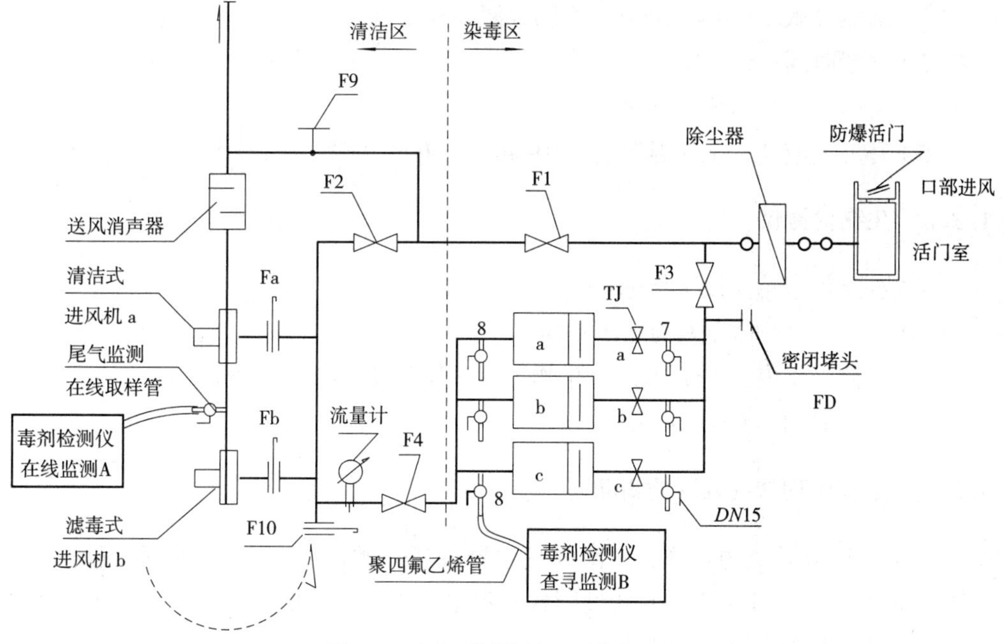

图 4–9　过滤吸收器尾气监测管位置图

②因为尾气在线监测点A无法判断是哪个过滤吸收器先失效，所以利用过滤吸收器尾部测压差管8作为尾气查寻监测点B，逐个检测后才可以发现哪个过滤吸收器先失效；

③假如过滤吸收器a尾气超标，要关闭调节阀门TJa，另外两个过滤吸收器可以$L \leqslant 2000m^3/h$的总进风量继续进风；

④注意过滤式通风不宜大风量连续运行，应小于额定风量间歇运行，会更有效发挥过滤吸收器的作用。

室内毒剂浓度达到下述要求可转入滤毒式通风：①防化乙级工程的转换浓度：沙林$C \leqslant 0.0028\mu g/L$（即$C \leqslant 2.8 \times 10^{-6} mg/L$）；②防化丙级工程的转换浓度：沙林$C \leqslant 0.0056\mu g/L$（即$C \leqslant 5.6 \times 10^{-6} mg/L$）。

4.2 生物报警与生物监测

生物战剂在二战期间日本侵华战争中使用过。美国在1952年初侵朝战争中，用带细菌的昆虫和老鼠，投放到朝鲜和我国东北地区。常用的生物战剂有：炭疽芽孢杆菌、鼠疫菌、土拉热菌、鼻疽菌、布鲁氏菌、类鼻疽菌、A型肉毒毒素、B型葡萄球菌肠毒素等十几种。

4.2.1 生物报警器

目前国内外有多种生物报警器，其采用紫外诱导荧光技术，通过指纹差异性来鉴别不同种类生物战剂。生物报警器应符合以下指标：

（1）对上述生物战剂具有报警功能；

（2）监测灵敏度：$a \leqslant 1000$个生物气溶胶粒子/L；

（3）报警时间：$\tau \leqslant 10s$；

（4）可靠性：$MTBF \geqslant 200h$；

（5）环境适应性：工作温湿度t=10~40℃；$\Phi \leqslant 95\%$。

4.2.2 生物检测仪

生物检测仪应符合以下指标：

（1）对上述生物战剂具有检测功能；

（2）监测灵敏度：$a \leqslant 1000$个生物气溶胶粒子/L；毒素：300ng/mL；

（3）检出时间：$T \leqslant 15min$。

4.2.3 关于生物战剂发展的新动向

仅仅想到依靠生物炸弹、气溶胶发生器或者布洒器等方式进行细菌战还不够，可能取而代之的是目前流行的新型冠状病毒暗中人传人的隐蔽方式，引起疫情大流行来破坏经济并削弱对方的战斗力。

4.3　空气质量监测仪

空气质量监测仪是二等以上人员掩蔽工程每个防护单元内都应设置的监测仪器。空气质量监测仪和空气成分分析仪有多种。

1. 用途与特点

根据人防工程防化要求，应具有检测 CO_2、O_2、CO 和甲醛等气体浓度变化的功能，应体积小、重量轻、便于携带。

2. 技术指标

（1）量程

①二氧化碳（CO_2）：2000~50000ppm；

②氧气（O_2）：23%~17%。

（2）报警设定值

①氧气（O_2）：18%；

②二氧化碳（CO_2）应能设定 15000ppm、20000ppm、25000ppm、30000ppm、50000ppm5 个报警值。

（3）灵敏度

①检测误差：不超过 5%；

②报警误差：不超过设定值的 10%；

③响应时间：不大于 30s。

（4）工作条件

①电源：应为可充电锂电池；

②适应温度：-10~50℃；

③传感器使用寿命：不小于 24 个月。

4.4　人防工程防化报警与隔绝式防护及通风方式的转换控制

人防工程的防化报警与隔绝式防护及三种通风方式转换控制，不同类型的工程是不相同的。通风专业和电气专业及自控设计人员必须熟悉防护方式和三种通风方式的转换顺序和报警设备的特点、组成、性能及安装要求。

其要点是：接到报警信号，首先应转入隔绝式防护。必须先关闭进、排风机和通风系统上的密闭阀门，关闭人员出入口的防护密闭门和密闭门，关闭排污水泵，给水排水系统的水封井注足水，将防爆地漏漏芯旋下至防护位置并注水，关闭锁紧自动排气活门，检查所有可能漏气的部位封堵无误之后，视室内外的具体情况再转入其他通风方式。无论哪一级工程，在三防控制箱（中心）上一定要设隔绝防护键，也称为一键隔绝，见图 4-10。

下面分别介绍几种工程报警与隔绝式防护及三种通风方式的控制系统。

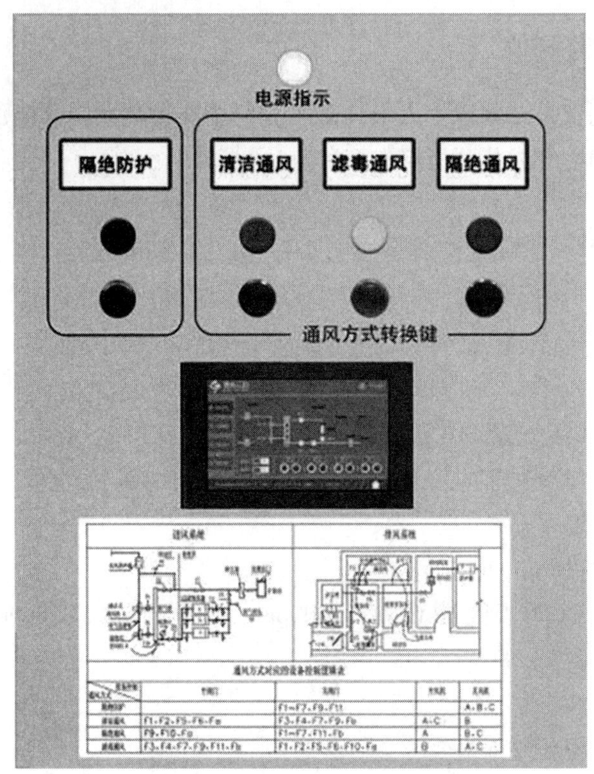

图 4–10　防化丙级工程三防控制总箱面板

4.4.1　丙级防化工程通风方式的控制

丙级防化工程主要是对二等人员掩蔽部的隔绝式防护和三种通风方式控制，是由通风和电气两个专业共同完成的。防化丙级工程的控制系统原理参见图 4–10 和图 4–11，工程实例见第 5 章的附录 5–3。

1. 三防控制箱

三防控制箱必须具有以下功能：

（1）要有一键转入隔绝式防护的功能（即电动风机和电动密闭阀门及排污泵等一键关闭的功能）；

（2）要满足图 4–10 和图 4–11 的要求，有通过手动按钮转入任意一种通风方式的功能；

（3）要有隔绝式防护和三种通风方式转换声光信号显示的功能；

（4）要有门外呼唤应答的功能等。

注意：电路系统设计时，进、排风机室的配电箱应有就地转换隔绝式防护和三种通风方式的功能。

2. 密闭阀门

在通风管道上，直接与进（或排）风扩散室相邻的阀门应采用手、电动两用密闭阀门，其他可选手动或者手、电动两用密闭阀门。

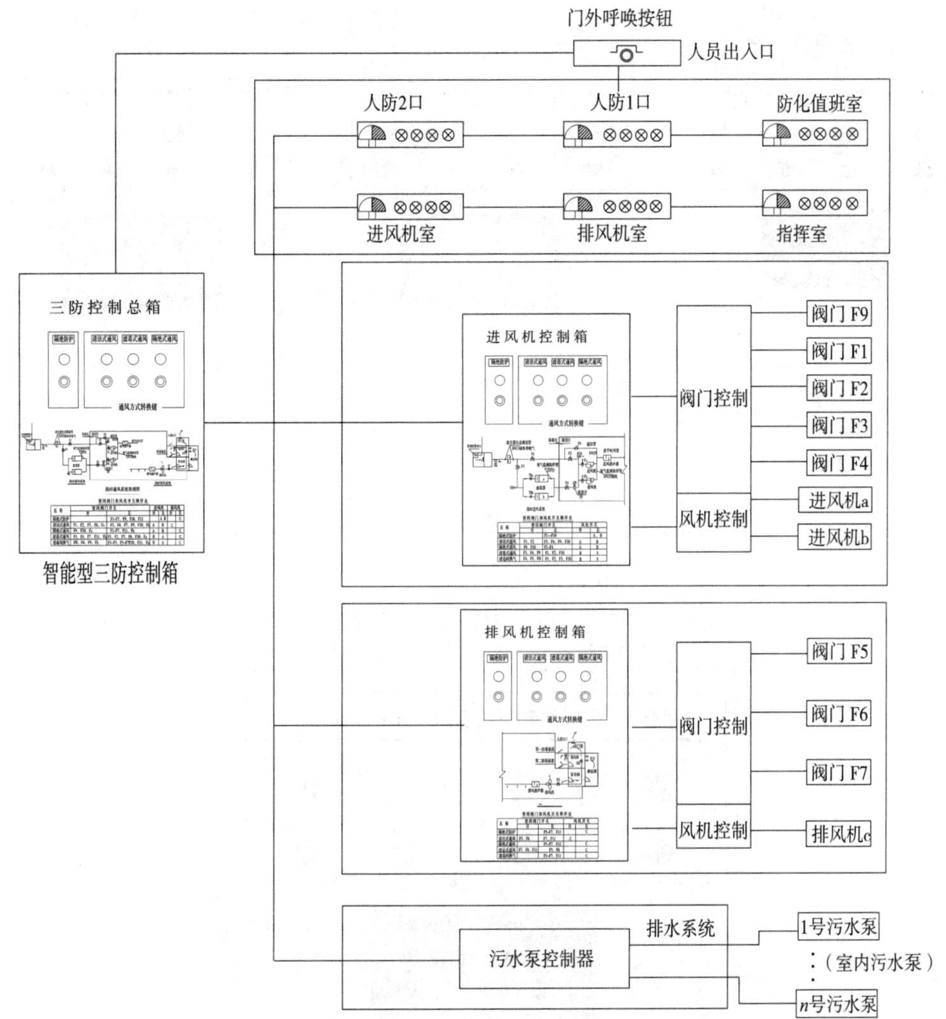

图 4–11　防化丙级工程隔绝式防护和三种通风方式转换控制系统原理图

3. 风机

凡是设有内电源的工程，必须采用电动风机，不应选脚踏电动风机，因为这类风机大部分是由人防小厂生产，质量和性能参数难以保证，而且占地面积大、噪声大。

进排风机的控制箱面板上应有通风系统原理图和防护方式及通风方式转换说明，见图 4–12。

4.4.2　防化乙级工程报警与隔绝式防护及通风方式转换控制

防化乙级工程类型较多，如防空专业队工程、一等人员掩蔽工程、医疗救护工程、食（药）品供应站工程、给水站工程、被服库工程、粮库工程等。它的隔绝式防护和三种通风方式转换控制也是由通风和电气两个专业共同完成的。这类工程设有毒剂报警系统，所以必须选用智能型三防控制箱。当毒剂报警器发出报警信号时，能自动控制风机和电动密闭阀门及排污泵等，自动转入隔绝式防护，参见图 4–11、图 4–13 及图 4–14，工程实例见第 5 章的附录 5–4。

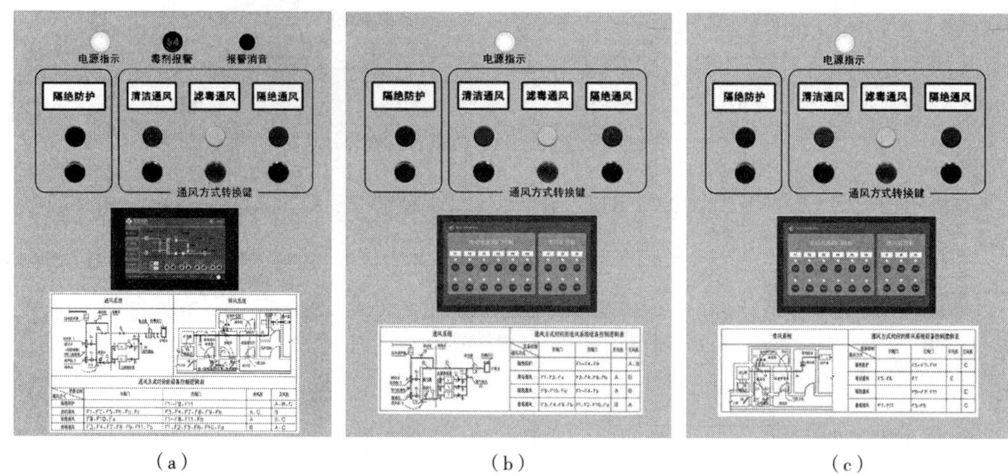

图 4-12　防化丙级工程三防控制箱面板示意图
（a）三防总控制箱；（b）三防进风机控制箱；（c）三防排风机控制箱

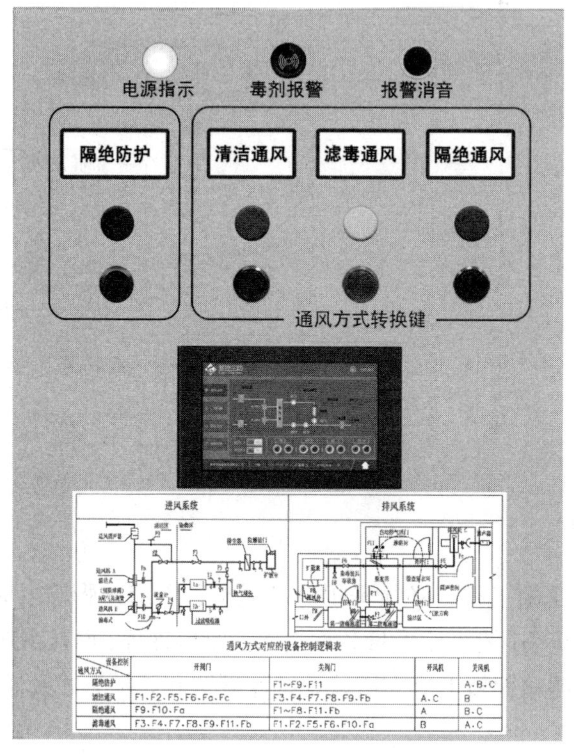

通风方式 \ 设备控制	开阀门	关阀门	开风机	关风机
隔绝防护		F1~F9、F11		A、B、C
清洁通风	F1、F2、F5、F6、Fa、Fc	F3、F4、F7、F8、F9、Fb	A、C	B
隔绝通风	F9、F10、Fa	F1~F8、F11、Fb	A	B、C
滤毒通风	F3、F4、F7、F8、F9、F11、Fb	F1、F2、F5、F6、F10、Fa	B	A、C

图 4-13　防化乙级工程三防控制总箱面板图

1. 智能型三防控制箱

防化乙级工程，应选用智能型三防控制箱。

智能型三防控制箱必须具有以下功能：

（1）能接收毒剂报警器和生物报警器的信息，并具有自动控制进排风机、电动密闭阀门和排污泵自动转入隔绝式防护的功能，同时发出声光报警信号；

（2）要有手动一键转入隔绝式防护的功能；

（3）要有可以通过手动按钮，转入任意一种通风方式的功能；

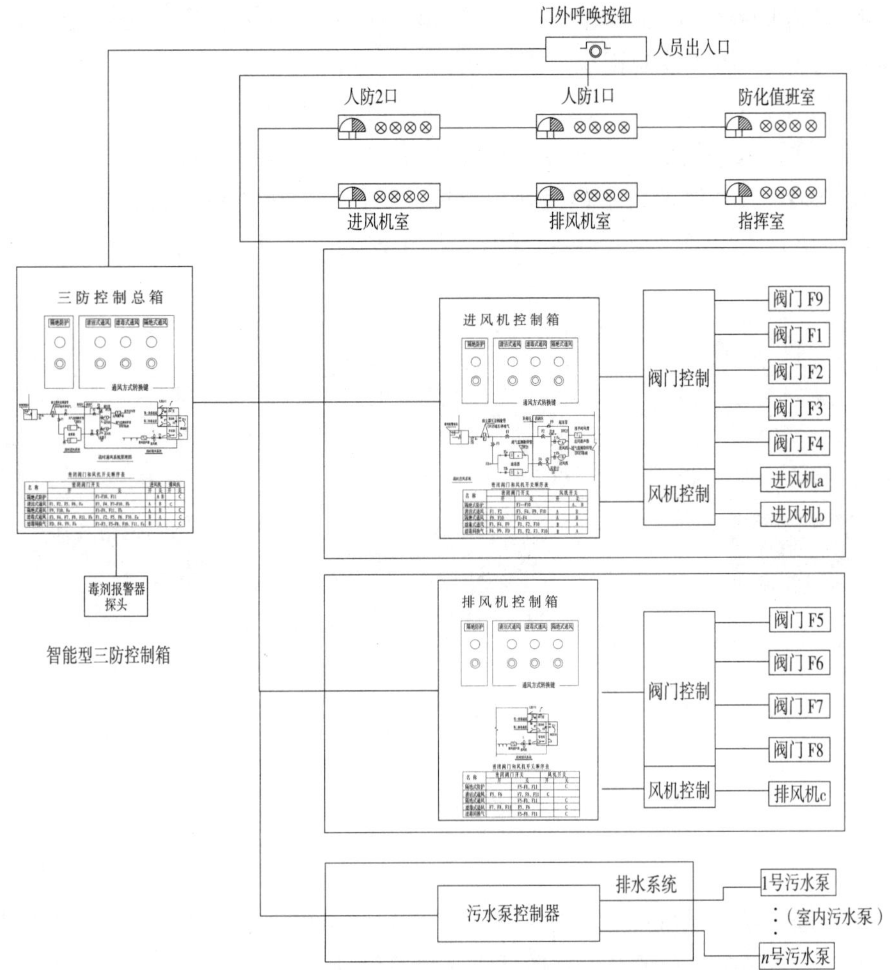

图 4-14　防化乙级工程隔绝式防护和三种通风方式转换控制系统原理图

（4）要有隔绝式防护和三种通风方式转换声光信号显示的功能；

（5）要有门外呼唤应答的功能等。

注意：电路系统设计时，进、排风机室的配电箱要有就地一键隔绝和通风方式转换的功能。

2. 密闭阀门

对于乙级以上工程，通风管道上均应采用手、电动两用密闭阀门，以便接到报警信息时能自动转入隔绝式防护。

3. 风机

乙级以上工程应设内部电源，并采用电动风机。

图 4-15 为防化乙级人防工程三防控制系统智能型控制箱面板示意图。总控制箱、三防进风机控制箱和三防排风机控制箱三个箱体内部置三防控制器，并通过三防控制网络总线相互连接，实现隔绝防护和三种通风方式的一致性转换控制。需要说明的是，三防进风机控制箱和三防排风机控制箱已经内置了风机和手电动密闭阀

门的配电和控制回路，是强弱电一体化控制箱 / 柜，可以直接连接进、排风机和阀门，不再需要另外设置风机控制箱和阀门控制箱。

三防总控制箱安装于防化值班室。报警器发出报警信号，能自动转入隔绝式防护，也可手动一键转入隔绝防护，并可进行清洁通风、滤毒通风和隔绝通风三种通风方式的转换控制。其连接的设备包括呼叫门铃、防护信号按钮和毒剂报警器等。三防总控制箱应留有不少于两个 RS-485 接口，用于连接毒剂报警器和监测仪。

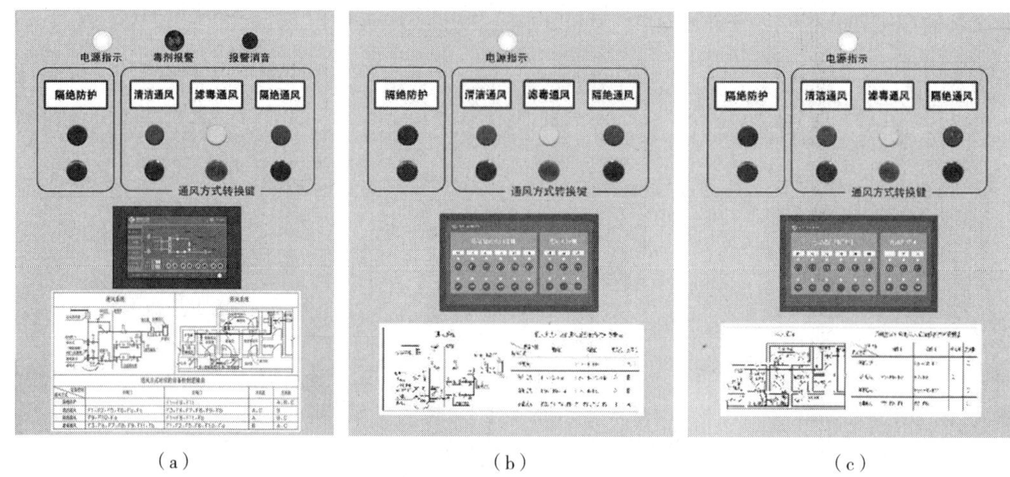

（a）　　（b）　　（c）

图 4-15　防化乙级工程三防控制系统智能型控制箱面板示意图
（a）三防总控制箱；（b）三防进风机控制箱；（c）三防排风机控制箱

建议：进、排风系统图形全国要统一，以便三防控制系统的统一；三防控制箱全国要统一，要标准化；要改变目前低水平重复设计。

4.4.3　人员掩蔽工程的防化报警及监测设计

所谓防化是指防原子武器爆炸后所产生的放射性尘埃、防化学毒剂、防生物战剂。

人防工程的防化措施包含在建筑、结构、风、水、电、防化、自控、通信等各专业之中。各专业都应搞好本专业的防化设计和施工，才能实现整体工程的有效防护。其他专业的防护和防化设计问题不在这里阐述，这里重点说明防化报警和防化监测系统的设计。

不同类型人防工程的防化报警与监测设计要求是不相同的。防化部门要有一部合理的人民防空工程防化器材编配标准，目前下发的这个标准还有待进一步改进。主要报警和监测设备配置建议参考表 4-3。

建议防化报警与监测设备编配名录及数量　　表 4-3

序号	器材名称	防化等级			备注
		乙级	丙级	丁级	
1	毒剂报警器	1			探头设在进风井下方水平风道内

续表

序号	器材名称	防化等级			备注
		乙级	丙级	丁级	
2	智能型三防控制总箱	1			设在防化值班室
3	三防控制总箱		1		设在防化值班室
4	便携式毒剂报警器	1	1		最后一道密闭门内和过滤吸收器尾气监测
5	空气质量监测仪	1	1		便携式可对人员密集区适时进行监测
6					

注：轨道交通工程丁级人员掩蔽部，应按丙级配备。

说明：①防化器材参见现行编配标准；②乙级及以下工程不设生氧装置和室内空气净化器，因为掩蔽时间短，目前一些设防城市每人占有的掩蔽面积已经超过 $1m^2$，空间体积超过 $3m^3$，掩蔽人员每人每小时呼出的 CO_2 量是 16L，参见表 2-4。经计算超过规定的隔绝时间，而且都设有滤毒通风系统，所以，生氧装置和室内空气净化器属于超配。

目前各设计院没有专业防化设计人员，这项工作几乎是空白，在第 5 章中结合一号和二号工程用一定的篇幅做了两个工程的防化报警与监测设计实例，供设计和施工图审查人员参考。

建议每个防护单元应增设一个指挥室。战时人员组织安排、事故处理、各专业系统运行组织协调、监测管理等必须统一指挥和部署，否则工程很难发挥其防护作用；还应设一个医务室，因为每个防护单元的掩蔽人数大多超过 1000 人，少则几百人，战时男女老幼一旦有人发病，临时医疗点是十分必要的，并应在排风系统下方，设置一个隔离病房，以便临时安置传染性疾病患病人员。

4.4.4　人员掩蔽工程防化值班室的设计

防化值班室是乙、丙级工程防化的重要组成部分，是战时三防控制中心，也是指挥管理中心。

1. 防化值班室位置

应设在战时进风机室的附近，以便对系统进行管理和控制。

2. 防化值班室的面积

它是战时三防控制中心和指挥管理中心，建议该房间的面积不应小于 $12m^2$。

3. 防化值班室的设置和通风要求

（1）防化值班室的设置

①应设防化工作台，参考尺寸：台宽宜为 800mm；台高宜为 760mm；台长宜大于 2000mm（放置防化和通信设备）。

②插座的设置：防化工作台定位后，插座应设在工作台前墙高于台面 200mm 的等高线上，插座的个数和规格详见相关规范。

③测压装置应设在该室的侧墙上，其高度应便于读值和管理。

④隔绝式防护和三种通风方式控制箱应设在防化值班室内便于操作的地方。

（2）防化值班室的通风要求

防化值班室应设通风口或通风装置，其换气次数宜为 8~10 次 /h。

（3）隔绝式防护和三种通风方式灯光和音响装置应设在本室外门楣的上方，这个房间发出信号是给室外人员看的，不是给自己看的。

本章参考文献

[1] 国家人民防空办公室 . 人民防空工程防化设计规范：RFJ 013—2010[S]. 2010.

第 5 章
人员掩蔽工程的通风与防化监测设计

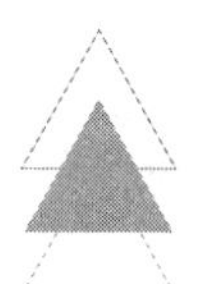

专业施工图设计和审查主要应抓住以下三要素：图形文件要齐全；设计参数和技术措施要符合现行规范（标准）；设计深度要满足施工要求。

注意：人防工程设计要自成人防篇，以便人防部门归档。

1. 图形文件要齐全

通风专业施工图应有以下文件：

（1）计算书（包括防化计算）；

（2）战时通风图纸：

①封面与目录；

②施工设计说明；

③战时主要设备材料表；

④通风系统与隔绝式防护及通风方式转换控制图；风机和阀门转换顺序表及说明；

⑤战时通风系统平面图；

⑥口部设备房间平剖面图；

⑦设备安装大样图。

（3）平时通风图纸：

较大工程平时图纸要自成一套，包括：

①目录；

②施工设计说明；

③平时主要设备材料表；

④平时通风系统平面图；

⑤设备房间平剖面图；

⑥设备安装大样图。

注意：一般工程平时和战时可共用封面和目录，但是材料表和图纸必须是分开的。

防化篇的图纸应自成一套，包括：

①封面与目录；

②防化报警与监测施工设计说明（含平战转换要求）；

③防化报警及监测主要设备材料表；

④战时防化报警与监测系统平面图；

⑤战时防化报警与通风方式转换控制系统图；

⑥报警与监测设备安装图。

注意：丙级工程防化篇，见附录 5-3；乙级工程防化篇，见附录 5-4。

2. 设计参数和技术措施要符合现行规范（标准）

（1）设计参数要符合规范

设计参数主要是指通风量标准、室内外空气参数标准、防化标准、噪声标准、空气成分标准、节能和绿色环保标准以及防火标准等。不仅要符合人防规范（标准），还应符合其他现行规范（标准），如现行《民用建筑供暖通风与空气调节设计规范》GB 50736、《医院洁净手术部建筑技术规范》GBJ 0333、《建筑设计防火规范》GB 50016、《公共建筑节能设计标准》GB 50189、《车库建筑设计规范》JGJ 100、《汽车库、修车库、停车场设计防火规范》GB 50067 及绿色环保相关规范等。

（2）技术措施要符合规范

通风、空调、防火、防化报警与监测、隔绝式防护与三种通风方式转换控制以及平战转换系统设计、设备选择、阀门的位置必须符合规范。目前地方设计院和欠发达地区的设计图纸存在问题较多，原因是设计和审查人员对人防工程一些特殊要求和规范不熟。

3. 设计深度要满足施工要求

设计深度是指通风空调和防化报警及监测系统要合理完善；设备的型号、参数、数量要准确；设备和管线预埋及空间定位要合理，尺寸要详细、准确。注意标高要从地坪面向上逐段连续标注至顶面，横向应从左墙内表面逐段连续标注至右墙内表面，以便检查设备和管线的空间位置是否合理，是否便于施工与维护。目前图纸中能达到上述要求的施工图仍然是少数，设计院的总师办和专业审查应对设计人员严格要求，进一步提高设计质量。

以上三要素将在以下各节中结合工程实例进一步加以说明。

5.1　二等人员掩蔽部的通风设计

这类工程量大面广，战时转换工作量大，对施工图的完整性和设计深度要求很高，要防止为战时施工留下隐患。下面以实际工程为例，对二等人员掩蔽部的施工图设计逐项予以说明。

5.1.1　通风系统施工图设计说明的编写

施工图设计说明应包括以下四部分：

1. 设计依据

（1）甲方对本工程设计委托书；

（2）与本工程相关的人防规范；

（3）除人防规范以外，尚应列入与本工程和本专业相关的国家现行有关标准和规范，如《民用建筑供暖通风与空气调节设计规范》GB 50736、《车库建筑设计规范》JGJ 100、《汽车库、修车库、停车场设计防火规范》GB 50067、《公共建筑节能设计标准》GB 50189、《民用建筑隔声设计规范》GB 50118、《民用建筑绿色设计规范》JGJ/T 229 和地方标准，有抗震要求的还有抗震规范等。

在这里强调的是，设计和审图人员要熟悉这些规范，尤其是其中的强条和强制性标准。

2. 工程及设计概况

概况说明要全面，文字要简练，层次要分明。

3. 战时设计参数和设计标准及相关计算

设计参数和设计标准要符合现行规范，防化计算是核对该工程现有的空间体积是否满足隔绝 3h（或 6h）的要求，以及在滤毒式通风时是否满足防毒通道的换气次数。换气次数越大，人员带入防毒通道内的毒剂浓度下降得越快，人员在防毒通道内停留的时间也就越短，所以该计算是设计和审查的一个要点。

4. 施工说明

（1）战时系统施工说明

战时部分要重点强调对战时设备如除尘器、过滤吸收器、手（电）动密闭阀门、自动排气活门、测压管和气密测量管等的安装要求，并指明相关的参考大样图，以及管道材料的要求，参见附录 2 中的 RF-01 图。

（2）平时系统施工说明

平时系统要单独说明，在审查的图中基本符合规范，这里不再详述。

5.1.2 对主要设备材料表的要求

（1）平时设备材料与战时设备材料要分列，以便分别进行概预算和平战转换预案的预算统计。

（2）通风系统应经过阻力计算后才能选风机，送审的图纸中大部分没有阻力计算就选风机。有的风机压头太高，电机功率太大，不符合节能标准；有的清洁式进风机压头太小，不足以克服防爆波活门的阻力；有的排风系统风速高达 26m/s；有的主干管风速太低才 3~4m/s。设计人员要有责任心和严谨的工作态度，这些问题审查人员要注意把关。

（3）设有战时内电源的工程一定要选用电动风机，只有无战时内电源的工程才选用电动脚踏风机；因为电动脚踏风机多为人防小厂生产，工艺水平低、风机质量差，性能多数达不到要求，而且噪声大、占地面积大、价格高。

（4）材料表中的设备参数要齐全，单位数量要准确。离心式风机要注明左转式还是右转式及机壳出口角度，以便定货。

（5）风机进出口软接头一般用三防布或其他防火、防潮、防霉烂的材料，并应列入材料表。

（6）消声器一栏，单位应为“节”，凡是将长度限定在 1m 以下者或者用消声静压箱代替者，说明设计人员没有经过消声计算，不知道风机噪声的大小和消声器应选多长。

（7）密闭阀门要注明型号，风管直径应与阀门的法兰内径一致，不一致多数是不了解单连杆和双连杆密闭阀门的法兰直径是不同的。

以上这些问题是设计图纸中存在的普遍问题，应引起重视。设备材料表参见附录 2 的 RF-02 图。

5.1.3　平时总平面图的设计

（1）目前设计的二等人员掩蔽部，平时功能基本上是汽车库。要尽量将系统的排风口设在停车位的尾部上方，风口要均匀布置，主要是平时能有效的排风和火灾时能有效排烟，以利于人员疏散和火灾扑救。也有利于战时等量送风，防止通风死角，参见附录 2 的 RF-03 图。

（2）平时系统的排风口尽量采用双层百叶风口，以便系统竣工调试时调节风口的风量。图纸上平时排风口要注明风量，以便竣工调试和验收。

（3）一般不提倡选用诱导风机，因为它既不防火也不利于排烟，还要加设排烟系统。战时还要另设送风系统，既不经济也不实用。

（4）不应选用氯氧镁玻璃钢风管，因为这种风管能吸收空气中的水分产生返卤现象，腐蚀金属设备，使用寿命也短，这在以往的人防工程中已有太多教训。也不宜采用 BWG 材料，它与热镀锌钢板比较，造价高、耐久性差、加工麻烦、工人的工作环境差。

在这里强调的是，设计和审图人员要熟悉这些规范，尤其是其中的强条和强制性标准。

5.1.4　绿色设计专篇

绿色设计要注意两点：

（1）对于中型及以上机动车库，通风系统运行方式宜采用定时启、停风机或根据 CO 气体浓度自动控制系统运行[1]。要注意与电专业配合，电专业图中要有衔接，在审查的绿色设计专篇中，多数只有系统原理图，还应有系统布置和设备材料表及相关说明，其原理参见图 5-1。

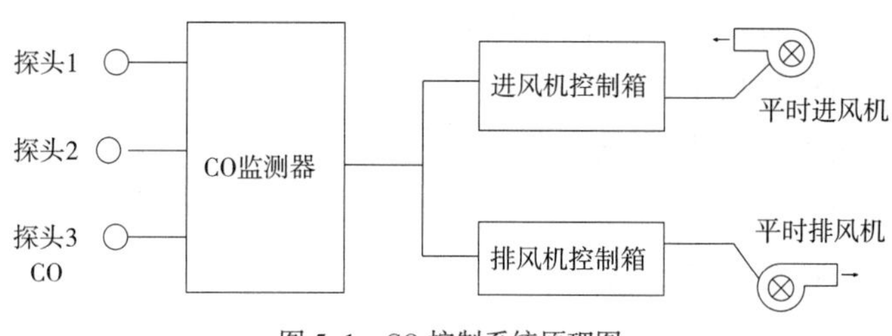

图 5-1　CO 控制系统原理图

（2）抗震设计应遵照现行国家规范，要有必要的图示和说明，参见附录 2 的 RF–04 图。

5.1.5 二等人员掩蔽部战时通风总平面图设计

1. 二等人员掩蔽部战时通风系统的布置

二等人员掩蔽部是防化丙级，一般只设战时进、排风系统。系统设置要能实现战时隔绝式防护和三种通风方式（清洁式通风、隔绝式通风和滤毒式通风）的相互转换。

2. 设计要点

（1）战时进风系统应设在工程战时人员次要出入口，消波设备、除尘滤毒室和进风机室应设在密闭通道的同一侧，滤毒室的门应开在密闭通道内，进风机室的门应开在主体内并设隔声门。

（2）战时排风系统应设在工程战时人员主要出入口部。消波设备、洗消间和排风机室应设在防毒通道的同一侧，排风机室应设在主体内并设隔声门。

（3）系统室外进风口和排风口在第 2 章已有详述。无论采用哪种形式，防爆波活门都要设在保证不受光辐射直接照射的地方。

（4）战时进风机出口管与平时排风系统的衔接位置应在系统中心或总管上，使得送风半径尽量短，也便于风口风量的调节。进风机宜选用离心式通风机。

（5）排风系统应独立设置，必须设排风机以及排风机室。排风机室应设隔声门（有的图中不设排风机室必须补设，原因第 2 章已有详细说明）。排风系统的室内排风口应使厕所和盥洗间等排风房间得到有效排风与换气。

（6）送风口要均匀布置，保证人员掩蔽区无通风死角。目前实际工程设计图中普遍忽视了这一重要环节，只注意利用平时系统，忽视了系统的延伸和风口是否均匀。

（7）防化值班室必须靠近战时进风口部的主体内设置，尽量靠近进风机室，以便于系统的管理和操作。

（8）进、排风机是噪声源。二等人员掩蔽部必须保证人员交流对话的清晰度，防止背景噪声过高，一般室内噪声不得超过 55dB。因此，进、排风系统和进风机室的回风口必须设置消声器，并设隔声门，参见附录 2 的 RF–05 图。

5.1.6 通风系统原理图的绘制与通风方式转换控制说明

隔绝式防护和三种通风方式转换要达到预期目的，通风专业和电专业必须共同弄清其转换顺序，同时落实到两个专业的设计图纸上。

1. 通风系统的转换顺序

详见第 2 章图 2–13~ 图 2–15。

2. 图纸和说明

（1）隔绝式防护和三种通风方式系统转换图

①通风专业，参见附录 2 的 RF–06 图。

②电气专业，参见附录 2 的 RF–06 图和附录 4 的 FH–03 图。

图形要符合本工程实际，防止系统图与本工程不一致。

上述 FR–06 图和 FH–03 图在竣工时要制成图板，挂在防化值班室的墙上。竣工交接时，要教会维护人员如何转换隔绝式防护和三种通风方式。

（2）说明和隔绝式防护、三种通风方式、风机、阀门转换顺序表；说明思路要清晰，转换顺序要列表表示清楚。

5.1.7　进、排风系统口部设备房间平剖面图

该图是通风系统施工中管道预埋、管道加工、设备定位的基本依据。对该图的要求如下：

（1）剖面的位置和数量要能全面、完整地反映所有设备和管道及管件的空间位置。

（2）剖面图横向要从左侧墙内表面逐段标注设备和管道及管件的安装定位尺寸，直至右侧墙内表面。尺寸要连续完整，不留疑问（不要标墙体轴线间的尺寸）。

（3）剖面图的纵向要从地面向顶棚逐段标注设备和管道的中心高度，中间不要中断，尺寸要全。

（4）设备和管道的标高不提倡使用绝对标高，详见附录 2 的 RF–07 图。

5.1.8　通风系统穿墙管的预埋

管道预埋图应注意以下几点，参见附录 2 的 RF–08 图。

（1）定位尺寸要准确。

（2）标注要清晰。

（3）染毒区风管：

①预埋段用厚度 3~5mm 的镀锌钢板制成，2mm 太薄。早期工程发现预埋件所处的环境太差，锈穿的情况时有发生。密闭环应按大样图的要求与预埋管之间采用满焊，防止漏毒。用镀锌钢板有困难的可以用普通钢板，但要认真除锈，内外至少要涂两道防腐漆和两道面漆。

②染毒区管道尽量与预埋段一次安装到位，否则临战安装很困难。

（4）测压管：

采用 *DN*15 的热镀锌钢管，必须整体一次预埋到位。不能只预埋过墙段，因为到战时再连接中间段很困难。室外端向下的弯头一般离墙 50~100mm 为宜。如果需要延长，应有支架固定，并应设在不受战时进、排风影响的“室外空气零点压力处”。

（5）气密测量管：

采用 *DN*50 的热镀锌钢管，两端必须套好螺纹、涂好钙基脂后安装管帽或丝堵。焊好密闭环后，整体预埋到位。第 3 章对于气密测量管有详细说明，此处不再赘述。

5.1.9 通风安装大样图

施工图中要包含一份通风安装大样图。主要是为施工方便，因为施工队情况很复杂，有的没有搞过人防工程施工，也不知到什么地方去找安装图集。另外图集中或多或少存在一些问题，本书对大样图进行了部分修改，更符合本工程要求，参见附录 2 的 RF-09 图。

5.2 人防工程平战功能转换预案的编制

平战功能转换：通过相应的技术措施（改造和补充）将人防工程平时使用的通风系统转换为战时使用的通风系统，将平时功能转换为战时功能的过程。

以附录 3 为例，除了平时已安装到位的设备和管道之外，为保证战时功能全部实现，还需要临战补充安装的设备和管道及管件要单独提出施工要求、施工进度、设备材料表、概预算、施工图纸等，将其集中起来就是通风专业的平战转换预案。将建筑、结构、风、水、电、防化和自动控制等各专业预案集结成册，各专业自成一章，并做出总的封面、总的目录、总的说明，合成总的预算，合成一套完善的施工图纸，即为本工程的平战功能转换预案。

下面介绍通风专业的平战功能转换预案的编制。

5.2.1 通风平战功能转换施工说明

1. 说明施工的内容

（1）有的省市要求染毒区的设备和管道平时必须安装到位。

①进风系统平战转换的部分：从进风机室内进风系统上密闭阀门 F2 和 F4 到平时排风系统衔接的平战转换法兰部分；

②排风系统平战转换的部分：从排风机室内排风系统上阀门 F5 到厕所的排风口部。

这两部分主要是对战时进、排风机及其管道和管件的安装要求。说明要简单、目的性要强，见附录 3 的 PF-01 图说明部分和 PF-02 图。

（2）有的省市只要求预埋件一次施工到位，不要求染毒区的其他设备平时安装到位。这种工程就要对除尘设备、滤毒设备、密闭阀门、自动排气活门、风机、管道和管件等的安装要求逐项予以说明。

（3）有的省市要求平时将战时系统全部安装到位，临战只进行检查、调试，直接通过阀门切换转入战时功能。

2. 施工进度（平战转换的时间）

根据《人民防空工程防护功能平战转换设计标准》RFJ 1—1998，分为以下三个时间段：早期转换，30 天；临战转换，15 天；紧急转换，3 天。

进度安排参见附录 3 的 PF-01 图中的表 1，表 1 中虽有时间要求，但实际工程安装越快越好。

5.2.2 通风系统平战功能转换设备材料表

通风系统平战转换的材料要单独列表，参见附录 3 中 PF–01 图的表 2。

说明：①此表要提供给概预算人员。所有设备材料的规格、型号、单位、数量要准确。②目前概预算中存在的问题是价格不准确，有的相差太悬殊。专业人员要协助预算人员做好询价工作，用材数量要准确，如设备和风管用料及法兰、吊钩、油漆等用材数量。

5.2.3 平战功能转换通风系统图的绘制

1. 平战功能转换通风系统平面图

将附录 2 中图 RF–04 改为附录 3 中 PF–02。将进风系统临战安装的阀门 F2 和 F4 至平战转换法兰之间的设备和管道、排风系统阀门 F5 至系统末端用不同颜色（如蓝色等）与已安装部分区分开即可，该图是用虚线区分的。

2. 平战转换口部通风设备房间平剖面图

将附录 2 中图 RF–06 改为附录 3 中 PF–03 图。将进风机室阀门 F2 和阀门 F4 至平战转换法兰之间、排风机室阀门 F5 以外的部分用不同颜色与已有的系统颜色区别开（颜色要与 PF–02 图一致）即可，该图是用虚线区分的。

5.3 人员掩蔽工程的防化报警及监测设计

本书所说的防化是指防原子武器爆炸后所产生的放射性尘埃、防化学毒剂、防生物战剂。

人防工程的防化措施包含在建筑、结构、风、水、电、防化、自动控制和通信等各专业之中。各专业都应搞好本专业的防化设计和施工，才能实现整体工程的有效防护。其他专业的防护和防化设计问题不在这里阐述，这里重点结合工程实例说明防化报警和防化监测系统的设计。

每个防护单元应增设一个指挥室，因为战时人员组织安排及事故处理、各专业系统运行和监测管理必须统一指挥和部署，否则工程很难发挥其防护作用。还应设一个医务室，因为每个防护单元掩蔽多则 1000 多人，少则几百人，战时男女老幼难免有人发病，设个临时医疗点是十分必要的。因此，在二号工程 FH2–02 图中增设了这两个房间。

人防工程的防化报警与监测设计不同类型的工程是不相同的，其编配标准参见第 4 章。暂按此设计，待新的编配标准颁布后应按标准设计。

目前各设计院没有专业防化设计人员，这项工作几乎还是空白，在这里用一定的篇幅进行示例，仅供设计人员参考。

5.3.1　二等人员掩蔽工程的防化报警与监测设计

防化等级：二等人员掩蔽工程的防化等级为丙级。

下面以一号工程为例，介绍报警和监测设备的布置，如图 5–2 所示。根据第 4 章表 4–3 所编配的监测设备，说明它们的安装位置和要求。

1. 报警和监测设备布置

（1）报警

《人民防空工程防化设计规范》RFJ 013—2010 第 7.2.6 条规定："防化丙级的人防工程应具有与当地人防指挥机关相互联络的基本通信和应急通信手段"。这说明对外部空气是否染毒不单独设室外报警器，在防化值班室内要设相应的通信设备，能接收上级报警信息，但是室内要设便携式毒剂报警器。

（2）便携式毒剂报警器设置

①"设在工程口部的最后一道密闭门内 1m 处"[2]，注意电站和车库连通口也是巡检的重点。测点距地面不宜太高，小于等于 1000mm 为宜，因为毒剂蒸气与空气的混合物比空气的密度大，从门缝渗入后会沿地面扩散。

②还应在进风机室内设一台，用于监测过滤吸收器的尾气是否超标（二等人员掩蔽部，可以两处共用一台）。

（3）核素识别仪

推荐这类设备代替空气放射监测仪，是考虑使用方便、不固定位置，适合丙级防化量大面广的二等人员掩蔽工程。它可以对工事口部进行巡检，兼有对风管内含有放射性尘埃监测的功能，使用灵活、造价低（只限于重点城市，不须普遍设置）。

（4）空气质量监测仪

空气质量监测仪是一种便携式的检测仪，可随时带到人员密集区或某处进行检测。

（5）三防控制箱

①丙级防化工程的三防控制箱不仅具有控制进、排风机和电动密闭阀门及污水泵等的开关，使工程直接转入隔绝式防护和转换三种通风方式的功能，而且兼有信号转换和铃声提示的功能。

②三防控制箱必须设有手动转入隔绝式防护的按键和手动转换三种通风方式的按键，面板下方应有本工程的进、排风系统原理图和隔绝式防护及三种通风方式转换顺序表，参见图 4–12 和图 5–3。

③通风专业要向选用三防控制箱的电气专业提供本工程的进、排风系统原理图和隔绝式防护及三种通风方式转换顺序表。

2. 控制系统的设计

控制系统有两种形式：

（1）设有手动密闭阀的工程

有的小型二等人员掩蔽部工程采用手动密闭阀门。假设一号工程采用手动密闭

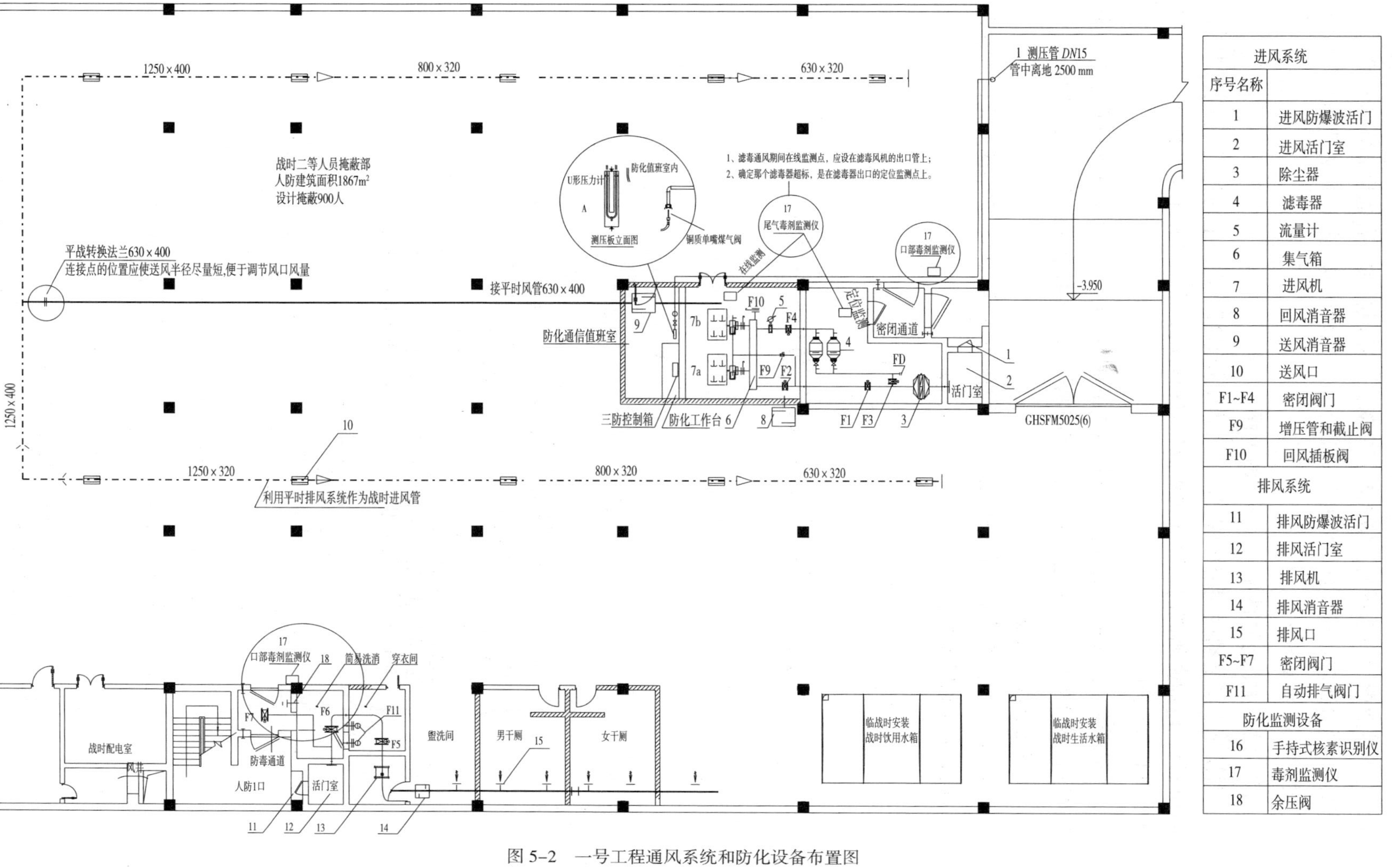

图 5-2　一号工程通风系统和防化设备布置图

阀，电气专业图纸中选用的三防控制箱应对进、排风机和三种通风方式信号显示进行控制，同时还应有进、排风机和信号显示系统原理图和三种通风方式阀门与风机转换顺序表，参见图 5–3。

（2）设有手、电动两用密闭阀门的工程

对设有手、电动两用密闭阀门的二等人员掩蔽部，电专业应通过三防控制箱对进排风机、电动密闭阀门和隔绝式防护和三种通风方式信号显示进行控制，参见附录 4 中 FH–03 图。

注意隔绝式通风时，必须开启增压管上的阀门 F9，因为清洁式通风管路上的密闭阀门 F1 和 F2 处在进风机的负压段，密闭阀门都有轻微漏气，有漏毒的危险。

3. 防化值班室的设计

目前审查的图纸中防化值班室设计合理的较少，现以图 5–2 中的防化值班室为例说明，应注意以下几点：

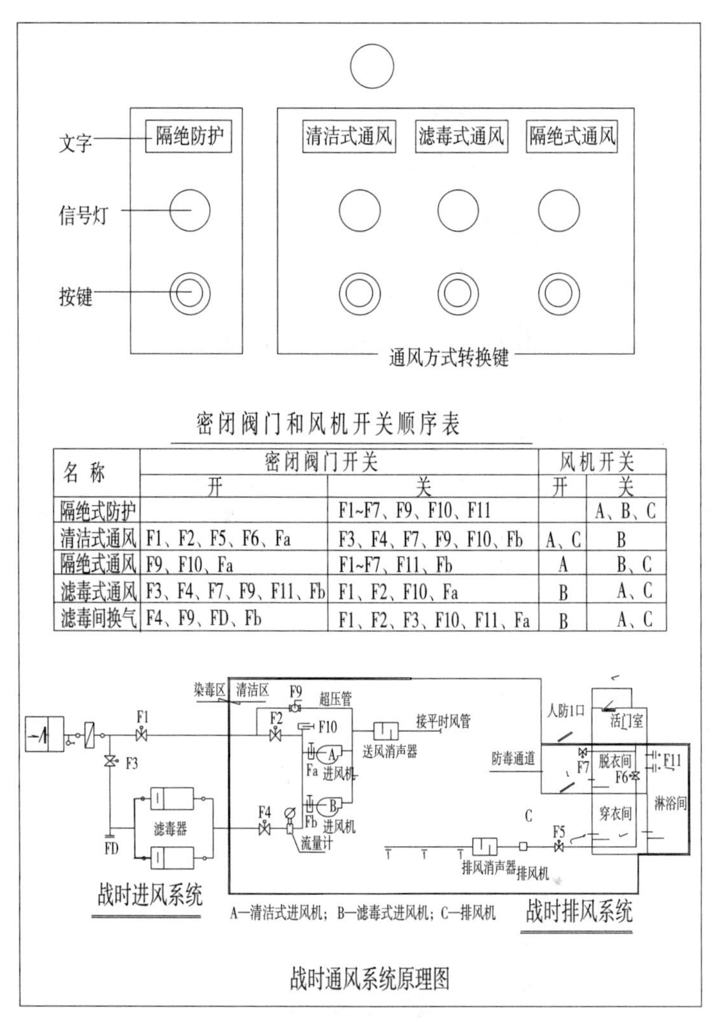

密闭阀门和风机开关顺序表

名称	密闭阀门开关		风机开关	
	开	关	开	关
隔绝式防护		F1~F7、F9、F10、F11		A、B、C
清洁式通风	F1、F2、F5、F6、Fa	F3、F4、F7、F9、F10、Fb	A、C	B
隔绝式通风	F9、F10、Fa	F1~F7、F11、Fb	A	B、C
滤毒式通风	F3、F4、F7、F9、F11、Fb	F1、F2、F10、Fa	B	A、C
滤毒间换气	F4、F9、FD、Fb	F1、F2、F3、F10、F11、Fa	B	A、C

图 5–3　防化丙级三防控制箱

对于实际产品，隔绝式防护为蓝色灯和蓝色按键；清洁式通风为绿色灯和绿色按键；滤毒式通风为黄色灯和黄色按键；隔绝式通风为红色灯和红色按键。

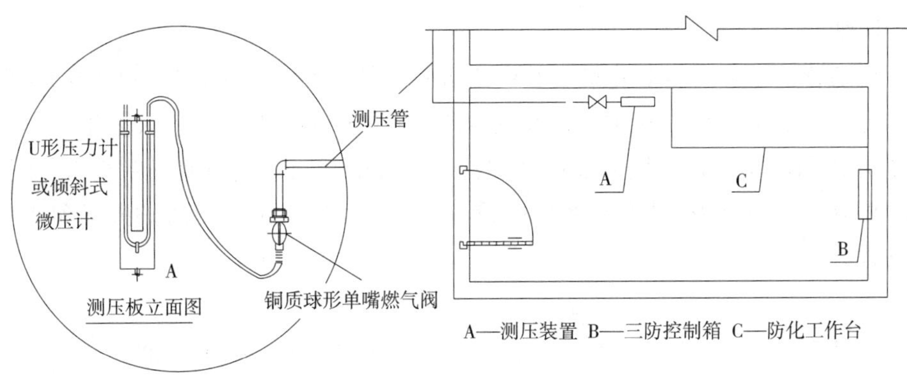

图 5-4　防化值班室的布置

（1）通风专业先确定防化工作台的位置，工作台的尺寸暂按长≥ 2000mm、宽 =800mm、高 =760mm 设计，如图 5-4 所示。

（2）电专业应将仪器用的插座设在工作台上方 200mm 处。

（3）三防控制箱挂在便于操作的位置，参见图 5-4。

5.3.2　一等人员掩蔽工程的防化报警与监测设计

防化等级：乙级。以二号工程为例，防空专业队工程可参考此例设计。

1. 报警

根据文献 [2]，乙级防化的人防工程应设毒剂报警。

下面以附录 5 一等人员掩蔽部为例说明报警及监测等设计。二号工程为某市一供电枢纽地下人员掩蔽部。工程概况见二号工程的说明 FH2-01 图和 FH2-02 图。

采用探头式毒剂报警器，其探头设在战时进风井下方，报警器主机设在防化值班室的防化工作台上，两者之间由屏蔽电缆负责信号传输。工程预埋时，先将电缆套管预埋在墙体内。其套管应采用 *DN*50 的热镀锌钢管，电缆长度一般不宜超过 200m。报警器通过电缆与智能型三防控制箱的 RS485 接口相连。毒剂报警器发出报警信号时，三防控制箱立刻发出关闭进、排风机和所有电动密闭阀门及室内排污泵的指令，同时发出声光报警信号。工事立即转入隔绝式防护，其系统见附录 5 的 FH2-03 和 FH2-04 图。

注意：毒剂报警器是预设，战时将安装什么型号的设备尚无法预知，因为设备更新的速度也是无法预知的。

2. 毒剂监测

（1）智能型三防控制箱

设有毒剂报警器的工程应选用智能型三防控制箱，必须具有自动兼手动一键隔绝的功能和手动转换三种通风方式及信号自动转换的多种功能。

（2）其他设备

与丙级防化工程相同。

3. 图纸

乙级防化的工程应有防化篇，其中乙级防化的工程至少应有附录 5 中的 4 张图纸。专业人员必须熟悉这些防化报警及监测仪器的性能、特点、安装要求。熟悉战时防护方式和通风方式转换的随机性和特点。希望通风专业与电气专业紧密配合，搞好 FH2-03 和 FH2-04 这两张图纸的设计，战时能有效地进行防护方式和通风方式的转换。

要求：

（1）FH2-03 图要独立成幅，不要与施工说明或大样图等混在一起。

（2）这幅图竣工时要制成图板，张挂于防化值班室的墙上。

（3）维护人员要熟悉和会使用这张图，因为它是该工程的防护方式和通风方式转换操作说明。

本章参考文献

[1] 住房和城乡建设部 . 车库建筑设计规范：JGJ 100—2015[S]. 北京：中国建筑工业出版社，2015.

[2] 国家人民防空办公室 . 人民防空工程防化设计规范：RFJ 013—2010[S]. 2010.

第6章

医疗救护工程的通风空调与防化监测设计

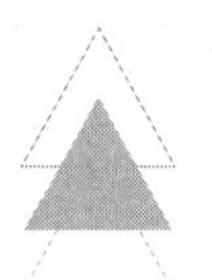

为了满足战时医疗救护工作的需要，设防城市有计划的在各城区设置了相应数量的人防医疗救护工程。

人防医疗救护工程按其规模和任务分为以下三个等级：

（1）一级：中心医院，战时主要承担对伤员的早期治疗和部分专科治疗。

（2）二级：急救医院，战时主要承担对伤员的早期治疗。

（3）三级：救护站，战时主要承担对伤员的紧急救治。

6.1 医疗救护工程的设计标准

6.1.1 医疗救护工程的建设标准

各级人防医疗救护工程的建设标准见表 6–1。

人防医疗救护工程的规模　　表 6–1

工程名称	掘开式工程		坑、地道式工程防护区有效面积（m^2）	人员数量(人)（含伤员）	床位数量（张）
	防护区最大建筑面积（m^2）	防护区有效面积（m^2）			
中心医院	4500	2500~3300	3300~4300	390~530	150~250
急救医院	3000	1700~2000	2200~2600	210~280	50~100
救护站	1500	900~950	1170~1250	140~150	15~25

6.1.2 医疗救护工程的防化标准

（1）人防医疗救护工程的防化级别为乙级。

（2）人防医疗救护工程防化报警与监测要求见表 6–2。

防化要求　　表 6–2

报警	防护方式	人员洗消	毒剂化验	监测
毒剂	隔绝 + 滤毒	全身	有	有

6.1.3　医疗救护工程战时通风量和室内温湿度及噪声标准

1. 室内人员新风量标准

（1）战时清洁式通风时，室内人员新风量标准为：15~20m^3/（人 · h）;

（2）战时滤毒式通风时，室内人员新风量标准为：5~7m^3/（人 · h）。

2. 战时室内空气温、湿度及噪声标准

战时室内空气温湿度及噪声标准见表 6–3。

战时室内空气温湿度及噪声标准 [1]　　表 6–3

房间名称		手术室、急救观察室、重症室	病房	其他房间
温度（℃）	夏	20~24	23~28	24~28
	冬	20~24	18~26	16~22
相对湿度（%）	夏	50~60	45~65	≤ 70
	冬	30~60	30~65	自然湿度
噪声 [dB（A）]		≤ 45	≤ 50	≤ 50

注：1. 表中其他房间为除风机房、水泵间、配电间等设备用房之外的医疗、办公、生活等用房，建议冬季自然湿度。
2. 平时使用的手术室、急救观察室、重症监护室宜按《医院洁净手术部建筑技术规范》GB 50333—2013（以下简称“规范”）表 4.0.1 取 22~25℃比较合理。

3. 手术室的送风量标准

送风换气次数为 10~15 次/h，宜取上限（平时使用的手术室送风换气次数应按“规范”表 4.0.1 的要求取值）。人防急救医院和中心医院手术室的新风系统应采用中效过滤，并配以局部空调；其送风口宜采用高效过滤型风口上送；工作区的风速宜保持在 0.25~0.3m/s，要保持室内一定正压，参见图 6–1（a）。医疗救护站的手术室送风口下方，宜采用带风扇的高效过滤器 FFU 型风口，见图 6–1（b），详见附录 6 和附录 7。

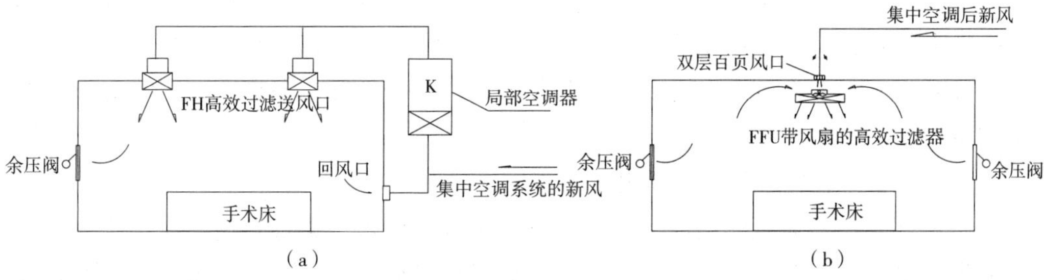

图 6–1　手术室通风设计

4. 清洁式通风时各房间的排风换气次数

各房间排风换气次数 K 参照表 6–4 选取。

清洁式通风时房间排风换气次数 [1] 表 6–4

序号	房间名称	换气次数 K（次 /h）
1	麻醉药械室	3~5
2	手术室	8~10（应保持微正压）
3	检验室	4~5
4	X 光机室	3~4
5	石膏室	2
6	洗涤、消毒室	8~10
7	饮水室	1~2
8	制剂室	3~5
9	污物间	3~4
10	手术部浴厕室	8~10
11	厕所、盥洗室	5~10
12	水库水泵间	2~3
13	污水池、污水泵间	3~4

6.2 医疗救护工程的通风空调设计

医疗救护工程与其他人防工程不同之处是在一个防护单元内设两个密闭区，即第一密闭区（含分类厅、急救观察室、诊疗室等）和第二密闭区（含医技、手术、各科护理及保障房间等）。医疗救护工程通风与防化涉及的问题较多，下面对两个密闭区的通风和防化问题分别进行讨论。

6.2.1 对现行标准的讨论

《人民防空医疗救护工程设计标准》RFJ 005—2011（以下简称“医疗救护工程标准”）将第一密闭区定义为轻微染毒区（见 2.0.6 条）。这个定义在实际工程设计中带来了很大问题。由于分类厅入口无洗消和更衣等措施，室外染毒人员不经洗消和更换染毒的衣、帽、鞋袜直接进入第一密闭区，所以该区成为允许染毒区。

战时，实际上人员出入时毒剂有两种方式进入分类厅（如果不计门缝等渗入的毒剂）：

（1）人员进、出工程带入毒剂

实验证明在不通风的条件下，人员进出工程都能带入染毒空气，且出工程比进工程带入量稍大（表 6–5），主要是由外部染毒空气来填补人体所空出的空间所致。

随人员进出工事染毒空气的带入量 u　　表 6–5

	1 人带入量（m^3）	5 人带入量（m^3）	10 人带入量（m^3）
进工事	0.4	0.96	1.17
出工事	0.43	1.10	1.79

现以沙林毒剂为例，其伤害浓度见表 6–6。

沙林毒剂对不同战斗状态人员的毒害剂量　　表 6–6

人员战斗状态 / 毒剂剂量级	静止	防御（中等活动状态）	进攻（剧烈活动状态）
致死剂量 [（μg・min）/L]	180	90	30
半致死剂量 [（μg・min）/L]	100	50	15
半伤害剂量 [（μg・min）/L]	50	19	8

注：战时外界染毒空气的沙林毒剂浓度一般按 $C_0=5\times10^{-2}$mg/L 来计算。

（2）"医疗救护工程标准"为工程设计带来的现实问题

从上表来看，造成人员伤害程度大小与毒剂浓度和在其中无防护条件下活动状态及停留时间有关。根据以上分析，第一密闭区的定义存在问题如下：

①关于轻微染毒：实际上目前的医疗救护工程都按允许染毒区进行设计的，第一防毒通道既没配置洗消间，也无更衣室。战时染毒人员直接进入分类厅所产生的后果将是严重的，更衣比洗消更重要，因为染毒衣物会成为清洁区的放射源或毒剂散发源，严重威胁掩蔽人员的安全。

②这个定义有悖于上级技术要求。上级技术要求没有将两个密闭区规定为不同的防化等级，而是统一定义为防化乙级，这是明确的。两个密闭区的防化要求是相同的，所以第一密闭区应按清洁区来设计[2]。

6.2.2　医疗救护工程第一密闭区的通风设计

第一密闭区实际上相当于医院的门诊区，而第二密闭区相当于医院的病房和治疗区。两个密闭区同属于一个防护单元，所以第一密闭区入口处必须设置能全身洗消和更衣的洗消间，这是防化规范早已明确的："医院、救护站的洗消间可设在主要出入口防毒通道一侧或防毒通道中，其房间和门的位置、大小要便于担架出入"，这一观念与文献 [3] 是一致的，参见图 6–2。

1. 关于第一密闭区的通风设计思路

因为第一密闭区是第二密闭区的前置工作区，防化标准相同，是一个独立的区域，在系统设置上应具有一定的独立性。

（1）医疗救护站

因为第一密闭区面积较小，分类厅由第二密闭区统一送风；两区分设排风系统

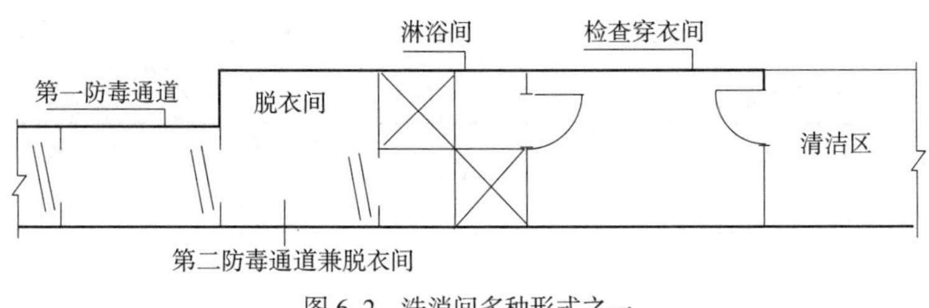

图 6–2　洗消间多种形式之一

时，两系统按人员比例排风；一口设两个防毒通道，洗消间设在一口，不应设在两区之间。为了便于比较救护站与中心医院两者的差别，将急救医院与中心医院第一密闭区图 6–4 做些调整，改为图 6–3。可见救护站分类厅进、排风系统的布置比较简单，它是靠第二密闭区空调系统统一送风。

（2）急救医院和中心医院

急救医院和中心医院的分类厅可以由第二密闭区空调系统统一送风，也可设置补充性的空调自循环系统，原因是分类厅的工作特点与第二密闭区不同，而且急救医院和中心医院第一密闭区面积大、病员多，设置补充性的空调升温或降温使用灵活，参见图 6–4。大型地下中心医院也可设置独立的进风和空调系统。

（3）设计要求

①急救观察室和诊疗室只设送风口；

②分类厅的一侧只设排风口或回风口；

③急救和诊疗两房间与分类厅之间的隔墙上设余压阀，使两区之间形成明显的

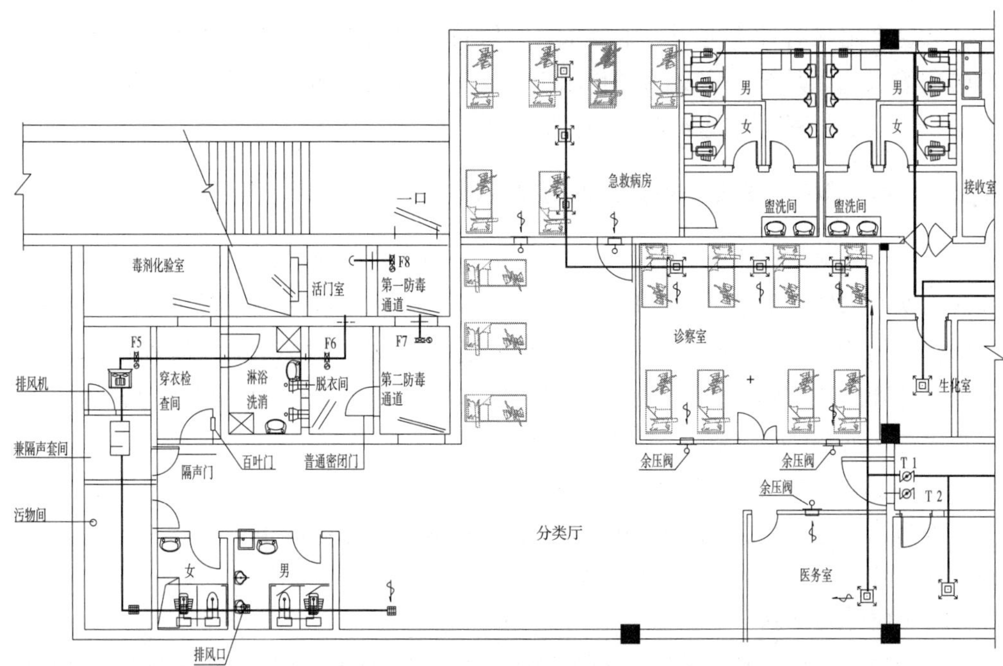

图 6–3　医疗救护站工程第一密闭区通风系统

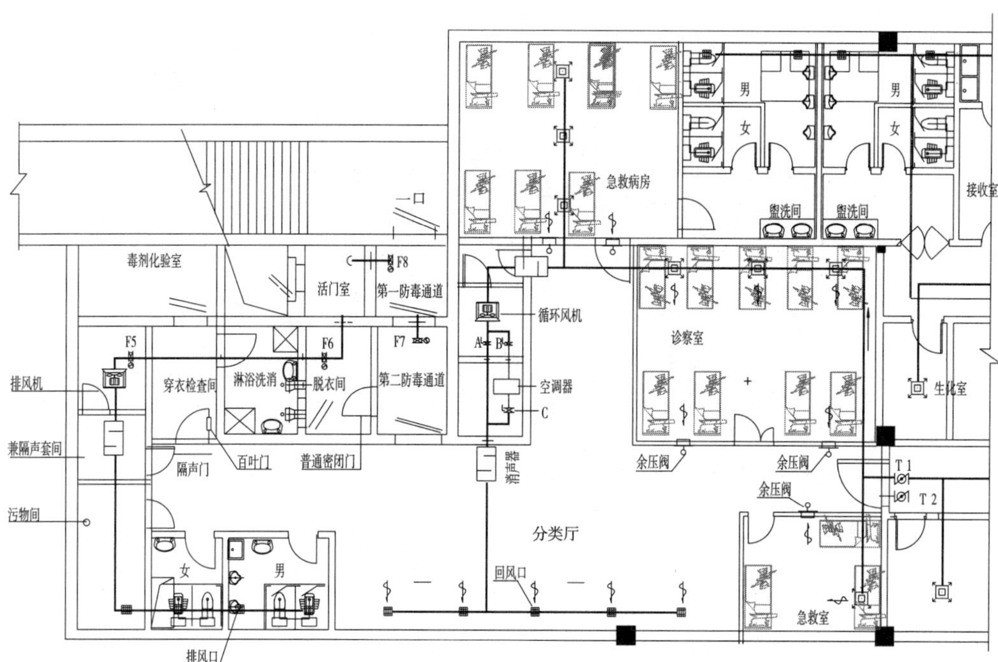

图 6-4　急救医院和中心医院第一密闭区通风系统

风压差，上述房间用过的空气经过分类厅和厕所排到室外。

2. 第一密闭区的进风系统

第一密闭区的进风来自第二密闭区的送风系统。

（1）第一密闭区采用自循环通风时，应关闭两区分界处的密闭阀门 T1。

（2）第二密闭区进行滤毒式通风时，应打开两区分界处的密闭阀门 T1 和 T2。

（3）中心医院比较复杂，当空调面积大于 2500m^2，并在第一密闭区设有隔离病房时，该区应设独立的进、排风系统。两区之间可增设一密闭通道和简易洗消措施。

3. 第一密闭区的排风系统

（1）对医疗救护站，第一密闭区面积较小，第一密闭区与第二密闭区可以各自独立设置排风系统，也可共设一个排风系统。

（2）对急救医院和中心医院，两区应分设洗消间和排风系统，如图 6-5 所示。两区分设排风系统，各密闭区的排风量不应大于按本区人数计算的清洁式进风量。

（3）滤毒式通风时，采用全工事超压，不得开排风机。

4. 脱衣间入口设在第二防毒通道，穿衣间的出口应设在主体内。

6.2.3　第二密闭区的通风与空调系统设计

现以图 6-5 为例，说明通风空调系统设计的注意事项。

1. 排风系统的设计

中心医院和急救医院的排风系统应分别结合第一和第二主要出入口进行合理布置。

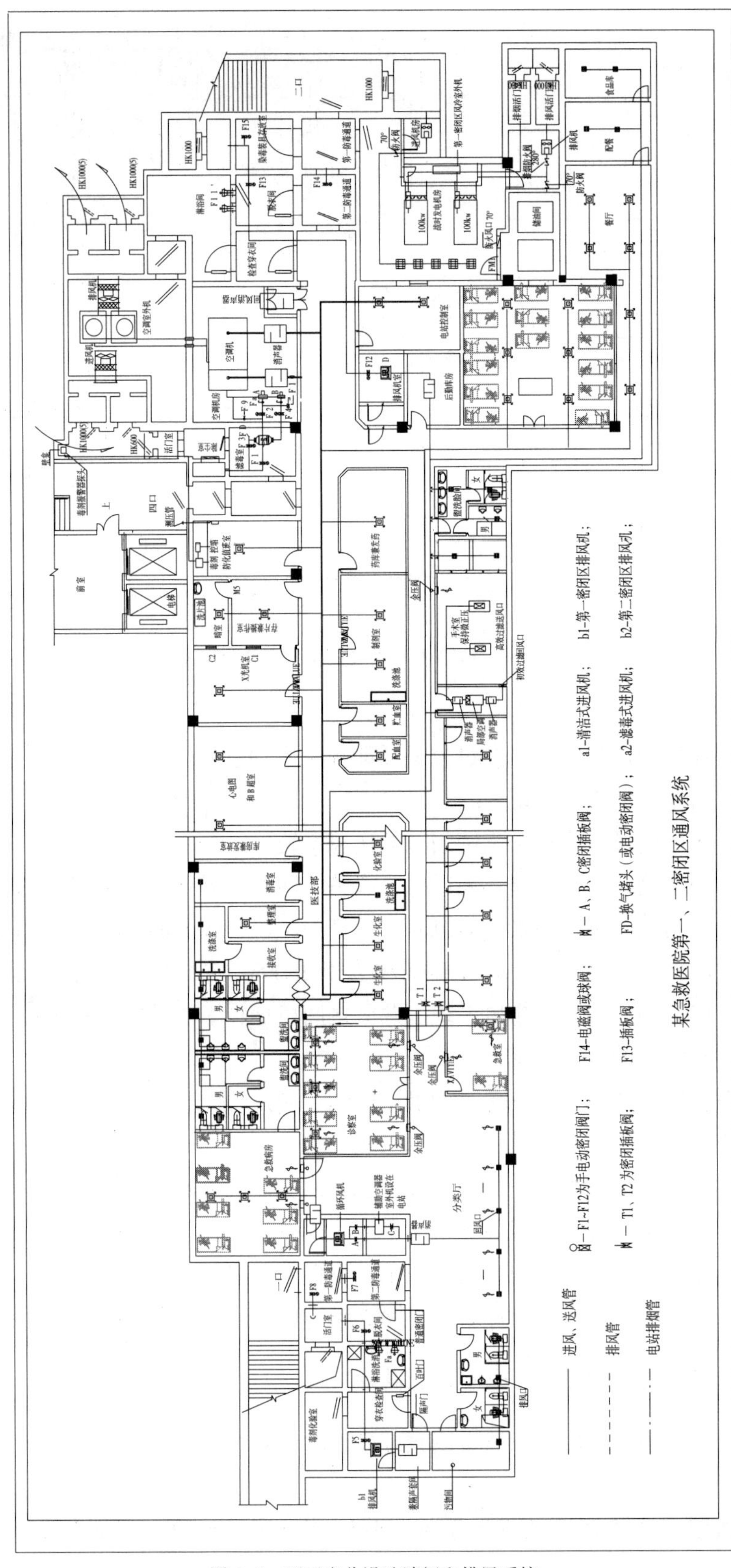

图 6-5 两区应分设洗消间和排风系统

（1）第二主要出入口布置

其做法参见图 6–5 的二口。

（2）救护站利用备用出入口分开布置排风系统时

①正确做法：

排风系统一定要从密闭通道进入排风扩散室，阀门 10 应设在密闭通道内，不能设在清洁区，因为阀门 10 至扩散室之间的管段是高辐射剂量段，阀门和法兰是漏毒的，这一段不能设在清洁区。阀门 9 应设在排风机室内，便于管理和操作，如图 6–6 所示。

②错误做法：

如图 6–7 所示是违背上述原则的错误图形，工程中不应出现这种图示。这是建筑布置不合理造成的，排风扩散室必须与防毒通道或密闭通道或洗消间相邻，不应独立设置。

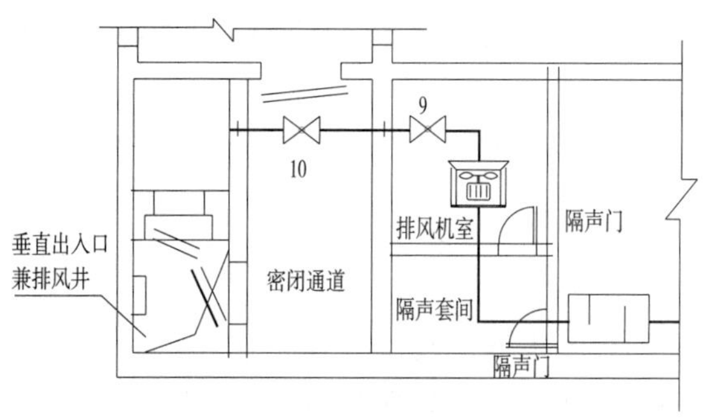

图 6–6　正确做法

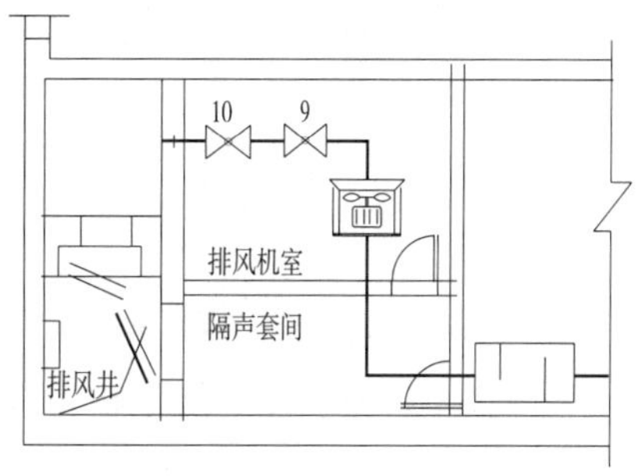

图 6–7　错误做法

2. 空调送风系统的设计

（1）设计计算书

重点强调以下三点：

①计算书中除了应有通风量和防化相关计算外，空调负荷应通过 i–d 图画出空气处理过程，用初终状态点的焓差（i_o–i_1）乘以送风量 G 来计算空调负荷 Q，否则容易漏掉再热负荷。

②系统阻力计算是不可少的。多数人不计算，凭经验所选风机的功率和压头偏大或偏小的现象相当普遍。

③消声计算是当前设计人员最薄弱的环节，医疗救护工程噪声要求标准高，如表 6–3 所示。必须进行消声计算后再选消声器（阻抗复合式不可少于两节，即有效长度≥ 2m）。建筑专业应为进、排风机室和空调室设隔声套间，并设隔声门。

（2）空调负荷的计算

①围护结构壁面传热计算

医疗救护工程、地下街、食品和药品供应站及其他有空调的地下工程，没有室外冷、热风对室内壁面的干扰，所以室内不考虑受进风温度年周期性变化的影响（它不是一般通风的地下建筑），应按恒温地下工程计算，其方法见附录 13。

②送风状态点的确定

以下方法简便易行（它优于采用假设温差 Δt 的方法），确定送风状态点 S 速度快，便于掌握，计算准确，一步到位。

a. 首先根据送风房间的换气次数，计算出总的送风量 G，一般房间宜按 8~10 次 /h 计算（食品、药品、被服等 4~6 次 /h）。

b. 计算余热 ΔQ 和余湿 ΔW。

c. 求热湿比 $\varepsilon=\Delta Q/\Delta W$。

d. 计算新风量与送风量的比例。

e. 画 i–d 图（根据室内外设计参数 t_n、φ_n、t_w、t_s）：

室外参数见附录 12，建议采用夏季空气调节室外计算湿球温度 t_s 而不用 d_{200}，因为用 t_s 计算结果比较适宜，实践证明用 d_{200} 计算的负荷偏低；各地气象参数已有较大变化，已对 t_s 进行更新，而 d_{200} 没有新资料与其校核，所以不宜延用。

f. 通过室内设计空气状态点的焓 i_n 与送风状态点的焓 i_s 的焓差（$i_n-i_s=\Delta i$），求送风状态点的焓 i_s：

因为：$\Delta i=\dfrac{\Delta Q}{G}$ [kJ/kg（干空气）]

所以：$i_s=i_n-\dfrac{\Delta Q}{G}$ [kJ/kg（干空气）]

由以上计算，从 ε 线上很容易找到 i_s 和送风状态点 S。

g. 过 S 点做垂线与 95% 相对湿度线的交点就是空调处理的终状态点 L。

③例题：某人防急救医院，设计人数（含伤员）210 人，防化乙级，战时清洁式新风量 q_1=20m^3/（人・h），滤毒式进风量 q_2=7m^3/（人・h），平面布置见图 6–5。该地室外空气参数：夏季空调室外计算干球温度 t_w=34.8℃；夏季空调室外计算湿球温度 t_s=28.1℃。室内空气参数：设计干球温度 t_n=26℃；设计相对湿度 $\phi\leqslant 70\%$。

设计计算：

a. 计算工事内余热量：ΔQ=76.722kW；这一步计算较容易，为简化步骤直接给出计算结果；

b. 计算工事内余湿量：ΔW=55.2kg/h；

c. 计算送风量：L_s=25000m^3/h（送风房间换气次数按 8~10 次 /h 计算取整数，并注意与所选空调机组的送风量一致）；

d. 计算清洁式新风量：$L_x=20\times 210$=4200m^3/h；

e. 计算新风与送风的比例：L_x/L_s=4200/25000=0.168，即 16.8%；

f. 计算热湿比 $\varepsilon=\Delta Q/\Delta W=76.722\times 3600/55.2$=5000kJ/kg；

g. 计算送风状态点 i_s 与室内设计状态点 i_n 的焓差：

$\Delta i=i_n-i_s=\Delta Q/G=76.722\times 3600/25000\times 1.2$=9.2kJ/kg（干空气）

因为 i_n=65.2kJ/kg（干空气），由式（6–2）得：

$i_s=i_n-\dfrac{\Delta Q}{G}$=65.2–9.2=56kJ/kg（干空气）；

h. 画 i–d 图，见图 6–8，图中 t_a 为夏季空调室外计算湿球温度，用 i_S=56kJ/kg（干空气）在热湿比 ε 线上查到送风状态点 S；从 S 点做垂线，与相对湿度 95% 曲线的交点 L 就是空调的终状态点，该点的焓 i_L=53.5kJ/kg（干空气）；（i_S–i_L）G 是再热负荷；

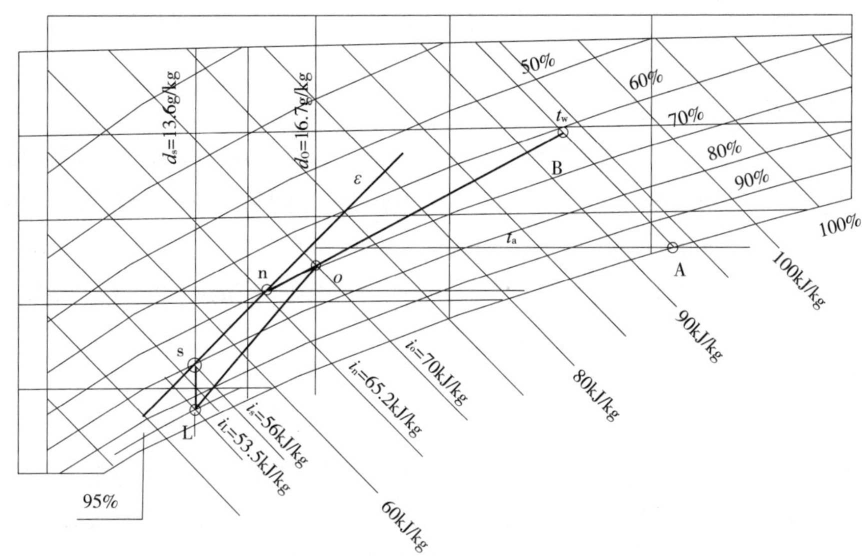

图 6–8　空气调节过程 i–d 图

i. 计算空调负荷：

计算热负荷 Q：

Q=G（i_o–i_L）/3600=25000×1.2×（70–53.5）/3600=137.5kW

计算湿负荷 W：

W=25000×1.2×（16.7–13.6）/1000=93kg/h；

j. 选空调机组：CK25–DX–1；机组参数：风量为 25000m^3/h；制冷量为 153kW；除湿量为 90kg/h；机外余压为 850Pa。

（3）负荷分析（计算时注意单位换算）（1kW=3600kJ）

①新风热负荷：Q_f=（i_0–i_n）/3600G（kW）；

②新风湿负荷：W_f=（d_0–d_n）/1000 G（kg/h）；

③工事的余热：ΔQ=（i_n–i_s）/3600 G（kW）；

④工事的余湿：ΔW=（d_n–d_s）/1000 G（kg/h）；

⑤空调再冷负荷：Q_Z=（i_s–i_L）/3600 G（kW）；

⑥空调计算冷负荷：Q=（i_0–i_L）/3600 G（kW）；

⑦空调计算湿负荷：W=（d_0–$d_{s(L)}$）/1000 G（kg/h）。

由图 6–8 和上述分列式看出：

①用 i–d 图计算空调负荷清晰准确，不易丢掉再热负荷 Q_Z；

②再热负荷 Q_Z=（i_s–i_L）/3600 G=（56–53.5）×1.2×25000/3600=20.8kW 不可忽略，

它在空调负荷中所占比例较大，由图可见，$\varepsilon=\dfrac{\Delta Q}{\Delta W}$越小，则再热负荷越大，同类工程纬度越高则 Q_Z 越大；

③在地下工程中，送风量是保证人员工作区空气流动速度的决定因素，实践证明医疗救护工程中除了手术室外，病房与治疗房间换气次数以 8~10 次 /h 为宜；

④应先计算送风量 G，然后依次求出 ΔQ、ΔW、ε，再找到 S 和 L 点，该方法与温差法相比，结果准确、不须试算，方法简便有效。

3. 空调冷热源的防护设计

现行《人民防空医疗救护工程设计标准》RFJ 005—2011 要求：人防医疗救护工程战时使用的空调系统，应设置有防护的冷热源。冷热源的防护与空调机组的冷却方法有关。水冷机组是对水源的防护，而风冷机组是对室外机的防护。实际上防护的方法很多，如增设工程内水源井、有防护的外水源、有防护的室外风冷机组等。下面分别予以介绍。

（1）设有内水源井的冷却水系统

①单井供水系统

由于空调系统冷却水量不大，单井往往可以满足空调连续运行的使用要求。要求如下：井的涌水量 W_1 大于空调冷却水量 W_2（$W_1 \geqslant 2W_2$）；深井水泵设在最低动水位以下；水泵到井底的距离应≥ 5m；本井回灌水管的出口应设在最低动水位以下；井深一般应大于 40m；必须进入含水层，一般还应有一个能供机组连续运行 3~4h 的水池，以备深井系统检修时使用，见图 6–9。

②双井互换式

双井互换式也是采用本井回灌式，1 号井用一定时间之后，可改用 2 号井。一般内水源井不采用异井回灌，因为异井回灌有时会溢水，长时间运行或引起局部下沉。

两水源井的间距由于受室内空间的限制，所以在 5~10m 之间。编者曾在北方某地下商场采用水源热泵机组，空调冷却水量为 100t/h，打两口井，间距不足 5m，井深 70m，下穿两个含水层。每天开业前 1h 开始运行，晚间停业关机，夏季制冷、冬季供暖，常年间歇运行，设备运转正常。井的设计要求及系统参见图 6–9（c）。

③设有外水源的冷却水系统

a. 采用河流有防护的渗水井

某工程利用河流渗水井的水，其系统参见图 6–10。无论采用哪种水源，其水的硬度较高时，室内机组的进水管上都要设除垢和除沙装置。

b. 设有防护的外水源井

这种水源井的口部要设置与工程抗力相适应的防护措施，建议利用工程构筑时的降水井，做好水量和水质的测量。水量不足时应进一步加深，水量要满足要求。其系统形式仍然与图 6–9 相同，仍然为本井回灌，以防溢水和地面下沉。

由于空调用水量小，每小时仅有几十吨，上述几种方法都是行之有效的。

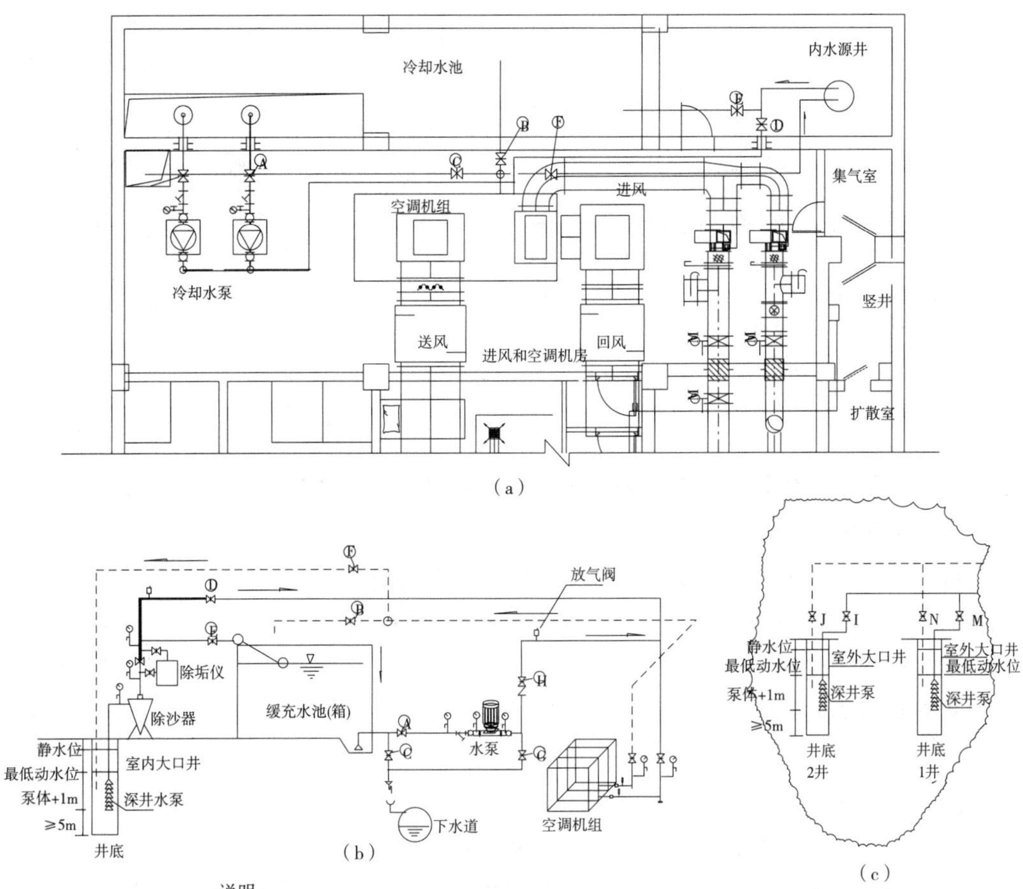

说明：

1. 深井泵为空调器供水时：开阀门D、F；关阀门 B、E、H；
2. 水库为空调器供水时：开阀门 A、B、H；关阀门C、D、F、G；
3. 深井泵为水库供水时：开阀门 E；关阀门 D；
4. 水库排水时：自流开阀门 C；关阀门A、G；剩余水水泵排：开阀门A、G；关阀门C、H。

图 6–9　某工程空调水系统图

(a)某医疗救护工程空调水系统平面图；(b)水系统原理图；(c)水系统原理图

④空调水系统的辅助设计

a. 压力表和温度计的设置

空调冷却水泵、除污器和空调机组进出口水管上必须设压力表。初始运行时的压力差要记录下来，运行中要观察两压力表压力差的变化，以便发现何处阻力增加，判断故障原因。水泵前后压力差增加，说明系统结垢或水泵吸入口管上的除污器堵塞，要及时清污或除垢。

空调机组进出口水管压力表压力差增加，说明表冷器盘管结垢，要及时除垢。

空调机组进出口水管上必须设温度计，观察进出水温差，一般应控制在 3~5℃，温差大说明水的流量小了，反之温差小说明水量过大，都应进行调节。

b. 除沙器的设置

地下水含有一定的泥沙和悬浮物，会对换热器、管道、阀门造成磨损，回灌时

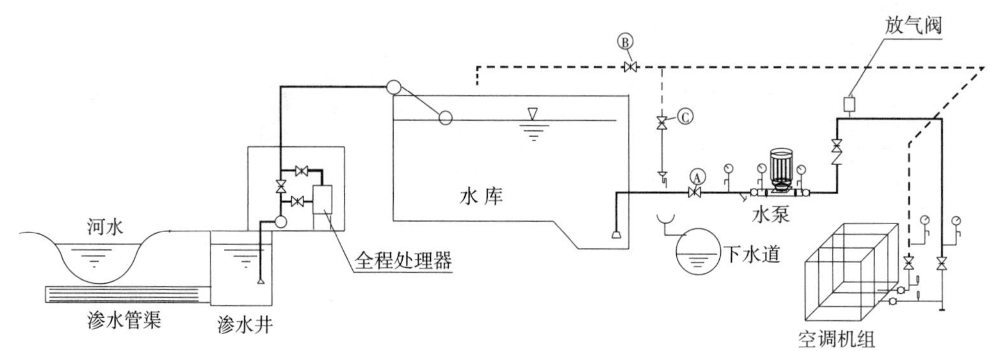

图 6–10 采用河水的冷却系统

会将透水层堵塞，使回灌能力降低，所以应设除沙器，一般多用旋流除沙器。

c. 除垢仪的设置

地下水中具有一定的酸碱度、硬度和腐蚀性，会使系统结垢或腐蚀，应设除垢装置。也可设全程处理器，它同时具有除垢和除沙的功能。

d. 放气阀的设置

水泵出口管的最高点应设放气阀，否则会形成气堵，使系统运转异常，参见图 6–9 和图 6–10。

（2）对风冷室外机的防护

风冷室外机目前有以下几种防护和设置方法。

①与空调室相邻设置。这种方法制冷系统管路短、冷量损失少，是应该提倡的，参见图 6–5 和图 6–12。

②将风冷室外机设在电站内。这种方法可节省机房出入口的设置，参见图 6–13。

要求：风冷室外机与空调机组之间制冷管线长度不超过 50m。

以上两种方法不需要水源，系统简单。风冷室外机的布置形式较多，参见本丛书的《人民防空工程暖通空调设计百问百答》。

（3）空调制冷系统冷媒管穿密闭隔墙的技术措施

①制冷剂管道穿密闭隔墙处的密闭问题，主要问题如下：

a. 设计人员不知制冷剂液管和气管的管径和保温措施；

b. 不知液管和气管是分设还是合设；

c. 不知是否应设阀门；

d. 套管不知如何设置。

②制冷剂管道穿密闭隔墙处的做法

a. 现以制冷量 128kW 的风冷热泵空调机组为例，其制冷剂液管管径约为 22mm，气管管径约为 42mm；其保温层一般采用橡塑保温，保温层厚度约为 10mm；

b. 液管内流动的是高温高压的制冷剂液体，气管内流动的是低温低压的制冷剂气体；管路较长宜为分设；管路较短，两管做好保温后，可以捆扎在一起，也可以分设；

c. 穿密闭隔墙时，其套管可以采用电缆穿密闭墙安装，见《人民防空地下室设计规范》05SFS10 中 3.1.6 图示 7，因为制冷剂管穿过的是两道密闭隔墙，不是防护密闭隔墙；两管合用一个套管时，此例套管直径宜为 *DN*150；两管分设，套管直径宜为 *DN*80；

d. 制冷剂管穿密闭墙时不设阀门，蒸发器和冷凝器进出口均有阀门，在密闭隔墙两侧或一侧设阀门是不正确的，详见图 6–11。

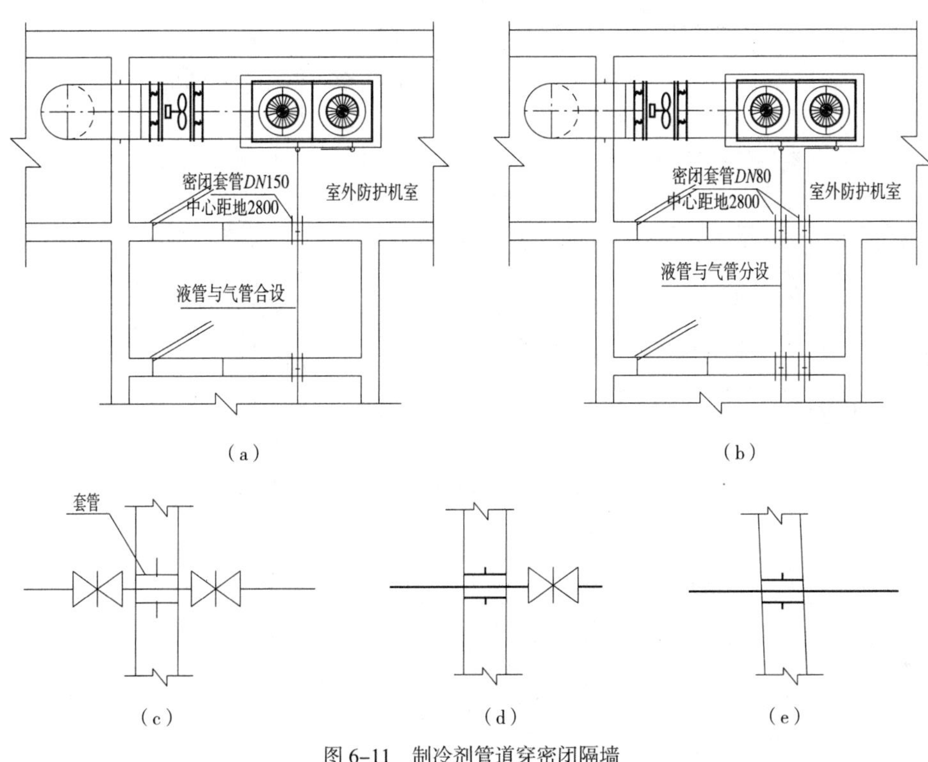

图 6–11　制冷剂管道穿密闭隔墙
（a）两管合一设置；（b）两管分开设置；（c）错误；（d）错误；（e）正确

6.3　医疗救护工程防化报警系统设计

6.3.1　防化报警系统的设计

根据表 6–2，医疗救护工程应设毒剂报警系统。下面阐述毒剂报警系统的设计要求。

1. 毒剂报警系统

（1）毒剂报警器探头

报警器探头设在进风井下方的壁龛内，或挂在此处的墙壁上，固定牢固（目前已经有一种挂壁式毒剂报警器），距地 1m。当经过探头处的空气中毒剂达到报警浓度时，探头将测得的信息经屏蔽电缆传输至防化值班室的毒剂报警器主机。主机在

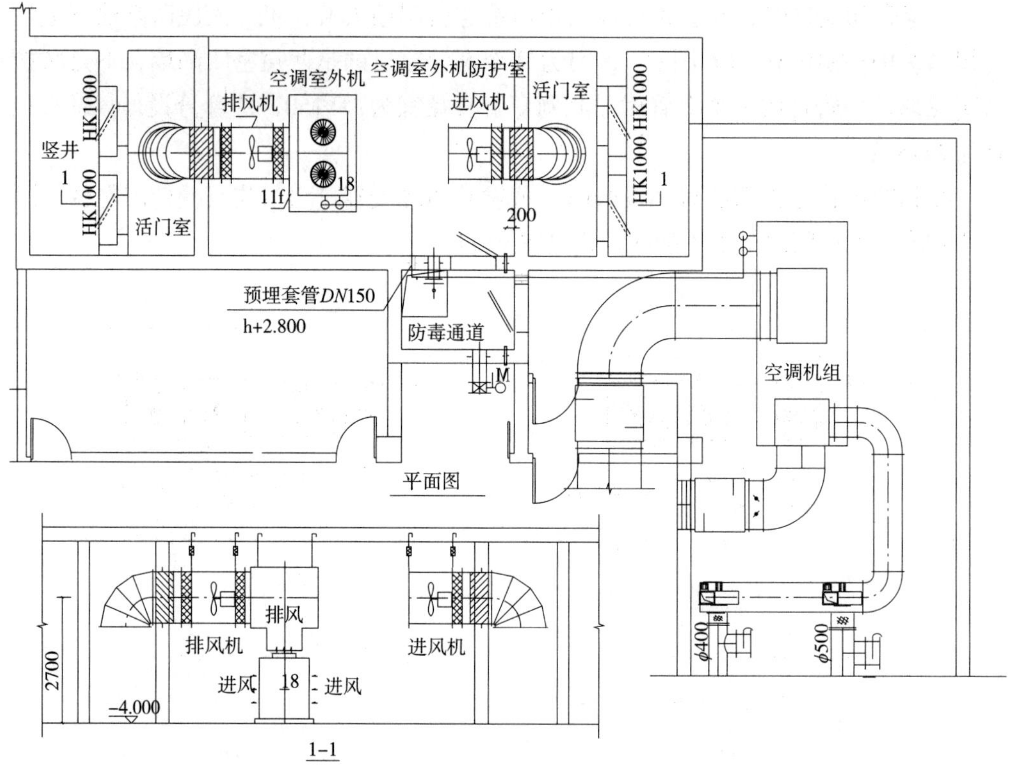

图 6-12　某工程空调室外机与空调室相邻设置

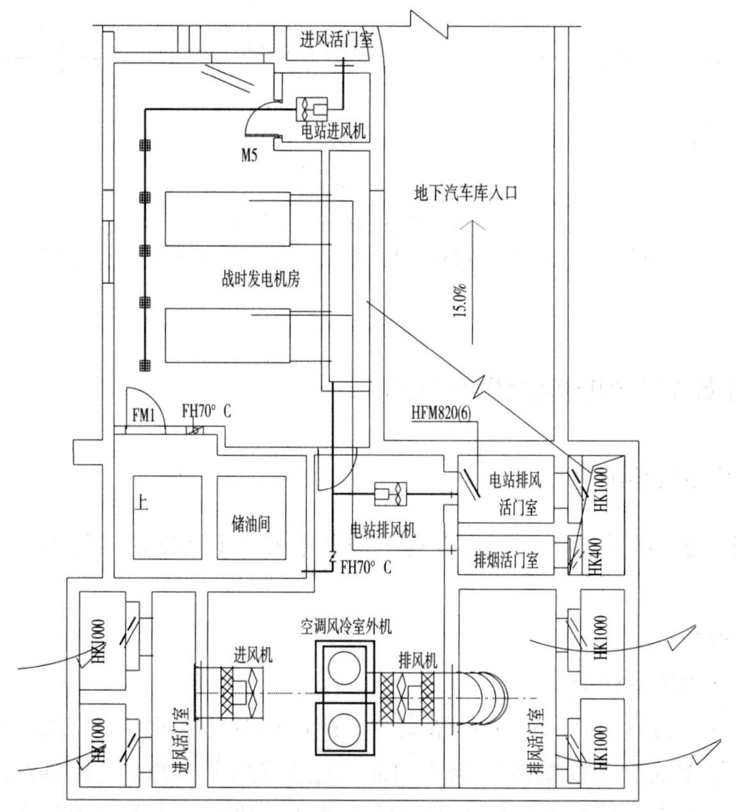

图 6-13　某工程空调室外机在电站内设置

发出声光报警信号的同时，将报警信息传至智能型三防控制箱，并立即关闭进、排风机和系统中的电动密闭阀门 F1~F12 及室内排污泵，工事首先转入隔绝式防护，见图 6–14。工事转入隔绝式防护之后，要切实检查出入口的门、通风系统的密闭阀门、排水系统的地漏水封等是否达到密闭要求。然后根据工事内的具体情况，转入其他通风方式。

（2）探头的设置

①设在壁龛内

探头放置在壁龛内时，壁龛尺寸宜为长 × 宽 × 高 =600mm × 600mm × 600mm，电缆穿线管出线口应设在壁龛侧壁，详见第 4 章；壁龛要设在进风井内能避雨、避光辐射且新风流通的地方。建议：将来推广挂壁式，管理方便，通风取样便捷，应有 220V 的电源插座。

②探头前风道

如图 6–15 所示，探头前风道的断面积 F= 高 × 宽 =3m × 1.5m=4.5m^2；清洁式进风量 Q=4200m^3/h，根据《人民防空工程防化设计规范》RFJ 013—2010 的式（7.1.6–1）计算，探头到防爆波活门的距离 L=2.6m，实际通道长度为 4.5m，满足规范要求。

③屏蔽电缆

探头与主机由屏蔽电缆连接，电缆随报警器由厂家配装，但应说明需要的长度。本案例工程电缆计算长度为 15m，要求厂家配备电缆长度为 220m。电缆的穿线护管应为 *DN*50 的热镀锌钢管，镀锌钢管预埋在墙壁内，要便于战时安装电缆。图 6–5 的毒剂报警及控制系统见图 6–14，报警系统平面布置见图 6–15。

2. 毒剂报警器主机

主机放置在防化值班室的防化工作台上。

（1）工作台宜高 760mm、宽 800mm，长度由室内需要而定，但是不少于 2000mm。

（2）应为主机分别设置 50Hz、AC220V、10A 的电源插座。

6.3.2　室内防化监测

1. 人员出入口部毒剂的监测

（1）化学毒剂监测

一般采用便携式化学毒剂报警器，国内目前有几种型号，设备更新很快，不便推荐型号。本工程选用挂壁式。

（2）设置位置

①设在每个出入口内与密闭门相距 1m 处，因毒剂蒸气比空气重，应设于距地面 ≤ 1.0m 处挂在墙上，设 220V 电源插座。

②过滤吸收器尾气监测见图 6–15 标明的两个测点。

2. 室内空气质量监测

采用空气质量监测仪。

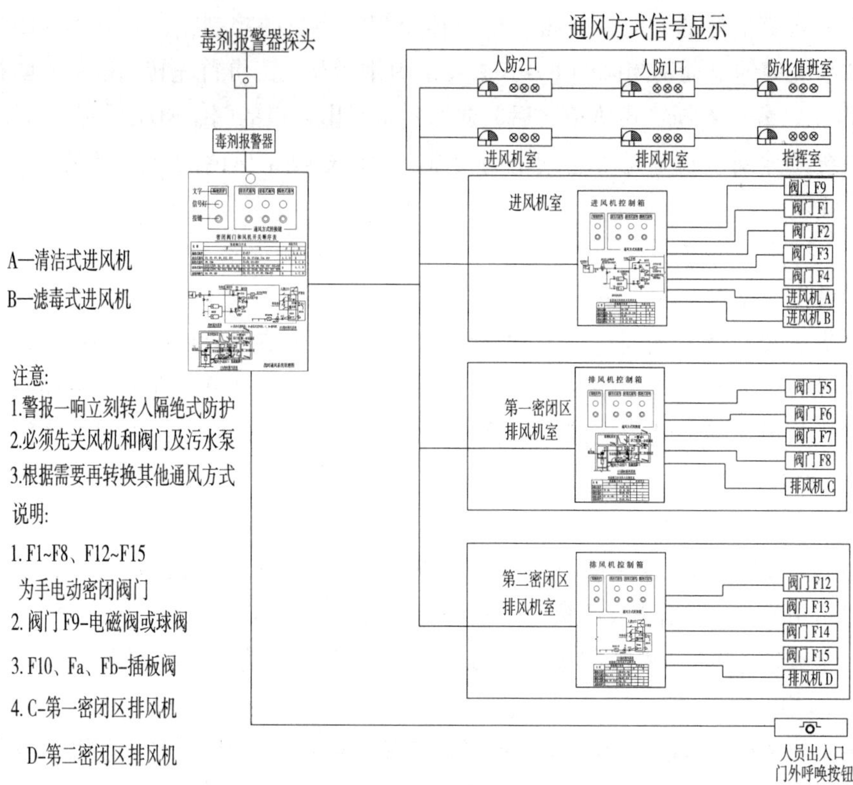

图 6-14　隔绝式防护及三种通风方式控制系统原理图

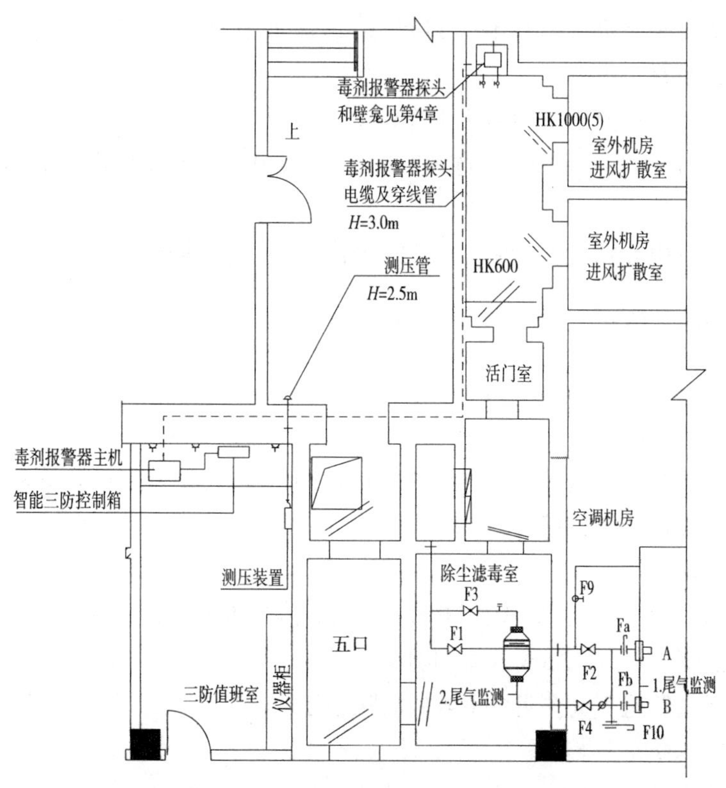

图 6-15　报警器探头和屏蔽电缆布置参考图

（1）设置位置

该仪器是便携式的，应用于分类厅、急救室、诊疗室、第二密闭区通道、病房等。

（2）测试时机

人员进住工事后，根据需要随机实施监测。

3. 放射性监测

一般应采用便携式核素识别仪，战时应根据情况随机监测。

4. 其他

详见《人民防空工程防化器材编配标准》RFJ 014—2010。但是本标准有些变化，应等待新标准颁布。

6.4　2020 年新型冠状病毒感染的肺炎疫情对人防工程设计的启示

6.4.1　这次新型冠状病毒感染肺炎疫情传染的途径

（1）通过患者咳嗽、打喷嚏和对话呼出空气中的飞沫悬浮在空气中，被对方或路过者吸入造成的感染，属于气溶胶直接传播感染。

（2）患者的各种分泌物和排泄物留在物体表面上，有人接触后被感染属于接触传染。

2003 年抗击 SARS 之后，我国相继出台了一系列传染病医院建设规范和标准：《医院隔离技术规范》WS/T 311—2009、《传染病医院建筑设计规范》GB 50849—2014、《传染病医院建设标准》建标 173—2016 等。

传染病医院对通风空调专业要求：医院内清洁区、半污染区、污染区的送排风系统应按区域独立设置；机械送、排风系统应使医院内空气压力从清洁区至半污染区至污染区依次降低，形成压力梯度；清洁区每个房间的送风量要大于排放量 $150m^3/h$；污染区每个房间的排风量要大于送风量 $150m^3/h$ 等。

6.4.2　传染病医院隔离病房的气流组织

美国《疾病预防控制措施中预防结核分枝杆菌传播的指南》（以下简称《CDC 指南》）建议的气流组织形式见图 6-16，该图基本上是指单人病房。

（1）单人病房

（2）多人病房的气流组织

多人病房要保证医护人员的安全，患者呼出的浊气应从床头的排风口及时排除，参见图 6-17。

6.4.3　对人防建设的启示

（1）过去人防对于战伤和化学毒剂中毒的救治考虑较多，对于传染性生物战剂受染人员的隔离和施救考虑较少，这次新型冠状病毒感染肺炎疫情传染、救治、新

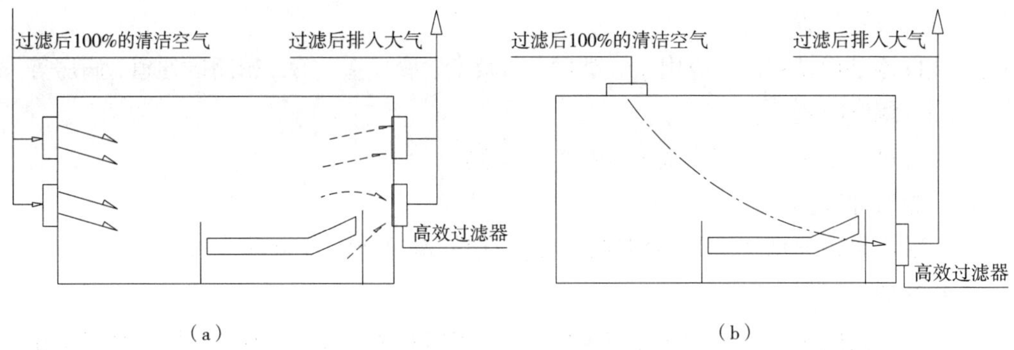

图 6-16 《CDC 指南》建议气流组织形式
(a)水平层流式;(b)上侧送病人呼吸区下侧排

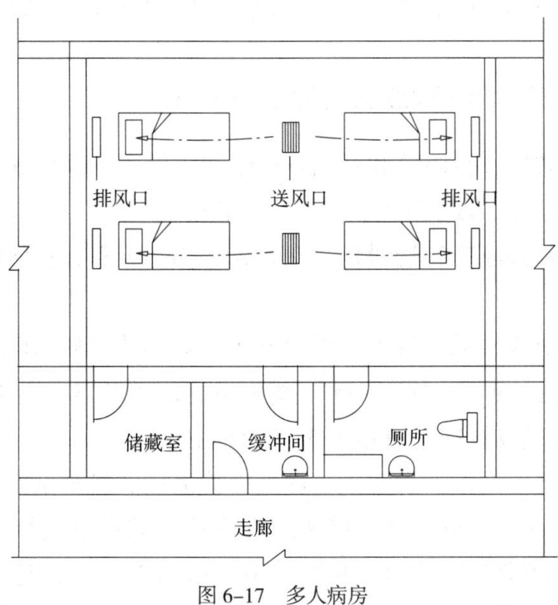

图 6-17　多人病房

建医院和改建临时性方舱医院的一系列迅速、果断措施，带来很大启示：传染疫情的伤害和传播比战伤和毒剂更可怕，人员掩蔽工程应有相应的应急措施。解决战时在掩蔽人员中出现传染病人的问题。

(2)从整体来看，人防工程建在人员密集而且流动人口较多的商住区、写字楼和商业广场的下方时，不适宜作为传染性的临时医院。但是，战时一旦发现传染性患者，应有临时隔离措施：

①人防医疗救护工程的第一密闭区应预设传染病隔离病房，病房应采用负压排风措施；应设置独立的卫生间，参见图 6-18；

②平时汽车库战时为人员掩蔽部的工程，宜在靠战时排风机房附近设置临时隔离病房，以便临时安置患者；病房应采用负压排风，并设置独立的卫生间。

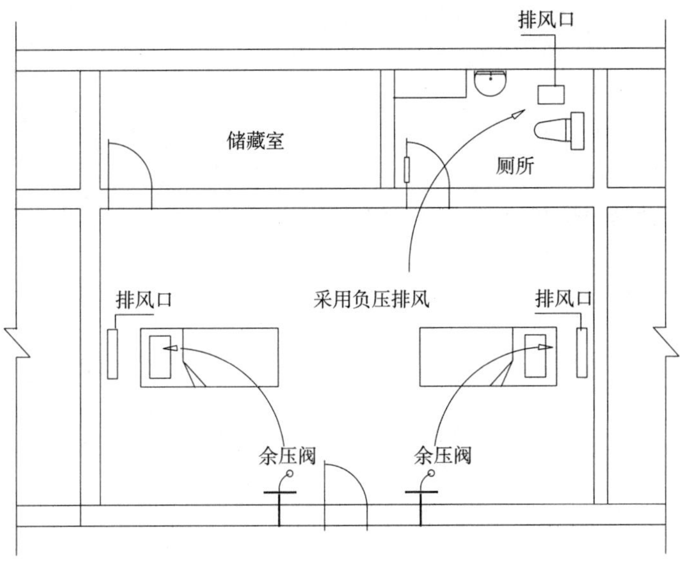

图 6-18　战时预设隔离病房

本章参考文献

[1] 国家人民防空办公室 . 人民防空医疗救护工程设计标准：RFJ 005—2011[S]. 2011.

[2] 李刻铭，郭春信，马吉民 . 人防医疗救护工程第一密闭区通风和防化设计问题探讨 [J]. 防护工程，2013，5：63-65.

[3] 刘悦耕，朱忠吉，陈志龙 . 防护工程建筑学 [M]. 北京：军事科学出版社，1993.

第 7 章

人防物资库的通风与防化监测设计

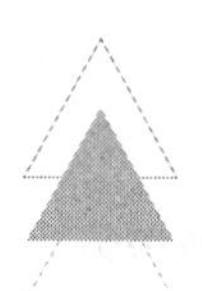

人防物资库是综合物资库和燃油库的总称。综合物资库是为存储粮食、食油、食盐、糖、方便食品、矿烛、衣被、日用品、医药用品等物资的仓库；燃油库是为存储人民防空专业队和人防工程内部各种机具车辆以及各种动力设备使用的汽油、煤油、机油等油料的仓库[1]。这清晰地说明了人防物资库的功能和性质。

由于各类物品的性质不同，因而对其存贮环境及参数要求以及战时防护要求也不同，本章将重点阐述综合物资库中相关物资的特性、对存贮环境的要求以及设计标准和相应的技术措施。

油料与上述物资在性质上差别很大，对存贮环境要求也不同，所以燃油库的设计已有相应的规范和文献可以查阅。对于油料的存储与调配地方政府有统一安排，人防不宜另建库房，故本章不再阐述。

7.1 综合物资的特性及对存贮环境的要求

7.1.1 粮库（含食油、食品）

粮食贮存的基本要求是使粮食在贮存期间保持新鲜，防止霉变、发芽、生虫和鼠害等的发生。成熟的粮食颗粒在存贮期间内部不断进行新陈代谢，一般将其称之为呼吸作用。粮食呼吸时营养物质被氧化，分解成二氧化碳，同时放出热量，使粮食的质量下降。粮食呼吸作用与存储环境的温湿度直接相关。

1. 空气湿度对粮油食品的影响

空气中的水分很容易被粮食和食品吸收而增加其含水率。粮食的呼吸作用随着含水率的增加而加强，例如，大麦的含水率为 10%~12% 时，呼吸作用很微弱，若含水率增加到 14%~15%，则呼吸作用将增加 2~3 倍。粮食的颗粒对水的吸附作用很强，因此粮库和食品库一定要控制库内空气的湿度。

2. 空气温度对粮油食品的影响

粮食的呼吸作用是随温度的提高而加强的，所以要控制库内的温度。例如小麦含水率为 14%~15%，在 15℃时呼吸较微弱，到 25℃时呼吸强度将增加 16 倍。另外虫害和霉菌在 15℃以下繁殖巨减，10℃完全停止繁殖。温度高、湿度大也会引起其他食品和食用油霉菌的迅速繁殖和变质。

3. 建议

（1）粮、油、食品库长时间存储，库内空气设计温度为 10℃，最高不超过 15℃。相对湿度为 70% 以下，取 50%~60% 为宜。内循环换气次数一般为 4~6 次 /h。夏季有粮油出入库后，应立刻开启空调系统，库内湿度达到上述要求后方可停机。过渡季当室外气温≤ 15℃、相对湿度≤ 70% 时，可以全新风。控制库内温湿度是重点。

（2）方便食品库（存储 3~6 个月为宜），因本身有防潮的外包装，库内夏季温度可为 22~28℃，相对湿度≤ 70%；过渡季和冬季含湿量室外 d_w <室内 d_n 时，可以全新风。结合大型超市建设的人防食品供应站，其换气次数宜按 6~8 次 /h 设计。考虑人防食品库结合大型超市设置时，进出货较频繁，换气次数可以取上限；人防单独设置的专用方便食品库换气次数可取 4~6 次 /h。重点是要控制好温、湿度，就可以长时间保存。

（3）库内应设温湿度监控系统，以便管理和系统运行。粮食是政府的战备储存物资，有地面囤库，也有山体洞库，一般不属于人防。人防储备的食品为应急性的方便食品，应与民政救灾库及城市大型超市相结合，以便平时周转和战时应急。江苏省出台了《人民防空食品储备供应站设计规范》DB32/T 3399—2018 地方标准，可供参考。

7.1.2　衣被和日用品库

衣被和日用品仓库主要危害是潮湿，人防工程潮湿的主要湿源是室外热湿空气进入室内遇到冷的墙面产生的凝结水、围护结构的输散和渗漏水以及人员和人为散湿等，而衣服、被装及日用品等有较强的吸湿性，在高温和高湿的条件下，将促进霉菌的滋生，使物资变质和腐烂。所以控制好这类库房的温度和湿度是设计和管理的要点。

（1）库内的温度要求：库内设计温度不超过 30℃。

（2）库内的湿度 ϕ 要求：相对湿度 $\phi \leq 70\%$，一般应控制在 65% 以下。围护结构的平均散湿量：贴壁被覆宜按 1.0g/（h · m^2）计算；离壁被覆宜按 0.5g/（h · m^2）计算。仓库中要设温湿度监控设备以及调温除湿通风系统。

（3）其他要求：货物要与墙面、地板和顶板保持一定距离，以防受潮，一般以≥ 30cm 为宜。

（4）通风要求：通风气流组织要均匀，保证地板、墙面、墙角无积湿，内循环通风换气次数 4~6 次 /h 为宜。夏季可间歇通风空调；过渡季和冬季室外气温在 20℃以下，空气相对湿度 $\phi \leq 65\%$，可以全新风。保持室内干燥是重点。

7.1.3　人防医药用品库

医药用品是医疗预防、战伤救治工作中使用的药品、器械、设备材料的总称，是重要的战备物资。药品经营质量管理规范要求：储存药品应当按照要求采取避光、遮光、通风、防潮、防虫、防鼠等措施。因此医药用品对库内空气参数要求较高，控制库内温湿度是保证药品质量的基本条件，这是中、西两类药品的性质决定的。

1. 西药

药品按其对环境要求不同分为以下几种：①遇光易变质的药品；②易吸湿、潮解的药品；③遇低温易变质和破损的药品；④遇高温易失效的药品；⑤易虫蛀霉变的药品；⑥有有效期的药品等。

（1）温度要求

这些药品对贮藏环境的要求各不相同。中国药典规定：常温库是指0~30℃，凉爽库是指0~20℃，冷藏库温度是2~10℃。特殊药品按产品说明书要求设置。贮藏温度对生物药品质量的影响很明显。抗毒素类生物药品贮藏温度不同，药效降低的程度也不同。实验证明：某些药品在0℃时，贮存5年药效基本无变化；贮存温度提高到5℃时，其药效每年降低5%；贮存温度提高到15℃时，则每年降低15%；将贮存温度提高到37℃时，每年降低25%~30%。各种生物药品的性质不同，对贮存环境温度的敏感程度也不同。

（2）湿度要求

常温库和凉爽库相对湿度为ϕ=40%~80%，一般应控制在ϕ=40%~70%的范围内，因为$\phi \geqslant 75\%$是霉菌宜于滋生的湿度。

（3）医药库房的建议温、湿度设计参数

①常温库：$t_n \leqslant 25$℃，短时间可波动到28℃；$40\% \leqslant \phi \leqslant 70\%$；空调设计参数可取$t_n$=23℃、$\phi$=60%。

②凉爽库：$t_n \leqslant 18$℃，最高不得超过20℃；$40\% \leqslant \phi \leqslant 70\%$；空调设计参数可取$t_n$=15℃、$\phi$=60%。

③冷藏库：这部分药品数量少，各自要求环境的温度不同，宜设在医疗救护工程的冷藏库内，一般温度应控制在2~10℃。

④器材库：可以是自然温度，相对湿度$\phi \leqslant 70\%$。附带药物的器械应存放在相应的药品库中。

2. 中药材

中草药材本身大都含有淀粉、糖类、蛋白质、脂肪油、纤维素等，如果贮存条件不当，很容易发生霉烂、虫蛀、走油和变色，导致药材变质而失去药用价值。上述问题与贮存环境的温度、湿度及药材的含水率直接相关。

（1）温度的影响

①霉菌：生长最适宜的温度为20~35℃，10℃以下延缓发育，0℃就停止发育。

②害虫：一般在18~32℃的条件下最适宜害虫繁殖，多数害虫在15℃以下都不适应，在0℃以下会体液冻结而死亡。

（2）湿度的影响

霉菌：相对湿度在 ϕ=80%~95% 的空气环境中，最适宜霉菌的生长。如果库内湿度过高，即使原本干燥的药材也因不断吸收空气中的水分而致霉菌超标，而 $\phi \leqslant 70\%$ 就不易生霉菌。

中药库房的温、湿度标准宜按凉爽库的参数设计：$t_n \leqslant 18$℃，最高不得超过 20℃；$40\% \leqslant \phi \leqslant 70\%$；夏季空调设计参数可取 t_n=15℃、ϕ=60%。

3. 人防医药用品库的设计

人防医药用品应结合大型医院、医药公司等平时流转量大的单位设置，以利于平时周转和战时应急。医药用品库是战时应急供应基地，可根据医药用品性质划分为药品库、器材库、中药库、危险品库。必要时可专设冷藏库，同时对大型药品库还应设药检，以便对药品质量检查监督和管理。

设在医院的药品供应站，因每天有药剂师配发药品，与储备库不同，其换气次数宜为 4~6 次 /h。江苏省出台了《人民防空药品储备供应站设计规范》DB32/T 3434—2018 地方标准，可供参考。

7.2 物资库的设计标准

根据综合物资上述特点，这类物资库战时应为食品和药品以及被服供应站，有人员管理，也有应急人员出入。需要在室外空气染毒情况下，有出入人员进行全身洗消、滤毒通风换气及工程超压防毒等措施。

7.2.1 防化标准

1. 食品供应站、药品供应站和衣被供应站等

①防化等级：乙级；

②防化报警：设毒剂报警；

③洗消和化验及监测要求见表 7–1；

④工程化验和监测对象见表 7–2。

工程洗消、化验和监测要求　表 7–1

防化级别	人员洗消	工程口部洗消	化验	监测
乙	全身	有	有	有

化验和监测对象　表 7–2

化学毒剂	空气质量	滤毒通风系统工作状况
化学毒剂种类和浓度	CO、CO_2、O_2 浓度和温湿度	除尘器和过滤吸收器阻力、过滤吸收器尾气毒剂浓度，工程超压和超压排风量

2. 无空调要求的战备物资库

①防化等级：丁级；

②隔绝式防护指标：隔绝时间≥ 2h，隔绝时间是对口部密闭能力的要求。

7.2.2 通风量标准

1. 食品供应站、药品供应站和衣被供应站

（1）滤毒式新风量

由于库内管理人员和应急出入人员数量有限，滤毒式新风量还应同时满足脱衣间前一防毒通道换气次数 $K \geqslant 50$ 次 /h 的要求，所需风量应从以下 L_R 和 L_H 两者中取大值。

①人员所需滤毒新风量 L_R

$$L_R=q \cdot n\ (m^3/h)$$

式中 L_R——按人员数量计算的新风量（m^3/h）；

q——滤毒式新风量标准，5~7m^3/（人·h）[2]；

n——工程中掩蔽人数，暂按 $n=15$~20[3]。

②保证防毒通道换气次数所需风量 L_H

$$L_H=L_K+L_0\ (m^3/h)$$

式中 L_K——防毒通道的换气量（m^3/h），$L_K \geqslant KW$；

K——脱衣间前一防毒通道的换气次数，取 50 次 /h；

W——脱衣间前一防毒通道的体积（m^3），一般在满足使用功能的条件下，建筑设计时体积应尽量小；

L_0——保证防毒通道换气次数的附加安全量（m^3）。

乙级和丙级防化工程按：$L_0=V_a \times \beta$

式中 V_a——清洁区有效容积（m^3）；

β——安全系数，取 4%。

（2）清洁式新风量

应按人防食品、药品、衣被供应站室内人员战时新风量标准 30m^3/（人·h）。由于库内管理人员数量有限，清洁式进风量应不低于滤毒式新风量。

（3）送风换气次数

综合物资库根据存放物资对潮湿的敏感和危害程度以及湿源的特点和湿度的变化规律，空调系统多采用间歇运行。尤其是进出货之后，由于热湿空气进入工事，室内空气湿度上升很快，空调除湿系统需要运行（内循环）较长时间。进出货之后应迅速降低库内的温湿度，参数稳定后，改为间歇性内循环。物资库推荐送风换气次数见表 7-3。换气次数的计算高度按 3m 计，因为有的库房较高，计算换气量过大，空调负荷也偏大。

物资库换气次数　表 7-3

物资库名称		换气次数（次 /h）
粮、油、食品库		4~6
衣被和日用品库		3~5（参考值）
医药用品库	中药库	4~6
	西药库	4~6
	器材库	3~4（应直接利用平时通风系统）

注：食品库与超市合作时，换气次数宜取上限。

2. 无空调要求的战备物资库

现行规范是 1~2 次 /h 换气，另设通风机。目前这类工程平时多为汽车库或自行车库，换气次数为 4~6 次 /h，到战时要求改换成小风机。在存储对象不明确的情况下，这显然严重脱离实际。对于不需要空调的普通战备物资库，应强调利用平时系统进行战时清洁式通风，不另设小风机和除尘器。

7.3　空调系统设计

7.3.1　空调方式与气流组织

1. 食品供应站、药品供应站和衣被供应站

（1）空调方式应因地而异。

①对于食品：是指战备的方便食品，应与大型超市相结合，采用集中空调，夏季设计温度宜为 22~28℃；负荷计算取 25℃；冬季应≥ 5℃；相对湿度 30% ≤ ϕ ≤ 70%；与大型超市相结合时换气次数 K=6~8 次 /h。

②对于衣被：宜采用集中空调。夏季温度≤ 30℃；夏季相对湿度 ϕ ≤ 70%；换气次数 K=3~5 次 /h，该换气次数是考虑整个库房在进出货后能较快地降低库房温湿度。此类库房目前重点是控制湿度，用除湿机较多。

③对于医药：在一个工程内设有多种药品的库房，且有不同空气参数要求时，可以采用集中与局部空调相结合的方法。北方地温低，地下水温也低，要利用好自然条件。空调方式应因地制宜，也应因工程性质要求不同而不同，灵活掌握，但是温湿度必须保证。目前药品周转库属于常温库，多控制在 20℃以下，并在其中另设低温库；低温库另设专用冷风机，常温库应以集中空调为主。换气次数 K=4~6 次 /h。

（2）气流组织

这类库房的湿源除新风带湿和人员散湿、人为散湿，以及食品、药品散湿外，就是墙面、地面和顶盖散湿。因此，货架与地面、顶盖和墙面要有一定的距离，距地面＞ 100mm，距墙面≥ 300mm。系统布置和气流组织要合理，送回风口要均匀布置以便有效控制湿源，保证库区各处气流通畅，不留通风死角，保证地板、墙面、墙角无积湿。

（3）库房内要设温湿度监测系统，值班人员要及时监测室内温湿度的变化状况，以便及时有效应对。

（4）空调室外机一般不要求特殊防毒措施。

2. 无空调要求的战备物资库

利用本工程平时进、排风系统进行战时清洁通风，不另设战时通风系统。因为这类工程平时是汽车库，换气次数 4~6 次 /h，战时用来进行清洁式通风，非常理想。

7.3.2 设计案例

某市人防预计结合新建大型食品超市建设一人防食品供应站。

（1）工程概况

某大型超市建在地面，食品仓库建在地下，战时为人防食品供应站，建筑面积 $2000m^2$ 左右，库区有效面积 $1600m^2$，设计层高 4.5m，换气次数计算层高 3m。计算余热 26kW，余湿 7.7kg/h，按换气次数 5 次 /h 计算，送风量 $L=24000m^3/h$。为了减少篇幅省略计算书，主要说明通风空调和防化监测系统的布置方案。

本工程室内设计参数为：夏季室内设计温度 $t_n \leqslant 25$℃，相对湿度 $\phi \leqslant 65\%$；冬季库内为 $t_n \geqslant 10$℃，相对湿度 $\phi \geqslant 40\%$。另外在两口部各备有 1 台除湿量 5kg/h 的移动除湿机，防止夏季口部潮湿。

同时，设有完善的战时进、排风系统，可以实现隔绝式防护和清洁式、隔绝式和滤毒式三种通风方式的转换。防化等级为乙级，该工程的平面布置见图 7–1。

（2）设计要点

①滤毒式通风量计算：仓库管理人员少，约 15 人，但战时出入人员较多，防

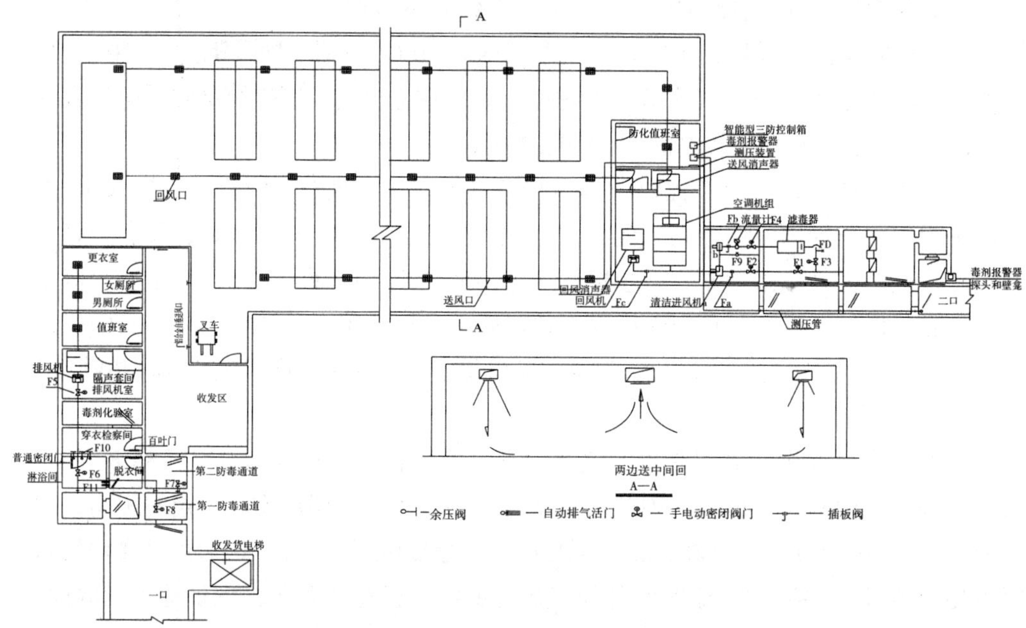

图 7–1　某人防食品供应站平剖面图

毒通道体积较大，门洞较宽，防毒通道尺寸：3m × 3m × 3m=27m^3。按防毒通道换气次数 $K \geqslant 50$ 次 /h 计算滤毒式进风量 L_1=1350m^3/h；保证换气次数的安全附加量 4%V=1600 × 4.5 × 0.04=288m^3/h，所以保证防毒通道换气所需风量 L=1638m^3/h。按人员滤毒式进风标准 5~7m^3/（人・h），取上限计算滤毒式进风量 L_2=7 × 15=105m^3/h，结果比较取大值：L=1638m^3/h。选用 2 台 RFP–1000 型过滤吸收器。

②清洁式通风量计算：a. 按清洁式进风标准 30m^3/（人・h），计算 L_1=30m^3/（人・h）× 15=450m^3/h；b. 按新风量不小于滤毒式进风量，取 L_2=2000m^3/h；c. 过渡季全新风计算 L_3=25000m^3/h（本工程进排风系统防爆波活门为 HK400（5），平时门洞最大通风量为 25000m^3/h，参见表 3–2）。因此，本工程滤毒风机和清洁式风机合用一台离心式风机，过渡季可以单独设一台进风机。

③对于这种中等仓库，洗消人数暂按江苏省《人民防空药品储备供应站设计规范》DB32/T 3434—2018 工作人员总数的 20% 计算。

温湿度监测和自控是不可忽视的重点。这类工程冷负荷和湿负荷较小，但是送风量较大，应按送风换气次数选择空调器。机组的制冷能力和除湿能力虽然大一些，但可以采用空调和通风两种工况间歇运行。

该案例是参考某地面大型超市的存储区和收货区的形式设计的，仅供参考。

（3）防化报警及监测系统设计

根据《人民防空工程防化设计规范》RFJ 013—2010 要求，乙级防化的人防工程应设有毒剂报警系统，并通过智能型三防控制箱来控制隔绝式防护和三种通风方式的转换；毒剂报警时，能同时发出声光报警信号，首先将工程转入隔绝式防护。

防化报警与通风系统原理和战时通风方式程序转换及防化信息控制，第 4 章和第 5 章已有详述和工程实例，此处不再赘述。

7.4　其他战备物资库

其他战备物资库主要是指抢险抢修所用材料、装备、工具等战备物资。战时短期贮存，物资本身对环境的温、湿度要求不高，所以利用平时通风系统进行清洁式通风和隔绝式防护。

7.4.1　防护标准与通风要求

（1）防化等级：丁级。战时要求能实现隔绝式防护和清洁式通风。

（2）通风要求：清洁式通风。

①通风量标准：按 K=1~2 次 /h（应采用平时通风系统，换气次数 4~6 次 /h）；

②温湿度要求：一般为自然温湿度，少数有湿度要求的可加设移动式除湿机。

7.4.2　通风系统设计

所有战备物资库都需要人防部门统一规划。工程设计委托书中应明确存贮物资的类别、工艺要求等，但目前几乎没有见到有明确工艺要求的物资库，这为工程设计带来了很大困难。现行物资库设计标准也十分含糊，不管存储什么物资一律是丁级防化，换气次数 =1~2 次 /h，严重脱离实际。

对于无空调要求的一般战备物资库，应利用平时汽车库的进、排风系统为其进行战时清洁式通风，不要求另设小风机和除尘设备。其进、排风系统如图 7–2 所示。防护密闭门和密闭门之间的密闭通道是最好的防护措施，一般不另设消波系统，那样会造成很大浪费，脱离工程实际。两道门 m1 和 m2 应分设在两道门框墙上，不可设成一框两门。

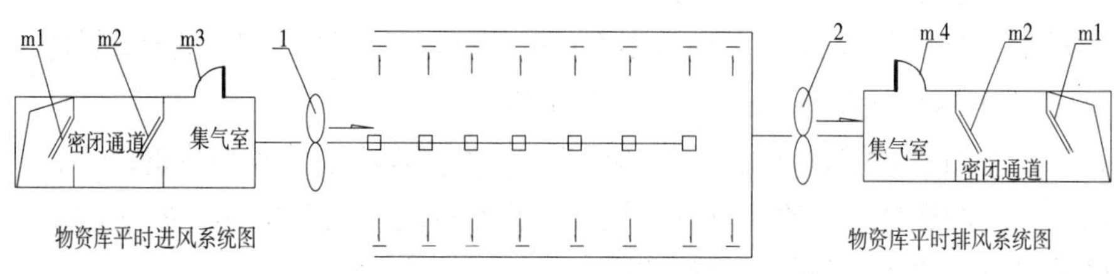

通风方式	门 开	门 关	开风机	关风机
清洁式通风	m1、m2	m3、m4	1、2	
隔绝式防护		m1、m2、m3、m4		1、2
隔绝式通风	m4（m3）	m1、m2	2（1）	1（2）

图 7–2　利用平时通风系统进行战时通风

图 7–2 的操作顺序表中，隔绝式通风时，开风机 2（或 1）和管理门 m4（或 m3）：

（1）开排风机 2 和管理门 m4，因为排风系统的风量大，换气次数多，通风效果好，但是排风机的功率大；

（2）不开进风机 1 和管理门 m3，因为进风系统的风量小，一般为排风量的 50% 或稍大，换气次数少，所以通风效果差，但是进风机的功率小，对于战时工程供电影响也小；

（3）这一类物资库战时不要求隔绝式通风，一旦有需要时可以按上述方法运行。

本章参考文献

[1]　国家人民防空办公室 . 人民防空物资库工程设计标准：RFJ 2—2004[S]. 2004.

[2]　国家人民防空办公室 . 人民防空工程防化设计规范：RFJ 013—2010[S]. 2010.

[3]　江苏省质量技术监督局 . 人民防空食品药品储备供应站设计规范：DB32/T 3399—2018[S]. 2018.

第 8 章
柴油发电站机房的通风与降温设计

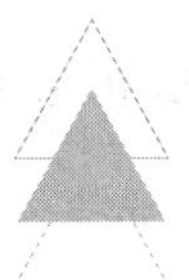

柴油发电站（以下简称电站）作为战时备用电源，已成为人防工程不可缺少的组成部分。目的是当市电检修、故障或战时遭到破坏时启动内部电源，保证工程用电设备能连续正常运行。电站内适宜的空气环境是确保机组正常运行的前提，因此电站机房的通风与降温问题是电站设计的重要内容之一。

8.1　柴油机体的冷却方式和柴油发电机组的技术参数

8.1.1　柴油机体的冷却方式

柴油机的散热与气缸本身的冷却方式有关，人防工程柴油发电机组普遍采用的是闭式水冷机组。将柴油机气缸和机油冷却器散发的热量由周围冷却水套的水通过管道送入机头风冷换热器，与流过的空气进行热交换后回到水套，再吸收热量后重复以上循环，水套内的冷却水与机头换热器通过管道和水泵连成一个闭合的循环系统，依靠换热器散热，采用这种冷却方式的机组称之为闭式水冷机组，其原理见图 8-1。防化乙级以下的人防工程一般选择这种闭式水冷机组，它系统简单，使用和管理方便。它向室内散热有四部分：柴油机体的散热 Q_1、发电机体的散热 Q_2、排烟管（室内部分）的散热 Q_3、机头换热器中热水传给空气的热量 Q_L 以及烟气排到室外的热量 Q_Y。

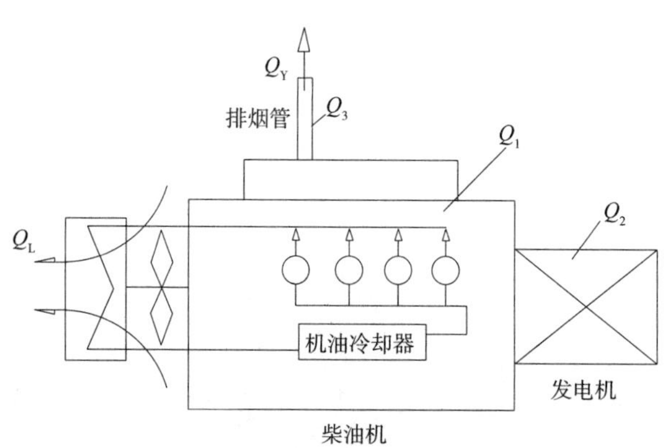

图 8-1　闭式水冷机组散热量分布图

8.1.2　柴油发电机组的技术参数

柴油发电机组的品牌较多，对于同一输出功率，不同品牌机组的参数和外形尺寸相差不多，通风计算参数可以通用。现以某品牌系列柴油发电机组为例，其外形尺寸如图 8-2 所示。柴油机主要技术参数见表 8-1，柴油发电机组散热和外形尺寸等技术参数见表 8-2。

某品牌柴油机主要技术参数　　表 8-1

柴油机型号	输出最大功率（kW）	发电机功率（kW）	汽缸数量	缸径（mm）	行程（mm）	容积（L）	换热器排风量 L_h（m^3/h）	燃烧空气量 L_R（m^3/h）	排烟量 L_y（m^3/h）	排烟温度（℃）	机油总容量（L）	冷却水总容量（L）
TD520GE	70	68	4	108	130	4.76	7200	285	924	610	13	17.5
TAD520GE	90	80	4	108	130	4.76	9000	285	972	520	13	19.5
TD720GE	128	104	6	108	130	7.15	9000	486	1338	560	20	22.0
TAD720GE	153	120	6	108	130	7.15	12600	600	1602	476	20	23.8
TAD721GE	166	140	6	108	130	7.15	14000	666	1866	540	34	32.0
TAD722GE	183	160	6	108	130	7.15	14000	762	2232	557	34	32.0
TAD740GE	247	200	6	107	135	7.28	20000	936	2508	540	29	36.9
TAD941GE	308	260	6	120	138	9.36	25000	1176	3150	539	35	41.0
TAD1241GE	363	300	6	131	150	12.13	27000	1410	3780	505	50	44.0
TAD1242GE	387	320	6	131	150	12.13	27000	1620	4110	525	66	44.0
TAD1640GE	431	360	6	144	165	16.12	29800	2172	4488	452	48	93.0
TAD1641GE	473	400	6	144	165	16.12	29800	2280	5520	455	48	93.0
TAD1642GE	536	450	6	144	165	16.12	29800	2436	6042	494	48	93.0

某品牌系列柴油发电机组散热和外形尺寸等技术参数　　表 8-2

发电机组型号	柴油机型号	功率输出 50Hz		1	2	3	4	外形尺寸			净重（kg）	排烟管直径 D（mm）
		kVA	kW	Q_Y（kW）	Q_L（kW）	Q_1（kW）	Q_2（kW）	L	W	H		
SV68	TD520GE	85	68	60	56	9	7.92	2180	730	1300	1100	89
SV80	TAD520GE	100	80	79	69	8	8.01	2200	740	1300	1200	89
SV104	TD720GE	130	104	104	83	10	13.43	2480	750	1400	1300	89
SV120	TAD720GE	150	120	197	84	10	13.59	2510	870	1400	1420	89
SV140	TAD721GE	175	140	138	87	10	13.76	2550	880	1400	1400	108
SV160	TAD722GE	200	160	152	88	15	15.62	2550	880	1400	1450	108
SV200	TAD740GE	250	200	208	110	15	16.48	2900	1000	1600	2100	108
SV260	TAD941GE	325	260	198	120	18	18.53	3100	1000	1600	2400	168

续表

发电机组型号	柴油机型号	功率输出 50Hz		1	2	3	4	外形尺寸			净重（kg）	排烟管直径 D（mm）
		kVA	kW	Q_Y（kW）	Q_L（kW）	Q_1（kW）	Q_2（kW）	L	W	H		
SV300	TAD1241GE	375	300	235	138	19	18.71	3200	1200	1600	2960	168
SV320	TAD1242GE	400	320	285	148	20	27.36	3260	1200	1600	2980	168
SV360	TAD1640GE	450	360	308	179	22	25.43	3500	1130	1850	3400	
SV400	TAD1641GE	500	400	354	202	24	25.16	3500	1130	1850	3500	
SV450	TAD1642GE	562	450	388	209	28	30.00	3500	1130	1850	3600	

（1）表 8–1 中，要重点熟悉柴油机各型号对应换热器中的排风量 L_h、燃烧空气量 L_R 和排烟量 L_Y。机房的进、排风量和排烟量算出后，要告知建筑专业，以便选择进、排风和排烟防爆波活门的型号。

（2）表 8–2 中，要注意以下几点：① 机头换热器法兰尺寸见参考图 8–2 和本表中 W（法兰基本为正方形）；② 排烟支管是机组自带的，管径见表中 D，并附带一节不锈钢波纹管和一节消声器等配件。

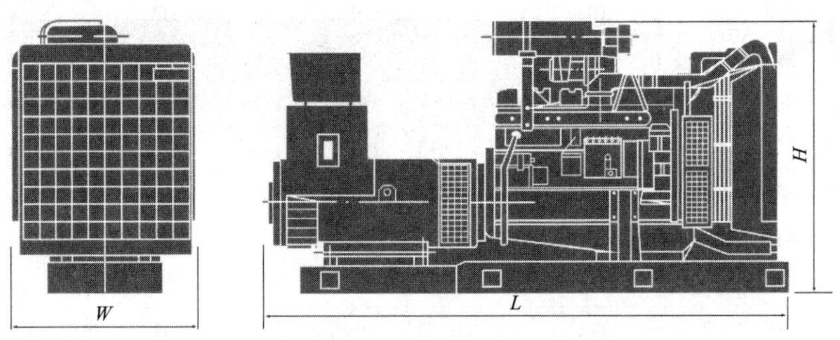

图 8–2　柴油机组外形尺寸图

8.2　电站机房换气量和余热量的计算

8.2.1　电站机房排除有害物所需换气量的计算

柴油机运转过程中，从机组和排烟管不严密部位不断地向室内泄漏烟气。烟气中的主要有害物是 CO、氮氧化物、SO_2 和丙烯醛等，其中 CO 和丙烯醛对人体危害较大。因而需要通过通风换气的方法将有害物排至工程外，使机房内有害物降到安全浓度以下。其容许浓度：CO 为 30mg/m^3，丙烯醛为 0.30mg/m^3。由实测可知，柴油电站内消除丙烯醛所需的通风量最大，其次为 CO。下面介绍电站机房排除有害物所需换气量。

（1）为消除有害物所需要的进风量 L_j：

$$L_j=q\times N\ (\mathrm{m^3/h}) \tag{8-1}$$

式中　N——柴油机的最大输出功率（kW），见表 8-1；

q——1kWh 所需新风量，20~27m^3/kWh。

（2）电站的排风量 L_P 应略大于进风量 L_j 减去机组的燃烧空气量 L_R，以便保持电站内有一定的负压，防止有害气体扩散到人员掩蔽区。

$$L_p \geqslant L_j - L_R \ (m^3/h) \tag{8-2}$$

早期工程就是按上述二式来计算电站机房进、排风量的，它仅从理论上计算排除有害物所需风量，而没有考虑送风口、排风口和有害物发生源的位置及排烟管的实际状况对排除效果的影响，所以早期电站机房内有害物浓度超标较普遍，人们不能在其中长时间停留多数是进、排风量偏小所致。这也是早期纯水冷电站不成功的原因之一，其他问题将在水冷电站一节中阐述。

电站进、排风量与机房的冷却方式有关，具体见以下各节。

8.2.2　电站机房余热量计算

1. 机组的散热量

以某品牌闭式水冷机组为例，通过图 8-1 来了解机组散热量的组成和特点。机组具体散热量见表 8-2 中序号 1、2、3、4 等四项，其中 Q_y 为排烟热损失，它的一部分从排烟管表面传至室内，设其为 Q_3，其余部分为 $\Delta Q=Q_y-Q_3$，从排烟管排至大气，所以 Q_3 是机房余热的一部分；Q_1 为柴油机体热表面向室内的辐射散热量；Q_2 为发电机向机房散发的热量；Q_L 是机头风 - 水换热器的换热量，这部分热量是闭式循环冷却水从柴油机气缸和油冷却器带来的热量，从表中可以看出 Q_L 比 $Q_3+Q_1+Q_2$ 大 2~3 倍。因此，换热器排除的热量 Q_L 是电站通风设计重要组成部分，对于 Q_L 处理得合理与否对机房通风设计的经济性、合理性影响很大。

2. 机房的余热 Q_u

机房的余热是由以下几部分组成的：机组散热，见图 8-1；灯具散热 Q_D 和围护结构传热 Q_W。一般灯具散热量 Q_D 较小；对长期使用的工程，围护结构和围岩中热套形成之后，向围岩的传热量也比较稳定，其值较小。经实际工程计算可知，Q_D 和 Q_W 两者差值不大，传热方向相反，相互抵消（这是为了简化计算的权宜之法，实际上南、北方地温差异很大，广州约 24.6℃，哈尔滨约 5.8℃，差异还是不小的，这对于北方的工程是有利的）。机房的余热 Q_U 主要是机组的散热，但是机房采用不同的冷却方式，其余热 Q_U 计算值相差是很大的。下面逐一予以说明。

（1）柴油发电机组的散热量 Q_S

根据图 8-1 和表 8-2 可知，机组和排烟管向机房的散热量 Q_S 应为：

$$Q_S=Q_L+\beta\ (Q_1+Q_2)+Q_3 \ (kW) \tag{8-3}$$

式中　Q_L——柴油机头换热器排风带出的热量（kW），见表 8-2 中的序号 2；

Q_1——柴油机体表面向室内辐射的热量（kW），见表 8-2 中的序号 3；

Q_2——发电机向室内散发的热量（kW），见表 8-2 中的序号 4；

Q_3——排烟管向室内的散热量（kW）；不同工程差异较大，应进行计算，因为排烟管在室内的长度不同，Q_3 的值也不同，应以计算为准；

β——海拔高度的修正系数，见表 8-5。

（2）柴油机排烟管室内部分散发出的热量 Q_3

$$Q_3=qL \text{（kW）} \tag{8-4}$$

式中 L——排烟管室内部分的计算长度（m）；

q——每米排烟管的散热量（kW/m）。

$$q=\frac{t_{\mathrm{T}}-t_{\mathrm{n}}}{\frac{1}{2\pi\lambda}\ln\frac{D}{d}+\frac{1}{\pi Da}} \text{（kW/m）} \tag{8-5}$$

式中 t_{T}——管道内的烟气温度（℃），参见表（8-1）；

t_{n}——机房内空气温度（℃），35~40℃，由设计者定；如果机房采用风冷时，建议黄河以南按 40℃计算，因为这一地域夏季室外通风计算干球温度较高；

λ——排烟管保温材料的导热系数 [kW/（m·℃）]，见表 8-3；

d——排烟管外径（m）；

D——保温层的外径（m）；

a——保温层的外表面向周围空气的放热系数，一般 a=0.008141kW/（m^2·℃）。

保温材料的导热系数 表 8-3

材料名称	容重（kg/m^3）	导热系数 λ [kW/（m·℃）]	安全使用温度（℃）
矿渣棉制品	130~250	0.00004~0.00007	800
岩棉	10~90	0.00003~0.000044	600 以下
石棉灰	245	0.00018	800

注：玻璃纤维制品的安全温度较低，一般不用，宜选上表安全使用温度高的材料。

（3）散热量 Q_{S} 组成分析

①柴油机排烟带出的热量 Q_{y}

排烟管保温措施直接影响到排烟管向机房的散热量 Q_3。保温层厚度一般不应小于 100mm。保温处理得当 Q_{y} 基本从排烟管排到了室外。

② Q_{L} 与 Q_1+Q_2 的关系

由表 8-2 比较可知机头换热器的散热量 Q_{L} 是 Q_1+Q_2 之和的 3 倍多。因此，只要处理好 Q_{L}，机房的降温容易解决。Q_{L} 是通过机头换热器中的热水传给流过的空气，这部分热量处理不好，Q_{L} 就会成为机房温度升高的主要因素，所以机房不管采取什么样的冷却方式，合理疏导机头换热器的热风是机房降温的关键。早期地下电站机房采用水冷降温不成功的根本原因就是对机头换热器的排热量 Q_L 处理不当。

③结论

不管是风冷、水冷，还是风冷与直接蒸发冷却相结合方案，都应将机头换热器的热风直接排到室外。

（4）机房的余热量 Q_U

对于将 Q_L 直接被排到室外的工程，机房余热 Q_U 为：

$$Q_U=\beta(Q_1+Q_2)+Q_3\ (\text{kW}) \tag{8-6}$$

8.2.3　其他品牌柴油机散热量和发电机散热量计算

某系列机组的柴油机散热量 Q_1 和发电机散热量 Q_2 以及机头换热器的散热量 Q_L 可以从表 8-2 中直接查得，是厂家提供的实测值。发电机组如没有给出实测数据，可参考此表或通过计算得到 Q_1 和 Q_2。

1. 柴油机散热量 Q_1

（1）某些系列柴油机的散热量 Q_1：

$$Q_1=V\rho q\eta_1\ (\text{kW}) \tag{8-7}$$

式中　V——柴油机每小时耗油量（L/h）；

ρ——1L 柴油的质量为 0.84~0.86kg，计算时 ρ=0.85kg/L；

q——柴油的发热值 10000kcal/kg，可换算成 11.6kW；

η_1——柴油机运行时机体向室内的散热系数（%），见表 8-4。

散热系数 η_1　　表 8-4

柴油机的额定功率 N（kW）	散热系数 η_1（%）
74~220	4.5~4
＞220	4~3.5

（2）某些系列柴油机的散热量 Q_1 应按下式：

$$Q_1=0.001NGq\eta_1\ (\text{kW}) \tag{8-8}$$

式中　N——柴油机输出功率（kW）；

G——耗油量（kg/kWh）；

q——柴油的发热值 10000kcal/kg，可换算成 11.6kW；

η_1——柴油机运行时，机体向室内的散热系数（%），见表 8-4。

2. 发电机向室内的散热量 Q_2

$$Q_2=P\left(\frac{1}{\eta_2}-1\right)\ (\text{kW}) \tag{8-9}$$

式中 P——发电机的额定功率（kW）；

η_2——发电机的效率（%），通常在 80%~94%。

8.2.4 海拔高度对散热量的影响

海拔高度增加，大气压力降低，空气密度降低，柴油发电机组的输出功率降低，所以机组向室内的散热量 Q_1+Q_2 也随之减少。修正后这两项之和用 Q_h 来表示：

$$Q_h=(Q_1+Q_2)\beta \text{ (kW)}$$

式中 β——海拔高度的修正系数，见表 8-5。

海拔高度的修正系数 β 表 8-5

大气压力（mmHg）	海拔高度（m）	气温（℃）		
		25	30	35
760	0	0.968	0.948	0.922
751	100	0.953	0.933	0.909
742	200	0.938	0.918	0.896
733	300	0.923	0.903	0.881
725	400	0.908	0.888	0.866
716	500	0.898	0.878	0.854
706	600	0.888	0.868	0.842
699	700	0.873	0.853	0.829
691	800	0.958	0.838	0.816
682	900	0.848	0.828	0.804
674	1000	0.838	0.818	0.792
654	1250	0.808	0.788	0.762
634	1500	0.778	0.758	0.732
615	1750	0.748	0.728	0.704
596	2000	0.718	0.698	0.076
561	2500	0.658	0.638	0.622
526	3000	0.608	0.592	0.572
493	3500	—	—	0.522
462	4000	—	—	0.472

8.3 电站机房的降温设计

柴油发电机组运行时，机组和排烟管向室内散发出的热量中除机头换热器的散热量 Q_L 单独处理外，剩余热量也会使机房内气温迅速升高。柴油机吸入燃烧空气温度过高将直接影响柴油发电机组的输出功率，当机组吸气温度为 20℃时，假如机组的输出功率是 100kW，随着吸气温度升高，机组的输出功率会明显降低，其变化规律见表 8-6。

机房温度对柴油发电机组输出功率的影响（P=760mm 水银柱，φ=50%）表 8-6

室内温度 t（℃）	20	30	40	50
机组功率 N（kW）	100	96	92	88

同时，电站内气温过高、湿度过大对工作人员的健康和设备的维护及运行都不利。因此，必须通过通风、降温和防潮等有效措施，保证电站内的温度 $t \leqslant 40$℃、相对湿度 $\varphi \leqslant 70\%$。通风设计时必须注意以下几点：

（1）电站机房应有合理的气流组织

机房进风应如图 8-3 和图 8-4 所示，把送风口设在工作区的上方，让整个工作区和机组周围都在新风的控制之下。对于风冷机房是不受 35℃的限制的，因为整个工作区和机组周围都在新风的控制之下，没有高温区，高温的气流仅在机头至排风道中，所以不管是否采用直接操作，排风温度都可以按 40℃计算，实践证明 40℃的排风集中在机头换热器处，参见图 8-3，该图是图 8-4 的剖面图。

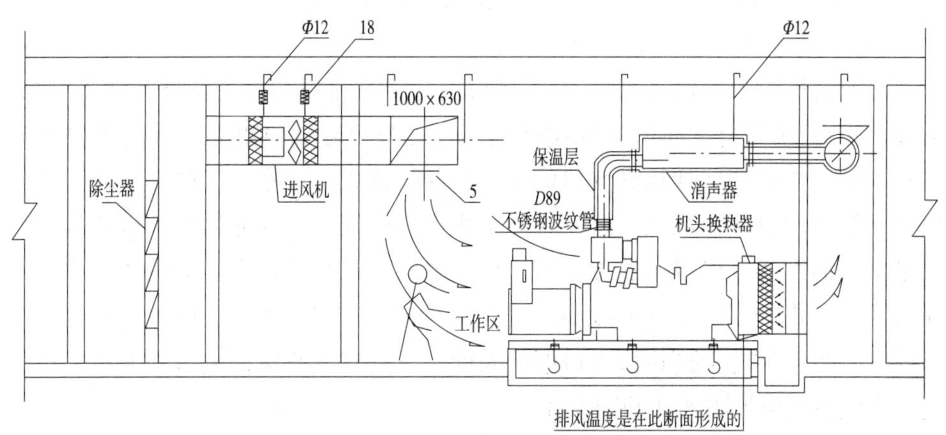

图 8-3　某电站通风系统剖面图

此外，因为在空气滤清器吸入口处的温度不能过高，所以在系统设计时，柴油机的燃烧空气管不能设在机房的顶部。这是水冷电站的弊端之一，风冷机房没有这个问题。

（2）电站机房无论采用哪种降温方式，都必须设置一套独立的进、排风系统，保证电站能有效地进行通风换气，使有害物降到允许浓度以下。

（3）机头换热器的散热量 Q_L 要单独处理。如图 8-3 和图 8-4 所示将 Q_L 这部分热量直接引入排风道，能有效地减少机房的空调负荷。

机房内的余热 Q_u 是使机房内空气温度过高的主要因素。机房降温的方法较多，目前工程中主要有以下三种：①风冷方式；②风冷与直接蒸发冷却相结合方式；③水冷方式。

8.3.1 风冷方式

依靠增加机房内通风换气量排除余热的方法称之为风冷。

风冷是以排除机房余热和其他有害物为目的来计算机房进风量 L_j。我国大部地区处在北温带，气温较低，地下电站适宜采用风冷。进风量有两种计算方法，比较后取大值。

（1）按消除机房余热计算进风量 L_{jy}

$$L_{jy}=\frac{Q_u}{C_p(t_n-t_w)\rho}\ (\mathrm{m^3/h}) \tag{8-10}$$

式中 Q_u——机房计算余热量（kW）；

t_n——机房内设计空气温度，35~40℃；南方应取 40℃，北方夏季室外通风计算干球温度较低，按 40℃计算风量可能偏小，此时应以机房和设备实际需要计算风量值为准；

t_w——夏季室外通风计算干球温度（℃），见附录 12；

C_p——空气的定压比热容，C_p=0.000279kW/（kg · ℃）；

ρ——空气的密度（kg/m^3），见附录 13。

应注意机房内空气设计温度 t_n。t_n 实际上是机房排风口处的温度，即排风温度，可取 40℃。实践证明，通风系统设计保证气流组织合理很重要。将送风口均匀地布置在人员工作区和柴油机吸气口的上方，并将排风口设在另一侧，将机头换热器的热风有组织地引入排风道，这样人员工作区和柴油机空气滤清器入口处的空气温度就是进风温度或接近进风温度。对于风冷电站，只要进行合理的气流组织，人员工作区和柴油机的燃烧空气温度一般是在进风温度控制之下，所以排风温度可以按 40℃设计，40℃是机头换热器入口处的温度，不是空气滤清器入口和人员工作区的温度，系统布置参见图 8-3 和图 8-4。

（2）按机房设备需要计算进风量 L_{js}

机房的进风量同时应满足机组运行所必须的风量：

$$L_{js}=L_h+L_r+5V_y\ (\mathrm{m^3/h}) \tag{8-11}$$

式中 L_h——机头换热器的排风量（m^3/h），见表 8-1；

L_r——柴油机的燃烧空气量（m^3/h），见表 8-1；

V_y——机房中储油间的体积（m^3）。

（3）风冷方式的进风量 L_{jf}

L_{jf} 应为式（8-1）L_j 和式（8-10）L_{jy} 及式（8-11）L_{js} 三者比较取大值，由于 L_j 计算结果远小于 L_{jy} 和 L_{js}，所以下文只说计算的进风量 L_{jy} 与 L_{js} 两者比较取大值。

由表 8–1 中的 L_h 和表 8–2 中的 Q_L 可知，这部分换热量很大，排风量也很大。因此不论哪种冷却方式，都应将这部分热量 Q_L 通过排风直接引入排风道，这样机房的余热量 Q_u 可以减少三分之二以上。可见风冷方案优点明显，其系统简单，室内空气条件好，工程初投资低，运行费用低。没有特殊要求均应采用这种方式。

下面举一个设计案例供参考。

南京市某工程设有一固定电站，内置两台 104kW 的柴油发电机组，同时运行。排烟管采用矿渣棉保温，其厚度为 100mm。电站机房采用风冷，机房排风设计温度 t_n 为 40℃。建筑平面及系统布置见附录 8。

南京海拔高度 H=12.5m。

（1）热负荷计算：

①柴油机散热量 Q_1：由表 8–2 中查得 Q_1=10kW。

②发电机散热量 Q_2：由表 8–2 中查得 Q_2=13.43kW。

③排烟管散热量 Q_3：

$$Q_3=q\cdot L\ (\mathrm{kW})$$

L=3.5m×2=7m（注：柴油机两排烟支管在室内的长度 L 各为 3.5m）

$$q=\frac{t_\mathrm{T}-t_\mathrm{n}}{\dfrac{1}{2\pi\lambda}\ln\dfrac{D}{d}+\dfrac{1}{\pi Da}}\quad(\mathrm{kW/m})$$

式中　t_T——排烟管内烟气温度，由表 8–1 查得 t_T=560℃；

t_n——取 40℃；

λ——由表 8–3 中查得，取平均值 0.00005kW/（m·℃）；

d——排烟管直径（只取排烟管在机房内部两段分支管，因为总管设在排风道内），查表 8–2 得 d=0.089m；

D=0.289m；

a=0.008141kW/（m^2·℃）；

计算可得：q=0.1338kW/m，Q_3=q×7=0.9366kW（两台）。

南京海拔高度 H=12.5m，由表 8–5 查得 β=0.922。风冷电站柴油机吸气位置的温度可按 35℃考虑，因此机房的余热 Q_u：

$$Q_u=\beta\,(Q_1+Q_2)\times 2+Q_3=0.992\times(10+13.43)\times 2+0.9366=43.2\mathrm{kW}$$

灯具散热与围护结构向围岩传热基本相等，为简化计算，这两项不再考虑。

（2）机房按消除余热所需进风量 L_{jy}

$$L_\mathrm{jy}=\frac{Q_\mathrm{u}}{C_\mathrm{p}(t_\mathrm{n}-t_\mathrm{w})\rho}$$

式中　C_p——0.000279kW/（kg·℃）；

t_n——取 40℃；

t_w——南京夏季通风计算温度为 32℃；

ρ——32℃时空气密度为 1.157kg/m^3；

代入计算可得：L_{jy}=16728m^3/h。

（3）按机房设备所需进风量 L_{js} 计算

从表 8-1 中查得两台机头换热器的排风量 L_h=9000×2=18000m^3/h；

机组燃烧空气量 L_r=486×2=972m^3/h；

储油间的长 × 宽 × 高 =8m×3m×4m，可得 V_Y=96m^3；

换气次数取 5 次 /h，可得 5V_Y=5×96=480m^3/h；

计算机房所需换气量：

$$L_{js}=L_h+L_R+5V_Y=18000+972+480=19452\text{m}^3/\text{h}$$

（4）机房的进、排风量计算

① L_{jy} 与 L_{js} 比较后，取大值，所以风冷机房的进风量 L_{jf}=19452m^3/h。

②机房的排风量应为进风量减去燃烧空气量 $L_p=L_{jf}-L_r$=19452−972=18480m^3/h。

（5）电站排烟管的设计

①排烟管应分为两段：总管和支管。

a. 总管：由设计人员根据机组的排烟量和管内的排烟经济流速计算后确定，经济流速一般取 12~15m/s，计算后取整数，参见附录 9；排烟管总阻力不允许大于 1000Pa。

b. 支管：是机组自带的，包括一段不锈钢波纹管、一节消声器和一个弯头，其管径见表 8-2，D=89mm。

从表 8-1 中查得每台的排烟量 L_Y=1338m^3/h；两台机组同时运行，排烟总管的排烟量 L_Y=2676m^3/h，取管内排烟速度 v=15m/s，由附录 9 得排烟管直径 D=250mm。

②排烟管的位置：本工程的排烟总管设在排风道内，尽量减少向室内散热。

（6）气流组织

气流组织合理与否对电站机房降温效果和机组的出力有直接影响。送风口应设在工作区的上方，风口应均匀布置，风口的风速宜控制在 3m/s 以下，保证工作区人员舒适和机组吸气口部在新风控制下。工程图例见附录 8。

8.3.2　风冷和直接蒸发冷却相结合方式

在风冷的基础上再利用一定量的水直接蒸发为机房空气降温的方法称之为风冷与直接蒸发冷却相结合方式。这种方式与风冷方式相比增加了水的直接蒸发冷却系统；与水冷方式相比，用水量小，所以比水冷方式经济，使用起来也比水冷方式灵活，可以根据一年四季室外空气温度的变化，启动不同的冷却方式，如过渡季和冬季室内外温差较大时，电站机房可以采用全风冷，夏季气温高时可以辅以直接蒸发冷却。这种方式用于炎热干燥、夏季通风计算干球温度高于 38℃的地区比较适宜。我国基本没有这样的环境，在南亚和中东炎热干燥地区的夏季适用，参见图 8-4。

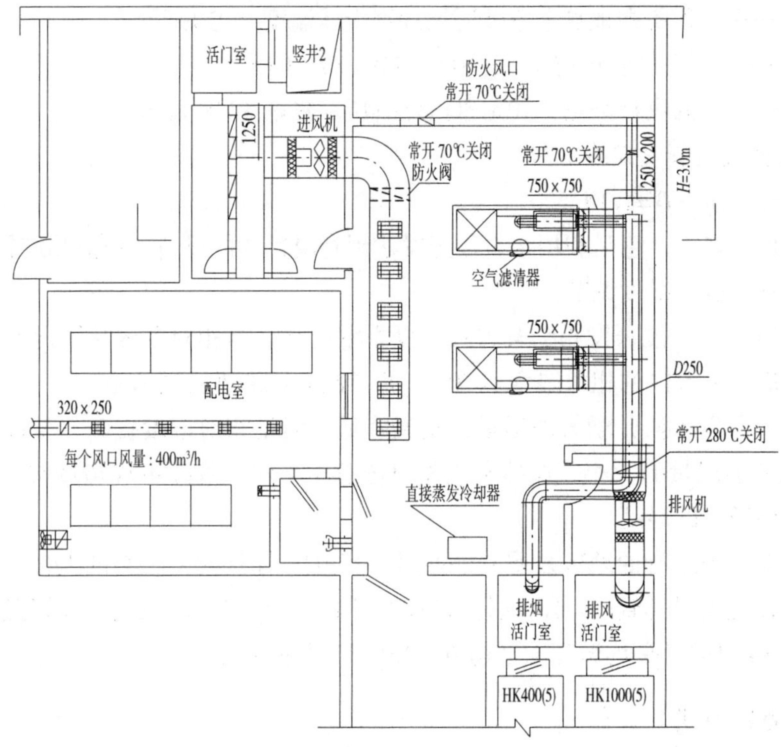

图 8-4　风冷与直接蒸发冷却相结合方式

（1）机房进风量计算

其进风量应首先满足机房设备所需风量 L_{js}（即机头换热器的排风量 L_h 和柴油机的燃烧空气量 L_r 以及油库换气量 KV_Y 三项之和）。

一般是因为室外通风计算温度太高，如 38℃以上，计算风量 L_{js} 比 L_{jy} 大太多而增设直接蒸发冷却设备的。但我国几乎没有这种情况，因此新设计的工程原则上都应采用风冷，个别高温城市可将排风温度提高到 40~45℃。对有特殊要求的工程或者早期工程改造，原设计进、排风系统管径有限，可以辅以蒸发冷却。

（2）机房排风量计算

机房排风量 L_p 应稍大于进风量 L_j 减去燃烧空气量 L_r，保证机房有一定负压，防止烟气向清洁区泄漏。

（3）直接蒸发用水量计算

① 最大蒸发用水量 W_z 可按下式计算：

$$W_z = \frac{Q_u - G(t_n - t_w)C_p}{0.69186} \text{（kg/h）} \tag{8-12}$$

式中　W_z——最大蒸发用水量（kg/h）；

Q_u——电站计算余热量（kW）；

G——电站进风量质量流量（kg/h）；

t_n——电站设计排风温度，一般取 40℃；

t_w——工程所在地夏季室外通风计算干球温度（℃）；

C_p——空气的定压比热，C_p=0.000279kW/（kg·℃）；

0.69186——水的汽化潜热，10℃水汽化时所需热量（kW/kg）。

② 选择直接蒸发式冷却器

水的蒸发量：$W=1.2W_z$

宜选用冷风机，它是利用水直接蒸发达到降温目的的设备，目前品牌较多。

（4）室内温、湿度调节

采用风冷与直接蒸发相结合方式，夏季室内空气的相对湿度比同地区风冷电站高，一般应保证室内的相对湿度≤ 70%，并以此为原则进行调节：

①调节蒸发水量：增大加湿量，室温降低，但是相对湿度提高，要根据现场具体情况调节加湿量的大小，保持室内相对湿度≤ 70%。最高不宜超过 75%，因为这是霉菌开始滋生的湿度。

②南亚和中东有的地区夏季室外通风计算温度高于 40℃，有的工程甲方要求将机房内设计温度提高到 45℃，这是可以的。因为夏季室外通风设计计算温度采用历年最热月 14 时的月平均温度的平均值，热的时间并不长。

8.3.3 水冷方式

电站机房的水冷方式较多，比较典型的有如下三种：利用水为冷媒通过表面式冷却器为机房降温、利用空调冷风机为机房降温和利用湿式冷却器为机房降温。凡是利用水为冷媒，为机房降温的方法均称之为水冷方式，分别简介如下。

1. 以水为冷媒通过表面式冷却器为机房降温

参见图 8-5，这种方式一般早期用在北方，地温较低，因此地下水温也较低，直接用深井水通过表面式冷却器为机房降温。

2. 制冷型的冷风机组为机房降温

参见图 8-6，这种方法多数用在南方。空调机组的冷却水是由电站水库供水，水库容积 V 是按机组每小时用水量 w 乘以隔绝防护时间 t 来确定的，即 $V=wt$（m^3）。

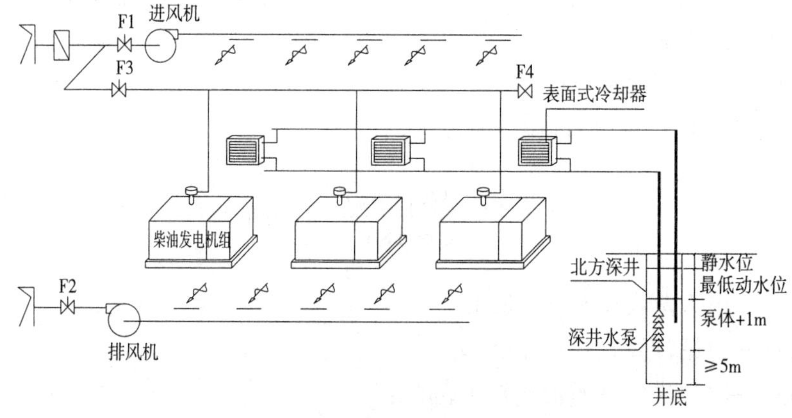

图 8-5 采用表面式冷却器为机房降温

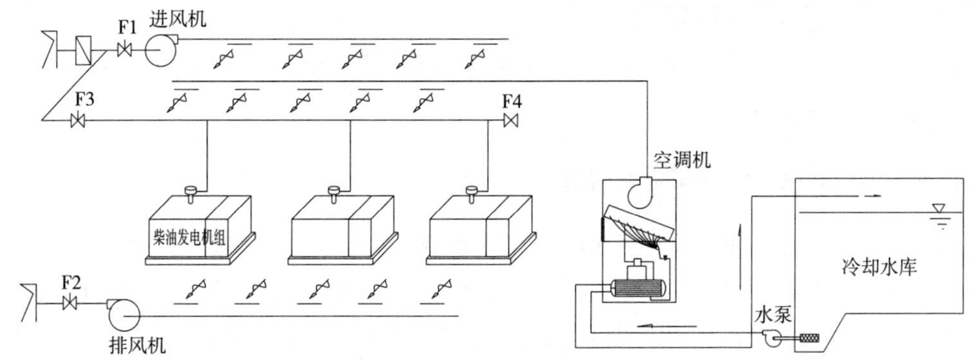

图 8-6　制冷型的冷风机组为机房降温

3. 采用湿式冷却器的水冷方式

采用湿式冷却器的多见于早期工程，它是利用小型立式冷却塔，使室内空气由下向上流动，冷却水由上向下喷淋，热风与冷水直接接触进行热交换，参见图 8-7。这种方式室内比较潮湿，尤其是隔绝式通风时，不但潮湿而且空气质量差，所以这些工程正在改造或已经改造完成。这种方式用水量较小。

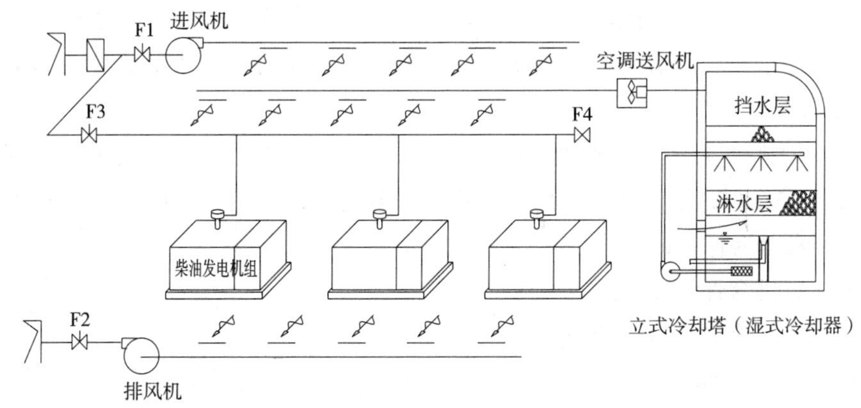

图 8-7　采用湿式冷却器为机房降温

4. 三种降温方式的共同点

（1）战时操作方式

清洁式通风：开阀门 F1、F2 和 F4；关 F3；开进、排风机；

隔绝式通风：开阀门 F3 关 F1、F2 和 F4；开空调送风系统；关进、排风机。

（2）隔绝式通风时，燃烧空气是靠机组自吸，室内会形成负压，造成机房染毒。电站只设一道防护密闭门，漏气是难免的。依靠这种隔绝式防护来防毒是不可靠的。

（3）隔绝式通风期间，柴油机头换热器的热风排入室内，室内热负荷太大。所以机头换热器的热风直接排入风道之后，空调负荷才能降下来。

（4）平时关闭阀门 F3、打开阀门 F4，柴油机吸气位置太高，是室内高温区，影响机组的输出功率。

（5）系统复杂、运行费用高。

三种水冷方式各有其利弊，但都与风冷的优点无法相比，所以目前人防工程基本都采用风冷是有道理的。

8.3.4 电站通风设计应注意的问题

（1）无论哪种冷却方式，机房的进风量 L_j 都不应小于 $L_h+L_r+KV_Y$ 之和。

早期工程大都是按式（8–1）计算进风量 L_j 的，室内空气环境差、室温高、水冷系统复杂、运行费用高，进、排风系统从防护设备到通风机都太小，为工程改为风冷留下了难以克服的困难。

（2）应认真计算电站的进、排风量和排烟量，然后及时与建筑专业沟通，以防选错防爆波活门。在施工图审查中，防爆波活门与进、排风量不匹配的案例较多，这是违背强条的。

（3）电站的排风量 L_p 应稍大于进风量 L_j 减去燃烧空气量 L_r 之差，以便保持电站机房内有一定的负压，以防烟气和污染物向清洁区渗漏。

（4）排烟管的设计

排烟管应分为两部分来设计：

①引入排烟扩散室（或活门室）的总管。排烟总管可以按烟气速度 12~15m/s 计算直径，然后取整数，如 200、250、300mm 等，参见附录 9。排烟系统的总阻力不要大于 1000Pa。

②机组用排烟支管与总排烟管相接。这段支管是柴油发电机组自带的，其直径见表 8–2。厂家还配有一段不锈钢波纹管和一节消声器。由于人防工程设在人口密集区，消声器是要保留的。

③要注意排烟管的保温。

（5）机头换热器排风管的断面尺寸

柴油机头换热器法兰的断面一般是正方形的，尺寸参见图 8–2 和表 8–2。

短管与换热器连接处应用 150~200mm 长的三防布做软接，以防管道与机组共振。机头换热器与排风道连接的短上，应设手动调节阀，单台运行时，好开运关停，不能设止回阀。

（6）控制室与电站之间防毒通道的换气设备

防毒通道的换气是有人员出入电站时，工程主体采用滤毒式通风，打开图 8–8 中的密闭阀门 1，气流在超压下进入防毒通道从而顶开自动排气活门 2，防毒通道开始换气。因此，人员打开第一道门进入防毒通道时，通道内的毒剂浓度已降低，而且人是顺着超压排风的气流进入防毒通道，防毒通道内的空气不会逆着排风气流方向返回控制室，所以比较安全。反之，将手动密闭阀门 1 设在自动排气活门 2 的位置，两者互换，人员进入防毒通道之前，还不能通风换气；当人员进入防毒通道时，将一个人体积（约为 $0.4m^3$）的染毒空气排挤到控制室内，造成清洁区染毒，所以两个阀门不宜反过来设置。但是手动密闭阀门改为电动密闭阀门，两者应反过来设置，

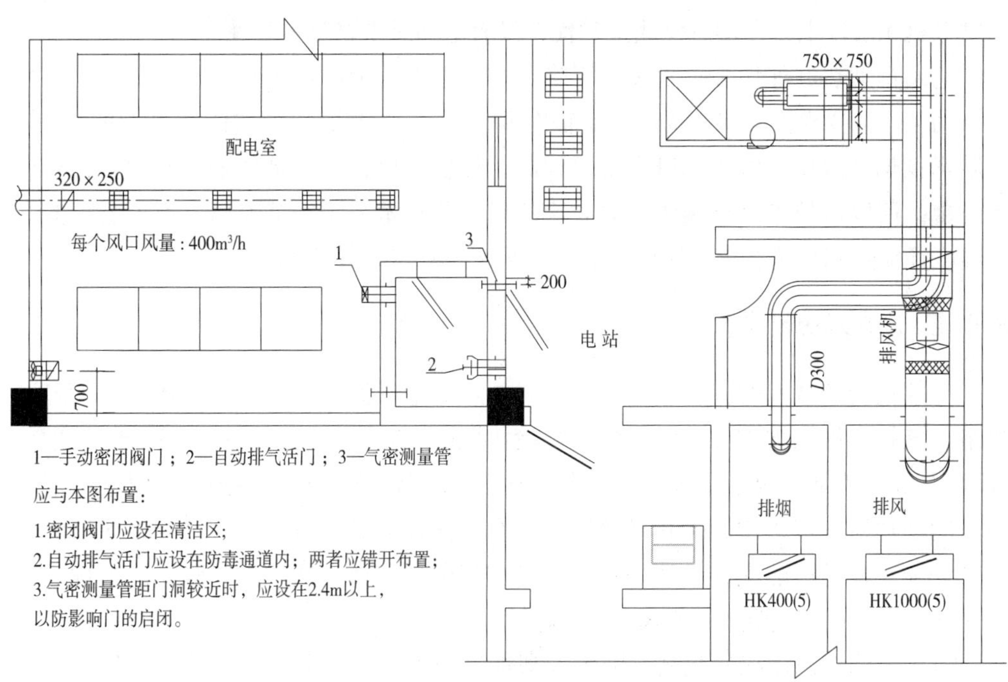

图 8-8　电站与控制室间防毒通道阀门的正确位置

便于自动排气活门的关闭锁紧。前者不宜锁紧。

（7）电站施工图

电站施工图目前存在的问题较多，除上述问题外，还应注意以下事项：

①图纸应有简要说明：如机组功率、计算进排风量、排烟量、排烟管的保温措施等；有相当一部分施工图漏掉了这部分说明，为审图和施工带来不便；

②排烟管消声器是机组自带的，应设在支管上；

③排烟支管上不要设止回阀，因为排烟温度高，阀门会变形，卡阻在支管上，增加了排烟阻力，阀门的轴孔处也成了漏烟点，设阀门有害无益，即使单台运行，另一台也没有漏烟问题，设止回阀是误区；

④剖面的数量一定要能全面表达所有设备的定位尺寸，报审的施工图中有相当一部分工程尺寸标注不全；

⑤储油间的排风管应采用防静电接地措施（包括法兰跨接），该风管不应采用容易积聚静电的绝缘材料制作；

⑥ 电站排风机应选用耐高温排烟风机。

8.4　柴油电站烟气处理

柴油电站排烟呈黑、蓝、灰或白色，运行时排烟口附近经常弥漫大面积烟雾，而且温度高。排烟平时污染环境，经常遭举报投诉，还有被路人误认为是火灾，向消防部门报警的；战时则暴露排烟口和工程位置。排烟口遭打击后发生堵塞将使柴油发电机无法发电，在信息化战争时代，没有电的后果将是灾难性的。

电站排烟热红外伪装技术按是否降低烟气温度分为冷却式和非冷却式两类。热红外伪装一般要求排烟口和周围环境辐射温差不超过4℃，冷却式伪装技术通过水等介质降低烟气温度，但排烟口温度仍远高于环境温度，尤其是冬季达不到热红外伪装要求，所以该技术已被淘汰。而非冷却式伪装技术采用气层隔离，不需要降低烟气温度还能达到伪装要求，所以目前主要采用该技术，详述如下。

8.4.1 冷却式伪装技术

冷却式伪装技术的特点是烟气处理时要降低烟气温度，代表性设备是消烟降温机组。该技术虽已被淘汰，但了解其被淘汰原因还是有益的。该机组的烟气处理分“降温”和“消烟”两个技术环节。降温就是降低烟气的温度，降温介质是水，烟气与水的换热器一般采用管壳式换热器，水在换热器的管内流动，烟气在换热器的壳内管外流动，进行热交换。消烟就是消除烟气的黑、蓝、灰或白等颜色。处理顺序是先“降温”后“消烟”。该技术存在以下问题：

（1）出烟口温度仍然较高。因为冷却烟气的进水温度和地温接近，一般在20℃左右，高温烟气经冷却后烟气温度值一般为70℃。即使地下烟道对烟气有一定降温作用，但排烟口温度仍远高于周围环境温度，达不到伪装要求，尤其在冬季。

（2）烟气处理不彻底，排烟口仍有少量烟雾。主要原因是消烟降温机组运行时要用水，设在电站内部，这样经机组处理后的烟气还要经过较长的地下烟道才能排到外界。在烟道的冷却作用下，经过机组处理的烟气中部分不可见的气态的水蒸气或油气会二次凝结形成新的可见烟雾，到达排烟口时就会看到排烟口仍有烟雾。

（3）形成新的热源。因为经过消烟降温机组的水温可达80℃，这部分水直接排到了工程外部，成了新的热源，而且该热源面积大、温度高，暴露明显；冬季排水还伴有雾气，暴露更明显。

（4）需另外单独设置水库。因烟气散热量大，用水量大，其水库体积就很大，这使工程造价高。有的工程因为单设水库造价很高，所以不为其增设水库，而直接从为冷却柴油发电机机头的水库中抽水使用，造成机头冷却时间大大缩短，这是不允许的。实际运行时因为其用水量很大，曾发生维管人员关闭消烟降温机组的供水而造成机组烧坏的事故。

（5）补水量大。300kW电站运行就要求每小时补水约4t，其专用水库的水用完后，战时工程大都无法满足该补水需求。

（6）换热器的换热管易积油烟，使换热效果下降明显。烟气降温受影响还影响消烟效果，可能烧坏后续消烟段，消除烟气颜色的效果也受影响。

（7）进入换热器的水未经软化处理，所以换热器水侧易结垢，可能造成爆管。

还有采用直接向烟气中喷水为烟气降温且消除烟气中颗粒物的技术方案，但向烟气中喷的水部分蒸发进入烟气，在排烟口形成浓雾，可见光暴露比原来更加明显；而且喷水仍然不能把烟气温度降到周围环境温度，尤其在冬季。

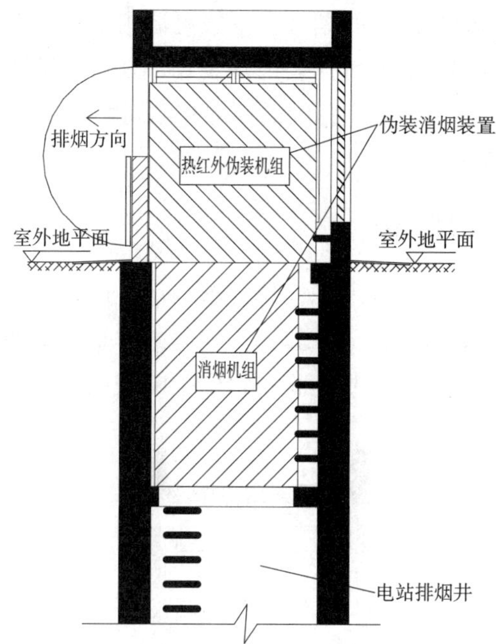

图 8-9　竖井内设伪装消烟装置示意图

由于这些原因，冷却式伪装技术已被淘汰。

8.4.2　非冷却式伪装技术

非冷却式伪装技术的特点是烟气处理时不降低烟气温度，原理为：因为消烟后的高温排烟对热红外成像仪透明，是被高温排烟加热的排烟口固体壁面造成热红外暴露，所以采用气层隔离技术，利用环境空气把高温排烟和排烟口固体壁面隔离开，使固体壁面因不能被高温排烟加热而保持和环境温度一致，且随环境温度同步变化，这样虽然不降低排烟温度但能达到热红外伪装要求。即使处于零度以下的环境，仍然能满足要求，因为非冷却式伪装技术不降低烟气温度，所以无需用水，不需要为之设置水库，也不需要为之补水，也不会有排水形成新热红外暴露目标，也没有换热器积油烟和结垢问题。后面还会解释其也解决了二次形成烟雾暴露的问题，所以非冷却式伪装技术全面克服了冷却式伪装技术的缺陷。

其代表性设备是伪装消烟装置，设于电站排烟井（通常也是排风井）室外端，可根据电站排烟井情况设在竖井内部（图 8-9）或外部。

伪装消烟装置由消烟机组和热红外伪装机组组成，电站排烟依次经过消烟机组和热红外伪装机组。消烟机组可消除排烟的黑色、蓝色或白色等可见光暴露征候。热红外伪装机组采用非冷却式伪装技术，可消除排烟口的热红外暴露征候。

上一点讲过消烟降温机组设在电站内，经机组处理后的烟气经过较长的地下烟道的冷却作用，部分不可见的气态的水或油会凝结形成新的可见烟雾，到达排烟口时就会看到排烟口仍有烟雾，消烟机组设在排烟井室外端，就可以消除这些二次产生的烟雾。烟气在这里处理后就直接排放到环境中去了，不会再产生烟雾，所以消烟彻底。

图 8-9 要求电站排烟井内空间稍大，一般更适用于新建工程。如改建工程的电站排烟井较小，内部空间不够放置伪装消烟装置，则可在排烟口外增设消烟设备间安装伪装消烟装置。排烟口、消烟设备间的顶部和四周宜结合实际情况覆土种植植被，使两者更好的融入周围环境。

8.4.3 仅要求消烟的处理方法

工程出于环保、减少投诉等考虑，仅要求消烟，这时可只设消烟机组，也就是只用伪装消烟装置的消烟机组部分，具体为在电站排烟井室外端设消烟机组，可根据电站排烟井情况设在竖井内部或外部，如图 8-10 或图 8-11 所示。

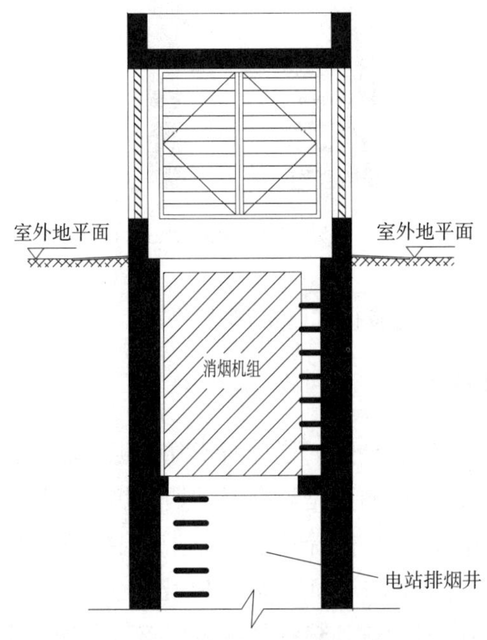

图 8-10 竖井内设消烟机组示意图

图 8-10 要求电站排烟井内空间稍大，一般更适用于新建工程。如改建工程的电站排烟井较小，内部空间不够放置消烟机组，则可在排烟口外设置，如图 8-11 所示。改建工程原排烟口一般四面都是百叶窗，通常在两个百叶窗外连接消烟机组就可以满足消烟要求，还可在消烟机组外围设围挡百叶起遮挡和保护消烟机组的作用。其余两面的百叶窗可换成防火门或一个换成防火门、一个封堵。

8.5 几个问题

1. 移动电站的进风系统要设除尘器吗？

移动电站是战时临时安装的 120kW 以下的小型电站，《〈人民防空地下室设计规范〉图示》05SFK10 要求设，见图 5.7.1 和图 5.7.5，其他标准图集没有要求设除尘器，所以宜设。平战兼用的电站必须设。

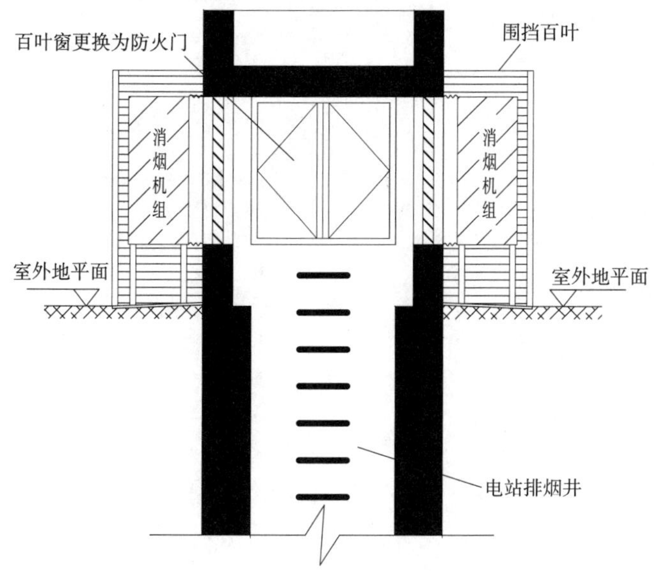

图 8-11　竖井外设消烟机组示意图

2. 固定电站进风系统是否要设除尘器?

固定电站装机容量是大于 120kW 的电站；现行的设计图纸中，有的设了、有的没设，要求平时安装到位的应设。平战兼用的电站必须设，尤其是三北地区，风沙天气多、空气含尘浓度高，这一带地区设的必要性更明显。

第9章
轨道交通工程人防通风系统设计

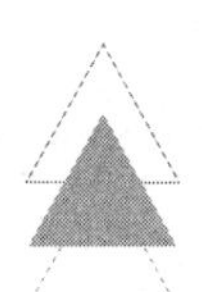

轨道交通工程地下部分兼顾人防，主要是对战时流动人员、战备物资进行紧急掩蔽和疏散。城市地铁人员流动量大，本身就具备了一定的疏散和掩蔽功能，在此基础上进一步完善防护措施是十分必要的。

一般将一个车站和一个相邻的运行区间组成一个防护单元，战时预防核、生、化武器和常规武器袭击以及之后的次生灾害，具有保证人员掩蔽、安全疏散和物资转移的功能。

车站作为战时人员紧急掩蔽部，需要设置防护通风系统。

9.1 相关设计标准

9.1.1 统一标准

（1）防核武器抗力：五级或六级。

（2）防化等级：丙级或丁级。

（3）掩蔽人数：

①单线防护单元，紧急掩蔽人数应符合表 9–1 的规定。

每个防护单元紧急掩蔽人数 [1] 表 9–1

车站的掩蔽面积（m^2）	紧急掩蔽人数（人）
4000~5000	≤ 800
5000~8000	≤ 1200
>8000	≤ 1500

②多线换乘车站合并设置防护单元时，紧急掩蔽人数最多不得超过 3000 人。

9.1.2 丙级防化工程的相关标准

地铁兼顾人防也是在清洁式防护、隔绝式防护和过滤式防护三种防护方式下进行三种通风方式转换的。

（1）通风方式：对应以上三种防护方式，设有清洁式通风、隔绝式通风和过滤式通风（习惯称为滤毒式通风）。

（2）清洁式通风的新风量标准，应取 q_1=5~10m^3/（人・h）。

（3）滤毒式通风的新风量标准，应取 q_2=2~3m^3/（人・h）。

（4）滤毒式通风时，战时人员主要出入口防毒通道的换气次数：$K \geqslant 40$ 次 /h；室内超压 $P \geqslant 30$Pa。

（5）隔绝防护时间不宜小于 3h。

9.1.3　通风量计算

（1）清洁式进风量 L_Q

$$L_Q=q_1\times n\ (\mathrm{m^3/h})$$

式中　n——战时掩蔽人数。

（2）滤毒式进风量 L_L

①按掩蔽人数计算：

$$L_R=q_2\times n\ (\mathrm{m^3/h})$$

②按防毒通道换气次数计算：

$$L_F=V\times K+L_0\ (\mathrm{m^3/h})$$

滤毒式进风量 L_L 应为 L_R 与 L_F 两者比较取大值。

式中　V——战时人员主要出入口部防毒通道的容积（m^3）；

K——战时人员主要出入口部防毒通道的换气次数（次 /h）；

L_0——保证防毒通道换气次数的安全附加量（m^3）。

$$L_0=V_0\times\beta\ (\mathrm{m^3})$$

式中　V_0——该防护单元清洁区有效容积（m^3），仅对站厅的有效空间；

β——安全附加系数，取 4%。

（3）排风量 L_P

$$L_P=0.9L_Q$$

式中　L_Q——清洁式进风量（m^3/h）。

9.1.4　丁级防化工程的相关标准

（1）应按清洁式通风和隔绝式防护两种工况来设计；

（2）清洁式通风的新风量标准应取 5~10m^3/（人・h）；

（3）隔绝防护时间不宜小于 3h，见《轨道交通工程人民防空设计规范》RFJ 02—2009 第 7.0.1 条。

9.2 防化丙级工程通风系统设计

防化丙级工程一般设在较重点地域的换乘站，人员流量大，处于机关、厂矿、学校所在地。

9.2.1 进风系统的设计

进风系统应设在车站平时进风口部，因为该口部平时进风量小，战时配设的防护密闭门和密闭门也比较小，经济、便于维护和管理。

进风系统的设计原则：

（1）在平时进风道上应设一道防护密闭门及一道密闭门，并形成一个密闭通道[1]。

（2）防冲击波设备、除尘滤毒室和进风机室应设在密闭通道的同一侧，除尘滤毒室的门应开在密闭通道内。

（3）进风机室应设在最后一道密闭门内的清洁区，参见图 9-1。

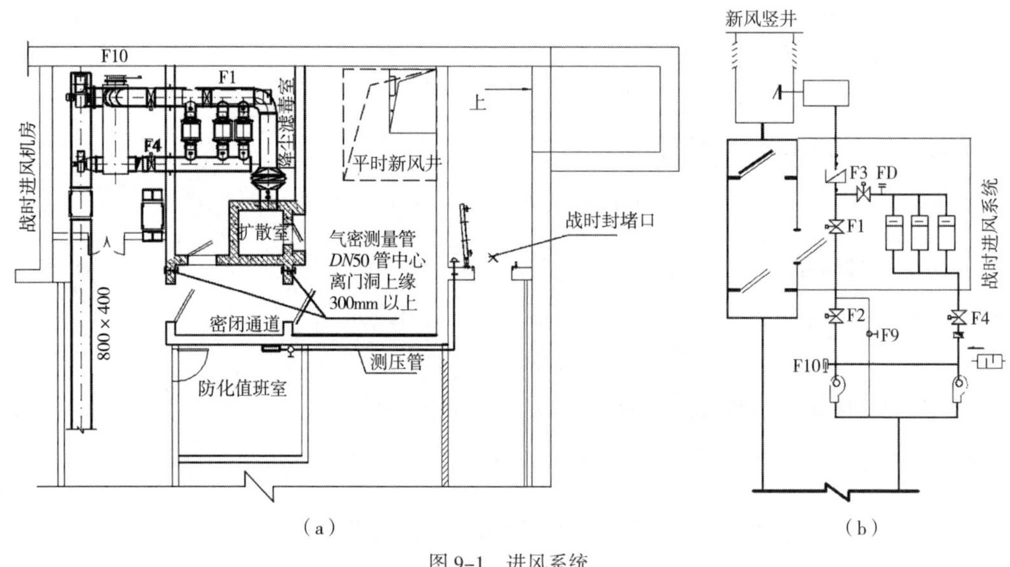

（a） （b）

图 9-1 进风系统

（a）进风系统平面图；（b）进风系统原理图

9.2.2 排风系统的设计

排风系统应设在战时人员主要出入口的一侧。该口是战时人员主要出入口，在滤毒式进风时，工事进行超压排风，使穿衣间、淋浴间、脱衣间和防毒通道依次得到换气，防止染毒空气随出入人员带入工事，其系统设置参见图 9-2。

具体要求如下：

（1）应设一道防护密闭门、一道密闭门，并形成一个防毒通道。该通道在满足使用的情况下，体积宜适当控制，见文献 [1]。从通风专业的角度，控制防毒通道体积的目的是保证滤毒式通风时，该通道具有足够的换气次数。同时控制过滤吸收器

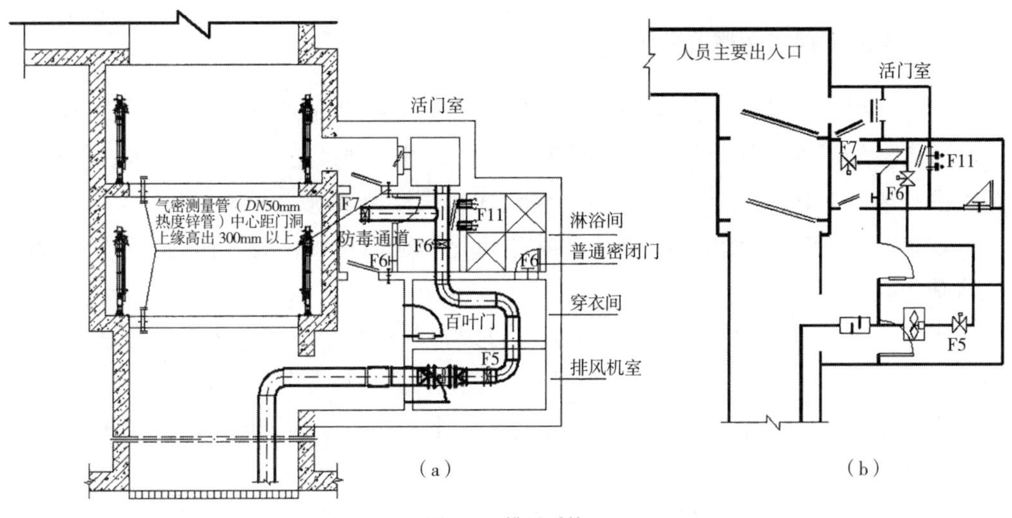

图 9-2　排风系统
（a）排风系统平面图；（b）排风系统原理图

的数量，以便节省造价。

（2）防冲击波设备、洗消间和排风机室应设在防毒通道的同一侧。

（3）根据工程的重要性和人员的复杂性，应设置全身洗消的洗消间，脱衣间的进口应设在防毒通道内，穿衣间是清洁区，出口门应开向主体。建议洗消人数按 2%~3% 计算。

（4）厕所和排风房间应靠近主要出入口布置，以便排风系统尽量短。

（5）排风系统应单独设置，不宜与平时系统结合，因为平时排风系统的排风口太分散，不能保证战时厕所足够的换气量。

9.2.3　通风系统原理图及通风方式转换说明的要求

（1）系统要完整；

（2）战时系统图与设备房间平剖面图的阀门编号要一致；

（3）操作说明要简洁明了；

（4）阀门和风机开关转换顺序应列表说明，使操作人员一目了然，便于记忆；

（5）具体要求详见第 5 章。

工程的系统原理图参见图 9-3。

9.3　防化丁级工程的通风系统设计

目前城市地铁的人防防化等级为丁级的工程占绝大多数，其通风系统比较简单。分为以下两种情况：其一，作为人员掩蔽部，主要考虑战时，空袭警报拉响时作为紧急人员掩蔽部，应设清洁式通风和隔绝式防护；其二，作为临时物资储备库，只进行隔绝式防护，不另设战时通风系统。

9.3.1 当前工程实际概况分析

首先介绍一下当前工程实际概况，以便于今后能合理的进行设计和图纸审查。

编者参加了六个城市的地铁图纸审查工作，基本都是防化丁级的工程，设计掩蔽人数一般为1000人、1500人两种，清洁式新风量为5000~10000m³/h。

现以一实际工程为例：某市地铁某站防化等级为丁级，战时作为人员掩蔽部，按掩蔽1000人设计。

平时进风：分别由1号和2号进风井进风，并由两个空调送风系统分别向站厅的东一半和西一半送风。平时两个空调送风系统计算新风量各为10000m³/h。

平时排风：由两个排风系统从站厅的东一半和西一半的排风口吸入，再分别由1号和2号排风井排向室外。

战时：从1号新风井进风，2号排风井排风，分设人防进、排风机，见图9-4。

每人新风量取10m³/h，清洁式通风计算新风量为10000m³/h。

风井下，进、排风道内的两道门即防护密闭门和密闭门设置存在以下问题：

（1）进、排风井配用的两道门技术落后又太复杂

进风井下方的防护密闭门和密闭门的型号分别是QJFM2635（6）和JFJM2635。门洞宽2.6m、高3.5m，门洞面积为9.1m²，进风气流速度为0.3m/s。

排风防护密闭门和密闭门的型号分别是QPSFM4035（6）和PFJM4035。门洞宽4.0m、高3.5m，门洞面积为14m²，气流速度为0.2m/s。

①在进风防护密闭门QJFM2635（6）上，设有防冲击波胶管活门、LWP型除尘器和小防护密闭门等。

防化丁级的轨道工程，“紧急人员掩蔽部应设置清洁式通风和隔绝式防护”[1]。因此，根本不需要这种门，这种门的门扇太大，复杂、笨重，使用和管理不方便，漏气缝隙多，不安全。

而如果选用一樘HFM1020的防护密闭门，门洞面积2m²就足够，流经门洞的气流速度1.4m/s，防护密闭门既轻便又密闭性好，因此不需选用9.1m²的大门。

②胶管活门问题：胶管与活门分体放置，与悬摆式活门相比战备性能差，一道门上近百个胶管，位置高、临战安装和维护很困难；而且，胶管易老化，保质期10年，临战供应困难；胶管套在活门的短管上，用卡箍锁紧，在冲击波的负压作用下极易脱落；胶管活门可靠性差。而悬摆式活门经过了历次各种抗力等级工程试验，其性能是可靠的，单个活门加扩散室的消波率≥90%。有的省市人防已发文要求设计部门在人防工程设计中不选用胶管活门，而在地铁门的设计中还把这种落后的技术加以推广很不合适。

（2）门洞的尺寸过大，浪费严重

进风道的门洞：2.6m×3.5m=9.1m²；排风道的门洞：4.0m×3.5m=14.0m²。

上例中，战时按掩蔽1000人设计，清洁式计算新风量为10000m³/h，平时空调新风量也是10000m³/h，平时和战时新风量相同。按最大风量10000m³/h计算门洞尺寸，

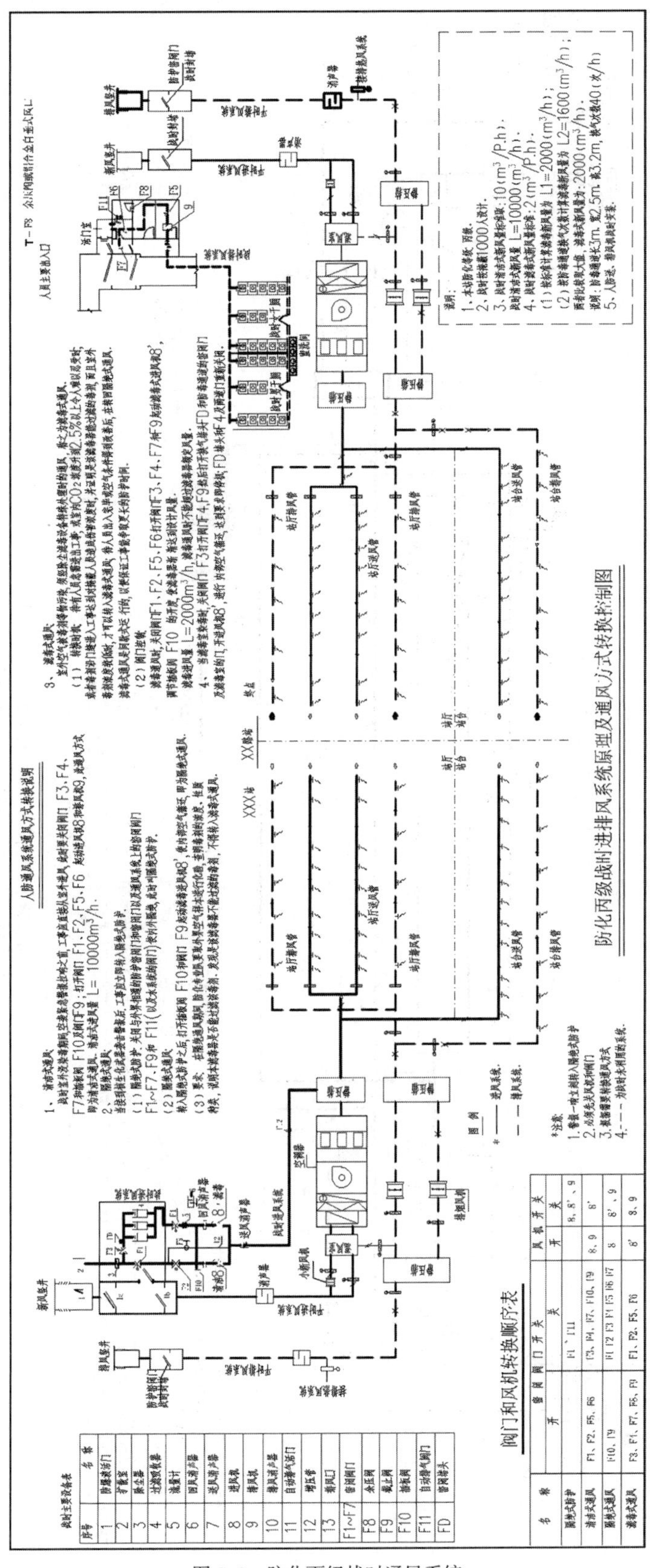

图 9-3　防化丙级战时通风系统

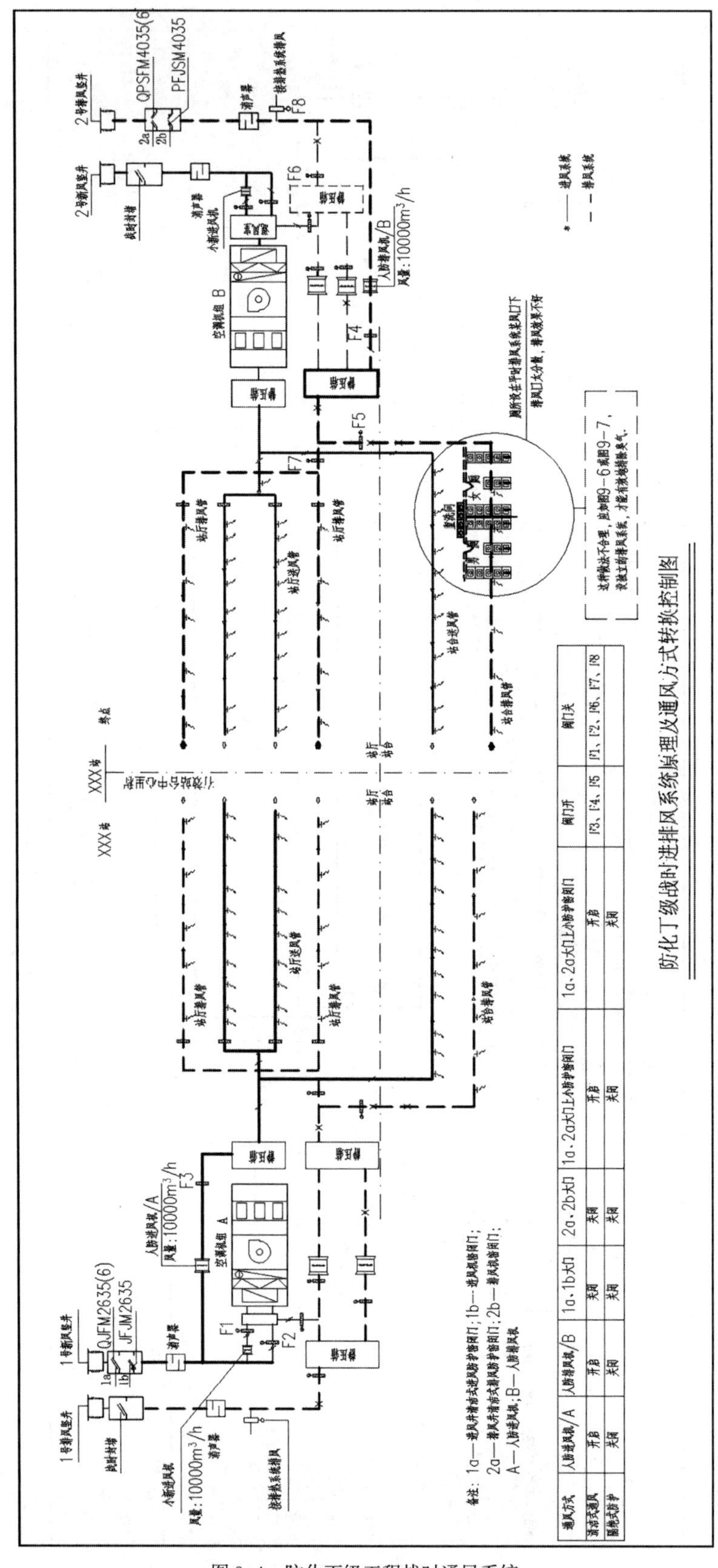

图 9-4　防化丁级工程战时通风系统

选用定型的 HFM1020 钢筋混凝土防护密闭门和钢筋混凝土 HM1020 密闭门，门洞宽 1.0m、高 2.0m，门洞面积为 $2.0m^2$，门洞风速为 1.4m/s。而实际工程进、排风道的门洞面积比此值大 4~7 倍。

既然已有经济流速，就要控制门洞和风道的尺寸，本图尺寸大了 4~7 倍，很不经济。

9.3.2　防化丁级工程通风系统的设计

1. 进风系统的设计

（1）单独设人防进风机

当人防清洁式进风量较大，不能利用平时进风机时，可单设进风机，参见图 9–4。

（2）利用平时进风机

人防清洁式进风量一般小于或等于平时新风量的情况较多，所以应尽量利用平时小新进风机，如图 9–5 所示。

2. 排风系统的设计

很多审查过的工程排风系统基本如图 9–4 所示。战时排风机接自平时排风系统，其缺点是：平时排风系统的排风口布置太分散，不利于厕所排风。而战时排风的主要目的是控制和有效排除干厕的气味，具体要求如下：

（1）厕所应靠近排风井和排风机房布置，以便减少排风系统的长度；有的工程厕所在西半部，而排风系统设在东半部，两者相隔几十米，通风与建筑专业互不交流，这种问题在以往每条地铁的初步设计中几乎都有。

（2）要单独设战时排风系统为厕所排风，不宜利用平时排风系统，因为平时风口太分散，厕所的气味排不出去。

（3）尽量利用 2 号新风井作为战时排风井，以便缩小防护密闭门和密闭门的尺寸，节省工程造价，见图 9–6。

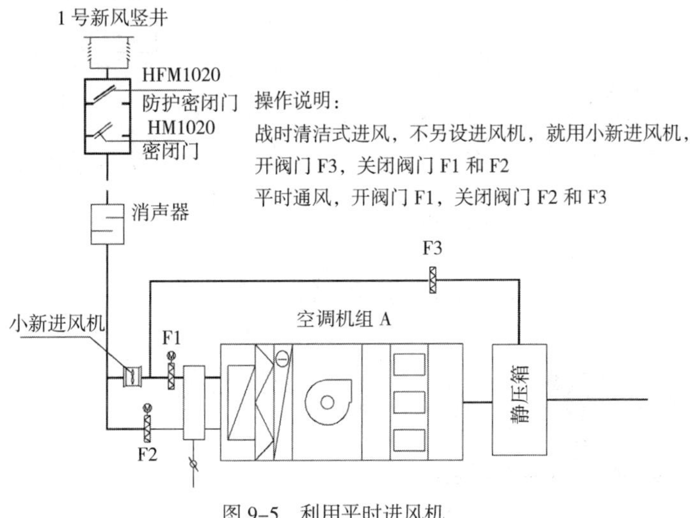

图 9–5　利用平时进风机

（4）利用哪个风井作为战时排风井是根据战时厕所的位置决定的，主要考虑方便。利用 2 号排风井时，一般应利用平时小排风机，参见图 9-7。当需另设排风机时，可如图 9-8 设置。不管哪种形式，都应为厕所单独排风。

3. 门的选型

很多地铁基本是按图 9-4 的模式设计的，所以在这里强调：

（1）门洞尺寸：一定要按经济流速进行计算后确定。

（2）门的选择：要作技术经济比较，要看安装、维护管理是否方便。重点看是否满足战时功能，是否有利于孔口密闭，越密闭工事战时越安全，门洞越小越有利于密闭和防护。

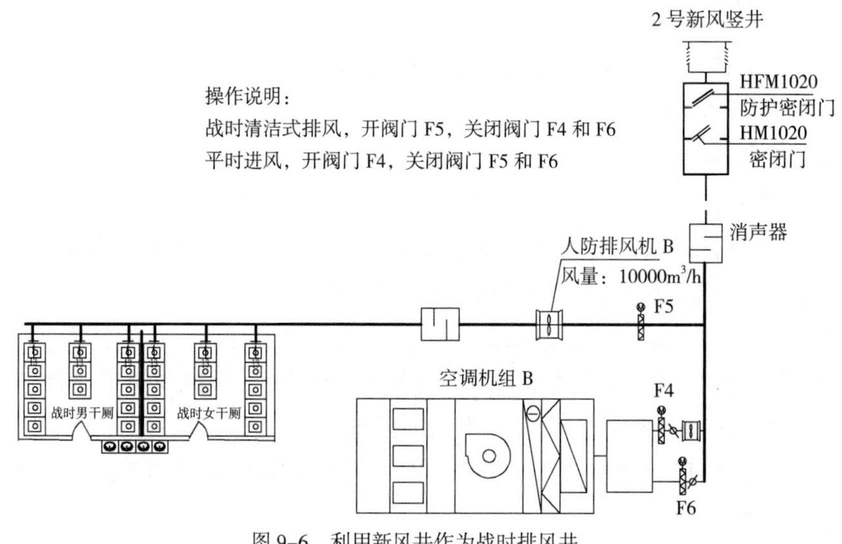

图 9-6　利用新风井作为战时排风井

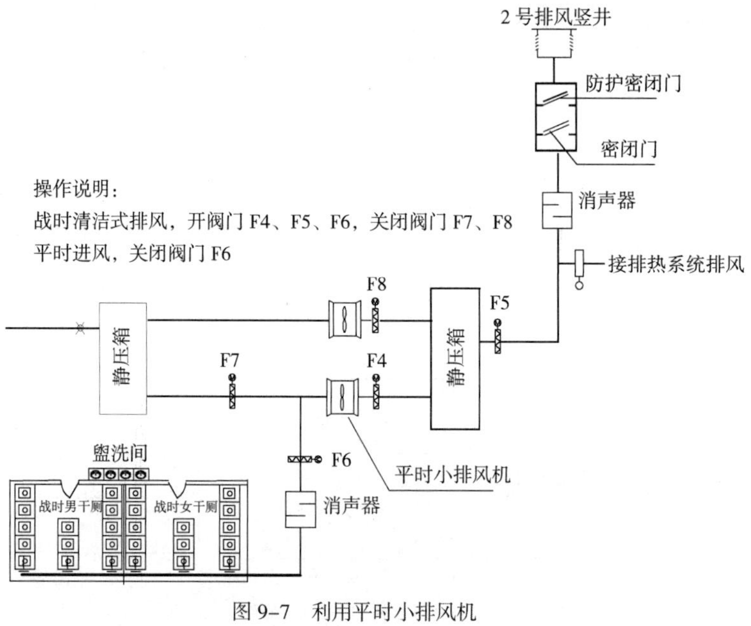

操作说明：
战时清洁式排风，开阀门 F4、F5、F6，关闭阀门 F7、F8
平时进风，关闭阀门 F6

图 9-7　利用平时小排风机

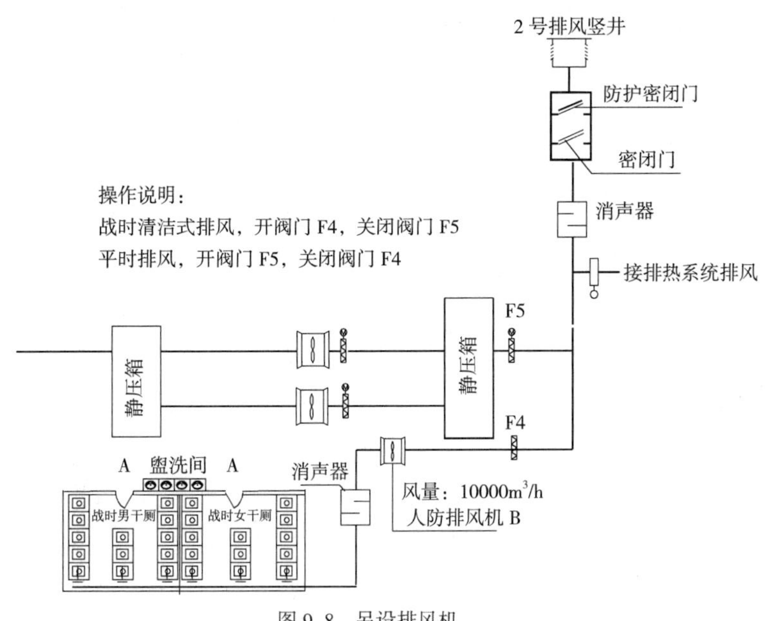

图 9–8　另设排风机

（3）通风防护密闭门和通风机密闭门尺寸太大，战备性能差，太复杂，漏气缝隙多、很难密闭，不安全，太笨重，因此不宜推广。

4. 气密测量管的设置

（1）在门一侧没有空间时，应在门洞上沿高出 400~500mm 处设置，以防影响门的启闭；

（2）每一道门的门洞高度都应认真查阅建筑图，因为一条地铁线可能是由多家设计单位设计的，各自的风格和理念不同，其门洞的高度也不同；

（3）人员出入口两道门的门洞高度多为 2.8m，而进、排风道上两道门的门洞高度有 2.6m、3.0m、3.5m、4.0m 等多种，要仔细核对，这里出的问题最多。

本章参考文献

[1]　国家人民防空办公室 . 轨道交通工程人民防空设计规范：RFJ 02—2009[S]. 2009.

第10章
人防工程自然通风设计

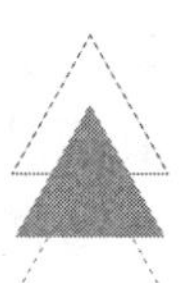

自然通风作为一种通风方式，在我国早期人防工程中得到了广泛应用，并积累了丰富的经验。只靠风力或室内外温度差所形成的通风换气，称之为自然通风。我国早期人防工程大部分是自然通风，所以搞好自然通风，对早期工程的管理和维护有重要意义。

自然通风与机械通风相比，具有系统简单、管理方便、不用动力设备、不用电、节省运行费用以及无噪声污染等优点，对节能和环保有重要意义。

自然通风受自然条件的限制，其通风量大小和气流的流动方向不稳定，所以必须进行科学地规划和设计才能达到有效通风的目的。本章将简要介绍人防工程自然通风的设计和计算。

10.1 风的有关参数及玫瑰图

10.1.1 风的形成及风的参数

（1）风的形成

地球表面吸收太阳辐射热的能力不同，造成两极与赤道之间、大陆与海洋之间、空气高层与低层之间、不同地形之间的温差经常很大。由于空气温度不同，因而密度也不同，这样各地区就形成了不同的空气压力（冷空气较热空气的密度大、气压高）。在连续性的大气中，各地之间的气压差是形成空气流动的直接原因。空气从气压高的地方流向气压低的地方，就像水从高处流向低处一样。空气的流动就形成了自然界的风。

（2）风的参数

①风速。空气在单位时间内所流动的距离称为风速，单位为 m/s。

以往各时的风速是选正点前 10min 至正点时间内的平均风速为该正点的风速（如正点为 2：00，取 1：50~2：00；正点是 8：00，取 7：50~8：00）。每日各时的风速值加起来除以 24 即为日风速，月平均风速等于该月各日风速的总和除以该月的日数，年平均风速为各月平均风速的总和除以 12。计算机进入气象观测记录以来，各参数不再用正点前 10min，而是该区间内连续记录的平均值。

②风向。E 代表东方；N 代表北方；W 代表西方；S 代表南方。风吹来的方向称之为风向。共分 16 个方位，以英文字母表示，如图 10–1 所示：NE（东北）、SW（西南）等。所谓 NNW（北西北）是指北和西北之间的风向，也可读作西北偏北；WNW（西西北）也可读作西北偏西，以此类推。

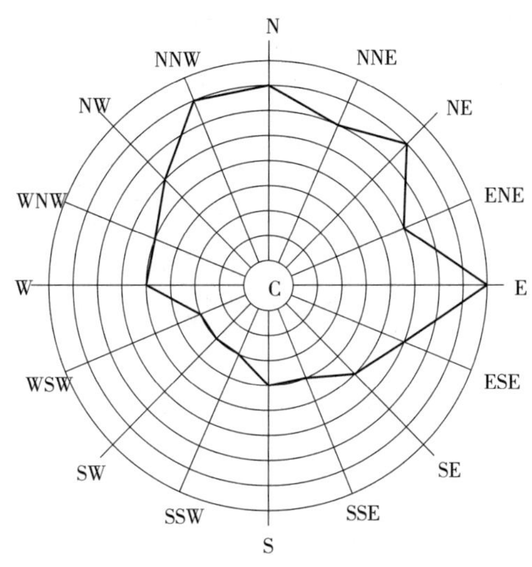

图 10–1　十六方位风向玫瑰图

以往是观测记录正点前 10min 内的最多风向即为该正点的风向。当风速为 0m/s 时，风速记“0”，风向记“C”，称作“静风”。

③风向频率。在一定时间内某风向出现的次数占所有观测总次数的百分比叫做风向频率。例如年某风向的频率：

$$\text{某风向频率}=\frac{\text{某风向该年出现总次数}}{\text{全年实测总次数}}\times 100\%$$

对一年而言，将风向频率最高的风向称为这一年的主导风向；对夏季或冬季，则分别称为夏季或冬季主导风向。主导风向如果有两个方向的记录一样多，则可选两个风向。

10.1.2　风玫瑰图的绘制和应用

在通风总平面图上，常以比较直观的风玫瑰图表示工程所在地风向频率和风速大小。风玫瑰图按风的资料内容可分为风向和风速玫瑰图。根据工程设计中的实际需要，这里只介绍风向玫瑰图。

风向玫瑰图是把风向分为 16 个方位，根据各个方向风出现的频率，以一定的比例长度标在极坐标上，并将相邻各点用直线连接起来，即形成一个闭合折线，这个闭合折线就叫风向玫瑰图，见图 10–1 和图 10–2。根据不同要求，风向玫瑰图可分为月、季、年三种。从人防工程自然通风的要求来看，一般多采用年和季风向玫瑰图。各地气象台站都整理和统计了累年各月的风向频率和风速资料。图 10–2 是依据杭州市 1951—1970 年 20 年的累年各月风向频率绘制成的风向玫瑰图。

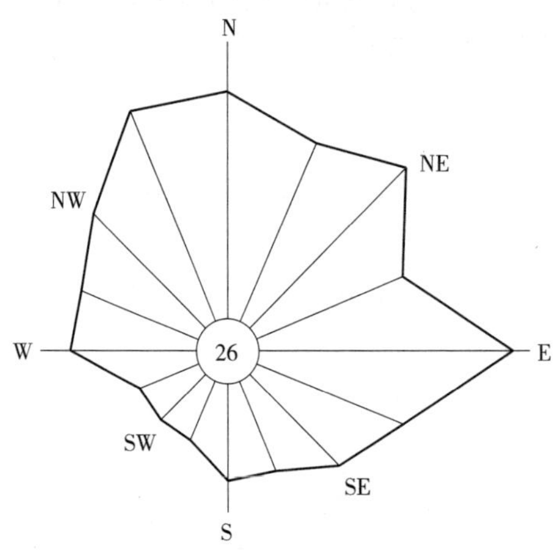

图 10–2　杭州市风向玫瑰图

10.2　自然压差的计算

形成自然通风压差 P 的因素有两个：由室内外温度差所产生的压差称之为热压 P_r，由室外自然风所产生的室内外压差称之为风压 P_f，一般风压总是和热压同时作用在人防工程的自然通风口部，即：

$$P=P_r \pm P_f \ (\mathrm{Pa}) \qquad (10\text{–}1)$$

式中“+”号说明热压 P_r 和风压 P_f 的作用方向一致，而“–”号则相反。如何使其始终为“+”，是自然通风设计及研究的重要课题。要保持一致，必须熟悉由热压形成自然通风的气流方向随季节变化的规律和工程所在地风向常年变化规律，并配合合理的建筑设计及其他技术性措施才能实现。

10.2.1　人防工程自然通风量变化的基本规律

图 10–3 是编者在国内各地遴选一些有代表性的工程，进行一年以上连续观测，总结出的自然通风量变化规律曲线。分析该曲线可知：①我国 4~9 月是人防工程自然通风的不利季节；②南方地区人防工程月平均自然通风量最低值发生在 5 月和 6 月，北方发生在 6、7、8 三个月；全国地下工程自然通风量最低的月份是 6 月；③从 10 月到来年 3 月，人防工程自然通风效果好，其中 12 月、1 月、2 月最好。

10.2.2　热压的计算

（1）热压形成自然通风的气流方向

冬季工程外气温低、空气密度 ρ 较大，工程内气温高、空气密度较小。图 10–4 中，当打开工程的 1、2、3、4 道门时，密度小的热空气上升，从高风井流出工程；密度大的冷空气从低口进入补充，同时又被墙体加热变轻上升，从高口流出。如此不断地补充、加热、上升、排出，循环不止，形成了冬季由热压产生的自然通风，其气流方向为低口进、高口出。而夏季是室外空气温度高、空气密度小，工事内空气温度低、空气密度大，所以密度大的空气向低口流出，热空气从高口补充，由此不断高口进、低口出，就形成夏季自然通风的气流方向，与冬季截然相反。

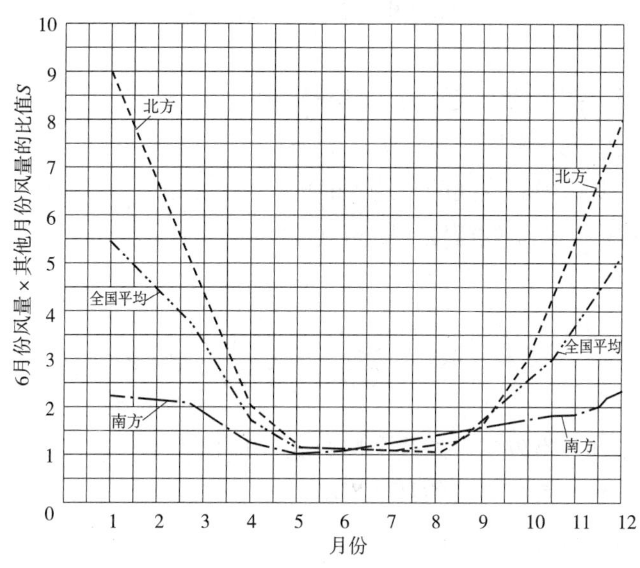

图 10-3　自然通风量变化规律曲线图

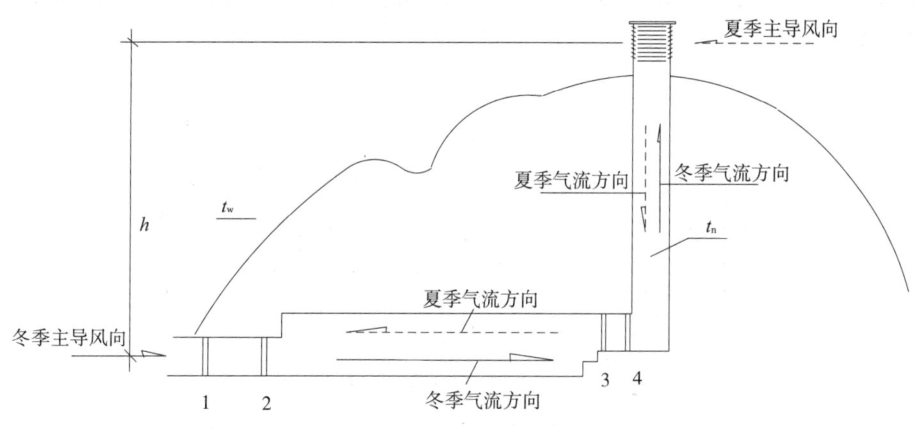

图 10-4　热压作用产生的气流方向

由此看来，夏季和冬季由热压形成自然通风的气流方向是截然相反的，这种现象与工程内的余热量有关。对于无热源工程，如西宁某地下工事，自然通风量随季节变化规律见图 10-5。室内空气温度 t_n 小于室外空气温度 t_w 的时间为半年，所以由热压形成自然通风的气流方向高口进、低口出的时间也近半年。有热源的工程室内空气温度年波动曲线将向上抬升，$t_n<t_w$ 的时间将缩短。

（2）热压 P_r 的计算

要掌握每个工程的这几条曲线的变化规律：一是工程内外空气的温度差，由此产生密度差；二是高低风口中心线间的高度差。

由温度差所产生的空气密度（重力）差，一般称之为热压 P_r。

$$P_r=h(\rho_w-\rho_n)g\ (\mathrm{Pa}) \tag{10-2}$$

$$\rho=0.3484\frac{B}{T}\ (\mathrm{kg/m^3}) \tag{10-3}$$

式中 B——工程所在地的大气压力（mbar）；

T——空气的绝对温度（K），T=273+t；

h——高、低口中心线间的高差（m）；

ρ_n、ρ_w——工程内、外空气密度（kg/m^3）。

则：

$$P_r=0.3484hB\left(\frac{1}{273+t_w}-\frac{1}{273+t_n}\right)g\ (\mathrm{Pa}) \tag{10-4}$$

式中 t_w——最不利月室外空气的月平均温度（℃）；

t_n——最不利月室内空气的月平均温度（℃）；

g——重力加速度，9.81m/s^2。

当全年都自然通风时，t_w=t_{w6}、t_n=t_{n6}，分别取室外、室内6月的平均温度。能满足6月的自然通风要求时，其他月都可满足，冬季北方还应控制自然进风量，以防冻坏设备。

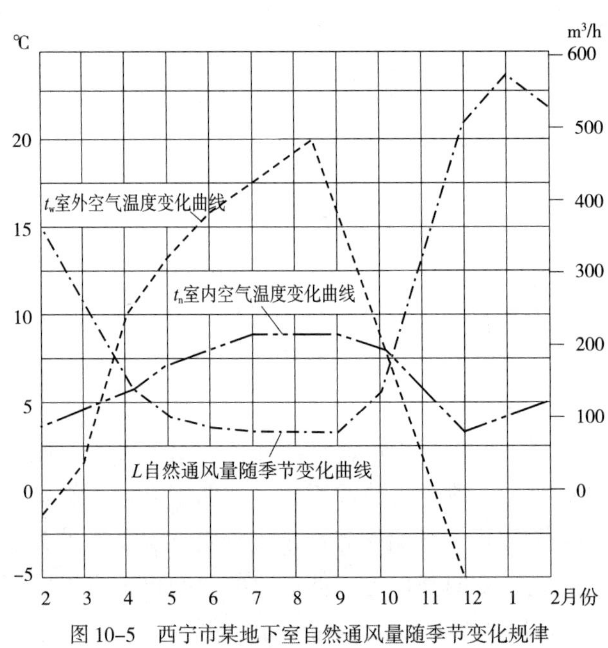

图10–5 西宁市某地下室自然通风量随季节变化规律

10.2.3　风压的计算

当风吹过建筑物或工程的口部时，气流受到建筑物或工程口部的阻挡，使运动的气流降低流速和改变流向，使部分动能转变成静压，如图 10-6 所示。迎风面 b-b 静压上升，如果取没受扰动的 a-a 断面气流相对静压为“0”，则迎风面相对静压大于零（$\Delta P_1>0$），故取正值（+）；背风面由于流线脱离建筑物表面，叫做附面层分离，造成背风口处相对静压小于零（$\Delta P_2<0$），故取负值（-）。

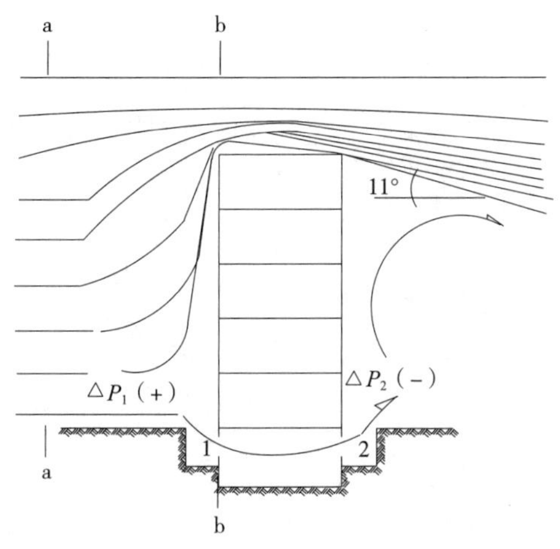

图 10-6　风压作用下的自然通风

用以下各式可以求得风压：

迎风面的风压：

$$\Delta P_1 = K_1 \frac{V^2 \rho}{2} \alpha_1 \beta_1 g \text{（Pa）} \tag{10-5}$$

背风面的风压：

$$\Delta P_2 = K_2 \frac{V^2 \rho}{2} \alpha_2 \beta_2 g \text{（Pa）} \tag{10-6}$$

如果一口和二口之间的风压差用 P_f 表示，则：

$$P_f = (K_1 \alpha_1 \beta_1 - K_2 \alpha_2 \beta_2) \frac{V^2 \rho}{2} g \text{（Pa）} \tag{10-7}$$

式中　α_1、α_2——风压因工程所在地地面粗糙程度与气象站所在地地面的粗糙程度不同的修正系数，无因次，见表 10-1；

β_1、β_2——风口的高度修正系数，无因次，查图 10-7；

K_1、K_2——两风口处的风压转换系数，无因次，一般取 K_1=0.7、K_2=-0.3；

V——自然通风季节，当地气象台离地 10m 高度处，最不利月月平均风速，如全年自然通风时，应取 6 月的月平均风速（m/s）；

ρ——最不利月月平均温度下的空气密度，如全年自然通风，应取 6 月份平均气温对应的空气密度（kg/m^3）。

风压修正系数表　表 10-1

粗糙度 S（m）（地貌）	0.01（湖面）	0.03（空旷平面）	0.20（多树乡村）	0.30（城镇）	1.00（大城市）
风压比值 α	1.30	1.00	0.48	0.40	0.23

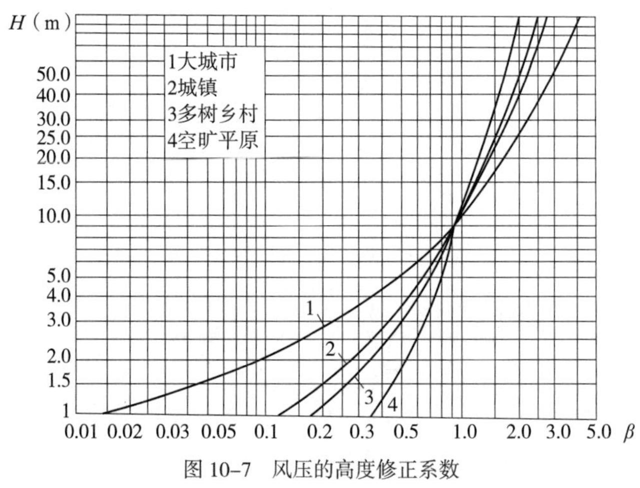

图 10-7　风压的高度修正系数

10.3　人防工程自然通风阻力及风井断面尺寸的计算

自然压差 P 是推动空气在工程中流动的动力。这个动力不是固定不变的，而是随着室内外温差和室外风速以及风向的变化而变化的，它等于自然气流在工程中流动所遇到的阻力 ΔH，即：

$$P=\Delta H\ (\mathrm{Pa}) \tag{10-8}$$

计算的目的在于保证自然压差 P 在一年中绝大部分时间内都能克服该阻力 ΔH，使工程中有足够的通风量。

10.3.1　自然通风的阻力计算

气流在工程中所遇到的阻力有两部分：一是摩擦阻力 ΔH_m，二是局部阻力 ΔH_z。

$$\Delta H=\Delta H_m+\Delta H_z\ (\mathrm{Pa}) \tag{10-9}$$

自然通风系统阻力计算的方法与机械通风相同，但是摩擦阻力线算图和局部阻力系数表的内容向低风速和人防工程实际方面有很大的延伸与发展。

（1）摩擦阻力

$$\Delta H_m=RL\ (\text{Pa})\tag{10-10}$$

式中　R——单位长度摩阻（比摩阻）（Pa/m），见附录 10；

L——风道长度（m）。

在自然通风系统中，摩擦阻力较小，一般占总阻力的 10% 以下。

（2）局部阻力

局部阻力在自然通风系统的总阻力中一般约占 90% 以上，所以减少系统阻力主要应从局部阻力方面考虑。以图 10–8 为例，该自然通风系统中主要是局部阻力，尤其是风井上、下方的两个风口局部阻力较大，应引起设计人员的足够重视。

根据上述分析，为了简化计算，将摩擦阻力一项用系数 μ=1.1 代入式（10–9）得：

$$\Delta H=\mu\sum_{i=1}^{m}Z_i=1.1\sum_{i=1}^{m}Z_i\ (\text{Pa})\tag{10-11}$$

$$Z=\zeta\frac{V^2\rho}{2}\tag{10-12}$$

式中　Z——局部阻力（Pa）；

ζ——局部阻力系数，见附录 11；

V——风井中风速（m/s）；

ρ——空气的密度（kg/m³）。

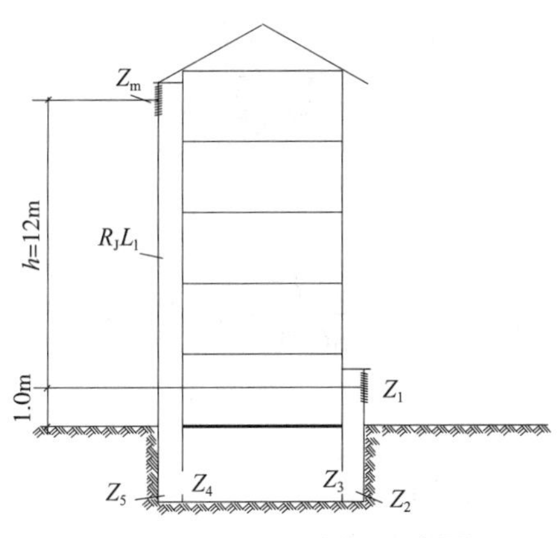

图 10–8　人防工程自然通风例图

10.3.2　风井断面尺寸及两风口间高差 h 的计算

人防工程自然通风阻力计算的目的是为了确定风井的断面尺寸、风口尺寸或两风井进排风口间的高差 h，以便满足工程对自然通风量的要求，这是自然通风设计中的一个重要环节。

（1）已知两风井进、排风口间高差 h，计算风井断面尺寸

某人防工程自然通风系统见图 10–8，低风井的室外风口为低口，高风井的室外风口为高口，计算高低风井断面和风口尺寸。

对于具体工程，一般是设定自然通风量，求高低风井和风口的断面尺寸，下面对算法做介绍。

一般限定所有风口的有效面积与风井的断面积相等。根据式（10–11）和式（10–12），可得下式：

$$\Delta H = 1.1\sum_{j=1}^{m}\zeta_j \frac{V_j^2\rho}{2}\ (\mathrm{Pa}) \tag{10–13}$$

式中　ζ_j——风井及风口局部阻力系数，见附录 11；

V_j——风井风速（m/s）；

ρ——空气的密度（kg/m^3）。

在设计中，当风口形式和风口有效面积比确定之后，ζ_j 可以从局部阻力系数表中查得，此时，式中等号的右端只有 V_j 未知。

工程所在位置确定以后，自然压差 P 可求得。根据 $P=\Delta H$ 得下式，并可求出式中的未知数 V_j：

$$\frac{P}{\mu} = \sum_{j=1}^{m}\zeta_j \frac{V_j^2\rho}{2}$$

$$V_j = \sqrt{\frac{2\dfrac{P}{\mu}}{\rho\cdot\sum_{j=1}^{m}\zeta_j}} \tag{10–14}$$

求出 V_j 后，再根据下式得 F_j：

$$F_j = \frac{L}{3600V_j}\ (\mathrm{m}^2) \tag{10–15}$$

式中　L——自然通风量（m^3/h）；

V_j——高、低风井内风速（m/s）；

F_j——高、低风井断面尺寸（m^2）。

[例] 现以青海省西宁市某防空地下室为例，见图 10–8。其有效面积 F=500m^2，层高 H=3m，体积 V=1500m^3，采用自然通风，夏季换气次数应能达到 2 次 /h。地面建筑五层，高、低风口中心线间高差 h=12m，求高低风井和风口断面尺寸。

①计算通风量：$L=2V$=3000m^3/h。

②计算自然压差：$P=P_r$

室外无风时的自然通风主要是热压起作用，该地夏季无风天较多，所以自然压

差只计算热压（风压在此作为有利因素）。本工程实测的室内外月平均气温和自然通风量变化规律见图 10–5。从中查得 6 月份室外月平均温度 t_w=17℃，室内月平均温度为 7℃；西宁夏季大气压力为 B=773.7mbar，将上述各参数代入式（10–4）得：

$$P_r = 0.3484\ hB(\frac{1}{273+t_w} - \frac{1}{273+t_n})g = -3.9\ (\text{Pa})$$

③计算系统阻力

$$\Delta H = 1.1\sum_{j=1}^{m}\zeta_j \frac{V_j^2\rho}{2}\ (\text{Pa})$$

$$\Delta H = 1.1(\zeta_1+\cdots+\zeta_j)\frac{V_j^2\rho}{2}\ (\text{Pa})$$

式中　ζ_1——低风口（夏季排风口）的局部阻力系数，查附录 11 序号 31，为 8.0；

ζ_2——低风井室内 90° 弯头的局部阻力系数，查附录 11 序号 5，为 1.04；

ζ_3——室内气流进入低风井突然缩小的局部阻力系数，查附录 11 序号 1，为 0.5；

ζ_4——高风井进入室内风口气流突然扩大的局部阻力系数，查附录 11 序号 2，为 1.0；

ζ_5——高风井室内风口前 90° 弯头的局部阻力系数，查附录 11 序号 5，为 1.04；

ζ_j——高风井室外进风口的局部阻力系数，查附录 11 序号 28，为 2.0。

$$\zeta_1+\cdots+\zeta_j=8.0+1.04+0.5+1.0+1.04+2.0=13.58$$

$$\Delta H = 14.938\frac{V_j^2\rho}{2}\ (\text{Pa})$$

式中　ρ——系统中的平均空气密度，西宁 6 月应为（7+17）/2=12℃的空气密度，由式（10–3）得 ρ=0.9458kg/m^3。

④求风井和风口风速

设各风口的有效面积与风井断面积相等，则将上述各值代入式（10–14）得：

$$V_j = \sqrt{\frac{2\frac{P}{\mu}}{\rho\cdot\sum_{j=1}^{m}\zeta_j}} = \sqrt{\frac{7.1}{12.84}} = 0.74\text{m/s}$$

⑤求风井和风口面积

将计算各参数代入式（10–15）得：

$$F_j = \frac{L}{3600V_j} = 3000/(3600\times0.74) = 1.13\text{m}^2$$

⑥实际工程进、排风井断面尺寸应设计成矩形，本工程为 1.5m × 0.8m；高、低风井上的室内外风口有效面积均为 $1.2m^2$，实测通风量达到设计要求。

以上是理论计算结果，实际建筑专业选用的防护密闭门是 GFM0818，密闭门是 GM0818，门洞尺寸为宽 0.8m、高 1.8m，风井下部断面为 1.5m × 1.5m，以便门的启闭；风井地面高低风口为铝合金百叶风口，三面设窗，高 0.8m，有效面积比为 0.8，实际通风面积近 $2.0m^2$。这都是有利于通风的，但是春季要结露，对于有空调的工程应关闭自然通风井，转为空调系统运行期，到秋冬季再转为自然通风，如图 10–17 所示。

（2）已知通风量和风井断面尺寸，求高低风口中心线间的高差 h

这类工程由于通风量和风口断面尺寸已定，所以风井内气流速度 V_j 可求得，则阻力 ΔH 可由式（10–13）求出。

根据式（10–8），总阻力 ΔH 等于自然压差 P，即 $\Delta H=P$；因为该地夏季风压 P_f 为 0，所以 $\Delta H=P_r$，则式（10–2）可变为下式：

$$\Delta H=h\,(\rho_n+\rho_m)\,g\ (\mathrm{Pa}) \qquad (10\text{–}16)$$

由式（10–16）可知两风井进、排风口中心线间的高差 h 可求。

（3）几点要求

①自然通风口的有效面积应等于或大于风井的净截面积，因为风口的局部阻力系数大，面积小则风速高，会增大局部阻力。

②编者对哈尔滨、南京、西宁和广东省的肇庆等四市五个工程连续一年实测证明：风压和风向虽然是随机变化的，但是它对自然通风量在热压的基础上总体上是增加的，尤其是采用定向和半定向自然通风，对风压的利用是十分有效的。

③北方冬季寒冷，室内风口要能调节其开度以利防冻。

10.4　人防工程自然通风与建筑设计

建筑设计与自然通风的关系十分密切。工程的平面布局、风井位置、风口的形式以及尺寸等设计得是否合理直接影响到工程自然通风的实际效果。

10.4.1　人防工程平面布局与风井的设计

工程建筑平面的设计应注意自然通风气流能通畅地流经每个房间，并且气流阻力要小。

高、低风井位置的确定，应注意能控制全局，避免出现气流短路，并使各房间气流均匀。同时还应注意周围建筑对风压的影响。

（1）设有地面风井的防空地下室

这种形式应将高口设在迎向夏季主导风向的墙上，将低口设在迎向冬季主导风向的墙上，如图 10–9（a）所示。也可以只设低风井，靠建筑物两侧的风压差形成自然通风，如图 10–9（b）所示。目前国外也有只用高风井的，如图 10–9（c）所示。

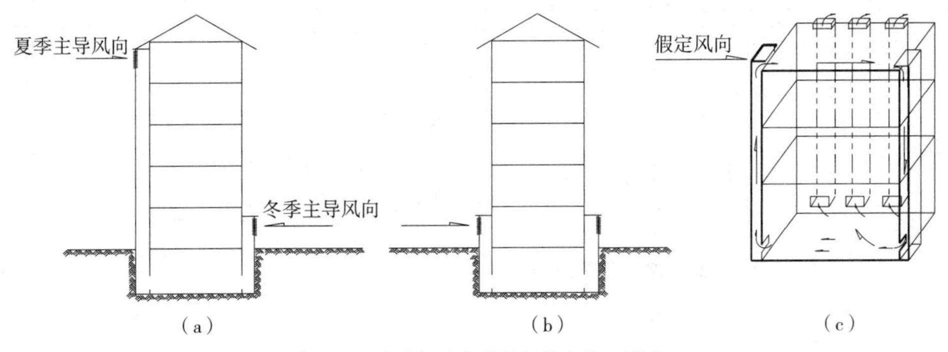

图 10-9　地下室自然通风井地上风口形式

这种完全依附于屋顶的风口，排风口处在负压区，屋顶负压的绝对值较高，但进风口正压值较小，因为平屋顶基本处在负压区，所以实际效果不及前者，但风口较隐蔽，比前者美观。

（2）设有采光窗的防空地下室

利用采光窗进行自然通风是上述风帽（口）的特例。它仍然是利用风压和热压的作用原理，在风的作用下，迎风面为正压区，背风面为负压区，迎背风面形成风压差，此时只要采光窗一打开就有穿堂风吹过。热压作用原理如图 10-10 所示，由于背阴侧空气温度低，密度大；朝阳侧空气温度高，空气密度小，所以自然通风的气流方向是由背阴侧经过地下室流向朝阳侧。

采光窗的设置要有利于工事的气流组织。早期人防地下室有许多工程单面设窗，这对自然通风是不利的，如图 10-11 所示。风在不同方向作用时，室内气流扰动较小；同时，也没有很好地利用热压和风压，因而换气量少，通风效果较差，应避免这种形式。

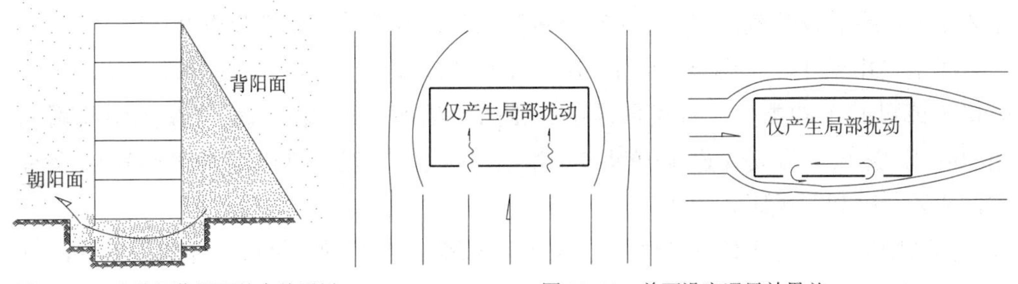

图 10-10　在热压作用下的自然通风

图 10-11　单面设窗通风效果差

四面设窗的工事，不受风向影响，通风效果好。有条件的工事应四面设窗（至少要在对称的两面设有采光窗），如图 10-12 所示。

10.4.2　风口的设计

设有风井的防空地下室，自然通风井的室内和室外风口的面积要大一些，气流阻力尽量小，下面分别对其加以叙述。

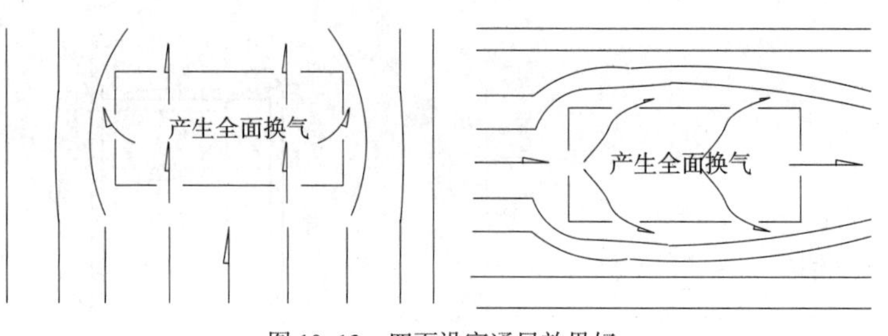

图 10-12　四面设窗通风效果好

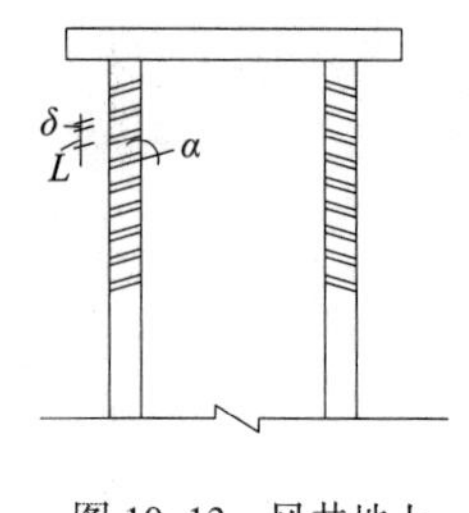

图 10-13　风井地上百叶风口

（1）风井的室内风口

风井的室内风口要求平时通风阻力小，战时能与室外隔绝并与人员出入口有同样的防护能力；风口的面积应等于或大于风井的断面积，如果面积过小，将影响自然通风量。

早期工程有些自然通风井的断面尺寸较大，但与室内相通的洞口很小，这样便增加了气流阻力，影响了通风效果。还有许多工程自然通风井没有防护，这是当时只考虑防原子武器，没有考虑防生化武器，例如一些疏散干道工程，这些工程有条件可以改造，没条件的应按原来的设计理念维护好。

（2）风井地面风口

地面风口的设计应注意两点：

①阻力要小。目前自然通风井的室外风口多采用百叶窗，少数也有用其他花格子的，目的是防止垃圾进入、鸟雀做窝、雨水落入以及美观等。如果不设对自然通风更为有利，因为它挡在风口上增加了气流阻力。为了减少百叶对气流的阻力，应在条件允许的前提下尽可能加大百叶的间距，将百叶厚度 δ 减薄，并且使百叶表面尽量光滑。地上百叶风口多为图 10-13 的形式，目前多采用铝合金百叶风口。

②能利用风压。工程能有效利用风压的关键是对进、排风口的合理设计。分清风口（或风帽）的类型，选用最佳进、排风型风帽。进风型风帽与排风型风帽见图 10-14。进风口应安装进风型风口（帽），排风口应安装排风型风口（帽），只有这样才能合理利用风压。

排风型风口应具备如下条件：a. 不受风向影响，始终排风；b. 气流阻力小；c. 风压利用系数 K 高。

进风型风口（帽）应具备如下条件：a. 不受风向影响，始终进风；b. 气流阻力小；c. 风压利用系数 K 高。上述风帽是编者课题组在风洞试验中不断改进优化后确定的，详见附录 11[1]。

10.4.3　保证热压与风压作用方向始终一致的方法

设法使热压作用的气流方向与风压作用的气流方向始终一致是防空地下室自然通风设计的难题，有条件的工程可参照以下原理进行设计。

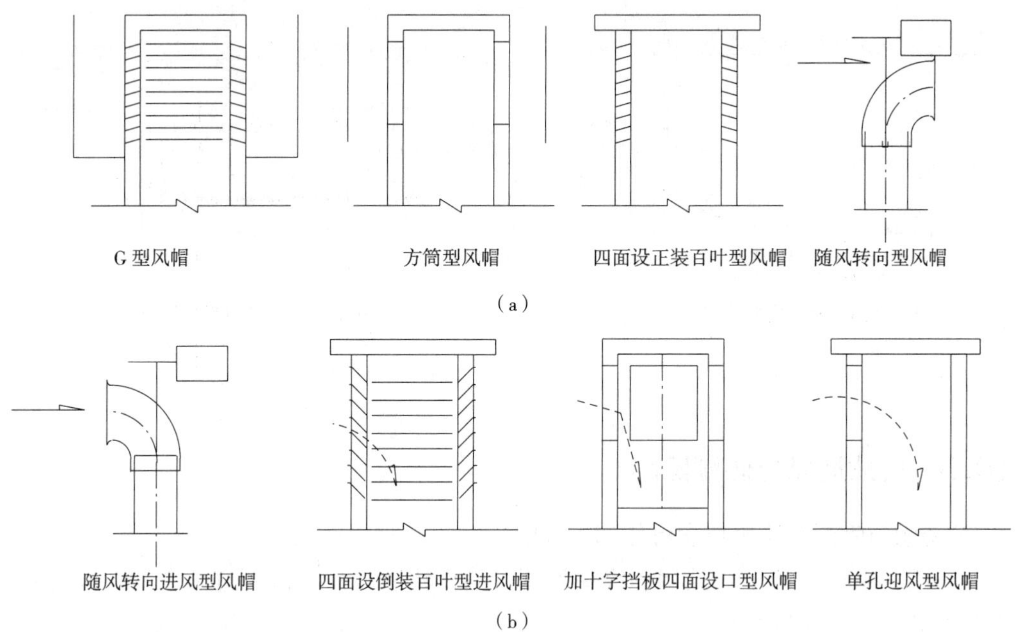

图 10-14　风帽类型

（a）排风型风帽；（b）进风型风帽

（1）组织半定向式自然通风

热压作用所产生的气流方向，夏季是高口进、低口排，冬季则相反，低口进、高口出。对于工程内没有余热可利用的工程，可根据季节改变风口的形式。

夏季，将高口改为进风型风帽，低口改为排风型风帽，使风压作用产生的气流方向与热压作用所产生的气流方向保持一致，冬季反之。

这种使工程内自然通风气流方向仅随季节变化，不随室外风速、风向变化的通风，称为半定向式自然通风。

（2）组织定向式自然通风

所谓定向自然通风，就是工程内自然通风的气流方向不随季节和室外风速、风向变化而改变，始终向同一方向流动的通风。当工程内有余热时，可以利用余热加热高风井内的排风，使排风温度始终高于夏季室外气温。这样可以使热压作用所产生的气流方向始终是低口进风、高口排风。

具体工程是将锅炉或柴油机的排烟管设在高风井内，用烟气的热量来加热高风井内的气流，使高风井内的平均温度 t_n 高于夏季室外空气温度 t_w，从而使热压所产生的气流方向是从低口进、高口排，高风井再装上排风型的风口（帽），低风口装上进风型的风口（帽），风压和热压作用的气流方向就可一致，成为定向式自然通风，见图 10–15（为某地下工厂的锅炉房的实例），也可以利用太阳能加热高风井内的空气，定向式自然通风与除湿机配合，见图 10–16。

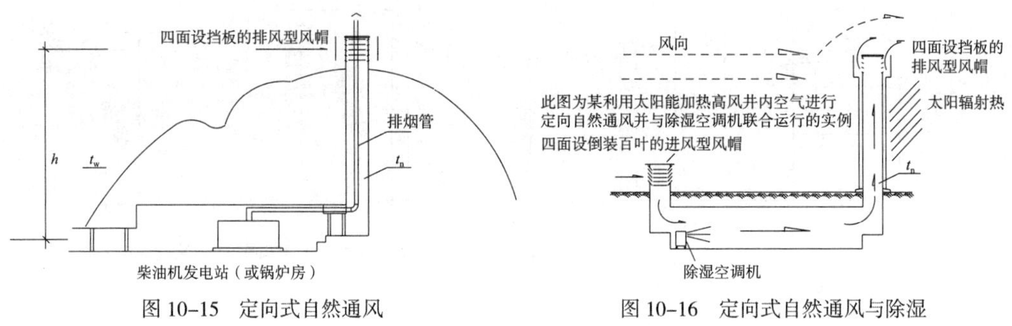

图 10–15 定向式自然通风

图 10–16 定向式自然通风与除湿

10.5 自然通风与防潮除湿

“防潮与除湿”这个概念可作如下理解。

防潮：主要是从土建结构和维护管理方面设法防止外部湿源进入工程，以及对内部湿源加强管理与控制。

除湿：主要是从通风空调方面设法降低工程内空气的含湿量。

由此可知，防潮除湿是建筑设计、土建施工、通风空调以及维护管理等诸方面的综合性技术措施。

工程潮湿的湿源：工程外的热湿空气进入室内产生的凝结水；围护结构的渗水和三缝（施工缝、沉降缝、裂缝）等处的漏水；人员散湿及人为散湿；用水设备及用水房间的散湿等。

根据这些湿源的存在和特点以及当前除湿措施与除湿设备的发展状况等，防护工程防潮除湿的原则应是“以防为主、以除为辅、防除结合”。防主要是控制湿源，最主要的是控制夏季工程外热湿空气进入工程内所产生的凝结水，对自然通风而言，这是至关重要的环节。

对利用采光窗进行自然通风的工程，由于通风口面积大、阻力小，通风和采光效果好，室内壁面随室外气温变化而变化，所以潮湿问题不明显；对设自然通风井的工程，可以根据下述情况，配合机械除湿。

10.5.1 定向自然通风与除湿

防空地下室实现了定向和半定向自然通风后，则可以有效的与机械除湿相配合，解决夏季工程内潮湿问题。

（1）在定向自然通风条件下

工程采用定向自然通风时，应将除湿设备设在工程的进风口，如图 10–16 所示。让降湿机的出风气流吹向高（排）风井，这是某高校的一个地下阅览室工程实例，效果很好，见文献 [1]。

（2）在半定向自然通风条件下

除湿设备应设在夏季的进风井下，让降湿设备的出风气流吹向低（排）风井。

实践证明，因为除湿设备是在工程夏季的进风口处，所以机组可以控制整个工程的温湿度，详见编者的现场试验[1]。

10.5.2　夏季密闭、冬季和过渡季自然通风的工程

这类工程需掌握通风时机，通过长期实践总结出如下经验：“冬天开，夏天闭，春秋两季看天气”。这里冬、夏两季是肯定的，一开、一闭，但是春秋两季需要视工程内、外的气象参数决定开、闭。

（1）当工程外空气的含湿量 d_w 低于工程内空气的含湿量 d_n 时，即 $d_w<d_n$ 时，可以通风。此时，通风的结果是使工程内含湿量降低。

（2）当工程外空气含湿量 d_w 高于工程内空气含湿量 d_n 时，则不能通风。此时，通风的结果是工程内含湿量 d_n 不断升高，继续通风墙壁和地面有可能结露。

10.5.3　自然通风的工程实例

北方某人防通信工程，内设机械进、排风系统，空调系统和自然通风系统。夏季空调，过渡季和冬季自然通风。自然通风平剖面原理见图 10–17，两风井高差为 25m，通风效果很好。

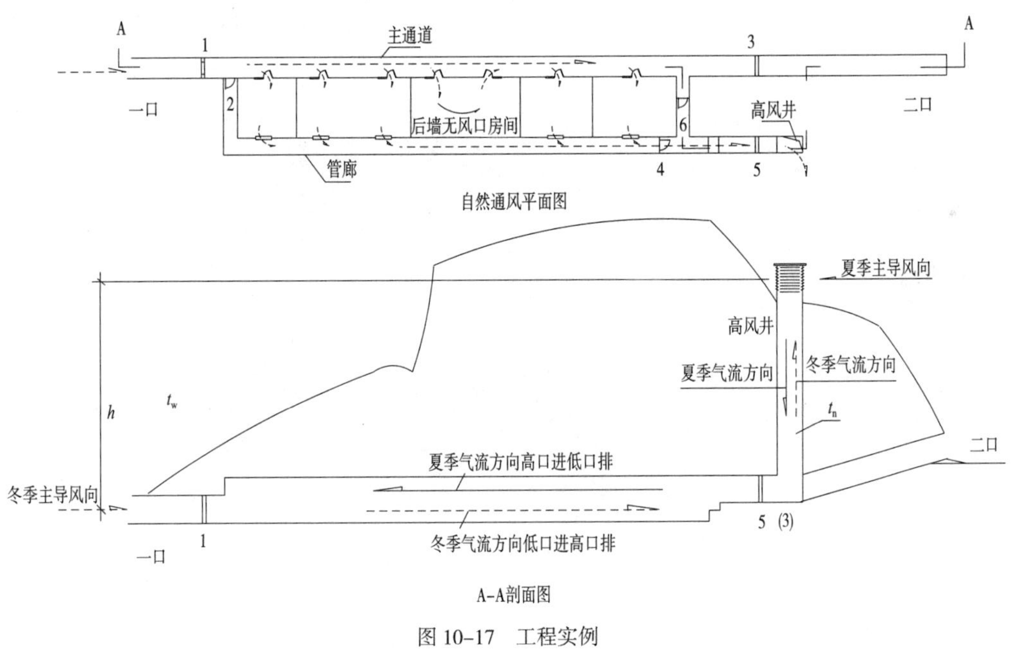

图 10–17　工程实例

对于大余热工程，一定要进行合理的自然通风设计。现以某工程为例，过渡季和冬季室外空气温度比室内低时，自然通风的气流方向是低口进风、高口排风，打开图中 1、4 和 5 号门，其他 2、3、6 号门关闭，各房间的双扇门左侧关、右侧门半开，迎向主通道的气流，同时打开通向管廊的风口，可以形成良好的自然通风。冬季和过渡季不用空调，而且空气清新。冬季要注意调节门的开度，否则会很冷，要防冻。

同一地区没设自然通风的此类工程，由于通信设备散热排不出去，冬季工作人员穿背心还嫌热，所以冬季必须空调，而且室内空气条件差，工作人员感觉不舒适，运行费用高。

各类地下工程能合理利用自然通风，对节能和改善空气环境具有很大现实意义。

本章参考文献

[1] 郭春信 . 地下空间自然通风 [M]. 北京：中国建筑工业出版社，1994.

附录 1
人防工程洗消间的设计

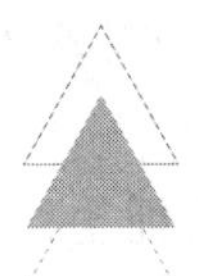

洗消间是专供战时人员从染毒区进入清洁区之前，对自身和装具进行消毒及消除有害物的房间。其目的是将污染物彻底清除，防止带入清洁区，所以洗消间是人员进入工程的关键性安全设施。

1. 洗消的程序和要求

对于防化乙级工程，洗消的程序主要有以下 6 步：

（1）进入工程前的准备工作

①措施：刮去鞋底携带的染毒泥土，拍打罩衣上染毒的浮尘，防毒通道和脱衣间内设小型消毒用喷雾器等准备工作；

②要求：工程口部要设冲洗龙头，供人员紧急洗涤和冲洗口部沾染路面等设施。

【依据】根据实验："经毒区进入工事的人员，如果毒剂液滴沾染在衣物或脚上，是严禁将其带入工事的，否则将会带来非常严重的后果，特别是沙林毒剂液滴，其挥发度较大，可很快达到伤害浓度。……人员出入口应设洗消水槽"。

（2）进入第一防毒通道

①措施：脱去沾染严重的罩衣和鞋套，装入塑料袋内封存，对空气、通道地面和墙面进行消毒；

②要求：在第一防毒通道内，应备有塑料袋和消毒溶液及用具。

【依据】根据实验："人员由污染区进工事时情况复杂得多，不但有空气带入，还有服装吸附毒氛带入。人员由沙林毒区经三个防毒通道进入工事后，在服装表面（的确良单军衣）的空气有 10^{-4}（mg/L）数量级，距衣服表面 1m 远的空气中有 10^{-5}（mg/L）数量级的毒氛浓度。当工事进入人员较多时，服装带入可以很快在工事内造成危险浓度（沙林蒸气浓度在 5×10^{-4}mg/L 时，2min 就可使人缩瞳）。可见服装带入是严重的，不采取措施就会给工事内的掩蔽人员带来严重危害"。因此，在第一防毒通道脱去罩衣和鞋套是防止向第二防毒通道和脱衣间带毒的重要措施。

（3）进入第二防毒通道

①措施：对空气、通道地面和墙面进行消毒，做好进脱衣间的准备；

②要求：在第二防毒通道内，设有消毒措施。

【依据】根据实验："只要工事主要出入口有两个以上防毒通道，人员成组进入工事，并在每个通道停留 3min 以上，不进行通风换气时，空气带入毒氛浓度，也会在安全浓度以下"。

（4）进入脱衣间

①措施：对脱衣间空气、地面和墙面进行消毒，脱下衣服和鞋子，放入塑料袋内封存；

②要求：在脱衣间内应准备塑料袋和消毒措施，地面要认真消毒才可脱去鞋袜，换上从塑料袋中刚取出的未污染的拖鞋。

【依据】"脱衣室是脱去染毒衣服并将其装入塑料袋的地方，这会造成房间内污染，因此是污染区"。

（5）进入淋浴间

①措施：进行淋浴冲洗，重点部位是在染毒区暴露在空气中的头发、耳朵、耳窝、眼窝、手和脚等部位；

②要求：淋浴间应设在清洁区，才能安全进行洗消。

【依据】"淋浴间人员刚进入时带进一些毒氛，随着洗消和排风换气的进行，逐渐变为清洁，基本算作清洁区。如果淋浴间的入口不是密闭门，则脱衣室的毒氛有可能会进入室内，造成正在淋浴人员的污染。因为前一组人在淋浴间淋浴时，后一组人已在脱衣室脱衣，正是脱衣室污染较重之时，所以淋浴间入口要设密闭门"。

（6）进入检查穿衣间

①措施：检查重点部位清洗是否合格；

②要求：备足衣服和鞋帽，检测仪表。

【依据】"检查穿衣室是清洁区，是不允许污染的"。

2. 洗消间毒剂浓度变化理论分析

下面以一个防化乙级工程的战时人员主要出入口为例进行分析。当有一人从染毒区依次由室外经过第一、第二防毒通道进入脱衣间，设室外空气中的毒剂浓度为 C_o，第一防毒通道的体积为 W_1（m^3），人员从室外带入染毒空气量为 U_1（m^3），此时第一防毒通道的浓度经扩散后为 C_1。同理第二防毒通道的体积为 W_2（m^3）；从第一防毒通道带入染毒空气量为 U_2（m^3）；此间毒剂浓度经扩散后为 C_2，如附图 1 所示。

人员经过 M916 钢筋混凝土密闭门的毒剂带入情况　　附表 1-1

	1 人带入量（m^3）	5 人带入量（m^3）	10 人带入量（m^3）
进工程	0.4	0.96	1.17
出工程	0.43	1.20	1.79

第一防毒通道内的毒剂浓度 C_1：

$$C_1 = \frac{U_1 C_0}{W_1} \tag{1}$$

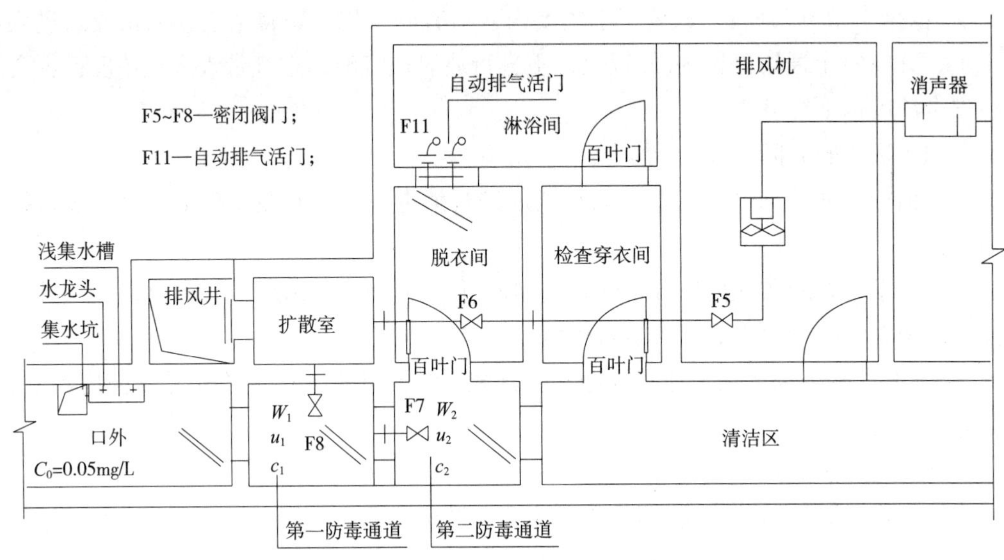

附图 1　洗消间的建筑和通风设计

第二防毒通道内的毒剂浓度 C_2：

$$C_2=\frac{U_2C_1}{W_2}$$

将式（1）代入后：

$$C_2=\frac{U_1U_2C_0}{W_1W_2} \tag{2}$$

同理脱衣间内的毒剂浓度 C_3：

$$C_3=\frac{U_3C_2}{W_3}=\frac{U_1U_2U_3}{W_1W_2W_3}C_0 \tag{3}$$

对图 1，分如下两种情况进行分析。

（1）当出入口通道没有通风换气时

敌人刚施放毒剂，两防毒通道尚未染毒，室外沙林毒剂浓度 C_o=0.05mg/L。有一人从室外进入第一防毒通道，带入的染毒空气量由附表 1-1 得：U_1=0.4m^3。两防毒通道长、宽、高相同，其体积：W_1=W_2= 长 × 宽 × 高 =3m × 3m × 3m=27m^3，则由式（1）计算得 C_1=0.00074mg/L，人员带入第二防毒通道的染毒空气量 U_2 与 U_1 相同时，则计算得知：C_2=0.000011mg/L。

由上述计算可知：第一防毒通道的浓度 C_1=0.00074mg/L，高于报警浓度（注：沙林毒剂的报警浓度为：C=0.0001mg/L，即毒剂报警器的报警浓度），如果人员从第一防毒通道进脱衣间，要等 3~5min；若进入第二防毒通道，C_2=0.000011mg/L，远低于报警浓度，因此从第二防毒通道可以直接进脱衣间，而且较安全。

假设脱衣间的体积 $W_3=W_1=W_2$，脱衣间的毒剂浓度更低，C_3=0.00000016mg/L，可直接在脱衣间脱去衣服，然后即刻去淋浴。这也说明脱衣间的入口不能设在第一防毒通道的道理，只有设在第二防毒通道（最后一个防毒通道），脱衣间的染毒浓度才低，才更安全，才能迅速进行脱衣，淋浴间和穿衣间才可能是清洁区。

（2）当战时人员主要出入口通道设有超压排风时

第一防毒通道毒剂浓度 C_1：

$$C_1=\frac{U_1C_0}{W_1}\mathrm{e}^{-K_1t_1} \tag{4}$$

式中　K_1——第一防毒通道的换气次数 50（次 /h）；

条件与前相同时，C_1=0.00032mg/L。

同理，第二防毒通道毒剂浓度 C_2：

$$C_2=\frac{U_2C_1}{W_2}\mathrm{e}^{-K_2t_2} \tag{5}$$

条件与前相同时，C_2=0.0000021mg/L。

脱衣间的毒剂浓度 C_3：

$$C_3=\frac{U_3C_2}{W_3}\mathrm{e}^{-K_3t_3} \tag{6}$$

条件与前相同时，C_3=0.0000000135mg/L。

由附表 1-2 两种情况比较可知，保证防毒通道一定的换气次数，人员进入工事所需的时间可以更短、更安全。

人员进入时毒剂在各防毒通道的变化规律　　附表 1-2

通风状况	室外浓度（mg/L）	第 1 防毒通道浓度（mg/L）	第 2 防毒通道浓度（mg/L）	脱衣间浓度（mg/L）
无换气	0.05	0.00074（超过报警浓度）	0.000011	0.00000016
有换气	0.05	0.00032（超过报警浓度）	0.0000021	0.0000000135

3. 结论

从上述实践和理论两个方面说明以下几点：

（1）脱衣间的进口应设在最后一个防毒通道，防毒通道数量越多，人员逐一通过所带染毒空气浓度下降越迅速；

（2）乙级防化工程，人员由第二防毒通道进入脱衣间，毒剂浓度低，进入快，安全度高，是确保淋浴间安全的有效措施；

（3）人员不应在染毒区进行洗消，淋浴间只有脱离染毒环境，才能保证人员安全地去清洗；

（4）穿衣检查间应设在清洁区，待换的衣物必须是清洁的，人员和工事主体才是安全的；

（5）人员进入工事时，对出入口进行超压排风，防毒通道毒剂浓度下降快，是保证工程安全的重要措施之一。

附录 2
通风专业设计实例

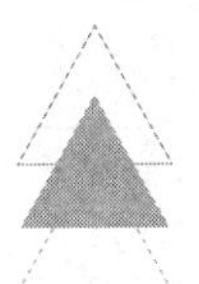

工程设计图

工程名称：一号工程

阶　　段：施工图

专　　业：通　风

年　月

通风专业

专业负责人
设　　计

目　录

序号	图纸名称	图号	规格	比例	附注
1	封面、目录		A3		
2	通风系统施工图设计说明	RF-01	A1		
3	通风系统主要设备材料表	RF-02	A2		
4	平时通风系统平面图	RF-03	A1		
5	绿色设计专篇	RF-04	A1	1:100	
6	战时通风系统平面图	RF-05	A1	1:100	
7	战时通风系统通风方式转换说明	RF-06	A1		
8	战时进排风系统口部房间平剖面图	RF-07	A1	1:50	
9	战时通风系统管道预埋图	RF-08	A1	1:100	
10	通风安装大样图	RF-09	A1		

通风系统施工图设计说明

一、设计依据

1. XXX工程设计委托书
2.《人民防空地下室设计规范》GB 50038—2005
3.《人民防空工程防化设计规范》RFJ 013—2010
4.《民用建筑供暖通风与空气调节设计规范》GB 50736—2012
5.《公共建筑节能设计标准》GB 50189—2005
6.《汽车库建筑设计规范》JGJ 100—2015
7.《汽车库、修车库、停车场设计防火规范》GB 50067—2014
8.《人民防空工程施工及验收规范》GB 50134—2004
9.《人民防空工程质量验收与评价标准》RFJ 01—2015

二、工程概况

本工程为XX市XX办公楼地下自用车库，地下一层，其建筑面积1876平方米，平时停车34辆，划为一个防火分区一个防烟分区；战时为一个防护单元，功能是二等人员掩蔽部，按掩蔽900人设计。防化：丙级。

三、设计内容

本专业设计内容：平时和战时通风系统施工图设计

（一）工程平时通风设计

平时为汽车库，设一个排风系统。由车辆出入口自然进风，排风与排烟系统合一；按《汽车库、修车库、停车场设计防火规范》GB 50067-2014，表8.2.5的要求，当车库净高3.4m时，排风（烟）量：L=31500m³/h；火灾时由出入口自然补风。

（1）排风（烟）机的入口处设常开的排烟防火阀，排烟温度达到（280℃）时自动关闭，并与排风（烟）机连锁，排风（烟）机也同时关闭。因为当排烟温度达到（280℃）时，会产生明火，关闭阀门以防火焰外窜。

（2）排烟风机及进出口软接，应采用在280℃条件下，工作不少于30min的防火材料制成。

（二）工程战时通风设计

战时为核6级二等人员掩蔽部，按掩蔽900人设计，并设有独立的战时进、排风系统，可以实现隔绝式防护和清洁式、隔绝式及滤毒式三种通风方式转换。

四、战时设计参数和标准及相关计算

（一）设计参数及标准

战时通风参数：防化： 丙级

防护等级	六级	CO_2 允许浓度	2.5%
主体超压	≥30pa	防毒通道换气次数	≥40
隔绝时间	≥3h		

（二）相关计算

战时通风主要参数	清洁式通风量	滤毒式通风量	超压排气活门数量	隔绝防护时间	最小防毒通道换气次数
	$L_1 = N \cdot q$	$L_2 = N \cdot q_2$	$N=\frac{L_2-L_0}{Lz}$	$t=\frac{1000V(C-C0)}{N \cdot C_1}$	$K=\frac{L_2-L_0}{V0}$
清洁新风量标准： $q_1=7m^3/(P \cdot h)$	6300m³/h	1800m³/h	2只	5.58h>3h	60>40
滤毒新风量标准： $q_2=2.0m^3/(P \cdot h)$					
最小防毒通道体积： $V_0=27m^3$					
单元密闭区容积：$V=4650m^3$					

表中：1. C ——人防工程室内二氧化碳容许浓度，取2.5%

2. C_0——战时隔绝防护前地下人防工程室内二氧化碳初始浓度，按规范表5.2.5取0.34%
3. C_1—— 战时掩蔽人员每人呼出的二氧化碳量，取 20 L/h
4. L ——所选自动超压排气活门在规定超压值时的排风量 800~1000m³/h
5. N=900人
6. L_0——防毒通道换气次数的安全余量按有效空间体积的4%计算。$L_0=4\%\ V=0.04X4650=186m^3/h$
7. 防毒通道换气量L_F 计算：

$L_F=V_0 X K+L_0 m^3/h$

$L_F=27 X 40+4650X0.04=1080+186=1266m^3/h$

L_F ——计算值小于1800m³/h

结论：计算滤毒式通风量：L_2=1800m³/h；其他参数满足规范要求。

六、施工要求

（一）总要求

1.本工程施工，应按设计图纸中的具体要求及人防有关安装验收规范(规定)进行。
2.通风设备安装前，必须检查其质量是否符合国家相关的质量要求，证件是否齐全。
3.设备安装时，要认真阅读设备的使用和维护说明。
4.系统必须进行调试，并作好计录以备审查。
5.安装完毕应请设计和质检单位进行预验，合格后方可申报正式验收。
6.正式验收，竣工图和验收资料要齐全，尤其是系统调试记录、工事超压和孔口密闭测试记录及预验收中提出的问题处理说明等。
7.验收时要做好验收检查记录，对个别不合格项目，限期整改后，要组织复检。
8.安装竣工后，系统控制图及操作说明应制成图表,张挂于防化值班室的墙上。

（二）除尘器安装

1.LWP-D型除尘器是由18层不锈钢丝网和热镀锌钢板外框组成。选用4台，每台通风量1600m³/h初阻力为70Pa，终阻力达到160Pa时，应拆下按产品说明清洗干净，风干后浸油，可再重复安装使用。

2.防化乙级以下工程，宜选LWP-D型，效率高，对过滤吸收器的保护更有利。

（三）过滤吸收器安装

1.平时严禁打开进、出口的密封盖板，以免受潮，只就位不连接。
2.过滤吸收器两端必须用橡胶软管与管道连接；(橡胶软管是过滤器自带的）。
3.安装时注意滤烟层在前，滤毒层在后。
4.发现金属表面生锈应及时除锈刷漆。
5.与橡胶较管之间用卡箍连接,连接处要注意密封。
6.两个以上的滤毒器，不准摞放，必须用专门的支架或吊钩分别架空，不得依赖风管支撑。见RF-08，TD-3.

（四）密闭阀门安装

1.密闭阀门在安装前必须清洁内腔和密封面，不允许有污物附着，未清洁前不得启闭阀门。
2.减速箱内要加入清洁的润滑油，注油量应达到杆齿面。
3.启闭阀门板，调正开关指针，检查标志箭头指标位置与阀门启闭情况是否相符。
4.安装时，阀门的正面（即有轴的那一面）应面向冲击波作用方向，应注意进、排风系统上。的阀门正面都迎向室外方向，即冲击波的作用方向与阀门表面的箭头方向保持一致。
5.风管要用法兰与阀门连接，法兰间应垫以4~5毫米厚的橡皮垫圈。
6.阀门安装时必须用专门的支架或吊钩加以固定，不得依赖风管支撑。

（五）自动排气活门安装

1.活门安装前应存放干燥处，阀盘处于关闭位置，橡胶密封面上不允许染有油脂物质，以防腐蚀；外套应除锈涂漆，转动部位应注润滑油；重锤螺钉等部位应涂工业凡士林。

2.自动排气活门外套与短管应用法兰连接，法兰间必须垫以4~5 毫米厚的橡胶垫片，以保证法兰间密闭不漏气。

3.活门重锤的位置必须置于超压一侧，并保证活门外套，杠杆与水平面垂直，见RF-08，TD-2。

（六）风管的安装

1.战时进风系统，进风机吸入口前F2和F4号阀门至扩散室管段，应采用3~5毫米厚的钢板气密焊接而成，内外都要除锈涂防锈漆二道，然后外罩面漆两道，并以0.5%~1%的坡度坡向扩散室；进风机出口管道用1mm厚的热镀锌钢板按常规方法施工。

2.战时排风系统，排风机出口阀门F5至排风扩散室染毒区管段，必须采用3~5毫米厚的钢板气密焊接而成，内外表面都要除锈，涂防锈漆二道，然后外罩面漆两道，并以0.5%~1%的坡度坡向排风扩散室。排风机吸入侧管道用1mm厚的热镀锌钢板按常规要求施工。

3.进，排风系统穿密闭隔墙短管，应严格按RF-08图，TD-1的要求进行加工和预埋，两端应露出墙面 100毫米。

4.平时进排风系统的管道和设备应按（通风与空调工程施工质量验收规范）要求进行安装，排风系统因为兼排烟必须采用热镀锌钢板,管壁的厚度不得小于1mm.其法兰间应垫以耐高温垫片。

（七）测压管的安装

1.测压管应选择优质DN15内外热镀锌钢管制成. 预埋到墙体之前管端做好套丝，室外端设90°弯头向下，室内端安装铜质单嘴煤气阀，见RF-08.本工程按TD-4的按B 图施工。

2.管道要求以0.5%~1%的坡度由室内侧坡向室外端,必须一次整体预埋到位,不得只埋过墙管段。

3.安装完毕，应进行通气检查，保证阀门开启时管道畅通无阻。

（八）气密测量管

是测量出入口部门缝和门框墙气密性时使用的，平时必须预埋好，用*DN*50的内外热镀锌钢管，其管长：L=100+墙厚+100mm,安装完墙面两侧各外伸100mm，两端要套丝，平时用管帽或丝堵将两端密封。

（九）放射性监测取样管

用*DN*32的热镀锌钢管，其室内端设铜质球阀，该管设在除尘器前。

（十）滤毒器尾气监测取样管

设有两处：1.滤毒式进风机出口管上为在线测量，用*DN*15的热镀锌钢管,管端设铜质单嘴煤气阀；2.为了鉴别哪个滤毒器先超标，利用滤毒器出口管上的测压差管27b（见图RF-07的B-B剖面图）分别检查，可知先超标的滤毒器。

（十一）除尘器和滤毒器的测压差管

用*DN*15的热镀锌钢管，端头设*DN*15铜质单嘴煤气阀。

（十二）管道系统的其他安装要求详见《人民防空工程施工及验收规范》和《通风与空调工程施工质量验收规范》。

合作设计单位	
注册师印章	

会签专业	会签(正楷)
建 筑	
结 构	
给 排 水	
通 风	
电 气	

出图专用章

审 批		
项目负责人		
专业负责人		
审 核		
校 对		
设 计		
工程编号		
建设单位		
工程名称	一号工程	

图纸名称：

通风系统施工图设计说明

日 期	年 月		
比 例			
设计阶段	施工图		
专 业	通 风	图号	RF-01
版 本	A		09

通风系统主要设备材料表

战时主要设备材料表

序号	名称	规格型号	单位	数量	备注
1	手电两用密闭阀	DMF50; Dg500 双连杆	个	1	
2	手电两用密闭阀	DMF50; Dg500 双连杆	个	1	
3	手电两用密闭阀	DMF40; Dg400 双连杆	个	1	
4	手电两用密闭阀	DMF40; Dg400 双连杆	个	1	
5	手电两用密闭阀	DMF50; Dg500 双连杆	个	1	
6	手电两用密闭阀	DMF50; Dg500 双连杆	个	1	
7	手电两用密闭阀	DMF40; Dg400 双连杆	个	1	
8	进风机	DJF-1型; L=1270~3300m³/h H=410~1430Pa; N=1.1kW	台	2	左转式90°
9	排风机	SWF-I型 N5.5#; L=6000m³/h H=385Pa; N=1.5kW; n=1450rpm	台	1	
10	插板阀	参看国标T351-1,D500	个	1	
11	流量计	适用各种热式风速仪；或智能型风速风量测试仪	个	1	网上有售
12	滤毒器	RFP-1000 支架见TD-3	个	2	平时只就位不连接，以免受潮
13	除尘器	LWP-D	个	4	国家标准设计图集2007FK02第7页
14	自动排气阀门	Ps-D250,见TD-2	个	2	*平时安装到位
15	集气箱	长×宽×高=3800×800×1000	个	1	2mm热镀锌钢板
16	密闭堵头	D400	个	1	
17	密闭环	见TD-1	个	5	*平时施工到位
18	进排风消声器	ZP100(630×400)	节	2	
19	回风消声器	ZP100(630×500)	节	1	
20	超压管	DN25热镀锌钢管及球阀	个	1	
21	测压管	DN15镀锌钢管, DN15铜质单咀煤气阀	个	1	平时整体施工到位
22	排风口	铝合金双层百叶风口 $A×B$=320×320	个	5	
23	软接头	三防布	个	6	
24	橡胶套管	D=315; L=150mm; 滤毒器厂家提供	根	4	
25	气密测量管	DN50，镀锌钢管两端外延100mm，并加管帽。中心距地1.5m	根	4	*平时施工到位
26	放射性取样管	DN32镀锌钢管及铜质球阀	个	1	
27	测压差管	DN15镀锌钢管,铜质球形单嘴煤气阀	个	6	
28	尾气监测管	DN15镀锌钢管,DN15铜质球阀	个	1	
29	减震器	XHS-30吊架弹簧减震器	个	4	
30	手动密闭阀	D40J-0.5; Dg300 (TJ调节阀)	个	2	

平时主要设备材料表

序号	名称	规格型号	单位	数量	备注
31	排风(烟)机	HTF-D 型No10 ;L=30820m³/h H=320 Pa; N=5.5kW; 245kg; 87dB	台	1	n=960rmp;6极
32	软接头	三防布	个	2	
33	排烟防火阀	1250×630 常开 280℃ 关闭	个	1	
34	消声器	ZP100 (1250X630)	节	1	
35	排风口	铝合金 双层百叶风口 600X400	个	10	
36	多叶对开调节阀	1250X320	个	1	
37	防火阀	320X250 70℃关闭	个	1	
38	排风口	铝合金 双层百叶风口 320X250	个	1	
39	减震器	XHS-60吊架弹簧减震器	个	4	吊杆直经$Φ$=12mm
40	防火风口	400×320 常开70℃关闭	个	1	

说明:

1.平时排风（烟）风机通过管路阻力计算之后选择。该系统计算阻力：P=295Pa。系统阻力通过计算之后再选风机才稳妥。

2.平时必须安装到位的项目,各省市要求不同,但是表中14、17、21和25等预埋件，在土建墙体构筑时，必须预埋到位，位置数量要准确无误。

3.测压管必须整体预埋到位，严禁只埋过墙段。

合作设计单位	
注册师印章	
会签专业	会签(正楷)
建　筑	
结　构	
给排水	
通　风	
电　气	
出图专用章	
审　批	
项目负责人	
专业负责人	
审　核	
校　对	
设　计	
工程编号	
建设单位	
工程名称	一号工程
图纸名称:	通风系统主要设备材料表
日　期	年　月
比　例	
设计阶段	施工图
专　业	通风
版　本	B
图号	RF-02 09

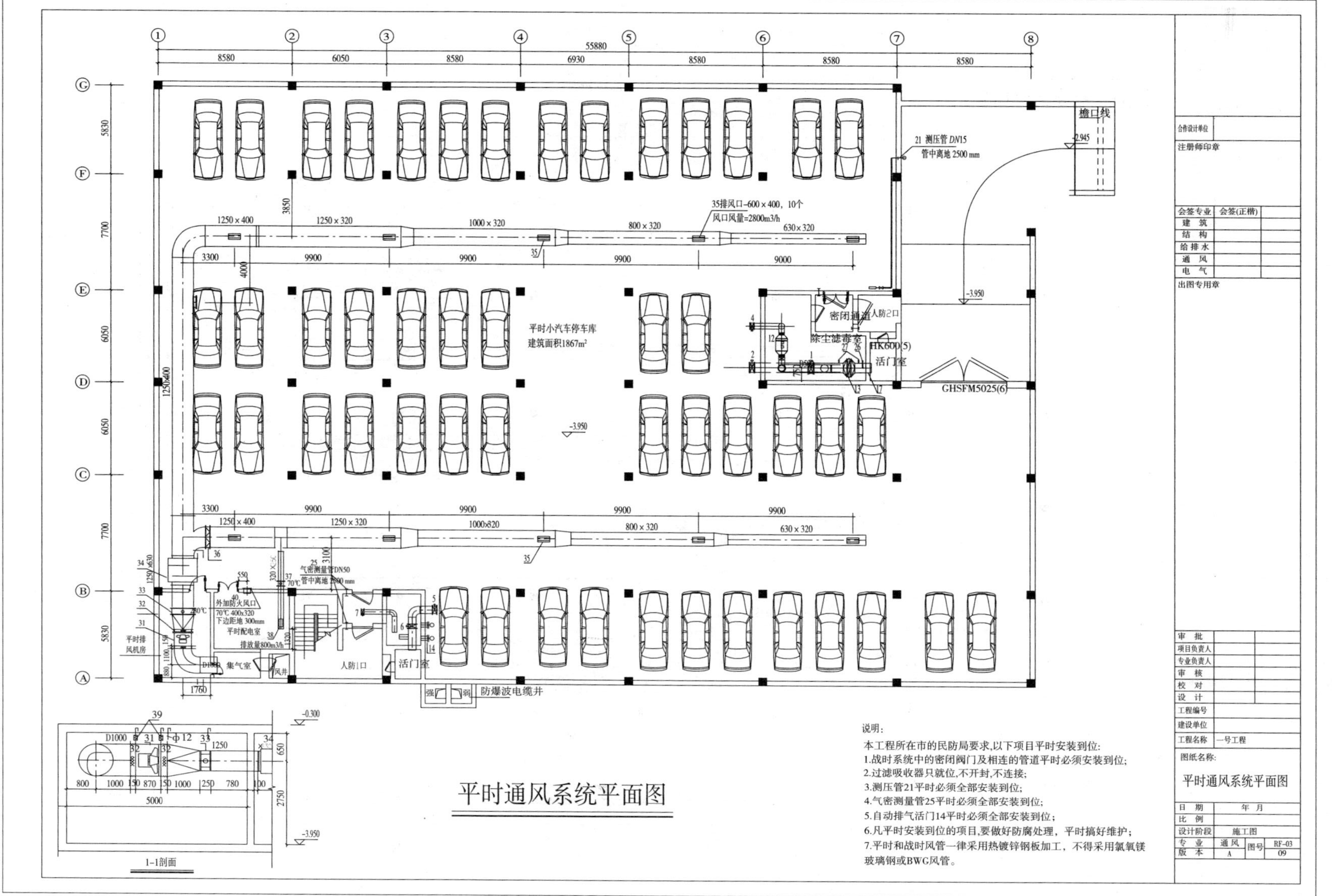
平时通风系统平面图
1-1剖面
说明：
本工程所在市的民防局要求，以下项目平时安装到位：
1.战时系统中的密闭阀门及相连的管道平时必须安装到位；
2.过滤吸收器只就位，不开封，不连接；
3.测压管21平时必须全部安装到位；
4.气密测量管25平时必须全部安装到位；
5.自动排气活门14平时必须全部安装到位；
6.凡平时安装到位的项目，要做好防腐处理，平时搞好维护；
7.平时和战时风管一律采用热镀锌钢板加工，不得采用氯氧镁玻璃钢或BWG风管。

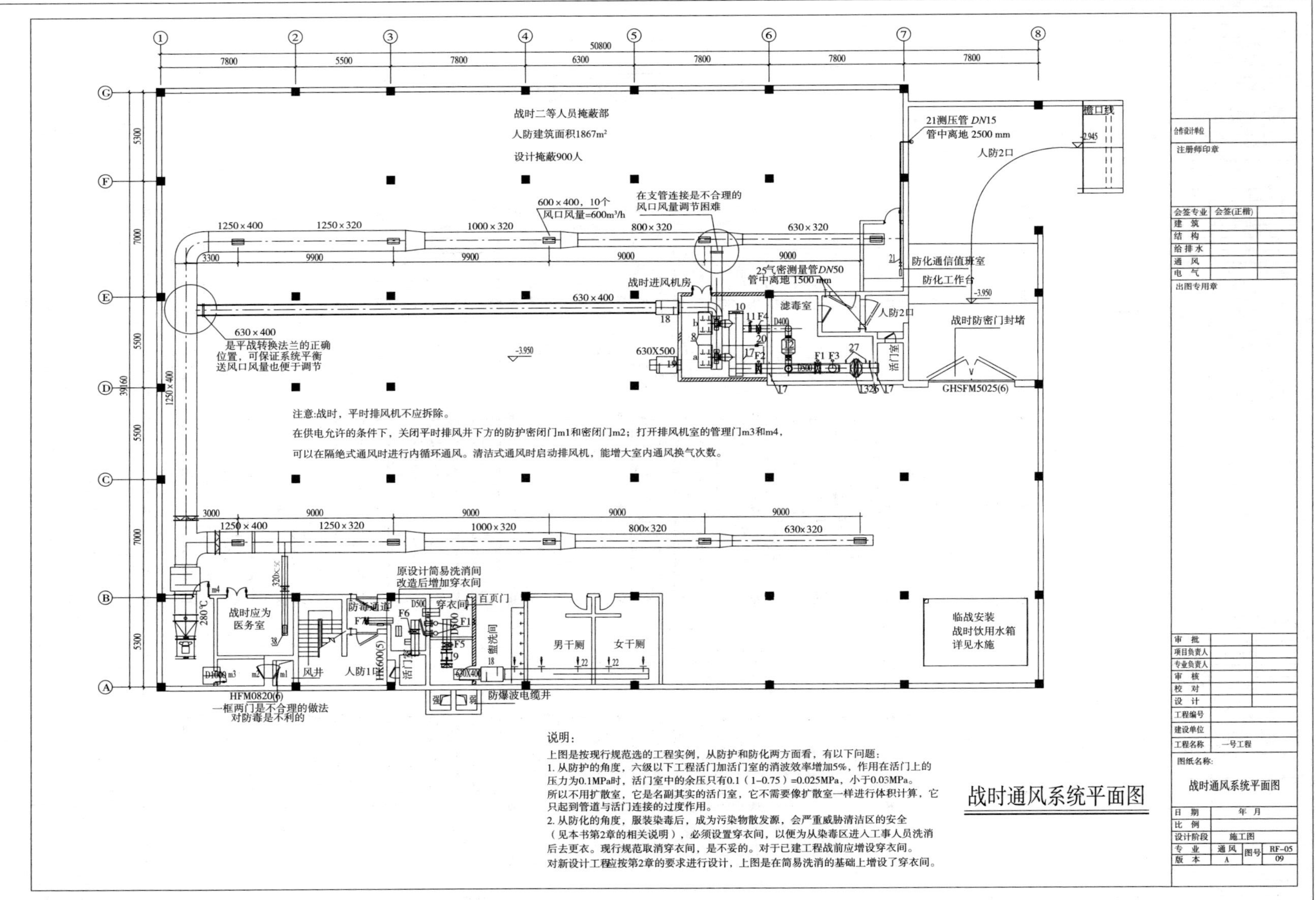
战时二等人员掩蔽部
人防建筑面积1867m²
设计掩蔽900人
21测压管DN15
管中离地 2500 mm
人防2口
檐口线
600×400，10个
风口风量=600m³/h
在支管连接是不合理的
风口风量调节困难
25气密测量管DN50
管中离地 1500 mm
防化通信值班室
防化工作台
战时进风机房
滤毒室
人防2口
战时防密门封堵
GHSFM5025(6)
630×400
是平战转换法兰的正确
位置，可保证系统平衡
送风口风量也便于调节
注意:战时，平时排风机不应拆除。
在供电允许的条件下，关闭平时排风井下方的防护密闭门m1和密闭门m2；打开排风机室的管理门m3和m4，
可以在隔绝式通风时进行内循环通风。清洁式通风时启动排风机，能增大室内通风换气次数。
原设计简易洗消间
改造后增加穿衣间
防毒通道
穿衣间
百页门
盥洗间
男干厕
女干厕
临战安装
战时饮用水箱
详见水施
战时应为
医务室
风井
人防1口
HFM0820(6)
一框两门是不合理的做法
对防毒是不利的
防爆波电缆井
说明:
上图是按现行规范选的工程实例，从防护和防化两方面看，有以下问题：
1. 从防护的角度，六级以下工程活门加活门室的消波效率增加5%，作用在活门上的压力为0.1MPa时，活门室中的余压只有0.1（1-0.75）=0.025MPa，小于0.03MPa。所以不用扩散室，它是名副其实的活门室，它不需要像扩散室一样进行体积计算，它只起到管道与活门连接的过度作用。
2. 从防化的角度，服装染毒后，成为污染物散发源，会严重威胁清洁区的安全（见本书第2章的相关说明），必须设置穿衣间，以便为从染毒区进入工事人员洗消后去更衣。现行规范取消穿衣间，是不妥的。对于已建工程战前应增设穿衣间。对新设计工程应按第2章的要求进行设计，上图是在简易洗消的基础上增设了穿衣间。
战时通风系统平面图
合作设计单位
注册师印章
会签专业 会签(正楷)
建筑
结构
给排水
通风
电气
出图专用章
审批
项目负责人
专业负责人
审核
校对
设计
工程编号
建设单位
工程名称 一号工程
图纸名称:
战时通风系统平面图
日期 年 月
比例
设计阶段 施工图
专业 通风 图号 RF-05
版本 A 09

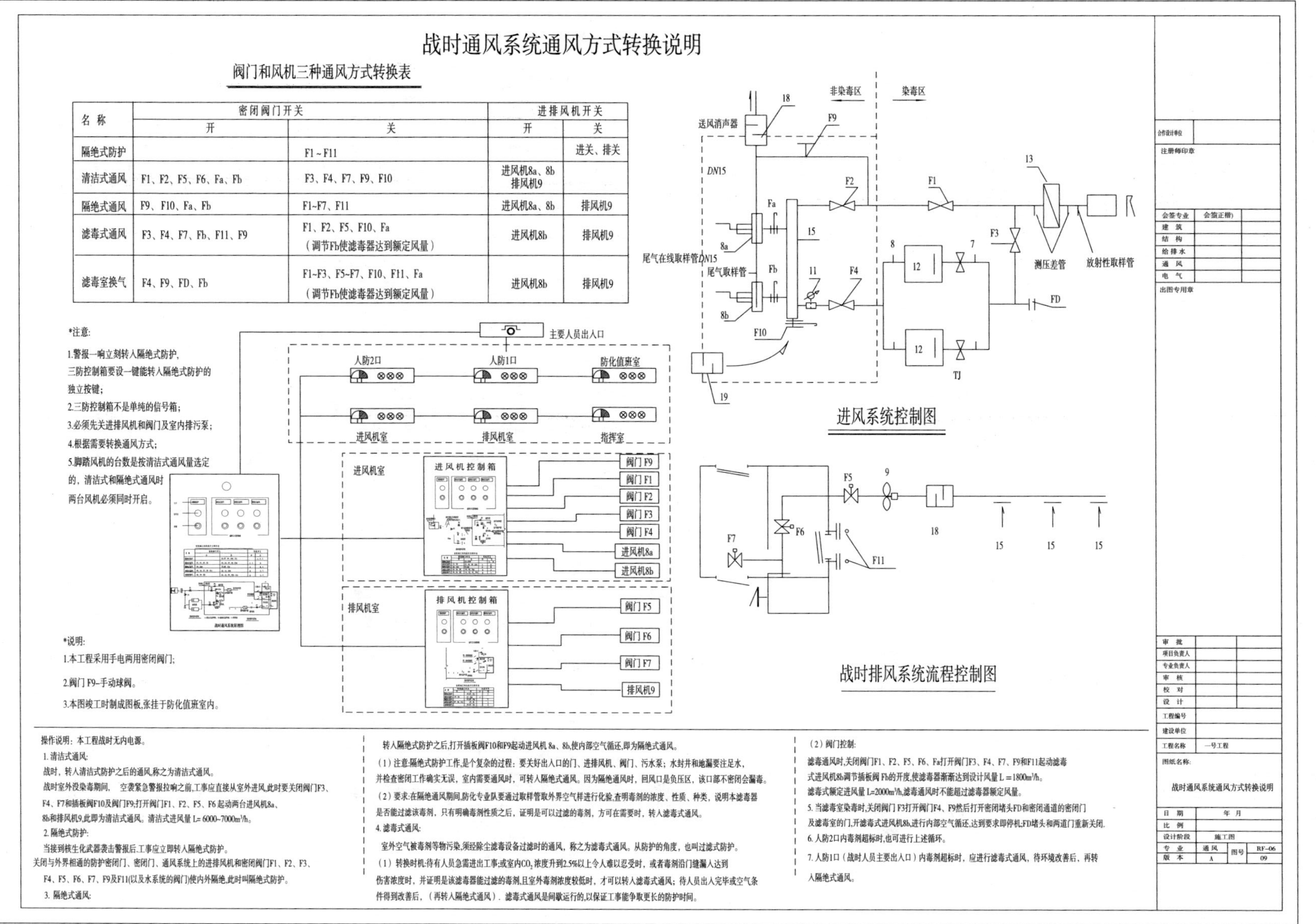

名称	密闭阀门开关		进排风机开关	
	开	关	开	关
隔绝式防护		F1~F11		进关、排关
清洁式通风	F1、F2、F5、F6、Fa、Fb	F3、F4、F7、F9、F10	进风机8a、8b 排风机9	
隔绝式通风	F9、F10、Fa、Fb	F1~F7、F11	进风机8a、8b	排风机9
滤毒式通风	F3、F4、F7、Fb、F11、F9	F1、F2、F5、F10、Fa（调节Fb使滤毒器达到额定风量）	进风机8b	排风机9
滤毒室换气	F4、F9、FD、Fb	F1~F3、F5~F7、F10、F11、Fa（调节Fb使滤毒器达到额定风量）	进风机8b	排风机9

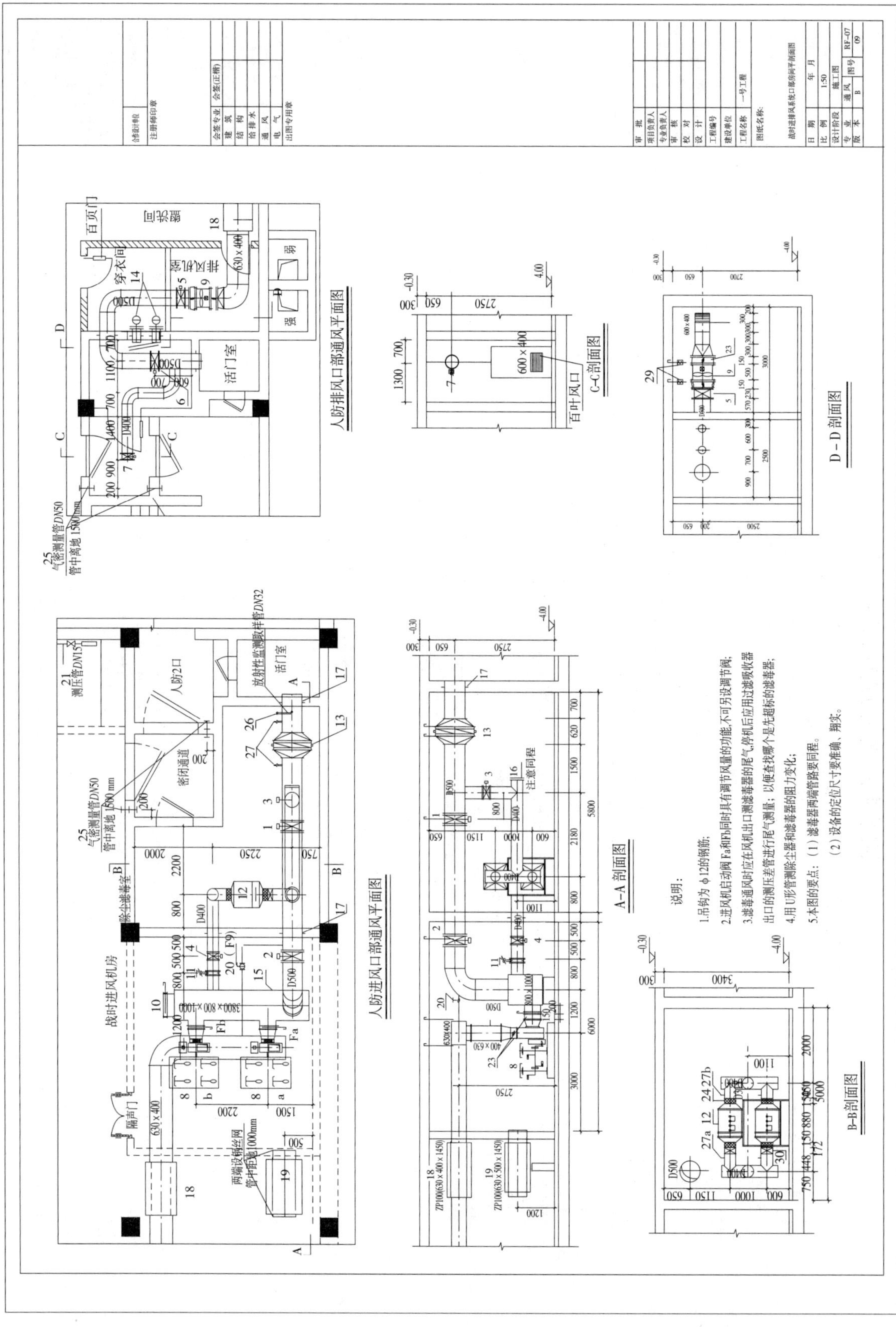
人防排风口部通风平面图
C-C剖面图
D-D剖面图
人防进风口部通风平面图
A-A剖面图
B-B剖面图
说明：
1.吊钩为φ12的钢筋；
2.进风机启动阀Fa和Fb同时具有调节风量的功能，不可另设调节阀；
3.滤毒通风时应在风机出口测滤毒器的尾气，停机后应用过滤吸收器出口的测压差管进行尾气测量，以便查找哪个是先超标的滤毒器；
4.用U形管测除尘器和滤毒器的阻力变化；
5.本图的要点：（1）滤毒器两端管路要同程。
（2）设备的定位尺寸要准确、翔实。

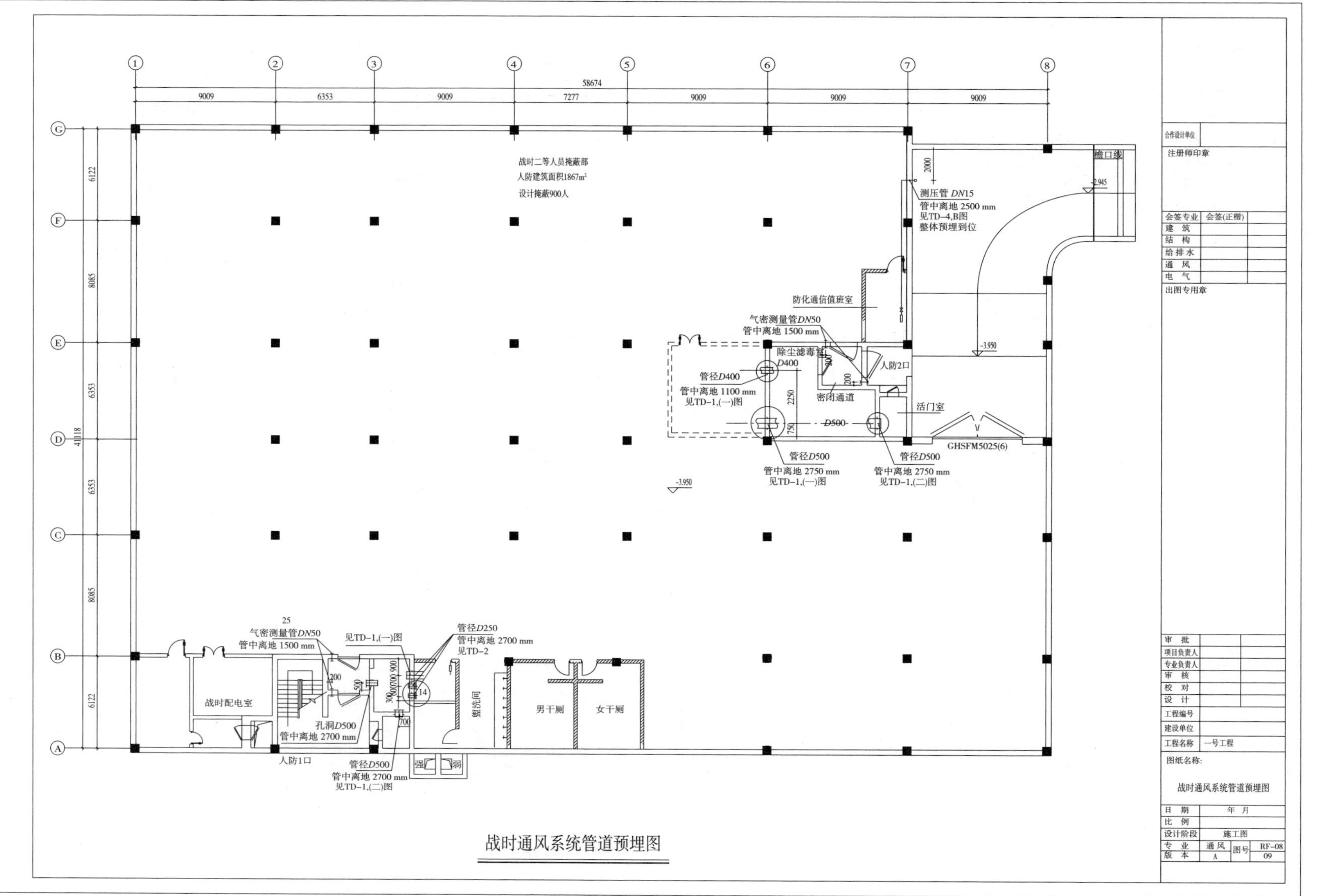

战时通风系统管道预埋图

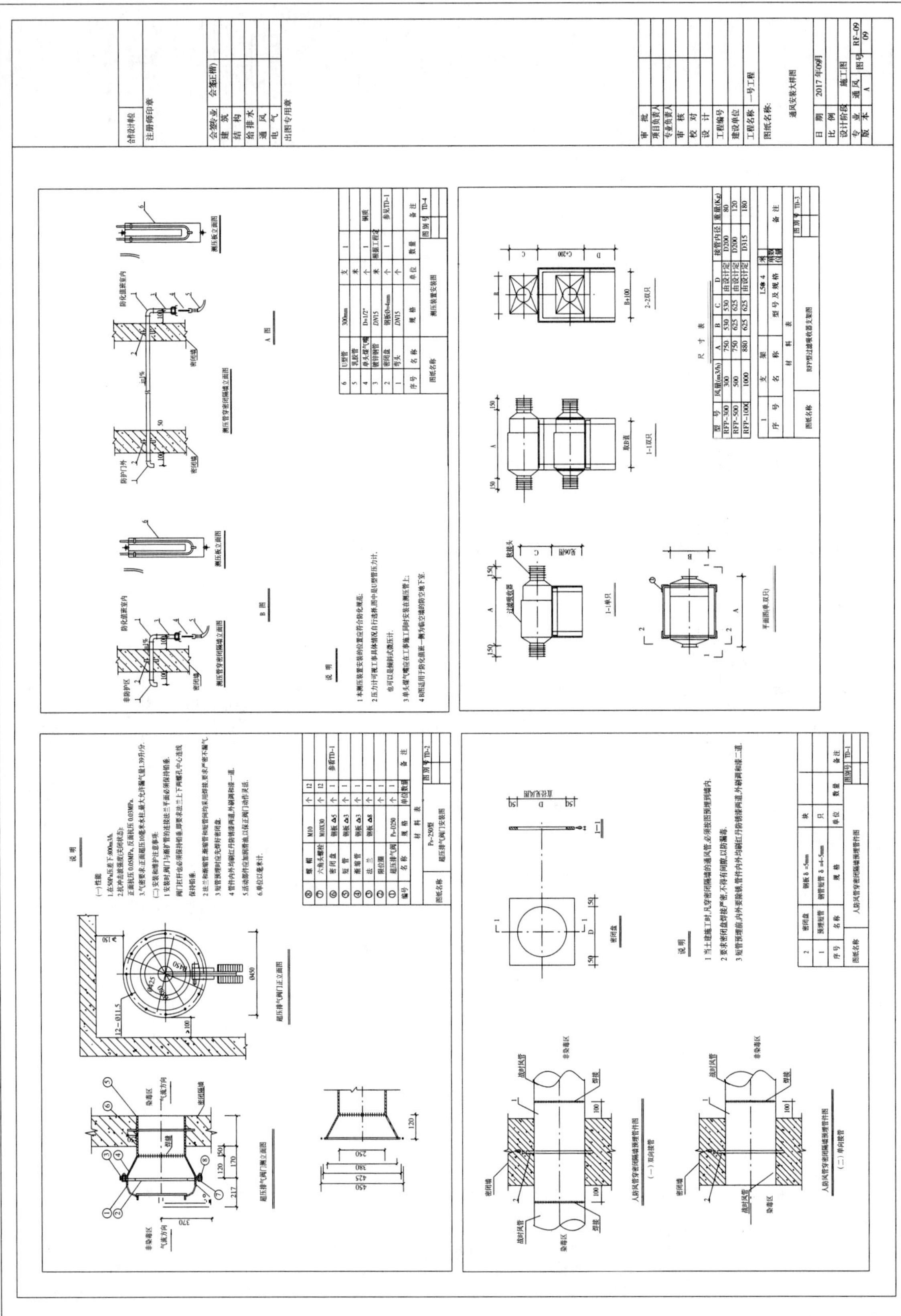

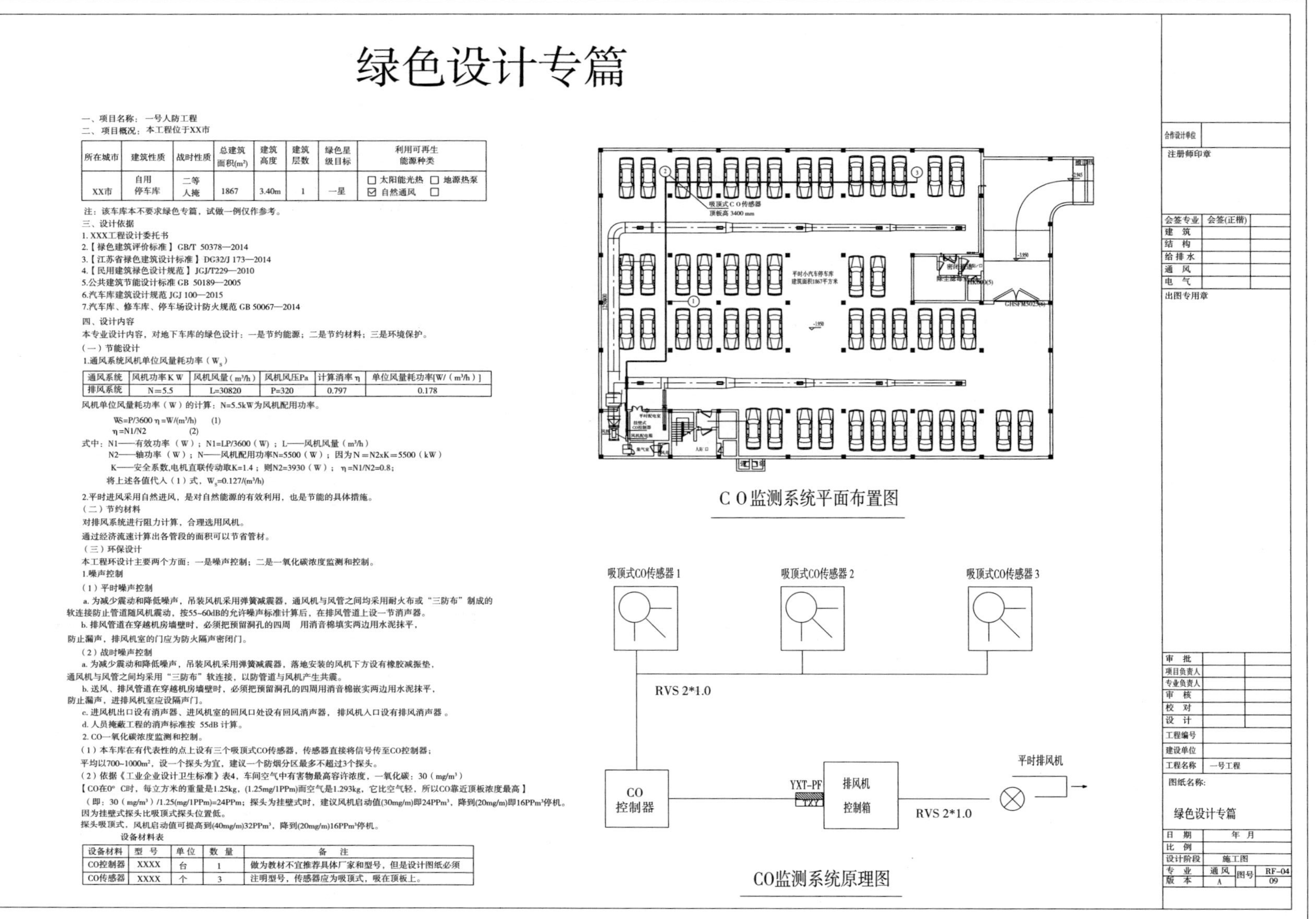

绿色设计专篇

一、项目名称：一号人防工程

二、项目概况：本工程位于XX市

所在城市	建筑性质	战时性质	总建筑面积(m²)	建筑高度	建筑层数	绿色星级目标	利用可再生能源种类
XX市	自用停车库	二等人掩	1867	3.40m	1	一星	□ 太阳能光热　□ 地源热泵 ☑ 自然通风　□

注：该车库本不要求绿色专篇，试做一例仅作参考。

三、设计依据

1. XXX工程设计委托书
2. 【绿色建筑评价标准】GB/T 50378—2014
3. 【江苏省绿色建筑设计标准】DG32/J 173—2014
4. 【民用建筑绿色设计规范】JGJ/T229—2010
5. 公共建筑节能设计标准 GB 50189—2005
6. 汽车库建筑设计规范 JGJ 100—2015
7. 汽车库、修车库、停车场设计防火规范 GB 50067—2014

四、设计内容

本专业设计内容，对地下车库的绿色设计：一是节约能源；二是节约材料；三是环境保护。

（一）节能设计

1. 通风系统风机单位风量耗功率（W_s）

通风系统	风机功率KW	风机风量（m³/h）	风机风压Pa	计算消率η	单位风量耗功率[W/（m³/h）]
排风系统	N=5.5	L=30820	P=320	0.797	0.178

风机单位风量耗功率（W）的计算：N=5.5kW为风机配用功率。

$$WS=P/3600\eta=W/(m^3/h) \quad (1)$$

$$\eta=N1/N2 \quad (2)$$

式中：N1——有效功率（W）；N1=LP/3600（W）；L——风机风量（m³/h）

N2——轴功率（W）；N——风机配用功率N=5500（W）；因为N＝N2xK＝5500（kW）

K——安全系数,电机直联传动取K=1.4；则N2=3930（W）；η=N1/N2=0.8；

将上述各值代入（1）式，W_s=0.127/(m³/h)

2. 平时进风采用自然进风，是对自然能源的有效利用，也是节能的具体措施。

（二）节约材料

对排风系统进行阻力计算，合理选用风机。

通过经济流速计算出各管段的面积可以节省管材。

（三）环保设计

本工程环设计主要两个方面：一是噪声控制；二是一氧化碳浓度监测和控制。

1. 噪声控制

（1）平时噪声控制

a. 为减少震动和降低噪声，吊装风机采用弹簧减震器，通风机与风管之间均采用耐火布或“三防布”制成的软连接防止管道随风机震动，按55~60dB的允许噪声标准计算后，在排风管道上设一节消声器。

b. 排风管道在穿越机房墙壁时，必须把预留洞孔的四周　用消音棉填实两边用水泥抹平，防止漏声，排风机室的门应为防火隔声密闭门。

（2）战时噪声控制

a. 为减少震动和降低噪声，吊装风机采用弹簧减震器，落地安装的风机下方设有橡胶减振垫，通风机与风管之间均采用“三防布”软连接，以防管道与风机产生共震。

b. 送风、排风管道在穿越机房墙壁时，必须把预留洞孔的四周用消音棉嵌实两边用水泥抹平，防止漏声，进排风机室应设隔声门。

c. 进风机出口设有消声器、进风机室的回风口处设有回风消声器，排风机入口设有排风消声器。

d. 人员掩蔽工程的消声标准按 55dB 计算。

2. CO一氧化碳浓度监测和控制。

（1）本车库在有代表性的点上设有三个吸顶式CO传感器，传感器直接将信号传至CO控制器；平均以700~1000m²，设一个探头为宜，建议一个防烟分区最多不超过3个探头。

（2）依据《工业企业设计卫生标准》表4，车间空气中有害物最高容许浓度，一氧化碳：30（mg/m³）

【CO在0° C时，每立方米的重量是1.25kg，(1.25mg/1PPm)而空气是1.293kg，它比空气轻，所以CO靠近顶板浓度最高】

（即：30（mg/m³）/1.25(mg/1PPm)=24PPm；探头为挂壁式时，建议风机启动值(30mg/m)即24PPm³，降到(20mg/m)即16PPm³停机。

因为挂壁式探头比吸顶式探头位置低。

探头吸顶式，风机启动值可提高到(40mg/m)32PPm³，降到(20mg/m)16PPm³停机。

设备材料表

设备材料	型号	单位	数量	备注
CO控制器	XXXX	台	1	做为教材不宜推荐具体厂家和型号，但是设计图纸必须
CO传感器	XXXX	个	3	注明型号，传感器应为吸顶式，吸在顶板上。

附录 3
通风平战功能转换设计实例

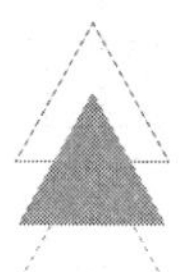

工程设计图

工程名称：一号工程

阶　　段：平战转换

专　　业：通　　风

年　月

通风平战功能转换

专业负责人

设　计

目　录

序号	图纸名称	图号	规格	比例	附注
1	目录				
2	通风系统平战转换设计说明	PF-01			
3	平战转换通风系统平面图	PF-02			
4	人防口部通风平剖面图	PF-03			

通风系统平战转换设计说明

一、设计依据

1. XXX工程设计委托书 XXXX
2.《人民防空地下室设计规范》GB 50038—2005
3.《人民防空工程防护功能平战转换设计标准》RFJ 1—98
4.《人民防空工程防化设计规范》RFJ 013—2010
5.《民用建筑供暖通风与空气调节设计规范》GB 50736—2012
6.《人民防空工程施工及验收规范》GB 50134—2004

二、工程概况

本工程建筑面积1867平方米，平时为汽车库.划为一个防火分区一个防烟分区；战时为一个防护单元，功能是二等人员掩蔽部，按掩蔽900人设计。

三、平战转换通风设计

（一）设计内容

本专业设计内容：平战转换通风系统施工设计已经在附录2的图纸中全部完成，但是有些管道和设备没有安装到位。平战转换就是把平时没有安装到位的管道和设备安装起来，达到战时使用功能。

（二）系统设计

1.平战转换系统设计

将附录2中，图RF–03（1）战时进风系统：将密闭阀门F2和F4到平战转换法兰之间的设备和管道用虚线与已安装部分分开；（2）将排风系统密闭阀门F5到厕所排风口之间的风管和设备用虚线与已安装部分分开，改为图 PF–02；（3）将进排风系统需要补充安装的设备材料列入表2；（4）由概预算人员，对于设备材料和施工安装做出概算；（5）对于施工进度做出安排，如表1；（6）对于施工做出具体要求；（7）这一套图纸和概预算文件，就是通风专业的平战转换设计预案。

2.战时环保设计

（1）为减少震动和降低噪声，吊装的排风机等设备采用减震吊钩，见表2中序号12；落地安装的进风机下设有橡胶减振垫，见表中序号13，通风机与风管之间均采用三防布作为软连接，以便减少震动噪声。

（2）送风、排风管道在穿越机房墙壁时，必须把预留洞孔的四周用消音棉填实，然后用水泥抹平。防止漏声。

（3）进风机出口设有送风消声器、进风机室隔墙上的回风口处设有回风消声器，排风机入口处设有排风消声器，经过计算必须是一节。

四、战时设计参数和标准

战时通风参数：防化：丙级

防护等级	六级	CO_2允许浓度	2.5%
主体超压	≥30Pa	防毒通道换气次数	≥40
隔绝时间	≥3h	工程单个口部允许漏气量	Lo≤0.1W

五、施工要求

（一）总要求

1.平战转换部分施工，主要按本套图并参考原设计图纸中的具体要求进行补充性施工安装。
2.通风设备材料安装前，必须检查相关出厂文件要齐全，质量合格后方可安装。
3.滤毒设备安装时，要认真阅读设备样本中的安装、使用和维护说明，气流方向，应与指示方向一致。
4.系统必须进行调试、每个风口要达到设计风量，允许误差10%，作好计录以备审查。
5.安装竣工后，通风方式转换系统控制操作说明应制成图表，张挂于防化值班室的墙上。
它是竣工验收的重点检查项目之一，不可忽视。
6.安装完毕应请设计和质检等单位进行正式验收。
验收时要做好验收检查记录，对个别不合格项目，限期整改后,要组织复验。

（二）检查和调整已安装到位的下述设备，使其转入战备状态：

1.除尘器；2.过滤吸收器；3.密闭阀门；4.自动排气活门；5.已经安装到位的管道等进行检查，全部可以随时转入战时状态。

（三）平战转换设备和管道的安装

1.进排风管道的安装

平战转换进排风系统的管道和设备必须按（通风与空调工程施工质量验收规范）要求进行安装，进排风系统管壁的厚度不得小于 1.0mm。

（1）进风管道的安装：图PF–02和图PF–03从进风机室阀门F2和F4到平战转换法兰段。

（2）排风管道的安装：图PF–02和图PF–03从排风机室阀门F5到战时干厕段。

（3）风管的支吊架间距，3m 。

2.风机的安装

（1）进风机的安装

两台进风机为左90°

两台进风机安装在150~200mm混凝土底座上，每台10个底脚螺栓，均垫橡胶减震垫，见表2序号13。

（2）排风机的安装

一台排风机按PF–03图的要求进行安装。

六、平战转换工作进度安排,见表1.

表1 平战转换工作进度安排表

转换时间段	转换内容	备注
转换前全面检查	对已安装到位的项目进行全面检查,将损坏和遗漏的项目单列或	
	统一列入平战转换工程中。	
早期转换(30天)	战时进排风机、消声器、管道材料、配件及仪器仪表购置到位；	
	进排风系统管道加工完毕.	
临战转换(15天)	本工程转换工作量较小,风机和管道必须在一周内安装完毕,然后进行	
	系统调试,并配合防化专业进行孔口的密闭处理和气密性实验。	
	竣工验收和对验收不合格项目的进一步整改。	
紧急转换(3天)	使用单位人员，将过滤吸收器与滤毒通风管连接起来.做滤毒通风准备。	
	最后一次全面检查和试运行。	

七、通风系统平战转换主要设备材料,见表2.

表2 通风系统平战转换主要设备材料表

序号	名称	规格型号	单位	数量	备注
1	进风机	DJF–1型;L=1270~3300m³/h H=410~1430Pa; N=1.1kW	台	2	左转式90°
2	排风机	SWF–I型 N6#;L=7000m³/h H=350Pa; N=1.5kW	台	1	
3	插板阀	参看国标T351–1,D500	个	1	
4	流量计	风量风速仪（可从网上查得）	个	1	
5	集气箱	长×宽×高=3800×800×1000	个	1	
6	进 排风消音器	ZP100(630×400) Lo=1450mm	节	2	
7	回风消音器	ZP100(630×500) Lo=1450mm	节	1	
8	超压管	DN32镀锌钢管及电磁阀	个	1	
9	排风口	铝合金双层百叶风口 A×B=320×320	个	5	
10	软接头	三防布	个	6	
11	测压差计	U管式压差计,或数字显示式	套	3	
12	减震器	XHS–30吊架弹簧减震器	个	4	
13	橡胶减震垫	SD–41–0.5	个	20	每台10个地脚螺栓
14	钢板	δ=1mm热镀锌钢板	m²	100	加工进排风管
15	钢板	δ=2mm热镀锌钢板	m²	15	加工5#集气箱
16	角钢	∟30×30×4热镀锌角钢	m	60	加工法兰
17	钢筋	ф10钢筋	m	15	加工钓钩
18	耗材	螺栓，垫片等			

合作设计单位	
注册师印章	

会签专业	会签(正楷)
建筑	
结构	
给排水	
通风	
电气	

出图专用章

审批	
项目负责人	
专业负责人	
审核	
校对	
设计	
工程编号	
建设单位	
工程名称	一号工程

图纸名称:

通风系统施工图设计说明

日期	2017年09月		
比例			
设计阶段	平战转换		
专业	通风	图号	PF–01
版本	A		03

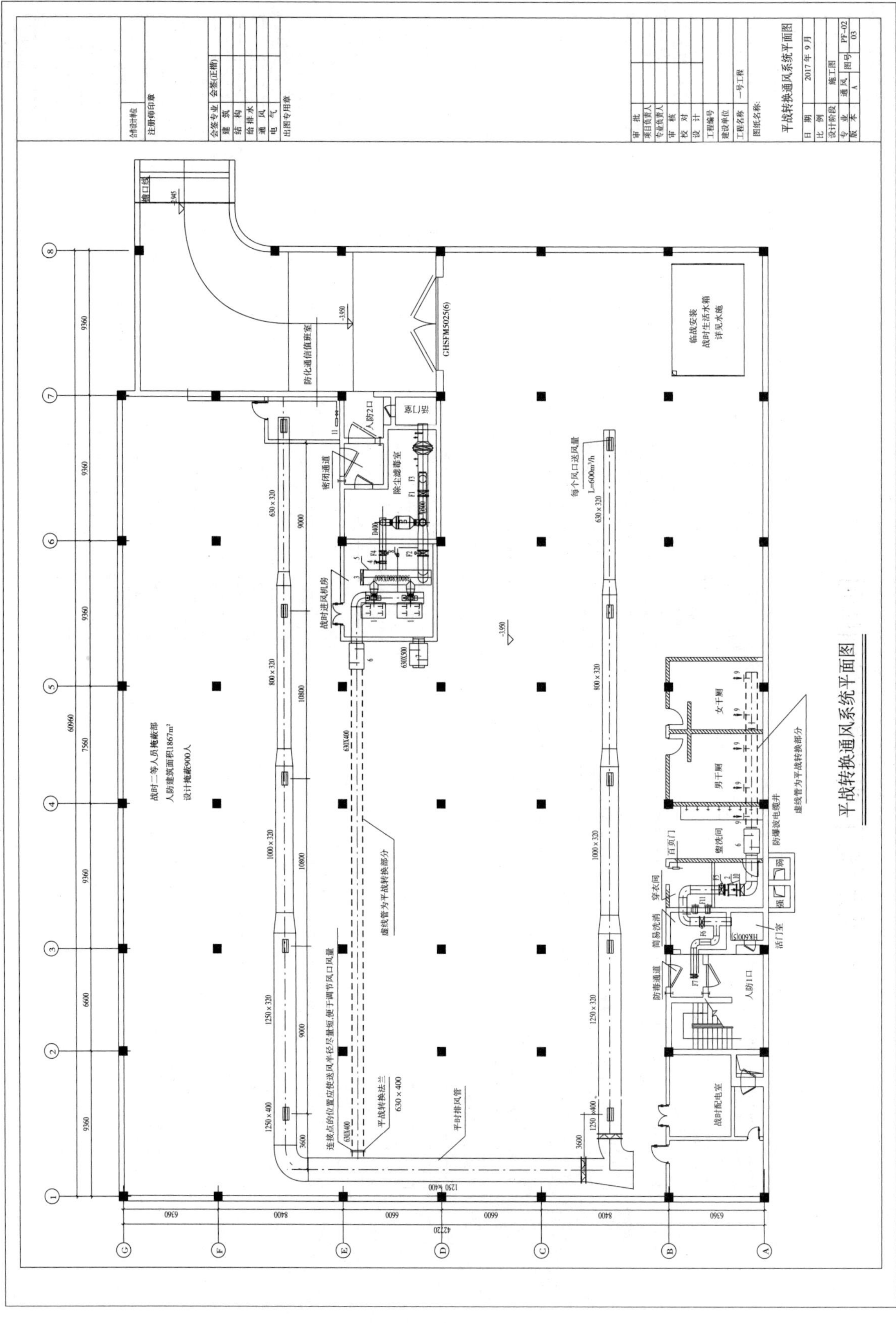

平战转换通风系统平面图
战时二等人员掩蔽部
人防建筑面积1867m²
设计掩蔽900人
防化通信值班室
GHSFM5025(6)
临战安装
战时生活水箱
详见水施
人防2口
密闭通道
除尘滤毒室
战时进风机房
每个风口送风量
L=600m³/h
女厕
男厕
虚线管为平战转换部分
防爆波电缆井
盥洗间
穿衣间
简易洗消
防毒通道
活门室
人防1口
战时配电室
平时排风管
平战转换法兰
630×400
连接点的位置应使送风半径尽量短,便于调节风口风量
平战转换通风系统平面图
2017年9月
施工图
PF-02

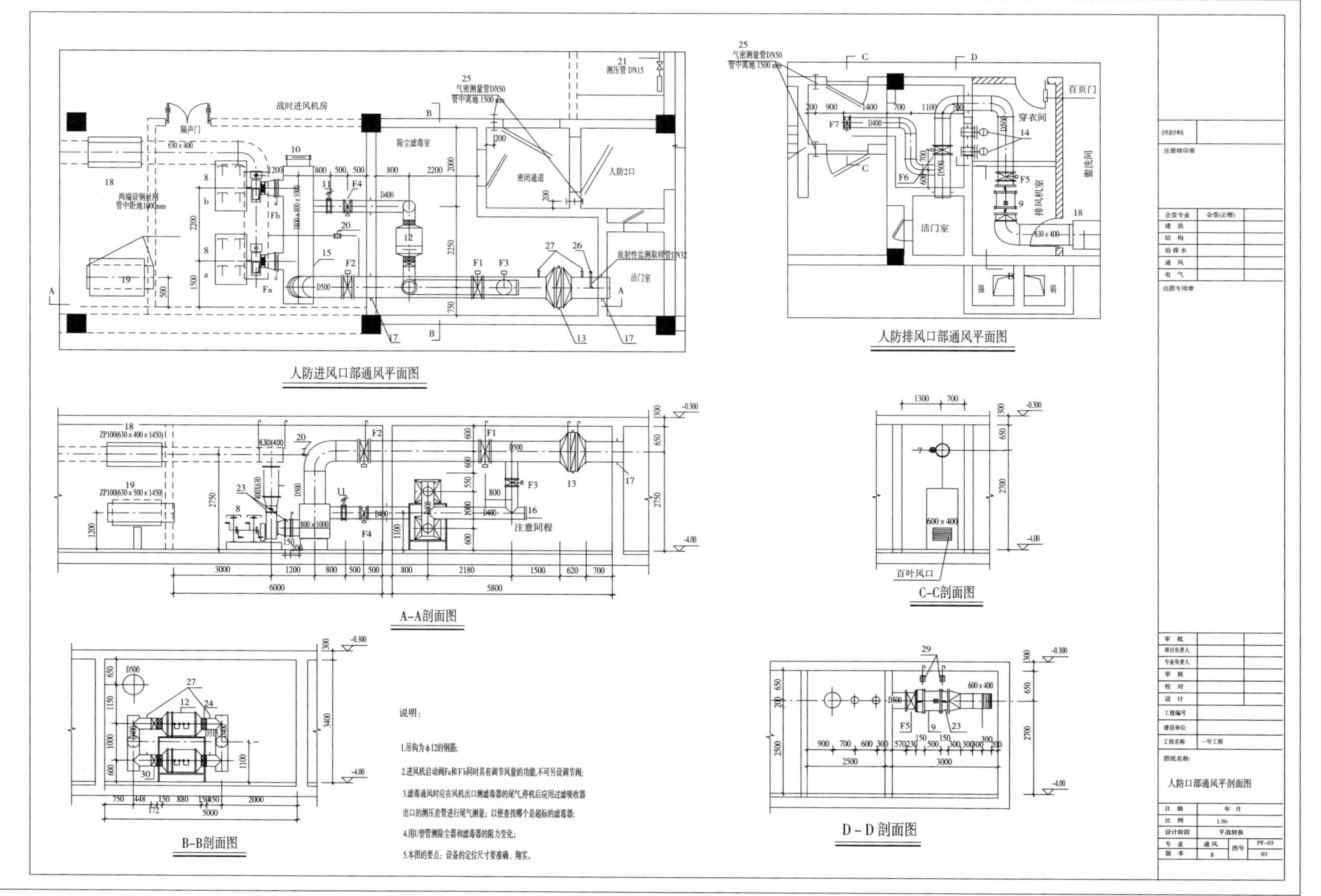
人防进风口部通风平面图
人防排风口部通风平面图
A-A剖面图
C-C剖面图
B-B剖面图
D－D剖面图
说明：
1.吊钩为φ12的钢筋;
2.进风机启动阀Fa和Fb同时具有调节风量的功能,不可另设调节阀;
3.滤毒通风时应在风机出口测滤毒器的尾气,停机后应用过滤吸收器出口的测压差管进行尾气测量；以便查找哪个是超标的滤毒器;
4.用U型管测除尘器和滤毒器的阻力变化;
5.本图的要点：设备的定位尺寸要准确、翔实。
人防口部通风平剖面图

附录 4
防化专业设计实例一

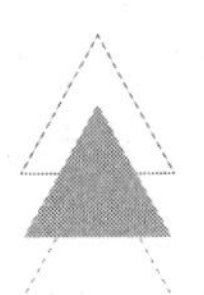

工程设计图

工程名称：一号工程

阶　段：施工图

专　业：防　化

年　月

防化专业	专业负责人 设　计

目　录

序号	图纸名称	图号	规格	附注
1	封面、目录		A3	
2	一号工程防化报警与监测设计说明	FH-01	A1	
3	一号工程战时通风系统及防化监测设备布置图	FH-02	A2	
4	一号工程战时通风方式转换控制系统图	FH-03	A1	电专业必须有此图
5				风专业配合画此图

V-26/34

一号工程防化报警与监测设计说明

一、设计依据

1. XXX工程设计委托书 2013.9
2.《人民防空工程防化战术技术要求》RFJ 015—2010
3.《人民防空工程防化设计规范》RFJ 013—2010
4.《人民防空工程防化器材编配标准》RFJ 014—2010
5.《人民防空工程防护功能平战转换设计标准》RFJ 1—98
6.《人民防空地下室设计规范》GB 50038—2005
7.《人民防空工程施工及验收规范》GB 50134—2004

二、工程概况

本工程建筑面积1867平方米，平时为汽车库.划为一个防火分区，一个防烟分区。

战时为一个防护单元，功能是二等人员掩蔽部,按掩蔽900人设计。防化等级:丙级。战时掩蔽面积 F=1367m²,建筑层高H=3.4m；防毒通道的体积 $V_F=3\times3\times3=27m^3$。

本工程的防化技术措施包含在建筑、结构、风、水、电和防化等各专业措施中，所以必须首先搞好各专项设计和确保施工质量。

本图主要说明本工程防化、报警及监测设计。相关参数，见表1。清洁式通风量 6 m³/h.p。

表1 有关参数

滤毒风量m³/(p.h)	防毒通道换气次数(次/时)	主体内超压值Pa	隔绝时间h	CO_2允许浓度	沙林浓度mg/l
2~3	K≥40	P≥30	3	≤2.5	≤5.6X10⁻⁶

三、本工程防化相关计算

1.隔绝时间的计算

计算每人占用的空间体积u=FxH/900=1367x3.4/900=5.16m³

根据地下室设计规范（5.2.5）式，计算 $t=\frac{1000V_0(C-C_0)}{N.C1}=\frac{1000x5.16(2.5\%-0.395\%)}{20}=5.4h>3h$

C1 —清洁区内每人每小时呼出的CO_2量20[L/（P·h）]；

计算隔绝时间大于3小时，满足规范要求的。

2.滤毒式通风量的计算

本工程防毒通道的体积$V_F=27m^3$；清洁区有效容积V=1367x3.4=4650m³；

《地下室设计规范》5.2.7-2式中，L_f-应是保证防毒通道换气次数的安全系数，防化丙级工程取4%；

所以L_f=4650x4%=186m³。

按《地下室设计规范》5.2.7-2式计算：保证防毒通道换气次数所需风量 L_H：

$L_H=V_F.K_H+L_f$=27m³x40+186m³=1266m³

按《地下室设计规范》5.2.7-1式计算，人员所需滤毒风量 L_R：

LR=L2.n =2x900 =1800m³。

3.滤毒器数量计算

按《地下室设计规范》5.2.7-1和5.2.7-2两式计算：结果取大值：L=1800m³应选用两台RFP-1000型过滤吸收器。

4.自动排气活门数量计算

自动排气活门的数量：是按计算滤毒式进风量L =1800m³，还是按选用滤毒器的额定风量Le=2000m3,来计算呢？

回答：应按计算滤毒式进风量来选自动排气活门数量N，因为战时滤毒式通风是按计算风量来运行的，不宜按过滤吸收器的额定风量来运行：

选自动排气活门数量 $N=\frac{L}{800}=\frac{1800-186}{800}$=2.02个，小数点4舍5入，N=2个。

目前，多数设计师按所选过滤吸收器额定风量2000/800=3个。实际工程自动排气活门数量偏多，这样也增加了漏风点和维护工作量，不宜提倡这样做。

表2 平战转换要求

转换时间段	转换内容	备注
早期转换(30天)	根据表1购置防化监测设备；尤其供配电系统要先行，保证转换工作顺利进行。 做工事孔口密闭检查和堵漏工作。	
临战转换(15天)	出入口每樘门都应按【标准】要求，其最大允许漏气量不得超标； 通风系统调试，每个风口达到设计风量；给排水系统同时运行调试； 强弱电系统调试，尤其电动密闭阀门的控制和通风方式转换必须灵活准确。	
紧急转换(3天)	将过滤吸器与滤毒通风管连接起来.调节滤毒器之间的阻力平衡，做滤毒通风准备。 防化监测设备就位； 通信系统要就位，上下联系要畅通。	

四、毒剂报警与毒剂监测设计

1.毒剂报警

根据《防化规范》7.2.6条要求"防化级别为丙级的人防工程应具有与当地人防指挥机关相互联络的基本通信和应急通信手段。"不设毒剂报警器，但是应有与上级机关联络的保障措施。

2.毒剂检测仪

（1）毒剂检测仪设在最后一道密闭门内1m处

毒剂检测仪设在最后一道密闭门内1m处，距地0.5m左右,见图FH-02，序号17。因为毒剂蒸汽单位质量比空气重，从门缝渗入后，会向下流动。

（2）滤毒器尾气监测，分为滤毒风机出口，在线监测和过滤吸收器出口分辨监测两种：

a.滤毒风机出口在线监测

在滤毒式进风机出口风管上设有DN15的热镀锌钢管，管端设置单嘴煤气阀，与毒剂检测仪自带的塑料管相连；为滤毒式通风时，在线取样检测，当检测仪发出报警信号，停机进行下一步逐个检查，如b：

b.滤毒器出口取样检测

当滤毒式进风机出口风管的在线取样点上发出报警信号，说明有的滤毒器尾气超标，但是不知道是哪一个？所以先停机，然后将毒剂检测仪分别接到每个滤毒器出口风管的取样管8（即滤毒器的测压差管B见FH-02图）分别检测看哪个先超标，也可能都超标，然后改为小风量，风量运行，看是否还超标，小风量也超标，说明过滤吸收器已失效。如果只有一个失效，即关闭那个滤毒器前的调节阀TJ。剩下一个在启动时，应按一个滤毒风量运行。

五、工程气密性监测

要按相关规范执行。

六、平战转换

附录3已有详述，表2仅做参考。

七、防化器材

应按《人民防空工程防化器材编配标准》表3仅做参考。

表3 防化监测设备主要设备材料（参考）

序号	名称	规格型号	单位	数量	备注
1	放射性监测仪	二等人员掩蔽部应由防化和当地人防统一安排			
2	化学毒剂监测仪	便携式化学毒剂报警器	台	1~2	按《防化器材编配标准》
3	空气质量监测仪	空气质量监测仪(便携式)	台	1	测点随机选点
4	化学毒剂化验箱		个	1	
5	洗消剂		Kg	50	用于口部洗消
6	个人防护器材	见《人民防空工程防化器材编配标准》简称《防化器材编配标准》			
7	防化器材应按编配标准执行，但是由于各地战备差异，编配应由防化和当地人防统一安排。				

合作设计单位

注册师印章

会签专业	会签(正楷)
建筑	
结构	
给排水	
通风	
电气	

出图专用章

审批	
项目负责人	
专业负责人	
审核	
校对	
设计	
工程编号	
建设单位	
工程名称	一号工程

图纸名称：防化报警与监测设计说明

日期	年 月		
比例			
设计阶段	施工图		
专业	通风	图号	FH-01
版本	A		03

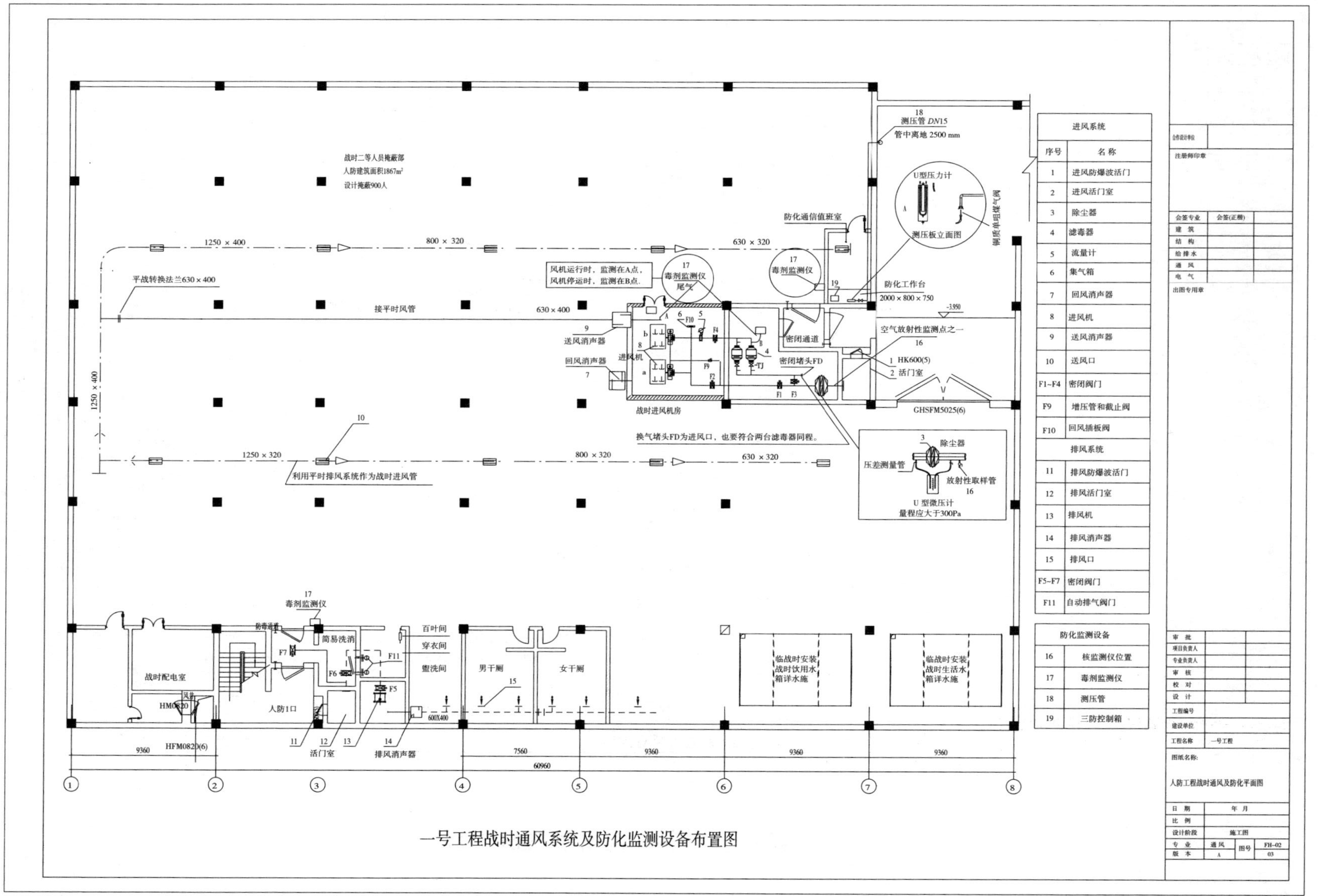

一号工程战时通风系统及防化监测设备布置图

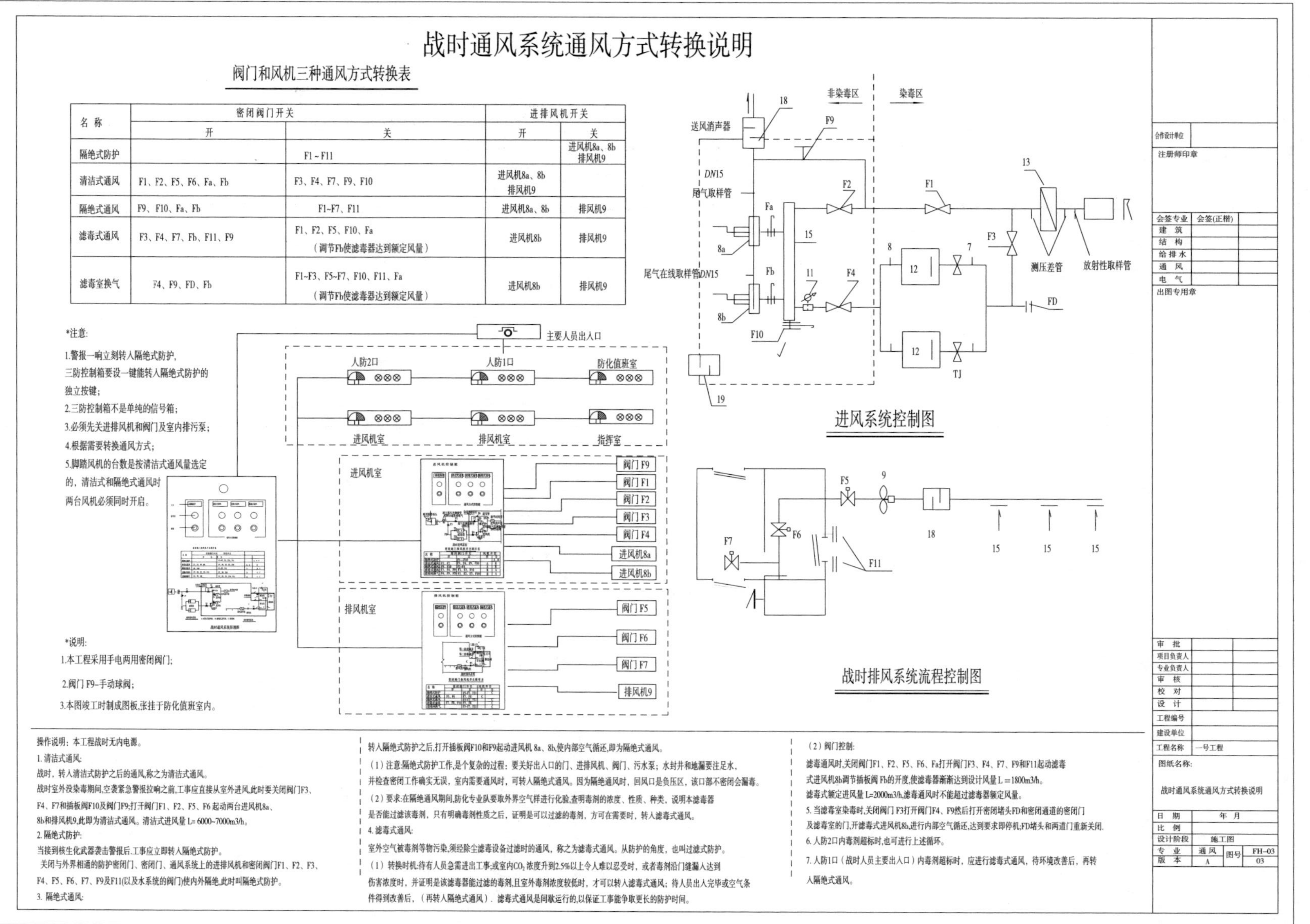

战时通风系统通风方式转换说明

阀门和风机三种通风方式转换表

名称	密闭阀门开关		进排风机开关	
	开	关	开	关
隔绝式防护		F1～F11		进风机8a、8b 排风机9
清洁式通风	F1、F2、F5、F6、Fa、Fb	F3、F4、F7、F9、F10	进风机8a、8b 排风机9	
隔绝式通风	F9、F10、Fa、Fb	F1~F7、F11	进风机8a、8b	排风机9
滤毒式通风	F3、F4、F7、Fb、F11、F9	F1、F2、F5、F10、Fa （调节Fb使滤毒器达到额定风量）	进风机8b	排风机9
滤毒室换气	F4、F9、FD、Fb	F1~F3、F5~F7、F10、F11、Fa （调节Fb使滤毒器达到额定风量）	进风机8b	排风机9

*注意:

1.警报一响立刻转入隔绝式防护,
三防控制箱要设一键能转入隔绝式防护的独立按键;

2.三防控制箱不是单纯的信号箱;

3.必须先关进排风机和阀门及室内排污泵;

4.根据需要转换通风方式;

5.脚踏风机的台数是按清洁式通风量选定的，清洁式和隔绝式通风时两台风机必须同时开启。

*说明:

1.本工程采用手电两用密闭阀门;

2.阀门 F9–手动球阀;

3.本图竣工时制成图板,张挂于防化值班室内。

操作说明：本工程战时无内电源。

1. 清洁式通风:

战时，转入清洁式防护之后的通风,称之为清洁式通风。

战时室外没染毒期间,空袭紧急警报拉响之前,工事应直接从室外进风,此时要关闭阀门F3、F4、F7和插板阀F10及阀门F9;打开阀门F1、F2、F5、F6 起动两台进风机8a、8b和排风机9,此即为清洁式通风。清洁式进风量 L= 6000~7000m3/h。

2. 隔绝式防护:

当接到核生化武器袭击警报后.工事应立即转入隔绝式防护。

关闭与外界相通的防护密闭门、密闭门、通风系统上的进排风机和密闭阀门F1、F2、F3、F4、F5、F6、F7、F9及F11(以及水系统的阀门)使内外隔绝,此时叫隔绝式防护。

3. 隔绝式通风:

转入隔绝式防护之后,打开插板阀F10和F9起动进风机 8a、8b,使内部空气循环,即为隔绝式通风。

（1）注意:隔绝式防护工作,是个复杂的过程：要关好出入口的门、进排风机、阀门、污水泵；水封井和地漏要注足水，并检查密闭工作确实无误，室内需要通风时，可转入隔绝式通风。因为隔绝通风时，回风口是负压区，该口部不密闭会漏毒。

（2）要求:在隔绝通风期间,防化专业队要取外界空气样进行化验,查明毒剂的浓度、性质、种类，说明本滤毒器是否能过滤该毒剂，只有明确毒剂性质之后，证明是可以过滤的毒剂，方可在需要时，转入滤毒式通风。

4. 滤毒式通风:

室外空气被毒剂等物污染,须经除尘滤毒设备过滤时的通风，称之为滤毒式通风。从防护的角度，也叫过滤式防护。

（1）转换时机:待有人员急需进出工事;或室内CO_2浓度升到2.5%以上令人难以忍受时，或者毒剂沿门缝漏入达到伤害浓度时，并证明是该滤毒器能过滤的毒剂,且室外毒剂浓度较低时，才可以转入滤毒式通风；待人员出入完毕或空气条件得到改善后，（再转入隔绝式通风）. 滤毒式通风是间歇运行的,以保证工事能争取更长的防护时间。

（2）阀门控制:

滤毒通风时,关闭阀门F1、F2、F5、F6、Fa打开阀门F3、F4、F7、F9和F11起动滤毒式进风机8b调节插板阀 Fb的开度,使滤毒器渐渐达到设计风量 L＝1800m3/h。滤毒式额定进风量 L=2000m3/h,滤毒通风时不能超过滤毒器额定风量。

5. 当滤毒室染毒时,关闭阀门 F3打开阀门F4、F9然后打开密闭堵头FD和密闭通道的密闭门及滤毒室的门,开滤毒式进风机8b,进行内部空气循环,达到要求即停机;FD堵头和两道门重新关闭.

6. 人防2口内毒剂超标时,也可进行上述循环。

7. 人防1口（战时人员主要出入口）内毒剂超标时，应进行滤毒式通风，待环境改善后，再转入隔绝式通风。

合作设计单位	
注册师印章	

会签专业	会签(正楷)
建　筑	
结　构	
给排水	
通　风	
电　气	
出图专用章	

审　批			
项目负责人			
专业负责人			
审　核			
校　对			
设　计			
工程编号			
建设单位			
工程名称	一号工程		
图纸名称: 战时通风系统通风方式转换说明			
日　期	年　月		
比　例			
设计阶段	施工图		
专　业	通风	图号	FH-03
版　本	A		03

附录 5
防化专业设计实例二

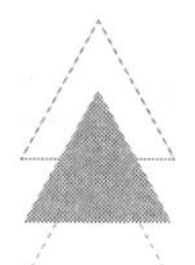

工程设计图

工程名称：二号工程

阶　段：施工图

专　业：防　化

××××年×月

防化专业

专业负责人

设　计

目　录

序号	图纸名称	图号	规格	比例	附注
1	封面、目录		A3		
2	二号工程防化报警与监测设计说明	FH2-01	A1		
3	二号工程战时防化报警与监测系统平面图	FH2-02	A1		
4	二号工程战时通风方式转换控制系统图	FH2-03	A1		
5	二号工程毒剂报警及监测设备安装图	FH2-04	A2		

V-30/34

二号工程防化报警与监测设计说明

一、设计依据

1. XXX工程设计委托书 20xx年.X月
2.《人民防空工程防化战术技术要求》RFJ015—2010
3.《人民防空工程防化设计规范》RFJ 013—2010
4.《人民防空工程防化器材编配标准》RFJ 014—2010
5.《人民防空工程防护功能平战转换设计标准》RFJ 1—98
6.《人民防空地下室设计规范》GB 50038—2005
7.《人民防空工程施工及验收规范》GB 50134—2004

二、工程概况

本工程建筑面积1995平方米，平时为汽车库，一个防火分区，一个防烟分区。

战时为一个防护单元，功能是一等人员掩蔽部,按掩蔽600人设计。防化等级:乙级。

清洁区人员掩蔽面积 $F=1345m^2$，建筑层高3.6m；防毒通道脱衣间前一防毒通道体积：$V=2.2X2.0X3.6=15.84m^3$。

本工程的防化技术措施包含在建筑、结构、风、水、电和防化等各专业措施中，所以必须首先搞好各专项设计和施工质量。

本图主要说明本工程防化、报警及监测设计。相关参数，见表1，清洁式通风量 $10m^3/h.p$。

表 1 有关参数

滤毒风量$m^3/(p\cdot h)$	防毒通道换气次数 (次/时)	主体内超压值Pa	隔绝时间h	CO2允许浓度	沙林浓度mg/l
3~5	K≥50	P≥50	6	≤2.0	≤2.8X10⁻⁶

三、本工程防化相关计算

1.隔绝时间的计算

每个人占用的空间体积 $\upsilon=FxH/600=1345x3.6/600=8m^3$

根据地下室设计规范（5.2.5）式，计算 $t=\dfrac{1000V_0(C-C_0)}{N.C1}=\dfrac{1000x8(2\%-0.25\%)}{20}=7h>6h$

C1 —清洁区内每人每小时呼出的CO_2量(L/(p·h))，掩蔽人员宜取20，工作人员宜取20~25。本工程是一等人员掩蔽部所以每人每小时呼出的CO_2量(L/(p·h))，应按掩蔽人员宜取20，（掩蔽实验证实人员处在休息状态呼出的CO_2量是16）隔绝时间是满足规范要求的。这里有两个问题：掩蔽部CO_2按每人每小时呼出20L/(p·h)计算是安全适宜的；对于防空专业队和一等人员掩蔽部工程每个人的掩蔽面积，规范修改时，建议：按$2m^2$设计比较适宜。

2.滤毒式通风量的计算

本工程脱衣间前一防毒通道的体积$V_F=2.2x2.0x3.6=15.84m^3$；清洁区有效容积$V=1345x3.6=4842m^3$；

《地下室设计规范》5.2.7-2式中，L -应是保证防毒通道换气次数的安全系数，防化乙级以下工程取4%；

所以$L_f=4842x4\%=194m^3$。

按《地下室设计规范》5.2.7-2式计算的滤毒式进风量 LH：

$L_H=V_F.K_H+L_f=15.84m^3x50+194m^3=986m^3$

按《地下室设计规范》5.2.7-1式计算的滤毒式进风量 LR：

$L_R=L_2.n=3x600=1800m^3$；根据$L_H=986m^3$;两者比较取大值,其滤毒式进风量 $L_R=1800m^3$较为适宜。

3.滤毒器数量计算

按《地下室设计规范》5.2.7-1和5.2.7-2两式计算：结果取大值：$L=1800m^3$应选用两台RFP-1000型过滤吸收器

4.自动排气活门数量计算

自动排气活门的数量：是按计算滤毒式进风量 $L=1800m^3$，还是按选用滤毒器的额定风量$L_e=2000m^3$,来计算呢？

应按计算滤毒式进风量来选自动排气活门数量N，因为滤毒式通风时，是按计算风量运行的，不宜长时间按额定风量运行，因为那会影响过滤吸收器的使用寿命：

选自动排气活门数量 $N=\dfrac{L}{800}=\dfrac{1800-194}{800}=2.01$个，小数点4舍5入，N=2个。每个活门的排放量不超过$1000m^3/h$。

目前，多数设计师按所选过滤吸收器额定风量2000/800=3个。实际工程自动排气活门数量偏多，这样也增加了漏风点和维护工作量，不宜提倡这样做。

四、报警与监测设计

《防化规范》7.1.1条要求"防化级别为乙级的人防工程应设置毒剂报警器。"主要是应对敌人化学武器袭击。

1.毒剂报警器

（1）毒剂报警器的设置

目前国内用于人防工程的毒剂报警器有多种，但是都存在一些需要改进的问题，所以这里不推荐某一种产品。探头体积有大有小，大的500mm,小的也有360mm,本工程设计的壁龛600x600x600各种型号的探头都可容下。主机设在防化值班室的防化工作台上，探头与主机之间用屏蔽电缆连接。《防化规范》要求"连接电缆不得裸露在外，其穿管应预埋内径为50mm的热镀锌钢管；"，穿防护密闭墙处要做好防护，参见FH2-04图。

（2）毒剂报警器探头至防爆波活门距离的计算

《防化规范》7.1.6条"毒剂报警器的探头到进风防爆波活门的距离，应满足（7.1.6-1）式的要求"

$L\geqslant(5+\tau)Va$

式中：L-探头到防爆波活门的距离，m;

τ-电动密闭阀门自动关闭的时间，S；电动密闭阀门自动关闭时间 τ 不应大于5秒；按5秒计算；

V -清洁式通风时，报警器探头到防爆波活门之间水平风道的平均风速，m/s。

a.计算 V -清洁式通风时，报警器探头到防爆波活门之间水平风道的平均风速，m/s。

本工程报警器探头到防爆波活门之间水平风道宽B=1.8m,高H=3.6m,清洁式进风量$6000m^3/h$。

$Va=\dfrac{6000}{3600xBxH}$ m/s=0.26m/s ,将该值带入上式：

$L\geqslant(5+\tau)Va=(5+5)0.26=2.6m$

b.由图FH2-04 A-A剖面可知，实际工程是2.8m,大于2.6m,满足规范要求。这是通过计算后，与建筑专业共同确定的。

c.注意：(a)壁龛到防爆波活门的距离，计算后要与建筑专业共同协商确定；(b)要强调电动密闭阀门的关闭时间 τ ≤5秒的要求。

2.毒剂检测仪

（1）毒剂检测仪设在最后一道密闭门内1m处

毒剂检测仪设在最后一道密闭门内1m处，距地0.5m左右,见图FH2-04。因为毒剂蒸汽单位质量比空气重，从门缝渗入后，会向下流动。

（2）滤毒器尾气监测，分为滤毒风机出口，在线监测和过滤吸收器出口分别监测两种：

a.滤毒风机出口在线监测

在滤毒式进风机出口风管上设有DN15的热镀锌钢管，管端设置单嘴煤气阀，与毒剂检测仪自带的塑料管相连；为滤毒式通风时，在线取样检测，当检测仪发出报警信号，停机进行下一步逐个检查，如b；

b.滤毒器出口取样检测

当滤毒式进风机出口风管的在线取样点上发出报警信号，说明有的滤毒器尾气超标，但是不知道是哪一个？所以先停机，然后将毒剂检测仪接到每个滤毒器出口风管的取样管8（即滤毒器的测压差管8）分别检测看哪个先超标，也可能都超标，暂时不要开机，待工程急需滤毒通风时，宜小风量运行可能不超标，只有小风量时也超标，才算失效。

五、工程气密性监测

要按相关规范执行。

六、平战转换

附录3已有详述，表2仅做参考。

七、防化器材

应按《人民防空工程防化器材编配标准》表3仅做参考。

表2 平战转换要求

转换时间段	转换内容	备 注
早期转换 (30天)	根据表1购置防化报警和监测设备；尤其供配电系统要先行，保证转换工作顺利进行。 做工事孔口密闭检查和堵漏工作。	
临战转换 (15天)	出入口每樘门都应按【标准】要求，其最大允许漏气量不得超标； 通风系统调试，每个风口达到设计风量；给排水系统同时运行调试； 强弱电系统调试，尤其电动密闭阀门的控制和通风方式转换必须灵活准确。	
紧急转换 (3天)	将过滤吸器与滤毒通风管连接起来.调节滤毒器之间的阻力平衡，做滤毒通风准备。 调试防化报警系统、防化监测设备就位； 通信系统就位，上下联系要通畅。	

表3 防化监测设备主要设备材料

序号	名称	规格型号	单位	数量	备 注
1	放射性监测仪	手持式核素识别仪或辐射仪	台	1	由防化和当地人防决定
2	化学毒剂监测仪	便携式化学毒剂报警器	台	3	便携式
3	空气质量监测仪	空气质量监测仪	台	1	便携式
4	化学毒剂化验箱		个	1	便携式
5	探头式毒剂报警器	XXXX型（一个探头）	台	1	探头式(型号待定)
6	智能型三防控制箱		个	1	
7	洗消剂		kg	50	用于口部洗消
8	个人防护器材及其他	见相关标准			

合作设计单位	
注册师印章	

会签专业	会签(正楷)
建 筑	
结 构	
给排水	
通 风	
电 气	

出图专用章

审 批		
项目负责人		
专业负责人		
审 核		
校 对		
设 计		
工程编号		
建设单位		
工程名称		

图纸名称：

二号工程

防化报警与监测设计说明

日 期	年 月		
比 例			
设计阶段	施工图		
专 业	通 风	图号	FH2-01
版 本	A		04

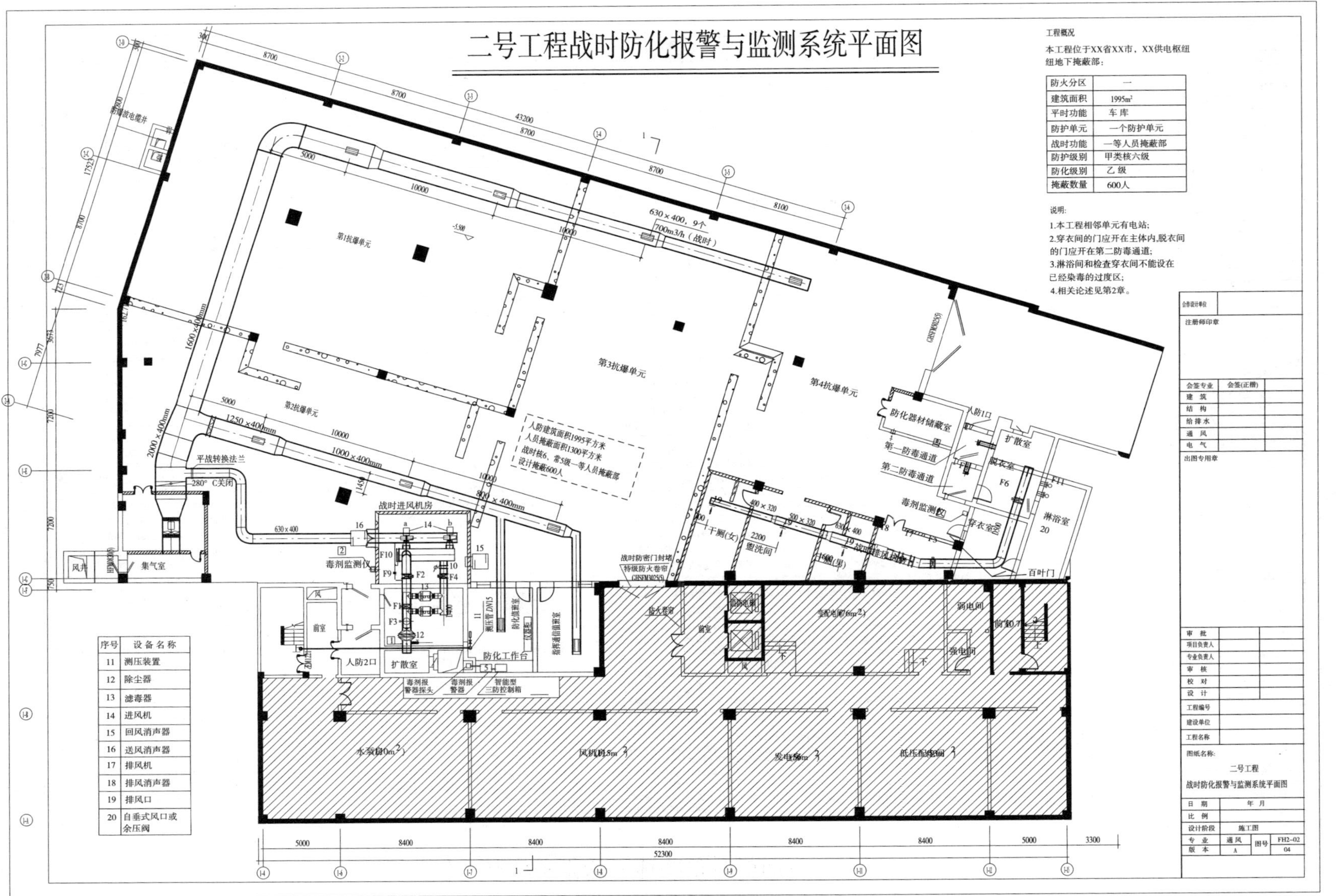
二号工程战时防化报警与监测系统平面图
工程概况
本工程位于XX省XX市，XX供电枢纽地下掩蔽部：
防火分区 一
建筑面积 1995m²
平时功能 车库
防护单元 一个防护单元
战时功能 一等人员掩蔽部
防护级别 甲类核六级
防化级别 乙级
掩蔽数量 600人
说明:
1.本工程相邻单元有电站;
2.穿衣间的门应开在主体内,脱衣间的门应开在第二防毒通道;
3.淋浴间和检查穿衣间不能设在已经染毒的过度区;
4.相关论述见第2章。
序号 设备名称
11 测压装置
12 除尘器
13 滤毒器
14 进风机
15 回风消声器
16 送风消声器
17 排风机
18 排风消声器
19 排风口
20 自垂式风口或余压阀
第1抗爆单元
第2抗爆单元
第3抗爆单元
第4抗爆单元
人防建筑面积1995平方米
人员掩蔽面积1300平方米
战时核6，常5级一等人员掩蔽部
设计掩蔽600人
630×400，9个
700m3/h（战时）
1600×400mm
2000×400mm
1250×400mm
1000×400mm
800×400mm
平战转换法兰
战时进风机房
毒剂监测仪
防化工作台
毒剂报警器探头
毒剂报警器
智能型三防控制箱
扩散室
人防2口
人防1口
集气室
风井
防化器材储藏室
第一防毒通道
第二防毒通道
脱衣室
淋浴室
穿衣室
百叶门
干厕(女)
盥洗间
战时防密门封堵
特级防火卷帘
会签专业
建筑
结构
给排水
通风
电气
出图专用章
审批
项目负责人
专业负责人
审核
校对
设计
工程编号
建设单位
工程名称
图纸名称:
二号工程
战时防化报警与监测系统平面图
日期 年 月
比例
设计阶段 施工图
专业 通风 图号 FH2-02
版本 A 04
5000 8400 8400 8400 8400 8400 5000 3300
52300
43200

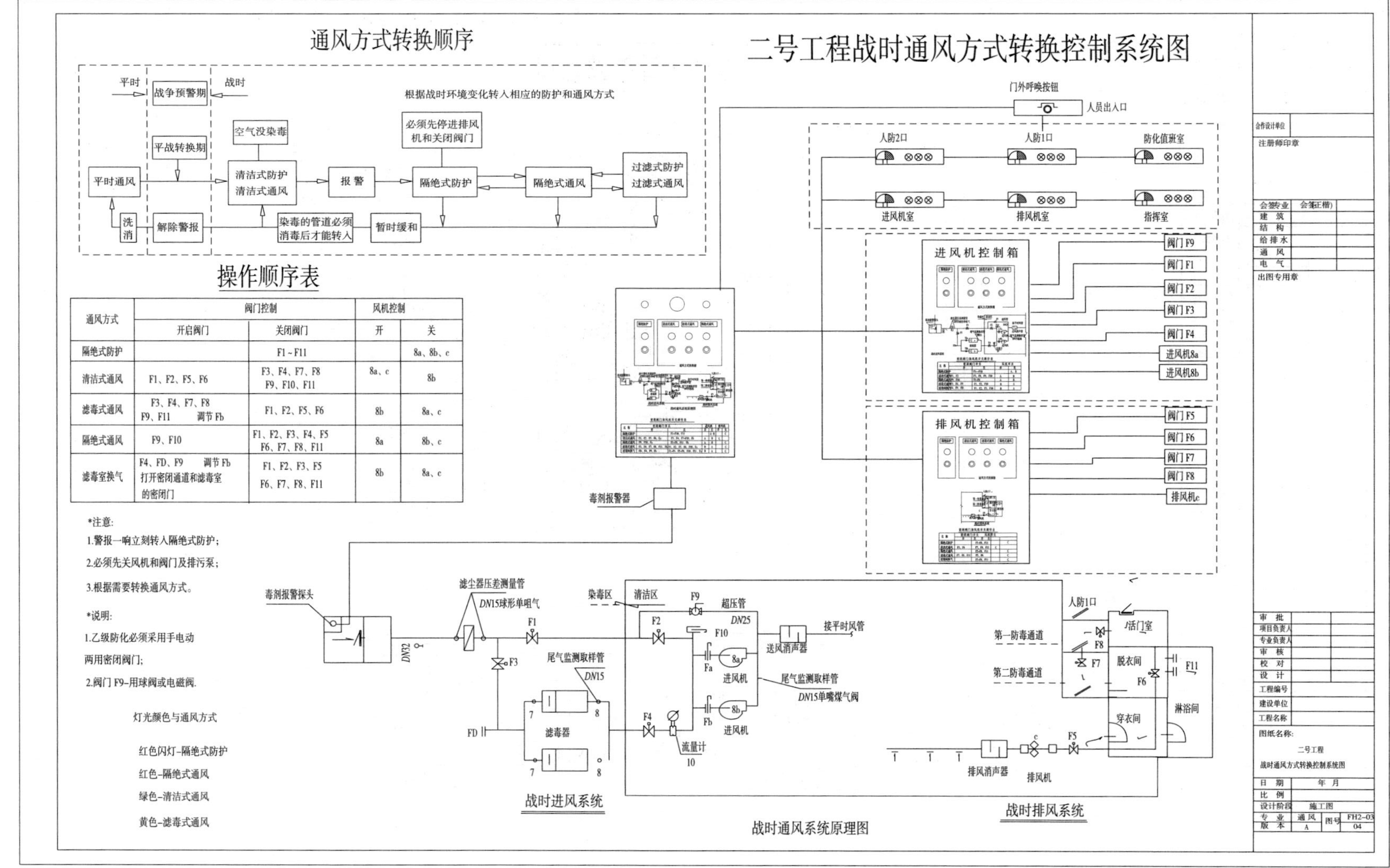

操作顺序表

通风方式	阀门控制		风机控制	
	开启阀门	关闭阀门	开	关
隔绝式防护		F1～F11		8a、8b、c
清洁式通风	F1、F2、F5、F6	F3、F4、F7、F8 F9、F10、F11	8a、c	8b
滤毒式通风	F3、F4、F7、F8 F9、F11　调节 Fb	F1、F2、F5、F6	8b	8a、c
隔绝式通风	F9、F10	F1、F2、F3、F4、F5 F6、F7、F8、F11	8a	8b、c
滤毒室换气	F4、FD、F9　调节 Fb 打开密闭通道和滤毒室的密闭门	F1、F2、F3、F5 F6、F7、F8、F11	8b	8a、c

*注意:

1.警报一响立刻转入隔绝式防护;

2.必须先关风机和阀门及排污泵;

3.根据需要转换通风方式。

*说明:

1.乙级防化必须采用手电动两用密闭阀门;

2.阀门 F9–用球阀或电磁阀.

灯光颜色与通风方式

红色闪灯–隔绝式防护

红色–隔绝式通风

绿色–清洁式通风

黄色–滤毒式通风

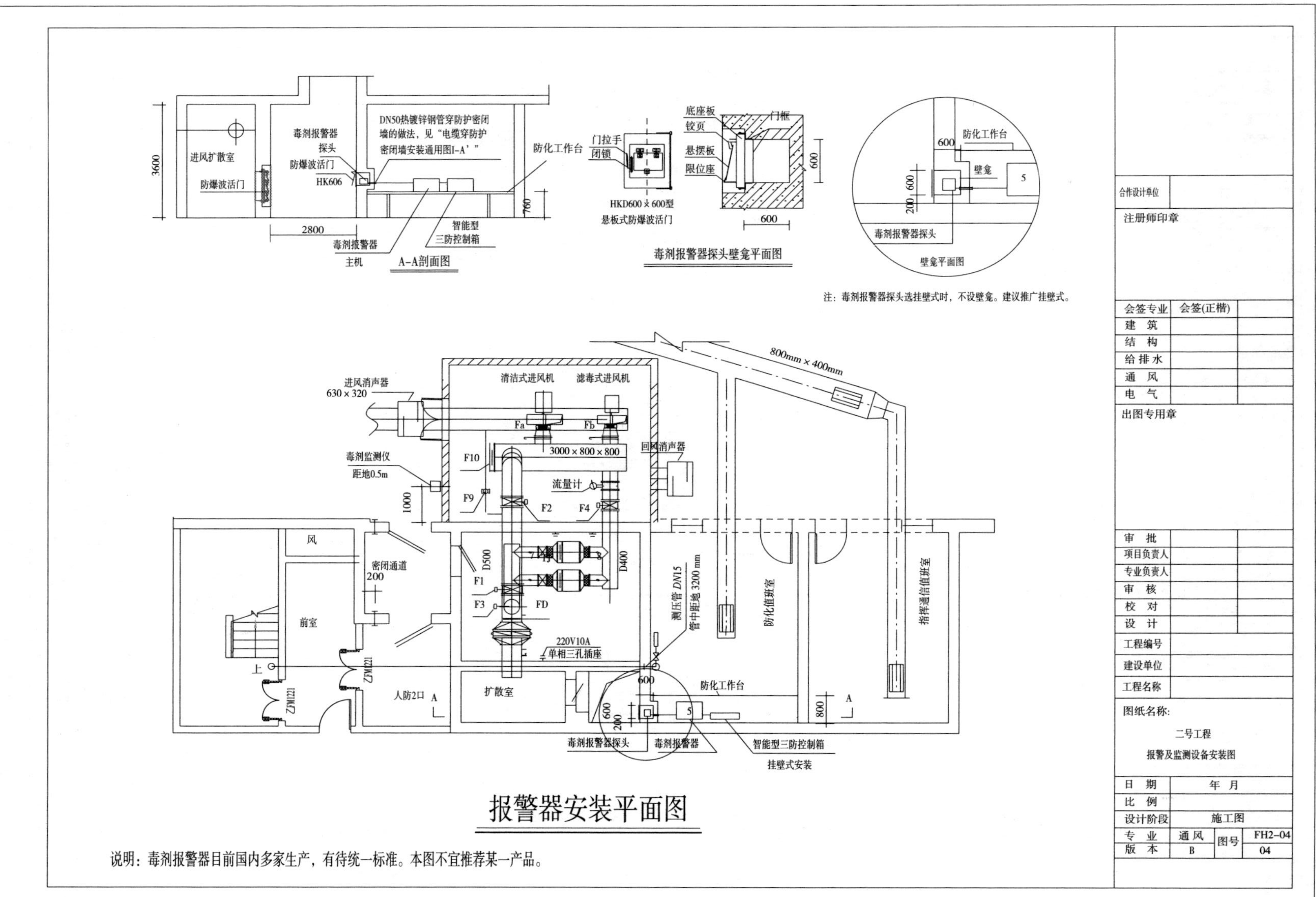

进风扩散室
防爆波活门
毒剂报警器
探头
防爆波活门
HK606
DN50热镀锌钢管穿防护密闭墙的做法，见“电缆穿防护密闭墙安装通用图I-A'”
防化工作台
智能型
三防控制箱
毒剂报警器
主机
A-A剖面图
门拉手
闭锁
HKD600×600型
悬板式防爆波活门
底座板
铰页
悬摆板
限位座
门框
毒剂报警器探头壁龛平面图
防化工作台
壁龛
毒剂报警器探头
壁龛平面图
注：毒剂报警器探头选挂壁式时，不设壁龛。建议推广挂壁式。
800mm×400mm
进风消声器
630×320
清洁式进风机
滤毒式进风机
3000×800×800
回风消声器
毒剂监测仪
距地0.5m
流量计
风
密闭通道
前室
测压管DN15
管中距地3200 mm
防化值班室
指挥通信值班室
220V10A
单相三孔插座
人防2口
扩散室
防化工作台
毒剂报警器探头
毒剂报警器
智能型三防控制箱
挂壁式安装
报警器安装平面图
说明：毒剂报警器目前国内多家生产，有待统一标准。本图不宜推荐某一产品。
合作设计单位
注册师印章
会签专业
会签(正楷)
建筑
结构
给排水
通风
电气
出图专用章
审批
项目负责人
专业负责人
审核
校对
设计
工程编号
建设单位
工程名称
图纸名称:
二号工程
报警及监测设备安装图
日期
年 月
比例
设计阶段
施工图
专业
通风
图号
FH2-04
版本
B
04

附录 6

FH 高效过滤风口

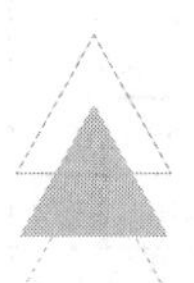

风口型号	建议风量（m^3/h）	过滤器尺寸（mm）
FH・610/10・W7・C	600~1000	610×610×70
FH・610/15・W7・C	900~1500	815×610×70
FH・610/20・W7・C	1200~2000	1219×610×70
FH・610/05・W7・C	300~500	305×610×70
FH・610/03・W7・C	100~250	305×305×70
FH・610/10・W9・C	750~1500	610×610×90
FH・610/15・W9・C	1300~2200	615×610×90
FH・610/20・W9・C	1500~3000	1219×610×90
FH・610/05・W9・C	375~750	305×610×90
FH・610/03・W9・C	180~375	305×305×90
FH・610/10・P15・C	500~1000	610×610×150
FH・610/15・P15・C	750~1400	615×610×150
FH・610/20・P15・C	1000~1900	1219×610×150
FH・610/05・P15・C	250~500	305×610×150
FH・610/03・P15・C	125~250	305×305×150
FH・320/10	300~450	320×320×220
FH・484/10	600~1000	484×484×220
FH・484/15	900~1500	726×484×220
FH・484/20	1200~2000	368×484×220
FH・830/10	1000~1500	630×630×220
FH・830/15	1500~2250	945×630×220
FH・830/20	2000~3000	1280×830×220
FH・830/05	500~750	315×630×220
FH・830/03	250~375	315×315×220

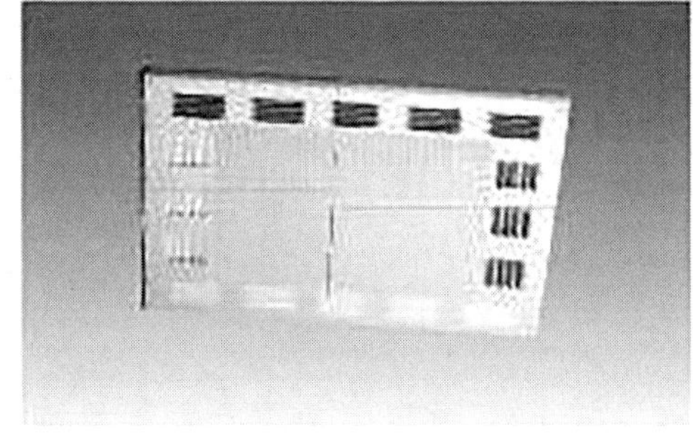

附录 7
FFU 型过滤器

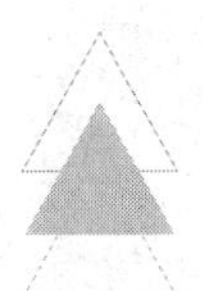

序号	外形尺寸（mm）	FFU 型号	过滤器型号	额定风量（m^3/h）	机外静压（Pa）	噪声（dB）	功率（W）
标准叠装型交流 FFU							
1	1175×575	FFU/G-1175×575×290-A1C	WuGe-1170×570×70-H13（H14）	1000	50	53	120
2	575×575	FFU/G-575×575×290-A1C	WuGe-570×570×70-H13（H14）	500	50	50	120
标准叠装型 EC 直流 FFU							
1	1175×1175	FFU/G-1175×1175×340-EC	WuGe-1170×1170×70（90）-H13（H14/U15）	2000	120	56	230
2	1175×575	FFU/G-1175×575×340-EC	WuGe-1170×570×70（90）-H13（H14/U15）	1000	120	55	120
3	575×575	FFU/G-575×575×340-EC	WuGe-570×570×70（90）-H13（H14/U15）	500	120	53	90

FFU 单台控制分为挡位调速和无级调速两种方式，调节开关设置于 FFU 箱体上。无级调速：旋钮式无级调速器，可任意调节至所需风量；挡位调速：三挡（五挡）拨动开关，按照预先设置的挡位风量，快速调节。单机控制方式为人工手动操作。

附录8

人防电站通风专业设计实例一

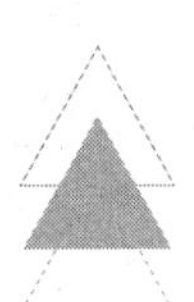

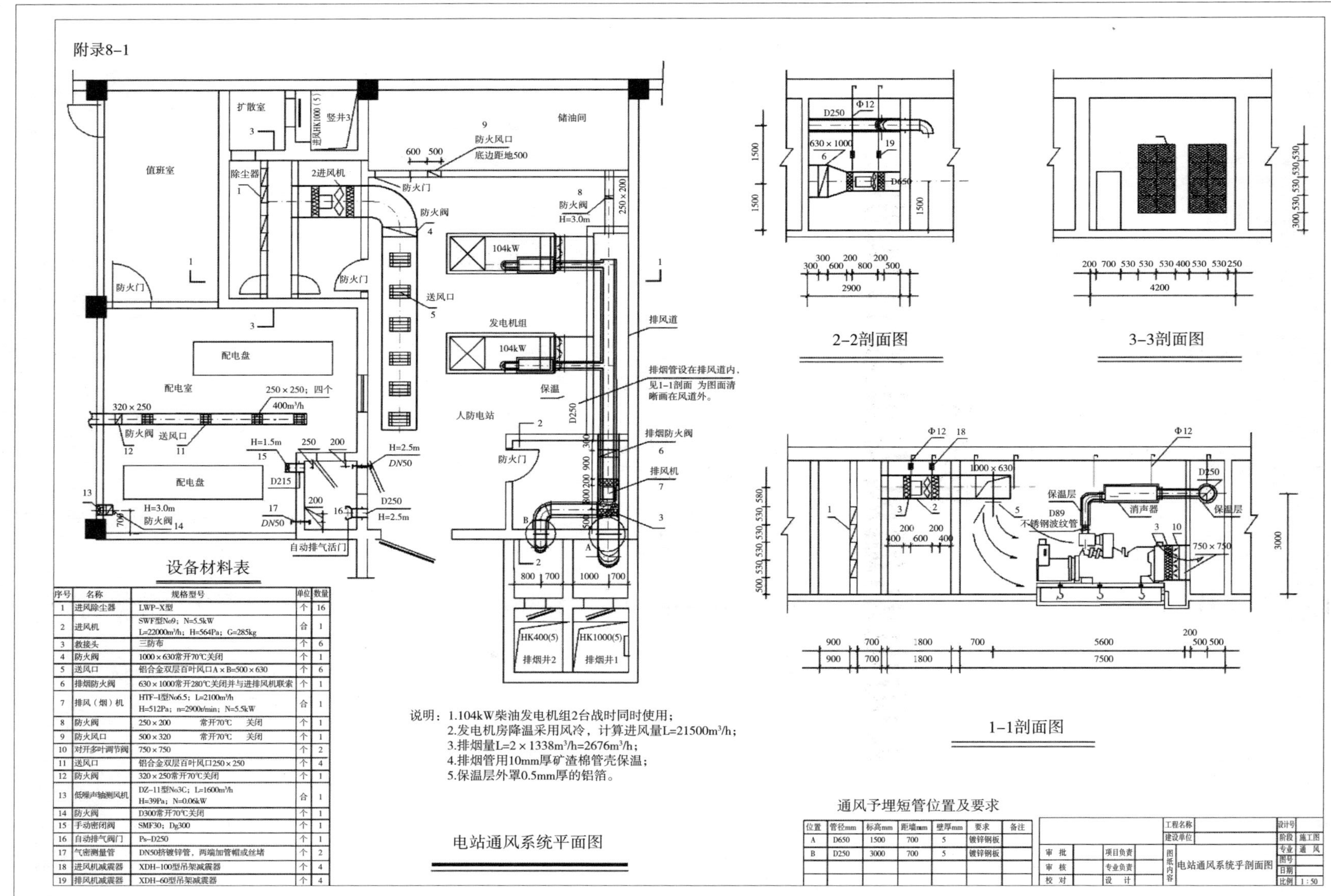

设备材料表

序号	名称	规格型号	单位	数量
1	进风除尘器	LWP-X型	个	16
2	进风机	SWF型No9；N=5.5kW L=22000m³/h；H=564Pa；G=285kg	合	1
3	教接头	三防布	个	6
4	防火阀	1000×630常开70℃关闭	个	1
5	送风口	铝合金双层百叶风口A×B=500×630	个	6
6	排烟防火阀	630×1000常开280℃关闭并与进排风机联索	个	1
7	排风（烟）机	HTF-I型No6.5；L=2100m³/h H=512Pa；n=2900r/min；N=5.5kW	合	1
8	防火阀	250×200 常开70℃ 关闭	个	1
9	防火风口	500×320 常开70℃ 关闭	个	1
10	对开多叶调节阀	750×750	个	2
11	送风口	铝合金双层百叶风口250×250	个	4
12	防火阀	320×250常开70℃关闭	个	1
13	低噪声轴测风机	DZ-11型No3C；L=1600m³/h H=39Pa；N=0.06kW	合	1
14	防火阀	D300常开70℃关闭	个	1
15	手动密闭阀	SMF30；Dg300	个	1
16	自动排气阀门	Ps-D250	个	1
17	气密测量管	DN50挤镀锌管，两端加管帽或丝堵	个	2
18	进风机减震器	XDH-100型吊架减震器	个	4
19	排风机减震器	XDH-60型吊架减震器	个	4

说明：1.104kW柴油发电机组2台战时同时使用；
2.发电机房降温采用风冷，计算进风量L=21500m³/h；
3.排烟量L=2×1338m³/h=2676m³/h；
4.排烟管用10mm厚矿渣棉管壳保温；
5.保温层外罩0.5mm厚的铝箔。

通风予埋短管位置及要求

位置	管径mm	标高mm	距墙mm	壁厚mm	要求	备注
A	D650	1500	700	5	镀锌钢板	
B	D250	3000	700	5	镀锌钢板	

		工程名称		设计号	
		建设单位		阶段	施工图
审 批	项目负责	图纸内容	电站通风系统手剖面图	专业	通 风
审 核	专业负责			图号	
校 对	设 计			日期	
				比例	1:50

附录 9
管内经济流速对应的柴油机排烟管直径

柴油机排烟管直径（单位：mm）（仅供参考）

发电机功率（kW）	台数	排烟量（m^3/h）	v=10（m/s）	v=12（m/s）	v=15（m/s）
68	1	924	180	160	150
	2	1848	250	230	200
80	1	972	188	170	150
	2	1944	260	240	210
104	1	1338	220	200	180
	2	2676	300	280	250
120	1	1602	240	220	200
	2	3204	340	300	280
140	1	1866	250	230	210
	2	3732	360	330	300
160	1	2232	280	260	230
	2	4464	400	360	320
200	1	2508	300	270	240
	2	5016	420	380	340
260	1	3150	330	300	270
	2	6300	470	430	380
300	1	3780	360	330	300
	2	7560	500	470	420
320	1	4110	380	340	300
	2	8220	540	490	440
360	1	4488	400	360	320
	2	8976	560	500	460
400	1	5520	440	400	360
	2	11040	620	570	500

注：管内经济流速为 10~15m/s，建议取流速 12~15m/s 对应的直径，以便减少排烟管对空间的占用，而且柴油机排烟剩余压力较大，取较高速度是适宜的。

附录 10
自然风通道摩擦阻力计算图

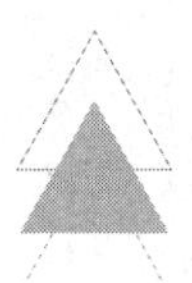

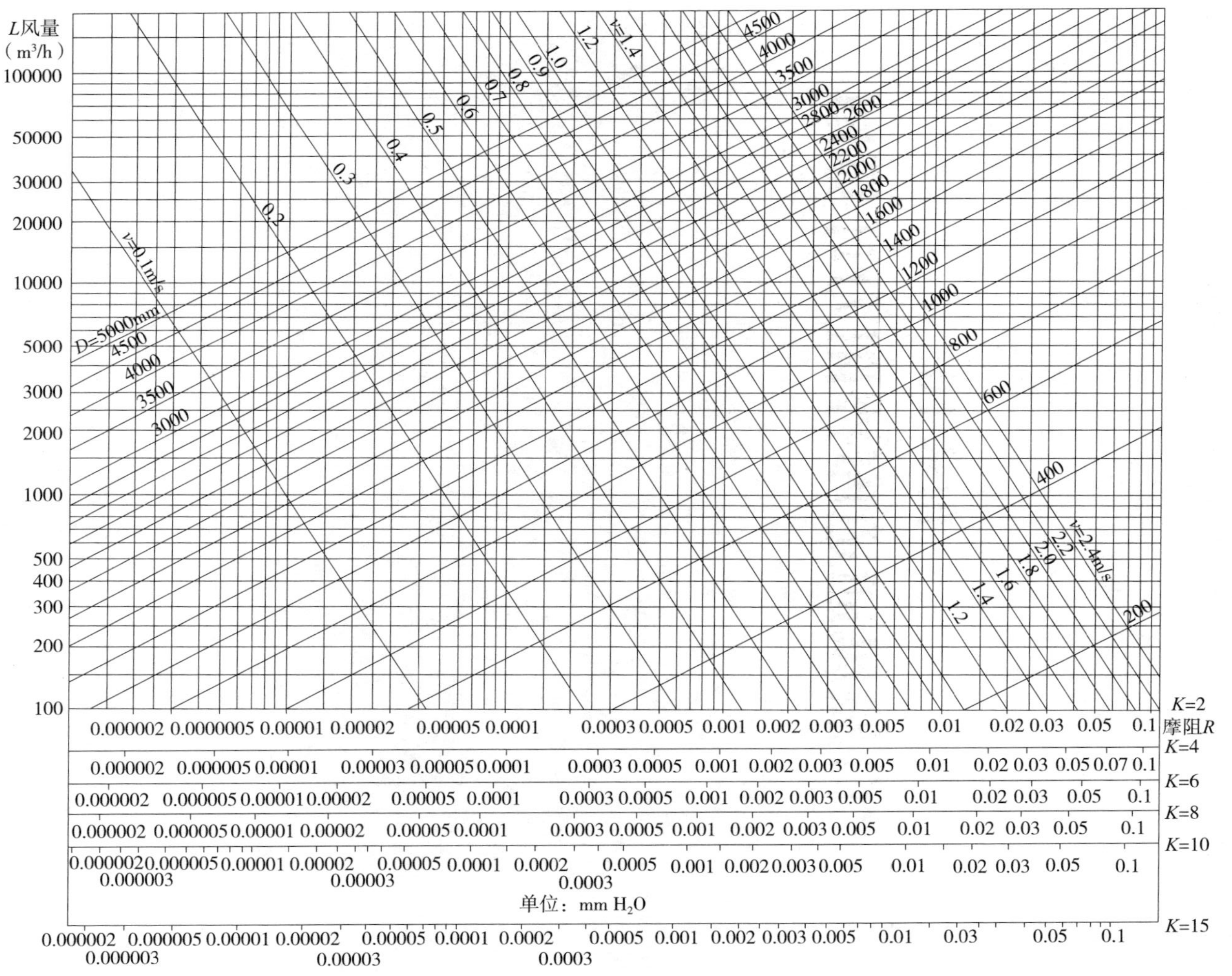
L风量
（m³/h）
100000
50000
30000
20000
10000
5000
3000
2000
1000
500
400
300
200
100
v=0.1m/s
0.2
0.3
0.4
0.5
0.6
0.7
0.8
0.9
1.0
1.2
v=1.4
v=2.4m/s
2.2
2.0
1.8
1.6
1.4
1.2
D=5000mm
4500
4000
3500
3000
2800
2600
2400
2200
2000
1800
1600
1400
1200
1000
800
600
400
200
K=2
摩阻R
0.000002 0.0000005 0.00001 0.00002 0.00005 0.0001 0.0003 0.0005 0.001 0.002 0.003 0.005 0.01 0.02 0.03 0.05 0.1
K=4
0.000002 0.000005 0.00001 0.00003 0.00005 0.0001 0.0003 0.0005 0.001 0.002 0.003 0.005 0.01 0.02 0.03 0.05 0.07 0.1
K=6
0.000002 0.000005 0.00001 0.00002 0.00005 0.0001 0.0003 0.0005 0.001 0.002 0.003 0.005 0.01 0.02 0.03 0.05 0.1
K=8
0.000002 0.000005 0.00001 0.00002 0.00005 0.0001 0.0003 0.0005 0.001 0.002 0.003 0.005 0.01 0.02 0.03 0.05 0.1
K=10
0.000002 0.000003 0.000005 0.00001 0.00002 0.00003 0.00005 0.0001 0.0002 0.0003 0.0005 0.001 0.002 0.003 0.005 0.01 0.02 0.03 0.05 0.1
单位：mm H_2O
K=15
0.000002 0.000003 0.000005 0.00001 0.00002 0.00003 0.00005 0.0001 0.0002 0.0003 0.0005 0.001 0.002 0.003 0.005 0.01 0.03 0.05 0.1

附录 11
局部阻力系数

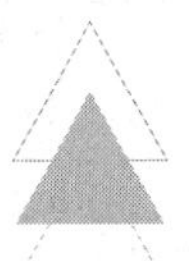

局部阻力系数表

序号	名称	简图、计算流速以及局部阻力系数 ζ

1 突然收缩（计算流速 v_0）

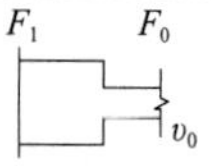

F_0/F_1	0	0.1	0.2	0.3	0.4	0.5	0.6	0.7	0.8	0.9	1.0
ζ	0.50	0.47	0.42	0.38	0.34	0.30	0.25	0.20	0.15	0.09	0

2 突然扩大（计算流速 v_0）

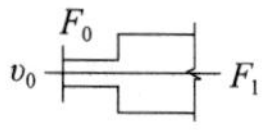

F_0/F_1	0	0.1	0.2	0.3	0.4	0.5	0.6	0.7	0.8	0.9	1.0
ζ	1.00	0.81	0.64	0.49	0.36	0.25	0.16	0.09	0.04	0.01	0

3 渐缩管（计算流速 v_0）

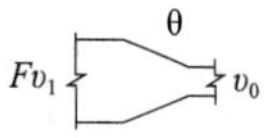

θ	30	15	60
ζ	0.02	0.04	0.07

4 渐扩和变径管（计算流速 v_0）

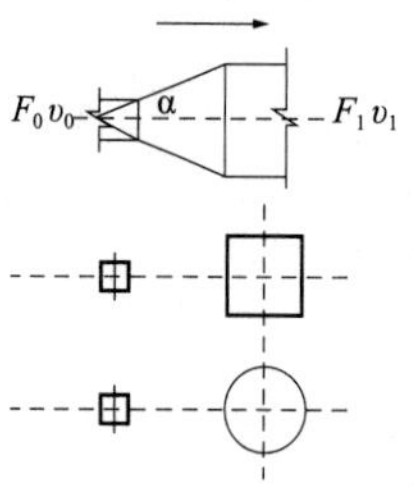

F_0/F_1 \ α	10°	15°	20°	25°	30°
1.25	0.02	0.03	0.05	0.06	0.07
1.50	0.03	0.06	0.10	0.12	0.13
1.75	0.05	0.09	0.14	0.17	0.19
2.00	0.06	0.13	0.20	0.23	0.26
2.25	0.08	0.16	0.24	0.30	0.33
3.50	0.09	0.19	0.30	0.36	0.39

$\alpha > 45°$ 时，按$\zeta=(1-\frac{F_0}{F_1})^2$计算

5 园（方）直角弯管（计算流速 v）

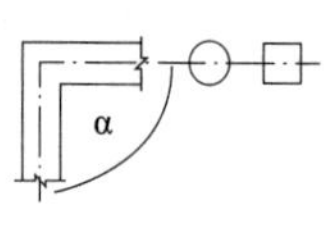

α	60°	75°	90°	105°	120°	135°	150°	165°
ζ	1.55	1.23	1.04	0.81	0.60	0.40	0.23	0.09

6 变断面直弯管（计算流速 v_0）

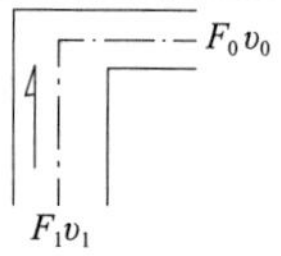

F_0/F_1	0.2	0.3	0.4	0.5	0.6	0.7	0.8	0.9
ζ	0.57	0.60	0.63	0.70	0.76	0.88	1.00	1.13

7 变断面直弯管（计算流速 v_0）

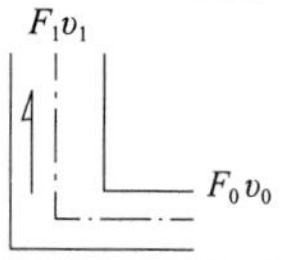

F_0/F_1	0.1	0.3	0.5	0.7	0.9
ζ	1.00	1.00	1.01	1.02	1.06

8 墙孔（计算流速 v_0）

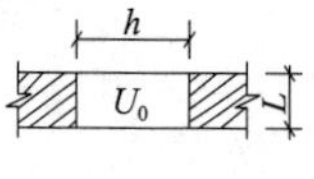

L/h	0.0	0.2	0.4	0.6	0.8	1.0	1.2	1.6	2.0
ζ	2.88	2.73	2.60	2.34	1.95	1.76	1.67	1.6	1.55

续表

序号	名称	简图、计算流速以及局部阻力系数 ζ								
9	园形直角分流三通	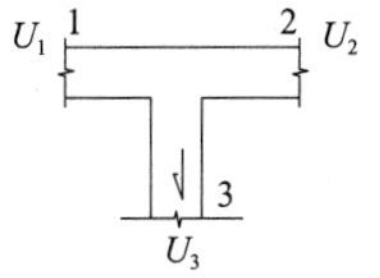	U_1（直通管）	U_2/U_1	0.3	0.4	0.5	0.6	0.8	0.9	
				ζ_{1-2}	0.20	0.15	0.10	0.06	0.02	0.0	
			U_3（分支管）	U_3/U_1		0.4	0.6	0.8	1.0	1.2	1.4
				ζ_{1-3}		1.10	1.20	1.30	1.30	1.40	1.60

序号	名称	简图		局部阻力系数 ζ					
10	园形直角合流三通	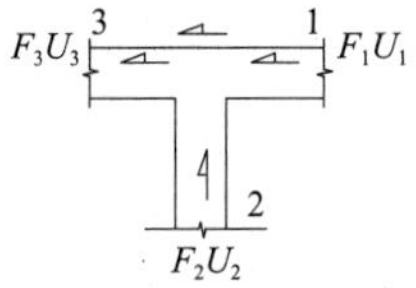	U_3（直通管）	U_3/U_1		0.2	0.4	0.6	0.8	1.0
				F_3/F_2=1.0		0.50	0.40	0.30	0.18	0.04
				F_3/F_2=3.0		1.25	1.00	0.77	0.50	0.30
			U_3（分支管）	U_3/U_1	0.4	0.6	0.8	1.0	1.2	1.5
				F_3/F_2=1.0	0.20	0.56	0.85	—	—	—
				F_3/F_2=1.5	0.00	0.33	0.68	1.03	1.39	—
				F_3/F_2=3.0	−0.32	0.00	0.34	0.70	1.08	1.72
				F_3/F_2=4.0	−0.84	−0.18	0.14	0.48	0.85	1.48

序号	名称	简图	α	20°	40°	60°	90°	120°
11	吸气罩	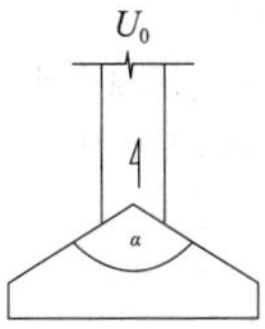	圆形罩	0.02	0.03	0.05	0.11	0.20
			矩形罩	0.06	0.08	0.12	0.19	0.27

序号	名称	简图			
12	短穿廊	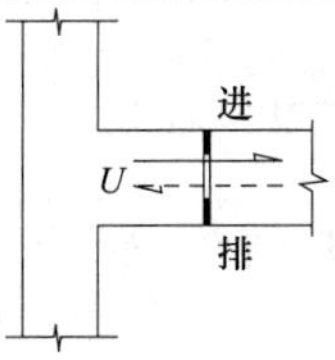	ζ值包括一道防护门，以门洞风速 v 计算阻力	$\zeta_{进}$	$\zeta_{排}$
				0.84	1.59
			同上	$\zeta_{进}$	$\zeta_{排}$
13	直角长穿廊	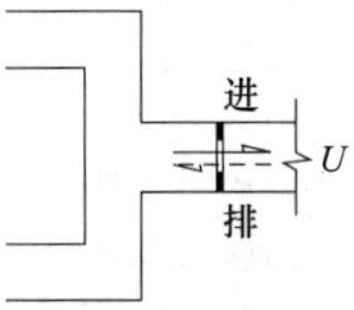	同上	0.67	1.80
14	钝角长穿廊	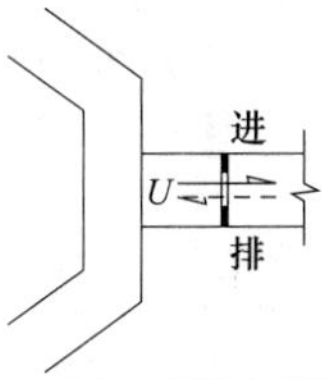	同上	0.80	1.61
15	直通式	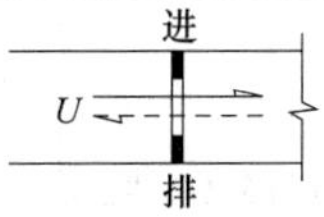	同上	0.73	1.50
16	死巷式	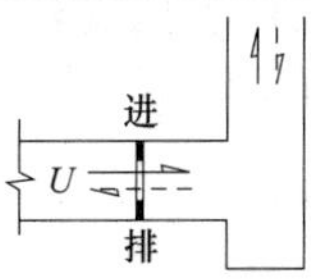	同上	1.05	1.82

续表

序号	名称	简图、计算流速以及局部阻力系数 ζ			
17	一道门	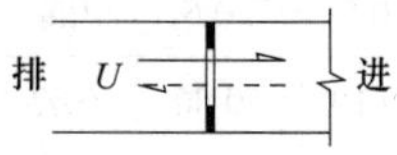	同上	0.86	0.92
18	二道门		同上	1.20	1.31
19	三道门	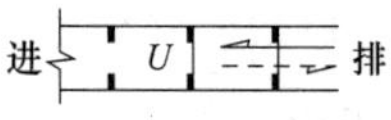	同上	1.65	1.76
20	四道门	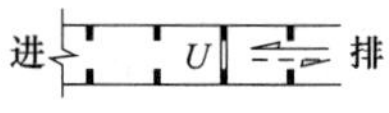	同上	2.07	2.12

	进风型风帽					
	风帽型制	图形	K	$\zeta_{进}$	简要说明	备注
21	三孔一迎二侧向，$F_k=3.3F_j$	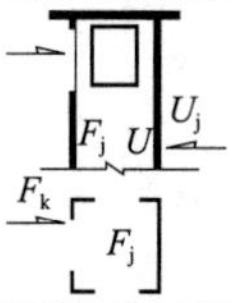	1.0	60.6	因两侧风口负压较大，迎风侧进风量较小，这种风帽不适宜用于独立风井	K——风压转换系数，无因次；ζ——风帽的局部阻力系数，无因次；F_k——风帽上四面孔口的有效面积（m^2）；F_j——风井的有效断面积（m^2）
22	三孔一迎二侧向，加 30° 度百叶，$F_k=3.3F_j$	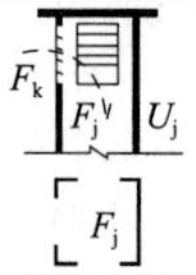	1.0	7.7	因两侧有百叶的遮挡，迎风侧进风明显增大，可用于独立风井	
23	四面设窗倒装百叶，$F_k=4.0F_j$（可用于独立风井）	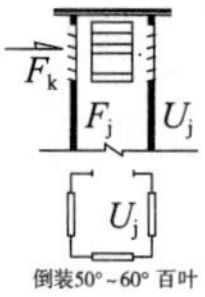 倒装50°~60° 百叶	1.0	10.4	百叶宽度 b 为 80~100（mm）为宜；h 为百叶间距（mm）；两者比例 $\beta=b/h=1.4\sim2.27$，不受风向影响	
24	随风转向风帽	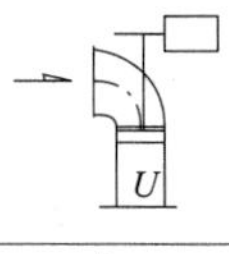	1.0	0.94	随风转向风帽不受风向影响，且局部阻力系数 ζ 小，性能好	
25	90° 圆断面弯头	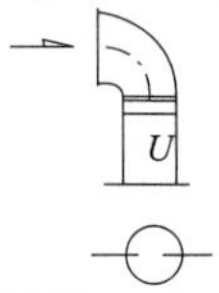	1.0	0.40	受风向影响，宜设在建筑物的迎背风侧。迎为进，背为排	
26	90° 方断面弯头	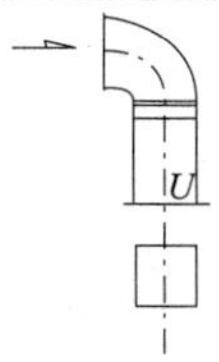	1.0	0.60	受风向影响，宜设在建筑物的迎背风侧。迎为进，背为排	

续表

序号	风帽型制	图形	K	$\zeta_{进}$	简要说明	备注
27	单孔迎风型风帽	U F_j	1.0	1.20	受风向影响，宜设在建筑物的迎背风侧。迎为进，背为排	K——风压转换系数，无因次；ζ——风帽的局部阻力系数，无因次；F_k——风帽上四面孔口的有效面积（m^2）；F_j——风井的有效断面积（m^2）
28	单孔 30° 百叶迎风型风帽	U F_j	1.0	2.00	受风向影响，宜设在建筑物的迎背风侧。迎为进，背为排	
	排风型风帽					
	风帽型制	图形	K	$\zeta_{排}$	简要说明	备注
29	G 型风帽	U F_j	-0.5	2.50	挡板下部封闭	
30	方筒挡板风帽	U F_j	-0.5	2.80	挡板下部不封闭	
31	单面孔口排风帽	U F_k F_j	-0.5	8.00		
32	四面设百叶排风帽	U F_k F_j	-0.5	4.60	四面设窗 30° 百叶排风型风帽	
33	随风转向排风帽	U	-0.5	7.30		

附录 12

部分地区室外气象参数

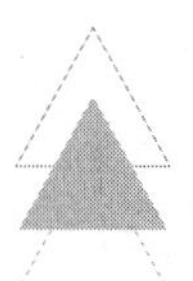

部分地区室外气象参数

地名	海拔高度（m）	大气压力（hPa）		地表面温度（℃）			室外计算（干球）湿度（℃）						夏季空气调节室外计算湿球温度（℃）	夏季室外年平均不保证200h含湿量（g/kg）
		冬季	夏季	年平均	最冷月平均	最热月平均	供暖	冬季空调	冬季通风	夏季通风	夏季空调	最热月平均		
北京市														
北京	54.7	1021.1	999.1	13.7	–5.4	29.4	–9	–12	–5	29.7	33.5	25.8	26.4	18.5
密云*	71.6	1018.0	996.9	10.8	–7.0	25.7	–11	–14	–7	29	32.6	26.3	26.2	18.3
天津市														
天津	5.2	1027.5	1005.2	14.1	–4.2	29.3	–9	–11	–4	29.8	33.9	26.4	26.8	19.2
塘沽*	10.8	1026.4	1004.9	15.0	–4.1	30.7	–6	–8	–3	28.8	32.5	27.3	26.9	19.2
河北省														
石家庄	81.2	1017.7	995.7	15.1	–3.2	30.4	–8	–11	–3	30.8	35.1	26.6	26.8	19.4
承德	374.4	981.1	963.3	10.4	–11.0	28.2	–14	–17	–9	28.7	32.7	24.4	24.1	16.5
张家口	723.9	938.7	924.4	9.6	–10.6	27.3	–15	–18	–10	30.8	32.1	23.2	22.6	15.2
邢台	76.8	1017.4	995.8	15.1	–3.4	30.4	–8	–11	–3	31	35.1	26.7	26.9	19.9
保定	17.2	1024.7	1002.6	14.4	–4.9	30.8	–9	–11	–4	30.4	34.8	26.6	26.6	19.5

续表

地名	海拔高度（m）	大气压力（hPa）		地表面温度（℃）			室外计算（干球）湿度（℃）						夏季空气调节室外计算湿球温度（℃）	夏季室外年平均不保证200h含湿量（g/kg）
		冬季	夏季	年平均	最冷月平均	最热月平均	供暖	冬季空调	冬季通风	夏季通风	夏季空调	最热月平均		
沧州	11.4	1026.6	1004.1	14.7	−3.4	29.8	−9	−11	−4	30.1	34.3	26.6	26.7	19.2
唐山*	28.6	1023.5	1002.7	13.9	−5.8	29.9	−8	−10	−5	29.2	32.9	26.5	26.3	18.4
秦皇岛*	3.3	1026.4	1005.9	13.1	−4.9	28.6	−8	−9	−4	27.5	30.6	25.5	25.9	18.5
山西省														
太原	779.5	933.7	919.7	11.6	−6.2	26.9	−12	−15	−7	27.8	31.5	23.5	23.8	16.8
阳泉	741.9	936.2	922.7	12.6	−4.9	27.7	−11	−13	−4	28.2	32.8	24.0	23.6	17.3
大同	1069.0	900.2	889.0	8.7	−11.4	25.7	−17	−20	−11	26.4	30.9	21.8	21.2	13.9
介休	745.8	937.5	923.0	12.7	−4.7	27.9	−10	−13	−5	28	32.2	23.9	23.9	16.7
运城	375.9	982.2	962.7	15.5	−1.3	30.6	−7	−9	−2	31.3	35.8	27.3	26.0	17.9
内蒙古自治区														
呼和浩特	1065.0	910.5	889.5	7.6	−13.3	26.0	−19	−22	−13	26.5	30.6	21.9	21.0	14.0
海拉尔	612.5	948.2	935.2	0.7	−26.7	23.5	−34	−37	−27	24.3	29.0	19.6	20.5	12.8
二连浩特	965.9	910.9	898.1	6.2	−18.5	28.1	−26	−30	−19	27.9	33.2	22.9	19.3	11.6
锡林浩特	990.8	906.9	895.7	5.2	−19.5	25.8	−27	−30	−20	26	31.1	20.8	19.9	12.6
通辽	180.1	1002.2	983.9	8.6	−15.2	28.1	−20	−22	−14	28.2	32.3	23.9	24.5	16.5

续表

地名	海拔高度（m）	大气压力（hPa）		地表面温度（℃）			室外计算（干球）湿度（℃）						夏季空气调节室外计算湿球温度（℃）	夏季室外年平均不保证200h含湿量（g/kg）
		冬季	夏季	年平均	最冷月平均	最热月平均	供暖	冬季空调	冬季通风	夏季通风	夏季空调	最热月平均		
赤峰	572.5	955.4	940.8	9.1	-13.2	27.5	-18	-20	-12	28	32.7	23.5	22.6	14.5
集宁	1416.5	859.9	853.3	5.4	-14.5	23.1	-21	-23	-14	23.8	28.2	19.2	18.9	13.3
包头*	1069.1	901.2	889.2	10.4	-11.6	28.8	-15	-17	-11	27.4	31.7	23.9	20.9	13.7
满洲里*	662.0	941.7	930.7	2.1	-24.5	25.7	-28	-29	-23	24.1	29.0	20.7	19.9	12.5
辽宁省														
沈阳	45.2	1021.3	1000.9	9.5	-12.4	27.1	-19	-22	-12	28.2	31.5	24.6	25.3	17.6
大连	97.3	1014.5	995.2	12.9	-4.7	26.7	-11	-14	-5	26.3	29.0	23.9	24.9	18.2
抚顺	118.1	1010.5	992.4	8.1	-13.9	26.4	-21	-24	-14	27.8	31.5	23.7	24.8	17.1
鞍山	77.3	1017.5	997.1	10.1	-11.7	28.0	-18	-21	-10	28.2	31.6	24.8	25.4	18.0
阜新	144.0	1008.2	989.0	9.3	-12.0	27.8	-17	-20	-12	28.4	32.5	24.2	24.7	17.1
辽阳	10.5	1024.0	1002.7	10.5	-12.9	29.0	-19	-22	-12	28	31.6	24.8	25.6	18.0
朝阳	140.7	1004.5	984.9	10.9	-11.2	28.4	-16	-19	-11	28.9	33.5	24.6	25.0	17.2
锦州	70.2	1018.2	997.5	11.0	-9.6	27.8	-15	-17	-9	27.9	31.4	24.3	25.2	18.0
营口	4.3	1026.6	1005.6	10.7	-9.4	28.0	-16	-18	-10	27.7	30.4	24.8	25.5	18.1
本溪	234.9	996.8	980.2	8.2	-12.1	25.2	-19	-23	-12	27.4	31.0	24.3	24.5	17.2
丹东	13.9	1024.1	1005.4	10.3	-8.2	25.8	-14	-17	-8	26.8	29.6	23.2	25.3	18.1
吉林省														
长春	238.5	994.8	978.3	7.1	-16.9	26.2	-23	-26	-16	26.6	30.5	23.0	24.1	16.9

续表

地名	海拔高度（m）	大气压力（hPa）		地表面温度（℃）			室外计算（干球）湿度（℃）						夏季空气调节室外计算湿球温度（℃）	夏季室外年平均不保证 200h 含湿量（g/kg）
		冬季	夏季	年平均	最冷月平均	最热月平均	供暖	冬季空调	冬季通风	夏季通风	夏季空调	最热月平均		
四平	165.4	1004.7	986.6	7.8	−15.4	26.7	−22	−25	−15	27.2	30.7	23.6	24.5	17.2
延吉	178.2	1001.0	986.8	7.4	−14.7	25.6	−20	−22	−14	26.7	31.3	21.3	23.9	16.0
通化	402.9	974.5	960.7	6.0	−17.3	24.7	−24	−27	−16	26.3	29.9	22.2	23.2	16.1
黑龙江省														
哈尔滨	143.0	1005.7	988.7	5.8	−19.8	26.4	−26	−29	−20	26.8	30.7	22.8	23.9	16.3
齐齐哈尔	147.3	1005.1	987.5	5.5	−20.5	26.3	−25	−28	−20	26.7	31.1	22.8	23.5	15.4
安达	150.1	1004.5	987.2	5.5	−20.0	26.2	−26	−29	−20	27	31.1	22.9	23.9	15.7
鸡西	238.1	992.2	979.9	5.3	−18.0	24.9	−23	−26	−17	26.3	30.5	21.7	23.2	15.5
牡丹江	242.5	992.1	978.6	5.8	−19.7	26.1	−24	−27	−19	26.9	31.0	22.0	23.5	15.6
绥芬河	497.7	958.7	950.8	4.5	−17.6	23.7	−23	−26	−17	23	27.3	19.2	22.2	15.0
鹤岗	227.9	990.9	979.2	3.6	−20.2	24.1	−24	−26	−18	25.5	29.9	21.2	22.7	14.8
上海市														
上海	7.0	1025.8	1005.3	17.0	4.1	30.4	−2	−4	3	31.2	34.4	27.8	27.9	21.3
江苏省														
南京	12.5	1025.9	1004.2	17.0	3.1	30.9	−3	−6	2	31.2	34.8	28.0	28.1	21.7
徐州	41.9	1022.6	1000.8	15.9	0.3	29.9	−5	−8	0	30.5	34.3	27.0	27.6	20.5
淮安	17.5	1025.0	1003.9	16.0	0.6	29.9				29.9	33.4		28.1	
盐城	2.0	1026.3	1005.6	17.1	1.3	31.7				29.8	33.2		28.0	

续表

地名	海拔高度（m）	大气压力（hPa）		地表面温度（℃）			室外计算（干球）湿度（℃）						夏季空气调节室外计算湿球温度（℃）	夏季室外年平均不保证200h含湿量（g/kg）
		冬季	夏季	年平均	最冷月平均	最热月平均	供暖	冬季空调	冬季通风	夏季通风	夏季空调	最热月平均		
扬州	5.4	1026.2	1005.2							30.5	34.0		28.3	
苏州	17.5	1024.1	1003.7							31.3	34.4		28.3	
连云港	3.0	1026.3	1005.0	16.4	0.6	30.2	−5	−8	0	29.1	32.7	26.8	27.8	21.2
常州	9.2	1022.7	1005.3	17.7	3.2	33.0	−3	−5	2	31.3	34.6	28.4	28.1	22.3
南通	5.3	1025.4	1005.1	17.0	3.0	30.9	−2	−5	3	30.5	33.5	27.3	28.1	22.3
浙江省														
杭州	43.2	1021.4	1000.8	17.7	4.5	31.6	−1	−4	4	32.3	35.6	28.6	27.9	21.1
宁波	4.2	1025.4	1005.8	18.5	4.8	34.2	0	−3	4	31.9	35.1	28.1	28.0	22.2
金华	64.1	1017.9	998.6	20.5	6.5	36.0	0	−3	5	33.1	36.2	29.4	27.6	21.1
衢州	67.1	1017.4	997.5	18.8	5.9	32.6	0	−2	5	32.9	35.8	29.1	27.7	21.1
温州	7.1	1024.5	1005.6	20.0	8.7	32.2	3	1	8	31.5	35.8	27.9	28.3	22.0
安徽省														
合肥	36.5	1022.6	1000.9	17.7	3.1	32.3	−3	−7	2	31.4	35.0	28.3	28.1	21.5
芜湖	14.8	1023.9	1002.8	18.4	3.7	34.2	−2	−5	3	31.7	35.3	28.7	27.7	22.4
阜阳	31.2	1023.9	1002.7	17.4	1.6	32.3	−6	−9	0	31.3	35.2	27.9	28.1	21.5
亳县	41.8	1022.4	1000.4	16.2	0.6	30.8	−5	−8	0	31.1	35.0	27.5	27.8	21.0
蚌埠	26.0	1024.3	1002.5	17.2	2.1	31.3	−4	−7	1	31.3	35.4	28.4	28.0	21.2
安庆	19.6	1024.3	1002.9	18.6	4.3	33.3	−2	−5	4	31.8	35.3	28.8	28.1	21.6
福建省														
福州	853.4	1013.2	996.4	22.5	12.5	34.6	6	4	10	33.1	35.9	28.8	28.0	21.0

续表

地名	海拔高度（m）	大气压力（hPa）		地表面温度（℃）			室外计算（干球）湿度（℃）						夏季空气调节室外计算湿球温度（℃）	夏季室外年平均不保证200h含湿量（g/kg）
		冬季	夏季	年平均	最冷月平均	最热月平均	供暖	冬季空调	冬季通风	夏季通风	夏季空调	最热月平均		
厦门	138.3	1005.4	990.4	23.2	14.4	32.9	8	6	13	31.3	33.5	28.4	27.5	21.2
南平	127.8	1008.2	991.2	21.9	10.9	33.8	4	2	9	33.7	36.1	28.5	27.1	20.3
永安	205.9	998.3	982.3	22.1	11.7	33.5	3	1	9	33	35.7	28.0	26.7	19.7
漳州	30.0	1017.8	1002.7	24.4	14.3	32.5	8	6	13	38.6	35.2	28.7	27.6	21.6
江西省														
南昌	45.7	1019.7	999.3	19.7	6.0	34.2	0	−3	5	32.7	35.5	29.6	28.2	21.8
九江	32.2	1021.9	1000.9	19.4	5.1	34.1	0	−3	4	32.7	35.8	29.4	27.8	21.7
吉安	78.0	1015.6	996.0	20.7	7.4	35.1	1	−1	6	33.4	35.9	29.5	27.6	20.9
赣州	124.7	1008.9	990.9	22.0	9.2	34.7	3	0	8	33.2	35.4	29.5	27.0	20.2
景德镇	62.9	1018.3	998.4	19.1	5.9	33.1	0	−3	5	33	36.0	28.7	27.7	21.1
山东省														
济南	57.8	1020.4	998.6	16.5	−1.5	30.6	−7	−10	−2	30.9	34.7	27.4	26.8	19.2
德州	21.2	1024.6	1002.4	14.7	−3.7	30.2	−8	−11	−4	30.6	34.2	26.9	26.9	20.0
青岛	76.0	1016.9	997.2	14.2	−1.8	28.1	−6	−9	−1	27.3	29.4	25.1	26.0	20.1
兖州	51.6	1019.9	998.7	15.5	−1.7	29.6	−7	−10	−2	30.9	34.8	27.0	27.4	20.5
淄博	34.0	1022.6	1001.0	14.9	−3.0	30.3	−9	−12	−3	30.9	34.6	26.9	26.7	19.7
潍坊	51.4	1021.4	999.8	15.3	−2.6	29.2	−8	−11	−3	30.2	34.2	25.9	26.9	19.6
菏泽	50.8	1021.6	999.4	15.8	−0.8	30.0	−6	−9	−2	30.6	34.4	27.0	27.4	20.6
威海*	61.3	1018.8	1000.1	15.0	−1.0	29.3	−4	−6	−1	26.8	30.2	25.5	25.7	18.7

续表

地名	海拔高度（m）	大气压力（hPa）		地表面温度（℃）			室外计算（干球）湿度（℃）						夏季空气调节室外计算湿球温度（℃）	夏季室外年平均不保证 200h 含湿量（g/kg）
		冬季	夏季	年平均	最冷月平均	最热月平均	供暖	冬季空调	冬季通风	夏季通风	夏季空调	最热月平均		
河南省														
郑州	111.3	1013.7	992.4	16.0	0.1	30.6	–5	–7	0	30.9	34.9	27.3	27.4	20.3
开封	72.5	1017.9	996.0	16.1	–0.3	31.2	–5	–7	–1	30.7	34.4	27.1	27.6	20.8
洛阳	154.5	1008.8	987.6	16.5	0.4	31.2	–5	–7	0	31.3	35.4	27.5	26.9	20.8
许昌	71.9	1017.9	996.2	16.7	0.8	31.3	–4	–7	1	30.9	35.1	27.6	27.9	21.0
南阳	129.8	1010.7	989.6	17.0	1.7	31.4	–4	–7	1	30.5	34.3	27.4	27.8	21.3
安阳	76.4	1018.4	996.7	16.0	–1.6	30.8	–7	–10	–2	31.0	34.7	26.9	27.3	19.8
驻马店	83.3	1017.2	995.7	16.4	1.8	30.6	–4	–7	1	30.9	35.0	27.5	27.8	21.0
信阳	115.1	1013.1	992.0	17.3	2.7	30.9	–4	–7	2	30.7	34.5	27.7	27.6	20.9
湖北省														
武汉	23.5	1023.9	1002.1	18.6	4.1	33.4	–2	–5	3	32	35.2	28.8	28.4	22.1
黄石	19.6	1023.0	1002.0	19.0	4.8	33.4	–1	–4	4	32.5	35.8	29.2	28.3	22.1
老河口	91.0	1016.1	994.5	17.8	3.3	31.8	–3	–6	2	32	35.0	27.7	28.0	21.1
恩施	458.0	970.5	954.0	17.7	6.1	30.4	2	0	5	31.0	34.3	27.1	26.0	20.1
宜昌	134.3	1010.6	989.9	18.4	5.3	32.0	0	–2	5	31.8	35.6	28.2	27.8	21.1
荆州*	33.7	1022.4	1001.3	18.3	4.9	31.2	1	0	4	31.4	34.7	28.7	28.5	21.6
湖南省														
长沙	65.5	1019.3	998.3	18.9	5.6	34.3	0	–3	5	33	35.8	29.3	27.7	21.5
株洲	73.6	1015.7	995.5	20.3	6.5	35.5	0	–2	5	34	36.1	29.6	27.6	21.3

续表

地名	海拔高度（m）	大气压力（hPa）		地表面温度（℃）			室外计算（干球）湿度（℃）						夏季空气调节室外计算湿球温度（℃）	夏季室外年平均不保证 200h 含湿量（g/kg）
		冬季	夏季	年平均	最冷月平均	最热月平均	供暖	冬季空调	冬季通风	夏季通风	夏季空调	最热月平均		
衡阳	103.2	1012.4	992.8	20.2	6.7	34.8	0	−2	6	33.2	36.0	29.8	27.7	20.5
邵阳	248.6	994.9	976.7	19.4	6.2	33.1	0	−3	5	32	34.8	28.5	26.7	20.6
岳阳	51.6	1015.7	998.2	19.4	5.2	34.2	−1	−4	4	31.0	34.1	29.2	28.2	21.7
郴州	184.9	1002.1	984.2	20.5	7.7	34.8	0	−2	6	32.9	35.6	29.2	26.6	19.8
常德	34.6	1022.7	1000.9	18.3	5.3	32.5	−1	−3	4	32	35.3	28.8	28.6	22.3
芷江	272.9	992.2	973.9	18.5	5.7	31.6	0	−3	5	32	34.2	27.5	26.7	20.2
零陵	173.2	1004.2	985.4	19.3	6.6	32.4	0	−2	6	32.1	35.0	29.1	26.8	20.0
广东省														
广州	7.6	1020.0	1004.5	24.6	15.6	31.4	7	5	13	31.8	34.2	28.4	27.7	21.8
深圳*	40.0	1015.2	1001.4	24.8	16.9	30.8	10	8	15	31.2	33.7	29.2	27.6	20.7
湛江	25.3	1015.3	1001.1	26.3	18.4	32.7	10	7	16	31.5	33.9	28.9	28.1	22.1
韶关	68.3	1014.6	997.3	23.2	11.5	34.5	4	2	10	33	35.4	29.1	27.3	20.5
汕头	7.3	1020.4	1005.5	24.1	15.6	32.4	9	6	13	31	33.2	28.2	27.7	21.6
阳江	22.0	1017.1	1002.6	24.5	16.3	31.4	9	6	15	30.7	33.0	28.1	27.8	22.1
惠州*	22.0	1017.7	1003.3	24.6	15.9	31.1	9	7	14	31.5	34.1	28.7	27.6	20.9
河源*	40.8	1016.2	1001.2	23.4	14.3	30.6	8	6	13	32.1	34.5	28.7	27.5	20.6
肇庆*	12.4	1018.1	1003.0	24.1	15.5	31.0	9	8	14	32.1	34.6	29.1	27.8	20.9
梅州*	89.3	1010.7	996.3	25.0	15.1	33.2	8	6	12	32.7	35.1	28.6	27.2	20.2

续表

地名	海拔高度（m）	大气压力（hPa）		地表面温度（℃）			室外计算（干球）湿度（℃）						夏季空气调节室外计算湿球温度（℃）	夏季室外年平均不保证200h含湿量（g/kg）
		冬季	夏季	年平均	最冷月平均	最热月平均	供暖	冬季空调	冬季通风	夏季通风	夏季空调	最热月平均		
海南省														
海口	14.9	1004.1	988.9	25.3	19.3	33.1	12	10	17	32.2	35.1	28.4	28.1	21.8
三亚*	7.0	1016.0	1004.8	30.6	25.7	34.1	19	18	22	31.3	32.8	29.2	28.1	21.9
琼海*	24.1	1014.6	1001.9	27.9	21.4	33.2	14	13	19	33	34.9	28.9	28.6	21.9
广西壮族自治区														
南宁	73.7	1015.7	999.5	24.3	14.0	31.0	7	5	13	31.8	34.5	28.3	27.9	21.7
柳州	96.9	1009.9	993.3	22.9	11.9	33.0	5	2	10	32.4	34.8	28.8	27.5	21.2
北海	14.6	1017.1	1002.4	27.0	17.2	33.5	8	6	14	31	33.1	28.7	28.2	22.4
桂林	166.2	1016.9	1002.9	27.3	8.6	32.0	3	0	8	31.7	34.2	28.3	27.3	21.1
百色	175.8	1015.2	1001.8	27.3	15.4	33.0	9	7	13	32.7	36.1	28.6	27.9	21.1
梧州	116.5	996.1	980.0	22.2	14.1	33.8	5	3	12	32.5	34.8	28.3	27.9	21.2
玉林*	85.3	1009.9	995.1	24.5	15.6	31.5	8	7	13	31.7	34.0	28.5	27.8	21.0
重庆市														
重庆	351.5	991.8	973.7	19.4	8.0	31.9	4	2	7	31.7	35.5	28.6	26.5	20.7
万州	186.7	1000.9	982.1	20.4	7.3	33.6	4	2	7	33	36.5	28.6	27.9	22.4
酉阳*	665.8	949.3	931.6	16.4	5.0	27.5	1	0	4	29	33	25.3	25.3	18.8
四川省														
成都	507.3	963.8	948.1	17.9	7.0	27.8	2	1	6	28.5	31.8	25.6	26.4	20.5
甘孜	3394.2	671.7	675.0	8.9	-3.8	18.8	-10	-13	-5	19.5	22.8	14.0	16.3	12.2

续表

地名	海拔高度（m）	大气压力（hPa）		地表面温度（℃）			室外计算（干球）湿度（℃）						夏季空气调节室外计算湿球温度（℃）	夏季室外年平均不保证 200h 含湿量（g/kg）
		冬季	夏季	年平均	最冷月平均	最热月平均	供暖	冬季空调	冬季通风	夏季通风	夏季空调	最热月平均		
自贡	354.9	1003.9	962.7	20.1	8.5	30.7	4	2	7	31	34.1	27.1	27.1	21.3
泸州	334.9	849.3	831.9	20.6	8.8	32.1	4	3	8	30.5	34.6	27.3	27.1	21.4
内江	352.3	981.3	967.9	20.1	8.0	31.4	4	2	7	30.4	34.3	27.1	27.1	21.5
乐山	424.2	971.9	955.9	19.5	8.3	29.3	4	2	7	29.2	32.8	26.0	26.6	20.9
达县	311.2	985.3	967.9	18.9	6.7	30.8	3	2	6	31.8	35.4	28.0	27.1	20.6
绵阳	470.8	967.9	951.9	18.5	6.3	29.1	2	1	5	29.2	32.6	26.2	26.4	20.6
宜宾	341.6	982.3	965.3	19.3	9.0	29.2	4	2	8	30.2	33.8	26.9	27.3	21.1
西昌	1598.9	838.2	834.6	20.4	11.0	27.2	4	2	9	26.3	30.7	22.6	21.8	16.9
南充	309.7	986.6	968.9	18.8	7.3	30.4	3	1	6	31.3	35.3	27.9	27.1	20.8
贵州省														
贵阳	1074.3	898.0	888.2	17.3	6.4	27.6	−1	−3	5	27.1	30.1	24.0	23.0	17.6
遵义	844.9	924.2	911.8	16.8	5.4	28.4	−1	−3	4	28.8	31.8	25.3	24.3	18.3
毕节	1514.4	850.9	844.1	15.6	4.8	25.9	−2	−4	2	25.7	29.2	21.8	21.8	16.9
兴仁	1379.3	864.6	857.6	16.7	7.2	24.9	0	−2	6	25.3	28.7	22.1	22.2	17.6
安顺	1392.9	862.5	855.6	16.6	5.9	25.7	−2	−4	4	24.8	27.7	21.9	21.8	17.4
凯里*	722.6	938.4	925.2	18.5	6.3	29.2	1	−1	5	29	32.1	25.5	24.5	18.5
铜仁*	280.5	991.1	973.0	18.3	6.0	29.8	3	1	6	32.2	35.3	27.8	26.7	20.0
云南省														
昆明	1892.9	811.9	808.0	17.1	8.7	23.0	3	1	8	23	26.2	19.8	20.0	16.4

续表

地名	海拔高度（m）	大气压力（hPa）		地表面温度（℃）			室外计算（干球）湿度（℃）						夏季空气调节室外计算湿球温度（℃）	夏季室外年平均不保证200h含湿量（g/kg）
		冬季	夏季	年平均	最冷月平均	最热月平均	供暖	冬季空调	冬季通风	夏季通风	夏季空调	最热月平均		
丽江	2394.4	762.5	760.8	16.3	7.6	21.8	3	1	6	22.3	25.6	18.0	18.1	15.1
腾冲	1648.7	836.7	831.3	17.0	8.9	22.0	6	4	8	23	25.4	19.8	20.7	16.7
思茅	1303.4	871.7	865.3	21.4	15.2	24.8	9	7	11	25.8	29.7	21.7	22.1	17.9
蒙自	1301.7	871.3	864.6	22.0	14.4	26.6	6	4	12	26.7	30.7	22.7	22.0	17.1
邵通*	1950.0	805.8	802.5	15.6	5.1	23.5	−2	−3	2	23.5	27.3	19.6	19.5	15.2
大理*	1991.6	802.2	798.8	16.7	9.0	23.0	6	5	8	23.3	26.2	20.3	20.2	16.2
西藏自治区														
拉萨	3650.1	650.5	652.7	11.3	−1.4	19.7	−6	−8	−2	19.2	24.1	15.1	13.5	11.6
日喀则	3836.0	651.0	638.3	10.4	−3.4	22.7	−8	−11	−4	18.9	22.6	14.1	13.4	12.1
阿里*	4279.3	602.2	605.0	6.1	−11.0	23.0	−16	−19	−13	17	22	14.9	9.5	8.6
陕西省														
西安	398.0	979.2	959.9	15.0	−0.4	29.8	−5	−8	−1	30.6	35.0	26.6	25.8	18.4
宝鸡	612.4	953.1	936.1	14.9	−0.2	29.1	−5	−8	−1	29.5	34.1	25.5	24.6	17.3
铜川	978.9	910.7	1018.7	12.7	−2.6	27.0	−8	−11	−3	27.4	31.5	23.5	23.0	14.8
榆林	1058.5	902.5	890.1	10.4	−10.1	27.9	−16	−19	−10	28.0	32.2	23.4	21.5	14.7
延安	958.8	914.1	900.9	11.6	−4.7	26.8	−12	−15	−6	28.1	32.4	22.9	22.8	15.9
汉中	509.3	964.4	948.0	16.1	3.2	29.0	−1	−3	2	28.5	32.3	25.6	26.0	19.6
安康*	291.2	991.1	972.4	18.2	4.0	32.7	2	0	3	30.5	35.0	27.8	26.8	19.4

续表

地名	海拔高度（m）	大气压力（hPa）		地表面温度（℃）			室外计算（干球）湿度（℃）						夏季空气调节室外计算湿球温度（℃）	夏季室外年平均不保证 200h 含湿量（g/kg）
		冬季	夏季	年平均	最冷月平均	最热月平均	供暖	冬季空调	冬季通风	夏季通风	夏季空调	最热月平均		
甘肃省														
兰州	1518.3	851.7	843.3	11.9	−7.3	26.8	−11	−13	−7	26.5	31.2	22.2	20.1	13.2
敦煌	1139.6	893.5	880.2	12.4	−8.9	31.4	−14	−17	−9	30.0	34.1	24.7	20.0	11.4
酒泉	1478.2	856.4	847.2	9.6	−10.2	27.5	−16	−19	−10	26.3	30.5	21.8	19.6	12.0
平凉	1348.2	870.2	860.9	10.8	−4.1	24.1	−10	−13	−5	25.6	29.8	21.0	21.3	15.2
武都	1081.7	898.2	887.6	15.8	3.0	26.9	0	−2	3	28.3	32.6	24.8	22.3	15.8
天水	1142.6	892.6	881.4	12.8	−1.7	25.8	−7	−10	−3	26.9	30.8	22.6	21.8	15.6
武威*	1531.9	850.6	842.0	12.1	−7.0	28.9	−11	−13	−8	26.4	30.9	22.0	19.6	12.7
青海省														
西宁	2262.2	775.3	773.7	9.2	−7.4	21.9	−13	−15	−9	21.9	26.5	17.2	16.6	11.5
格尔木	2809.2	723.3	723.8	8.0	−9.9	24.2	−15	−18	−11	21.6	26.9	17.6	13.3	7.9
都兰	3192.1	689.0	691.7	5.4	−10.4	19.7	−15	−18	−11	19	24.3	14.9	11.5	9.1
玉树	3682.2	647.5	651.5	5.4	−8.4	16.8	−13	−15	−8	17.3	21.8	12.5	13.1	11.2
玛多	4273.3	599.6	606.9	0.2	−14.9	12.3	−23	−29	−17	11	15.2	7.5	8.8	8.7
宁夏回族自治区														
银川	1112.7	896.2	883.9	11.5	−7.7	28.8	−15	−18	−9	27.6	31.2	23.4	22.1	15.1
盐池	1348.9	869.9	860.3	10.3	−8.7	27.0	−16	−19	−9	27	31.1	22.3	20.2	13.3
石嘴山	1091.0	897.8	885.3	10.8	−9.0	29.0	−15	−18	−9	28	31.8	23.5	21.5	14.5
固原*	1752.8	827.0	821.2	9.0	−7.5	23.1	−12	−14	−8	23.2	27.7	19.6	19.0	13.8

续表

地名	海拔高度（m）	大气压力（hPa）		地表面温度（℃）			室外计算（干球）湿度（℃）						夏季空气调节室外计算湿球温度（℃）	夏季室外年平均不保证200h含湿量（g/kg）
		冬季	夏季	年平均	最冷月平均	最热月平均	供暖	冬季空调	冬季通风	夏季通风	夏季空调	最热月平均		
新疆维吾尔自治区														
乌鲁木齐	918.7	919.3	906.6	8.1	–14.7	28.6	–22	–27	–15	27.5	33.5	23.5	18.2	9.8
阿勒泰	736.9	941.5	924.8	6.1	–18.0	28.0	–27	–33	–17	25.5	30.8	22.1	19.9	10.7
克拉玛依	428.4	979.8	958.2	4.8			–24	–28	–17	30.6	36.4	27.4	19.8	9.2
伊宁	664.3	947.3	934.1	10.6	–10.8	28.3	–20	–25	–10	27.2	32.9	22.6	21.3	11.9
吐鲁番	37.2	1027.7	997.6	17.4	–8.9	39.8	–15	–21	–10	36.2	40.3	32.7	24.2	11.6
喀什	1290.7	876.6	865.8	15.1	–5.6	33.1	–12	–16	–6	28.8	33.8	25.8	21.2	12.8
和田	1374.7	866.8	856.5	15.6	–5.8	32.4	–10	–14	–6	28.8	34.5	25.5	21.6	12.6
哈密	737.9	939.4	920.8	12.9	–11.0	33.6	–19	–23	–12	31.5	35.8	27.2	22.3	11.3
塔城	548	936.9	947.9	7.6	–14.5	27.5	–23	–29	–13	27.5	33.6	21.9	20.3	11.1

注：1. 括号内的含湿量为计算值；
2. 带 *（星号）者为新增地区，其室外计算参数统计年份为 1992—2001 年；
3. 省会城市与直辖市仍按原 30 年统计数据。

附录 13
人防工程围护结构壁面传热计算

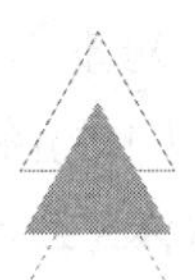

根据地表面温度年周期性变化对工程内传导的热量是否可以忽略不计，人防工程分为深埋工程和浅埋工程。由于地表面覆盖层厚度大于6m时，地表面温度年周期性变化对工程内热负荷的影响可以忽略不计，所以将覆盖层等于和大于6m的工程称为深埋工程；小于6m的工程称为浅埋工程。因为覆盖层越浅，地表面温度年周期性变化对工程内热负荷的干扰就越大，所以两种工程的传热计算方法也不同。工程的几何形状不同，地表面温度的波动对室内壁面温度变化的影响也不同。一般把人防工程的长度 L 大于其宽度 B 两倍以上的称为当量圆柱体（$L>2B$）；把其长度 L 小于或等于两倍宽度 B 的称为当量球体（$L\leqslant 2B$）。

1. 深埋且有空调系统人防工程的传热计算

对于有空调的工程，因为无外界自然风干扰，新风负荷也已计入空调负荷中，所以有空调的工程即为恒温建筑。深埋且有空调系统的人防工程的壁面传热量 Q：

$$Q=\alpha F(t_{nc}-t_o)[1-f(F_o, B_i)]\cdot m \tag{1}$$

式中 Q——深埋人防工程围护结构的恒温传热量（W）；

a——换热系数，可取5.8~8.7W/（$m^2\cdot$℃）；

t_{nc}——室内空气年平均温度（℃）；

t_o——围护结构周围土或岩体年平均温度（℃）；

F——围护结构内表面面积（m^2）；$F=2L(h+b)$，L 为长，b 为宽，h 为高；

m——壁面传热修正系数；贴壁衬砌时宜取1.00；离壁或衬套结构时，周围为土壤宜取0.86，周围为岩石宜取0.72；

$f(F_o, B_i)$——壁面恒温传热计算参数，根据 F_o（傅里叶准数）和 B_i（比欧准数），当量圆柱体工程查附图13–1，当量球体工程查附图13–2。

$$F_o=\frac{\alpha\cdot\tau}{r_o^2} \tag{2}$$

$$B_i=\frac{\alpha\cdot r_o}{\lambda} \tag{3}$$

式中　F_o——傅里叶准数；

B_i——比欧准数；

a——土或岩体的导温系数（m^2/h），见附表 13-1；

τ——使用时间（h），大余热工程 τ=10000，无余热工程 τ=1000；

r_o——当量半径（m）；当量圆柱体 $r_o=P/2\pi$，P 为人防工程横断面周长（m）；当量球体 $r_o=0.62\sqrt[3]{V}$，V 为人防工程体积（m^3）；

α——换热系数 [W/（m^2·℃）]；

λ——土或岩体的导热系数 [W/（m^2·℃）]。

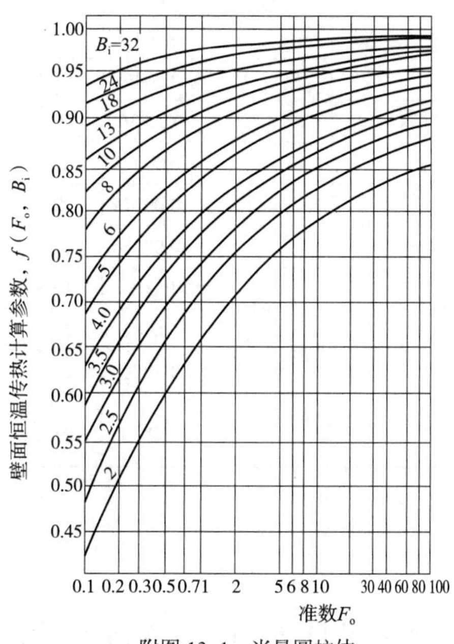

附图 13-1　当量圆柱体

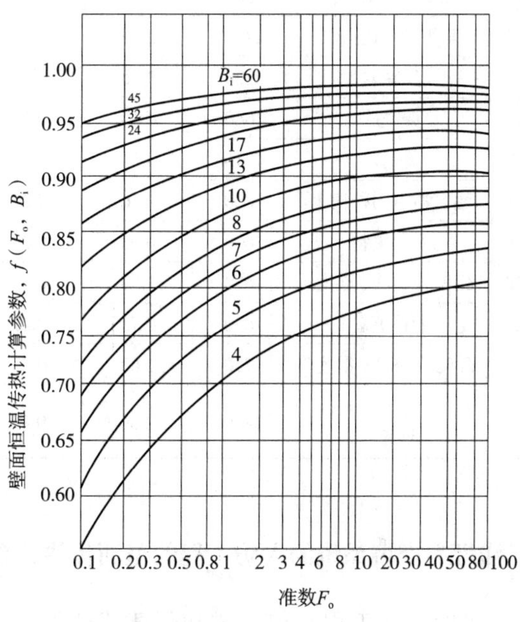

附图 13-2　当量球体

岩石和土壤的热物理性能　　附表 13-1

序号	材料名称	材料特性						
		容重 γ（kg/m^3）	导热系数 λ [W/（m^2·℃）]	比热 C [W/（kg·℃）]	换热系数 α [W/（m^2·℃）]	蒸汽渗透系数 μ [（g/m）·h·mmHg]	导温系数 α（m^2/h）	蓄热系数 S [W/（m^2·℃）]
1	砂岩	2250	1.84	0.23			0.0035	31.4
2	密实硅质砂岩	2630	2.01	0.27			0.00285	37.2
3	砂岩、石英岩	2400	2.03	0.26	18.0	0.005	0.0033	34.9
4	石灰岩	2250	1.28	0.23			0.00245	25.6
5	石灰岩	2478	0.98	0.25			0.00166	24.4
6	石灰岩	2000	1.16	0.26	12.4	0.008	0.00227	24.4
7	石灰岩	1700	0.93	0.26	10.2	0.01	0.00214	19.8

续表

序号	材料名称	材料特性						
		容重 γ（kg/m^3）	导热系数 λ [W/（m^2·℃）]	比热 C [W/（kg·℃）]	换热系数 α [W/（m^2·℃）]	蒸汽渗透系数 μ [（g/m）·h·mmHg]	导温系数 α（m^2/h）	蓄热系数 S [W/（m^2·℃）]
8	介壳石灰岩	1400	0.64	0.26	7.7	0.02	0.00179	15.1
9	石灰质凝灰岩	1300	0.52	0.26	6.7	0.02	0.00157	12.8
10	阿尔蒂克凝灰岩	1200	0.465	0.26	6.1	0.018	0.00152	11.6
11	灰质页岩	1760	0.83	0.28			0.00166	20.9
12	大理岩、花岗岩	3000	3.60	0.23			0.00517	50.0
13	大理岩、花岗岩	2800	3.49	0.26	25.5	0.0015	0.00487	50.0
14	大理岩、花岗岩	2722	2.21	0.25			0.00318	39.5
15	片麻岩	2700	3.49	0.28			0.00463	51.2
16	黄铁矿	4660	4.19	0.35			0.0036	69.8
17	黄铜矿	4716	4.21	0.24			0.00373	68.6
18	建筑物下的种植土	1800	1.16	0.23			0.00278	22.1
19	干砂填料	1600	0.58	0.23			0.00156	15.1
20	石灰土（43% 湿度）	1670	1.98	0.62			0.0019	45.3
21	干石英砂	1650	0.73	0.22			0.002	16.3
22	石英砂（8.3% 湿度）	1750	1.63	0.28			0.0033	27.9
23	砂质黏土（15% 湿度）	1780	2.56	0.38			0.0037	41.9

2. 浅埋有空调系统的人防工程的壁面传热计算

浅埋人防工程有单建式和附建式两种形式，见附图 13-3。由于其覆面层不同，所以计算方法也不同。有空调的工程与一般通风的地下汽车库和隧道等工程不同，其工程壁面传热过程不受室外新风的直接影响。新风经过空调处理后送入工事，室内空气年波动很小，所以它属恒温工程，传热计算方法如下。

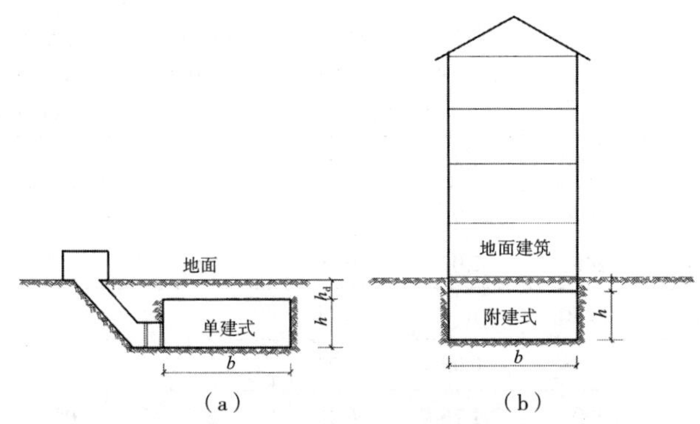

附图 13-3　浅埋人防工程单建式和附建式两种形式
（a）单建式；（b）附建式

（1）单建式工程

单建式浅埋人防工程围护结构的恒温传热量宜按下列公式计算：

$$Q=(t_{nc}-t_o)N+Q_s \tag{4}$$

$$N=\alpha F(1-T_{pb}) \tag{5}$$

$$Q_S=\pm\alpha\theta_d[L_b\Theta_{db1}+2h_y(L+b)\Theta_{db2}] \tag{6}$$

式中　Q——单建式浅埋人防工程围护结构的恒温传热量（W）；

N——壁面年平均传热计算参数（W/℃）；

F——围护结构的表面面积（m^2），$F=2L(h+b)$；

L——建筑物长度（m）；

b——建筑物宽度（m）；

h——建筑物高度（m）；

T_{pb}——年平均温度参数，$T_{pb}=\dfrac{K_pB_i}{1+K_pB_i}$；

K_p——参数，根据准数$H=\dfrac{0.5h+h_d}{r_o}$值查附图 13–4；

h_d——覆盖层厚度（m）；

r_o——当量半径（m），$r_o=\dfrac{h+b}{\pi}$；

Q_s——地表面温度年周期性波动引起的壁面传热量（W），夏季由壁面向洞室内放热，Q_s 为“–”，冬季由洞室内向壁面传热，Q_s 为“+”；

θ_d——地表面温度年周期性波动波幅（℃），$\theta_d=\dfrac{1}{2}(t_{dx}-t_{dd})$；

t_{dx}——地表面最热月平均温度（℃），见附录 8；

t_{dd}——地表面最冷月平均温度（℃），见附录 9；

Θ_{db1}，Θ_{db2}——年周期性波动温度参数，根据基岩（或土壤）的 λ 和 α 值及覆盖层厚度 h_d 分别查附表 13–2 和附表 13–3；

h_y——围护结构侧壁面传热面积计算参数，当 $6-h_d\geqslant h$ 时，$h_y=h$；当 $6-h_d<h$ 时，$h_y=6-h_d$。

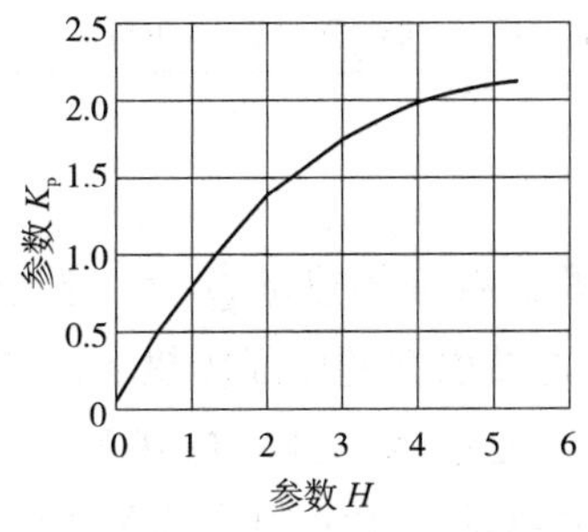

附图 13–4　K_p 参数

单建式 Θ_{db1}（顶上一块的平均值）　附表 13-2

λ[W/（m^2·℃）]	α（m^2/h）	覆盖层厚度 h_d（m）					
		1	2	3	4	5	6
1.16	0.0010	0.1250	0.0540	0.0175	−0.0020	−0.0040	−0.0060
	0.0016	0.1260	0.0623	0.0311	0.0109	0.0025	−0.0059
	0.0020	0.1380	0.0621	0.0368	0.0171	0.0070	−0.0030
	0.0025	0.1550	0.0660	0.0390	0.0227	0.0128	0.0028
1.51	0.0010	0.1570	0.0687	0.0222	−0.0030	−0.0054	−0.0077
	0.0016	0.1580	0.0792	0.0389	0.0138	0.0031	−0.0076
	0.0020	0.1610	0.0793	0.0488	0.0218	0.0089	−0.0039
	0.0025	0.1850	0.0865	0.0530	0.0286	0.0145	0.0004
1.74	0.0010	0.1760	0.0775	0.0252	−0.0033	−0.0060	−0.0088
	0.0016	0.1780	0.0900	0.0451	0.0160	0.0037	−0.0086
	0.0020	0.1800	0.0900	0.0537	0.0250	0.0103	−0.0045
	0.0025	0.1970	0.0950	0.0570	0.0330	0.0145	−0.0041

单建式 Θ_{db2}（侧墙面平均值）　附表 13-3

λ[W/（m^2·℃）]	α（m^2/h）	覆盖层厚度 h_d（m）					
		1	2	3	4	5	6
1.16	0.0010	0.0215	0.0055	0.0006	−0.0043	−0.0055	−0.0066
	0.0016	0.0260	0.0114	0.0052	−0.0011	−0.0046	−0.0080
	0.0020	0.0283	0.0139	0.0078	0.0016	−0.0023	−0.0062
	0.0025	0.0304	0.0164	0.0108	0.0051	0.0011	−0.0030
1.51	0.0010	0.0263	0.0068	0.0005	−0.0058	−0.0071	−0.0084
	0.0016	0.0324	0.0144	0.0059	−0.0026	−0.0018	−0.0010
	0.0020	0.0351	0.0174	0.0078	−0.0019	−0.0048	−0.0077
	0.0025	0.0378	0.0207	0.0135	0.0062	0.0013	−0.0036
1.74	0.0010	0.0294	0.0077	0.0006	−0.0065	−0.0080	−0.0094
	0.0016	0.0362	0.0163	0.0075	−0.0017	−0.0064	−0.0110
	0.0020	0.0395	0.0198	0.0088	−0.0022	−0.0055	−0.0088
	0.0025	0.0425	0.0235	0.0151	0.0067	0.0013	−0.0041

（2）附建式工程

有空调的附建式地下工程，壁面传热量 Q 为三部分之和：一是地下室内空气年平均温度 t_{nc} 与年平均地温 t_o 之差引起的壁面传热量；二是地面建筑与地下室温差引起的，通过楼板传递的热量，见式（9）等号右边第一项；三是地表面温度年周期性波动通过建筑物侧墙壁传递的热量，见式（9）等号右边第二项，即：

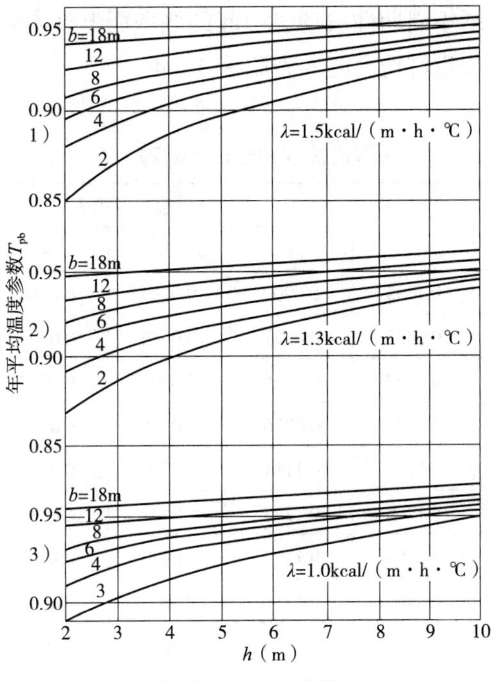

附图 13–5　T_{pb} 曲线

$$Q_1=(t_{nc}-t_o)N+Q_s\ (W) \tag{7}$$

$$N=\alpha L(b+2h)(1-T_{pb})\ (W\cdot ℃) \tag{8}$$

$$Q_s=L_{bk}(t_{nc}-t_{np}')\ \pm 2ah1\theta_d\Theta_{db}\ (W) \tag{9}$$

式中　N——参数（W·℃）；

T_{pb}——平均温度参数，根据基岩（或土壤）的导热系数 λ、建筑物宽度 b 和高度 h 值，查附图 13–5；

Q_s——壁面传热量第二部分与第三部分之和（W）；

K——楼板传热系数 [W/（m^2·℃）]；

$$K=\frac{1}{\frac{1}{\alpha_{上}}+\frac{\delta}{\lambda_b}+\frac{1}{\alpha_{下}}}$$

如果地面建筑与地下室的换热系数 $\alpha_{上}$和 $\alpha_{下}$相等，令它们等于 α，则系数 K 可写成：

$$K=\frac{\alpha\lambda_b}{\alpha\delta+2\lambda_b}$$

式中　δ——地下室与地面建筑之间楼板的厚度（m）；

λ_b——楼板材料的导热系数 [W/（m^2·℃）]；

t_{np}' ——地面建筑空气日平均温度（℃）；

Θ_{db}——地表面温度年周期性波动时引起的侧壁面温度参数，根据基岩（或土壤）的 λ 和 α 及建筑物高度 h 查附表 13-4。

附建式 Θ_{db} 值（侧墙平均） 附表 13-4

λ [W/（m^2·℃）]	α（m^2/h）	覆盖层厚度 h_d（m）					
		1	2	3	4	5	6
1.16	0.0010	0.1395	0.0900	0.0623	0.0464	0.0365	0.0298
	0.0016	0.1435	0.0921	0.0659	0.0502	0.0398	0.0325
	0.0020	0.1457	0.0965	0.0700	0.0537	0.0430	0.0355
	0.0025	0.1466	0.0976	0.0716	0.0556	0.0447	0.0371
1.51	0.0010	0.1710	0.1111	0.0770	0.0574	0.0451	0.0369
	0.0016	0.1765	0.1173	0.0839	0.0638	0.0507	0.0416
	0.0020	0.1790	0.1196	0.0870	0.0670	0.0535	0.0443
	0.0025	0.1805	0.1211	0.0890	0.0693	0.0557	0.0462
1.74	0.0010	0.1910	0.1246	0.0865	0.0643	0.0506	0.0413
	0.0016	0.1965	0.1313	0.0940	0.0716	0.0569	0.0468
	0.0020	0.1990	0.1338	0.0975	0.0749	0.0598	0.0494
	0.0025	0.1992	0.1349	0.1030	0.0774	0.0622	0.0517

附录 14

空气的质量、体积、水蒸气压力和含湿量（大气压力为 760mmHg）

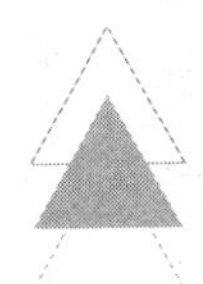

空气温度（℃）	$1m^3$ 干空气			水蒸气压力 P_s（mmHg）	全饱和时水蒸气的含量		
	标准大气压时的重量（kg）	以 0℃为基准换算成 t℃的体积值（1+at）（m^3）	以 t℃为基准换算成 0℃的体积值 [1/（1+at）]（m^3）		$1m^3$ 湿空气中的含量 Z_B(kg)	1kg 湿空气中的含量（kg）	1kg 干空气中的含量 d_B（kg）
−15	1.368	0.945	1.058	1.431	0.0016	0.0012	1.168
−14	1.363	0.949	1.054	1.553	0.0017	0.0013	1.268
−13	1.358	0.952	1.050	1.686	0.0019	0.0014	1.376
−12	1.353	0.956	1.046	1.826	0.0020	0.0015	1.492
−11	1.348	0.959	1.042	1.980	0.0022	0.0016	1.617
−10	1.342	0.963	1.038	2.144	0.0024	0.0018	1.752
−9	1.337	0.967	1.034	2.320	0.0025	0.0019	1.896
−8	1.332	0.971	1.030	2.509	0.0027	0.0021	2.050
−7	1.327	0.974	1.026	2.711	0.0030	0.0022	2.216
−6	1.322	0.978	1.023	2.927	0.0032	0.0024	2.394
−5	1.317	0.982	1.019	3.159	0.0034	0.0026	2.584
−4	1.312	0.985	1.015	3.407	0.0037	0.0028	2.788
−3	1.308	0.989	1.011	3.672	0.0039	0.0030	3.006
−2	1.303	0.993	1.007	3.955	0.0042	0.0032	3.239
−1	1.298	0.996	1.004	4.257	0.0045	0.0035	3.488
0	1.293	1.000	1.000	4.580	0.0049	0.0038	3.754
1	1.288	1.004	0.996	4.924	0.0052	0.0040	4.038
2	1.284	1.007	0.993	5.291	0.0056	0.0043	4.340
3	1.279	1.011	0.989	5.682	0.0060	0.0047	4.663
4	1.275	1.015	0.986	6.098	0.0064	0.0050	5.008
5	1.270	1.018	0.982	6.451	0.0068	0.0054	5.375
6	1.265	1.022	0.979	7.012	0.0073	0.0058	5.765
7	1.261	1.026	0.975	7.513	0.0078	0.0062	6.181

续表

空气温度（℃）	1m³干空气			水蒸气压力 P_s（mmHg）	全饱和时水蒸气的含量		
	标准大气压时的重量（kg）	以0℃为基准换算成t℃的体积值（1+at）（m³）	以t℃为基准换算成0℃的体积值[1/（1+at）]（m³）		1m³湿空气中的含量Z_B(kg)	1kg湿空气中的含量（kg）	1kg干空气中的含量d_B（kg）
8	1.256	1.029	0.972	8.045	0.0083	0.0066	6.624
9	1.252	1.033	0.968	8.610	0.0088	0.0071	7.094
10	1.248	1.037	0.965	9.210	0.0094	0.0076	7.594
11	1.243	1.040	0.961	9.846	0.0100	0.0081	8.126
12	1.239	1.044	0.958	10.520	0.0107	0.0087	8.690
13	1.235	1.048	0.955	11.235	0.0114	0.0093	9.289
14	1.230	1.051	0.951	11.992	0.0121	0.0099	9.925
15	1.226	1.055	0.948	12.794	0.0128	0.0105	10.600
16	1.222	1.059	0.945	13.642	0.0136	0.0112	11.315
17	1.217	1.062	0.941	14.539	0.0145	0.0120	12.074
18	1.213	1.066	0.938	15.487	0.0154	0.0128	12.877
19	1.209	1.070	0.935	16.489	0.0164	0.0136	13.729
20	1.205	1.073	0.932	17.548	0.0173	0.0145	14.631
21	1.201	1.077	0.929	18.665	0.0183	0.0154	15.586
22	1.197	1.081	0.925	19.844	0.0194	0.0164	16.596
23	1.193	1.084	0.922	21.087	0.0206	0.0174	17.777
24	1.189	1.088	0.919	22.398	0.0218	0.0185	18.797
25	1.185	1.092	0.916	23.780	0.0231	0.0197	19.994
26	1.181	1.095	0.913	25.235	0.0244	0.0209	21.259
27	1.177	1.099	0.910	26.767	0.0258	0.0222	22.597
28	1.173	1.103	0.907	28.380	0.0272	0.0236	24.011
29	1.169	1.106	0.904	30.076	0.0288	0.0250	25.505
30	1.165	1.110	0.901	31.860	0.0304	0.0265	27.084
31	1.161	1.114	0.898	33.735	0.0321	0.0281	28.751
32	1.157	1.117	0.895	35.705	0.0338	0.0298	30.513
33	1.154	1.121	0.892	37.774	0.0357	0.0315	32.373
34	1.150	1.125	0.889	39.947	0.0376	0.0334	34.338
35	1.146	1.128	0.886	42.227	0.0396	0.0353	36.412
36	1.142	1.132	0.884	44.618	0.0417	0.0374	38.602
37	1.139	1.136	0.881	47.126	0.0439	0.0395	40.915
38	1.135	1.139	0.878	49.755	0.0462	0.0418	43.357
39	1.132	1.143	0.875	52.510	0.0486	0.0441	45.935
40	1.128	1.147	0.872	55.396	0.0511	0.0466	48.656

续表

空气温度（℃）	$1m^3$ 干空气			水蒸气压力 P_s（mmHg）	全饱和时水蒸气的含量		
	标准大气压时的重量（kg）	以0℃为基准换算成 t℃的体积值（1+at）（m^3）	以t℃为基准换算成0℃的体积值[1/（1+at）]（m^3）		$1m^3$ 湿空气中的含量 Z_B（kg）	1kg湿空气中的含量（kg）	1kg干空气中的含量 d_B（kg）
41	1.124	1.150	0.869	58.417	0.0538	0.0493	51.530
42	1.121	1.154	0.867	61.580	0.0565	0.0520	54.564
43	1.117	1.158	0.864	64.888	0.0593	0.0549	57.768
44	1.114	1.161	0.861	68.349	0.0632	0.0579	61.153
45	1.110	1.165	0.858	71.7684	0.0652	0.0609	64.727
46	1.107	1.169	0.856	75.750	0.0686	0.0644	68.503
47	1.103	1.172	0.853	79.702	0.0720	0.0679	72.494
48	1.100	1.176	0.850	83.830	0.0755	0.0716	76.711
49	1.096	1.180	0.848	88.140	0.0791	0.0755	81.170
50	1.093	1.183	0.845	92.638	0.0829	0.0795	85.884